AI高手

从零开始 用ChatGPT学会写作

无戒　杜培培　俞庚言◎著
量子学派◎审校

内容提要

本书从写作与ChatGPT的基础知识讲起，结合创作者的实际写作经历与写作教学经历，重点介绍了用ChatGPT写作的基础技巧、进阶写作的方法、不同文体的写作方法、写作变现的秘诀，让读者系统地理解写作技巧与变现思路。本书包括如下内容：用ChatGPT重建写作思维、快速搞定选题、快速写出标题、高效收集素材、生成文章结构、写出优质文章、进行日常写作训练，以及用ChatGPT提升写作变现能力。本书适合零基础想学习写作、想利用ChatGPT提高写作能力的读者阅读。

图书在版编目（CIP）数据

硅基物语. AI写作高手：从零开始用ChatGPT学会写作 / 无戒，杜培培，俞庚言著. —北京：北京大学出版社，2023.9

ISBN 978-7-301-34295-4

Ⅰ. ①硅… Ⅱ. ①无… ②杜… ③俞… Ⅲ. ①人工智能Ⅳ. ①TP18

中国国家版本馆CIP数据核字(2023)第147826号

书　　名　硅基物语.AI写作高手：从零开始用ChatGPT学会写作
GUIJI WUYU.AI XIEZUO GAOSHOU：CONG LING KAISHI CHATGPT XUEHUI XIEZUO

著作责任者　无　戒　杜培培　俞庚言　著

责任编辑　滕柏文　杨　爽

标准书号　ISBN 978-7-301-34295-4

出版发行　北京大学出版社

地　　址　北京市海淀区成府路205号　100871

网　　址　http://www.pup.cn　新浪微博：@北京大学出版社

电子信箱　编辑部 pup7@pup.cn　总编室 zpup@pup.cn

电　　话　邮购部 010-62752015　发行部 010-62750672　编辑部 010-62570390

印 刷 者　三河市北燕印装有限公司

经 销 者　新华书店

880毫米×1230毫米　32开本　8.5印张　254千字

2023年9月第1版　2023年12月第2次印刷

印　　数　4001–7000册

定　　价　59.00 元

序言

在数字化时代，AI 已经渗透到我们生活的方方面面，写作领域也不例外。AI 写作技术的迅猛发展，为写作者带来了前所未有的机遇与挑战，正悄然改变着我们对创作的认知。

近两年，每到高考，AI 生成的高考作文都会登上热搜，但从没有哪一年像 2023 年这样，几乎引爆热搜，引起各行各业的众多讨论。ChatGPT 以不可阻挡之势席卷世界，现在，就连小区门口摇着蒲扇纳凉的大爷，嘴里讨论的都是 AI 将如何改变世界、改变个体的人生，讨论未来，AI 到底会取代哪些人？

这个问题，作为写作者的我们同样在思考。

现在，AI 已经能够在短短的几秒钟生成一篇高考作文、一个条理清晰的文案、一份内容翔实的图书目录……很多同行都在问：AI 时代，还需要人类创作者吗？人类还有继续写作的必要吗？

作为写作者，我可以很肯定地给出这个问题的答案：无论在哪个时代，都需要优质的人类创作者，人类永远有持续写作的必要。

AI 可以替代很多，可以超越很多，但它无法拥有人类独特的情感和创造力，也就永远无法创作出真正打动人心的优质作品。

我始终认为，AI 只是工具，而我们，是使用工具的人类。

就如同农夫永远不会被播种机取代，画家永远不会被相机和

Photoshop 取代，优质的人类创作者，也不可能被 AI 取代。

就像农夫需要正确使用播种机和收割机，才能让庄稼的亩产提升数倍；就像画家需要熟练使用相机和图像处理工具，才能创作出更符合数字时代需求的作品，作为写作者的我们，也必须学会使用 AI 写作工具，才能事半功倍地创作出更多、更好的内容。

那么，我们如何才能让 AI 工具为自己所用呢？

为了找到答案，我们梳理了过去多年的创作经验，以及无戒老师多年的教学经验，几度更新迭代，最终写出了这本《硅基物语 . AI 写作高手：从零开始用 ChatGPT 学会写作》，以 ChatGPT 为主要工具，让 10 倍提升写作效率变成可能。

写作是人类与生俱来的天赋之一，古往今来，无数故事与思想，都是通过写作得以流传的。写作是人类天然具有的一种情感需求，靠写作为生的人始终是少数，有写作欲望的人却相当多，只是这些有写作欲望的人没有学习到足够多的写作技巧，无法将自己的所思所想，准确地诉诸笔端。

现在，以 ChatGPT 为代表的 AI 写作工具的出现，将会解决这个难题。

我们可以打个简单的比方，假设有写作欲望但不会写的人是小学生，那么 ChatGPT 等 AI 写作工具就是高中生，而那些有所成就的作家就是大学生、研究生，甚至是教授、知名学者。ChatGPT 可以帮助“小学生”迅速入门，给他们的写作提供思路、素材，帮助他们修改、优化已经写出的文章，并提供投稿变现的指导。

本书的目的，就是帮助“小学生”掌握使用 AI 写作工具的技巧，以及帮助成熟的作者掌握训练 AI 写作工具的方法，让其成为自己的助手，省去大量的收集资料、整理资料、做简单的文档校对等烦琐工作的时间，高效创作出更多优质的作品。

在不久的将来，AI 写作工具一定会改变现有的创作生态和创作方式，那时可能出现的场景是，人类负责宏观层面的内容策划，给定价值观，AI 则按照人类指令生成符合要求的作品。

在可预见的未来，AI 与写作者会形成一种协作关系，共同推动文学创作的发展。AI 可以为人类创作者提供更多的工具和资源，人类创作者则可以为 AI 带来更丰富的情感、创意和人文背景，这种协作关系将有助于创作出更具创新性和吸引力的作品，同时有助于推动 AI 技术的进步。

人的情感，是作品的灵魂。在 AI 时代，我们更需要以人为本，创作出贴近人心、触动人的灵魂的作品。

望我们能一起勇敢地面对未知,挑战传统的边界,探索创新的可能性，在 AI 时代的文学舞台上大放异彩。

愿我们的笔触相互交织，永葆对创作的热爱和追求！

俞庚言

前言

AI 时代，我们该怎样写作？

这是我写作的第八年，在写作的前些年，我一边自我怀疑，一边自我催眠，有些痛苦地坚持着。直到我写作的第五年，出版了人生的第一本书，而您手上捧着的这本，是我出版的第六本书。不仅如此，我的四本小说《余温》《云端》《雪墨》《38℃爱情》还出版了英文版，走出了国门。就在我越来越坚信自己一定可以成为一个具有影响力的畅销书作家时，AI，悄然走进人们的生活。

某一天醒来，一个叫 ChatGPT 的 AI 工具横空出世，网络上铺天盖地都是关于它的消息。据说，它可以替代文案师写文案，替代小说家写小说。写作者无不惊慌，每个人都在想：它会不会替代我？写作还有前景吗？

我的另一个身份是写作课导师，那些日子，我几乎每天都会收到学员的私信："老师，AI 兴起，我们写作还有意义吗？"我不知道怎么回答他们，因为我也搞不清楚。未来作家还会存在吗？写作还有意义吗？

这让我焦虑了很多天，我看了很多对于 AI 的分析，以及对作家职业的预判，始终没有找到答案。

所以，我做了一个决定，既然我们无法改变它，那么，我可以选择去拥抱它，我决定看看它到底有没有那么神奇。于是，忙碌替代了焦虑，我开始找教程学习。

使用ChatGPT的第一天，我觉得它像个“傻子”，根本没有那么神奇。它生成的文字毫无逻辑，我觉得被狂热追捧的AI，其实不过如此。

但第二天，我看到一个视频，视频中说，如果一个人的AI助手不好用，说明使用它的人是个“傻子”，不会提问。

这戳中了我的神经，我不能承认我是“傻子”，我立刻开始研究如何提问。就这样，过了一个月，我的AI小助手从“傻子”变成了天才。

我终于搞清楚了它到底能做什么，以及未来作家的任务是什么。那天，我问它：“ChatGPT未来会替代作家吗？未来写作这个行业还有发展前景吗？”

它答：“ChatGPT和其他自然语言处理模型在文本生成方面取得了令人印象深刻的进展，但目前的技术水平还不能完全取代作家。虽然ChatGPT可以生成连贯的文本，但它缺乏创造性、情感、个人经验等人类作家的特质。

“作家的作品通常是个人思想、情感和创造力的体现，他们通过自己的观察、经历和想象力创作独特而引人入胜的故事、诗歌和非虚构作品。作家还能够捕捉社会和文化的变化，并对其进行解读和表达。

“虽然技术的进步可能会改变作家的工作方式，但作家作为创造性思维和情感表达的艺术家，仍然具有独特的价值。无论是文学作品、新闻报道、广告宣传还是教育材料，在创新创作方面，作家的才能和洞察力都是不可替代的。

“写作这个行业仍然有发展前景，尤其是随着数字出版和自助出版的兴起，作家有更多的机会将作品推向读者。”

我想，我找到了答案。

它不能替代作家，但是会替代一些毫无创造力的文字生产者。它没有情感，只能模仿；它可以重组句子，但是不一定能写出你想要的感觉。

它不仅不会替代有创造力的作者，还可以成为有创造力的作者的好帮手。我用它写小红书文案、写朋友圈文案、优化标题，在我想不出新颖的点子时，它会给我提供新的思路……我开始和它和平共处。它不仅帮我提高了工作效率，还帮我节省了人力成本。

就是在这样的情况下，出版社的编辑找到我说，有一个选题，关于写作和 AI，问我能不能写。

我答应了。

写这本书的过程中，我的助手 ChatGPT 帮了我很多忙，我用我在书里讲述的方法写完了这本书，以确保我所讲的每一个方法都是直接可用的，不是纸上谈兵。

这本书从写作基础讲起，串联写作经验、具体写作方法，以及写作过程中的共性问题。

市面上有太多书在讲新媒体写作，这本书不仅介绍了新媒体写作，更深入介绍了小说、故事写作技巧，是目前市面上其他图书尚未涉及的。本书把写作中可能会遇到的各类问题，如写书、签约、策划、出版、营销、变现等内容都囊括其中，结合我七年的写作教学经验，以及八年写作实战经验为大家一一分析，找出了直接可用的方法。同时，把使用 ChatGPT 辅助写作的方法，用案例演示的形式给大家展示出来。

写作本书前，我还专门通过运营团队收集了大家针对 ChatGPT 辅助写作最想了解的功能。根据调查结果，我和合伙人杜培培反复讨论，把大家可能问到的问题，都在书中做了具体案例展示，就连提问话术都帮大家准备好了。

我看过很多“工具书”，有好多书喜欢泛泛而谈，对于读者最想知道的实操方法却一笔带过。在写本书的过程中，我把所有涉及 ChatGPT 的实操方法都详细地加以展示，大家根据实际需求，举一反三地进行提问就行了。

凡是你能想到的，你想问的，书中全部做了展示，这就是这本书的意义，它不仅能够解决你在写作过程中遇到的问题，还可以帮助你迅速掌握使用 AI 辅助写作的技巧。

未来，使用 AI 辅助写作会成为一种新的写作形式。

当新事物出现时，如果感觉到焦虑，就拥抱它吧，因为我们无法阻止时代的发展，只能努力做一个不被时代淘汰的人。

感恩遇见您，感恩您一路支持和陪伴。

无戒

目
Contents
录

第四章

用 ChatGPT 快速搞定标题

第五章

用 ChatGPT 高效收集素材

第六章

用 ChatGPT 搞定结构、开头、结尾、小标题

第七章

用 ChatGPT 写出优质文章

第八章 用 ChatGPT 提高不同文体的写作技巧

第九章 用 ChatGPT 进行日常写作训练

第十章 用 ChatGPT 大幅提升写作变现能力

第十一章 用 ChatGPT 辅助实现作家梦

第十二章 从选题到完稿，利用 ChatGPT 写作全流程演示

后记 我们为什么写作？

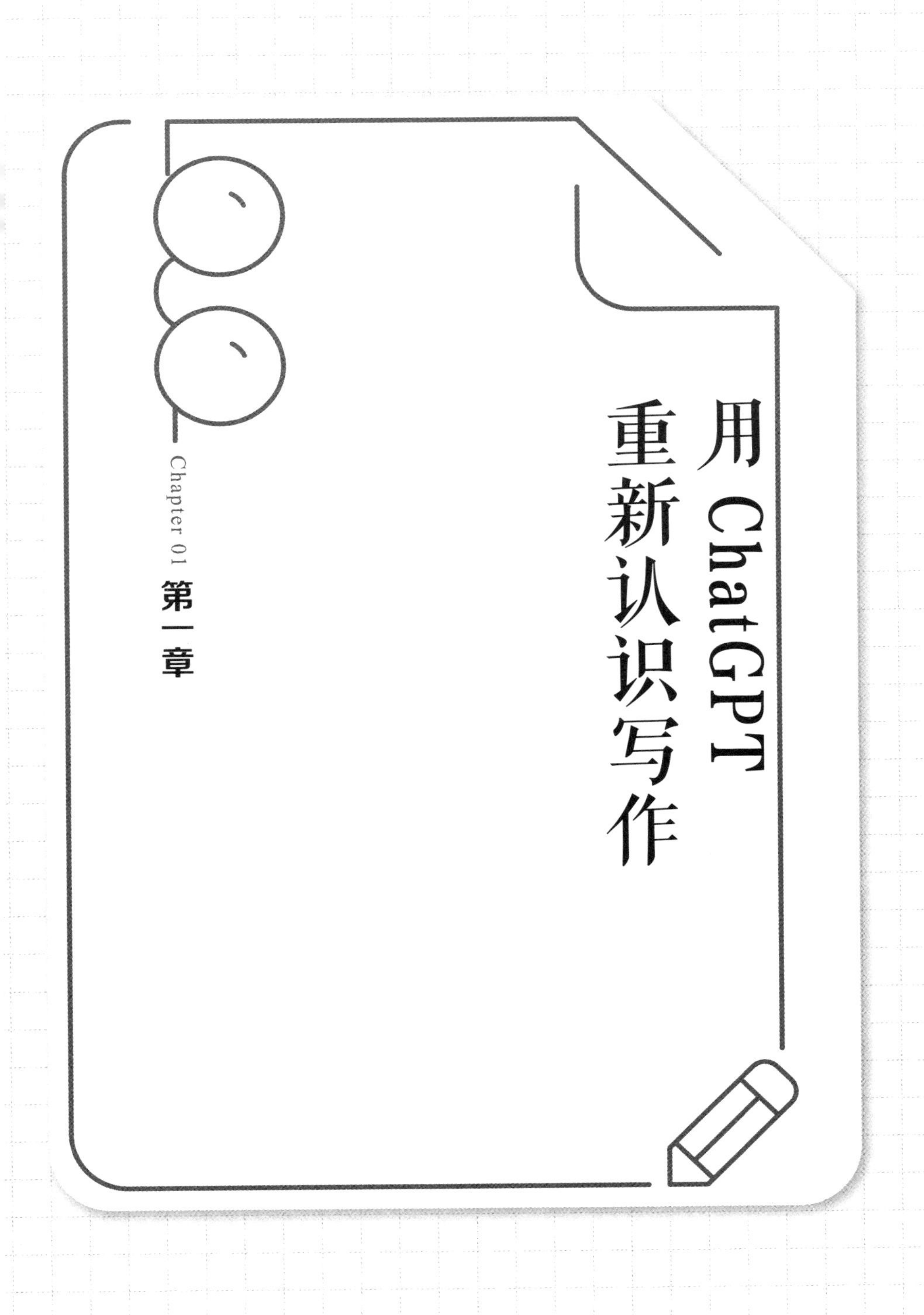

Chapter 01 第一章

用ChatGPT重新认识写作

01 如何从零开始写作？

在新媒体时代，许多人渴望开始写作，却不知从何处着手。我进行过一项调查，发现很多对写作有兴趣但尚未尝试的文学爱好者，认为写作很困难；然而，当调查对象变成与我一起写小说的伙伴们时，调查结果完全不同，他们认为开始写作并不困难。那么，开始写作的最大难点是什么呢？我认为最大的挑战在于“坐下来，开始写”这个动作。对于任何事情而言，起步是最艰难的，一旦迈出第一步，大多数问题都能迎刃而解。

无论你想写的类型是什么，无论你写的东西是好是坏，都不重要，只要你愿意写，就已经成功了一半。无戒学堂的许多学员，在开始写作之前习惯写日记，虽然这种写作是碎片化的，但对于他们日后写小说有巨大的帮助。

任何形式的写作行为都有助于提高你的写作水平。那些坚持写日记的学员和从未动过笔的学员，在开始写作后表现出明显的差距。

当然，写作是一门技能，需要持续练习和不断精进。如果你想从零开始写作，请记住以下六个要点。

确定你的写作目标

你要写什么？是小说、散文，还是其他类型的文章？明确你的写作目标有助于制订写作计划。很多人写作很盲目，并不知道自己想要写什么，可能努力很久，却得不到明确的结果。在刚开始写作时，你可能并不知道自己的目标是什么，这时可以尝试写不同类型的文章，在写的过程中寻找自己擅长和喜欢的领域。

我们用 ChatGPT 举个例子，看看它能不能给我们一些参考，帮助我们更好地确定自己的写作目标。

提问： 我想学写作，怎样才能确定一个清晰的写作目标？

ChatGPT 确定清晰的写作目标是学习和提高写作技能的重要一步。以下是一些方法，可以帮助你确定自己的写作目标。

1. 确定你的写作兴趣：思考你对哪些领域或题材感兴趣，是小说、诗歌、散文、剧本，还是其他题材？了解自己的兴趣和偏好可以帮助你明确方向。
2. 定义你的写作风格：思考你希望采用的写作风格。你喜欢幽默、悬疑、浪漫，还是其他风格？确定你的写作风格可以让你更有针对性地进行练习。
3. 确定你的写作目的：思考你写作的目的和意义。你是想娱乐读者、传达信息、表达情感，还是启发读者思考？明确你的写作目的可以帮助你更有动力地写下去。
4. 设定具体的目标：将你的写作目标具体化。例如，你可以设定每周写一篇短篇故事、完成一部长篇小说大纲，或者写出一篇个人博客文章。确保你的目标是切实可行和具体的，这样可以帮助你更好地跟踪进度和衡量成就。
5. 制定时间表：制定一个合理的时间表来实现你的写作目标。有一个明确的时间表可以帮助你保持专注并养成良好的写作习惯。
6. 寻求反馈和指导：和其他写作者分享你的写作目标，并寻求他们的反馈和建议。参加写作社群，或找到一个写作导师，都可以获得有价值的指导和支持，帮助你在实现目标的过程中不断成长。

现在我们结合 ChatGPT 的提议，演示确定写作目标的具体步骤，这里以完全没有写作经验的新人为例进行说明。

第一步，拿出一张纸，写出你最喜欢看的文章、最喜欢读的书的类型，是小说、诗歌、散文、剧本，还是其他？一般而言，最喜欢看的领域的内容，往往也是自己想写的，且更容易写好。

第二步，在纸上写下你最想写的文章类型，你是想写网络小说，还是诗歌、散文、剧本，或者新闻评论？写下你最擅长的行文风格，是偏向于幽默，还是严肃？是大气磅礴，还是唯美清新？写下你写起来比较轻松的内容，是故事情节，还是景物描写？或者是人物刻画？

第三步，写下你现阶段的写作目的，是脑海里有太多的情节和情绪不吐不快，还是想要将写作作为副业赚到稿费？抑或只是想与具有相同爱好的人一起交流，“为爱发电”？

第四步，写下你的具体目标，比如，如果你想写 30 万字的长篇小说，目标就是用一周的时间写出全文大纲，接下来每天写作 2000 字，在 5 个月内将小说写完；如果你想写刊登在杂志上或者发布在公众号等新媒体平台上的短篇文章，就可以在一周之内写完初稿，之后每周进行一次修改，直到自己满意。

第五步，写下你每天可以用来写作的时间，记住，是每天。写作是一件长期工作，必须日复一日地坚持。假设你每天晚上 9:00–11:00 有时间，就可以雷打不动地用这两个小时来写作。

第六步，列出你认为可以检验你写作能力的人或者平台，对方可以帮你点评文章，或者衡量你的水平是否达到一定的标准。比如，列出过稿难度不同的几个投稿平台，从高到低投稿，稿子被哪个平台接受了，就侧面反映出自己的水平。同时，这些平台的编辑也会给你写作上的指导，哪怕被退稿，对方也会说明原因。

阅读大量的作品，增加积累

阅读不同作者的作品有助于熟悉不同的写作风格，提高写作技巧。同时，阅读可以扩展词汇量、提高语言表达能力。

如何有效阅读大量的作品？选对阅读对象对写作者而言非常重要，如果你没有足够的时间去挑选市场上琳琅满目的书籍，现在有一个简单的解决方法，那就是让 ChatGPT 来替你挑选。

举个例子，假设你现在是一位历史领域的写作者，需要阅读大量的历史书，就可以这样提问：

我是历史领域的写作者，现在想写关于中国唐朝的历史类文章，请你给我推荐几本与中国唐朝历史相关的优质图书，出版时间在 2015 年之后。

请注意，因为现阶段的 ChatGPT 在处理中文内容的时候尚不够成熟，生成的回答可能有误，为了尽可能规避错误答案，此处我们可以使用微软 Bing 的 AI 对话工具来进行提问，其生成的回答如下。

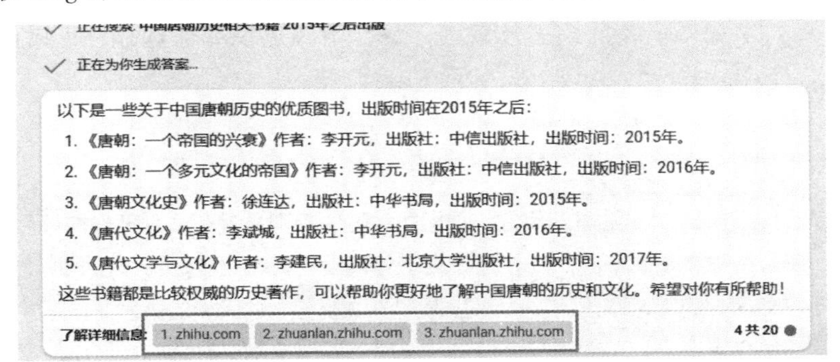

此处回答仍旧存在错误，比如李开元虽然的确是历史领域的学者，但他并没有写过《唐朝：一个帝国的兴衰》等书。所以我们可以忽略它给出的答案，单击下方“了解详细信息”中的链接，进入相应的知乎专栏。

(2021.05)

历史书籍书单推荐（2021.05）

类别/时间	书名	作者	豆瓣评分
通史	《中国通史》	傅乐成	9
	《国史大纲》	钱穆	9.3
	《中国通史》	吕思勉	9.1
	《简读中国史：世界史坐标下的中国》	张宏杰	8.5
先秦时期	《中国青铜时代》	张光直	9.4
	《西周史》	杨宽	9
	《西周史》	许倬云	8.3
	《失败者的春秋》	刘勃	9
	《战国歧途》	刘勃	8.8
秦汉魏晋时期	《秦汉史》	吕思勉	8.9
	《秦汉魏晋史探微》	田余庆	9.4
	《陈寅恪魏晋南北朝史讲演录》	陈寅恪	9
	《三国史》	马植杰	8.6
	《东晋门阀政治》	田余庆	9.5
隋唐五代十国时期	《隋唐五代史》	吕思勉	8.9
	《隋唐制度渊源略论稿-唐代政治史述论稿》	陈寅恪	9.6
	《危机与重构-唐帝国及其地方诸侯》	李碧妍	9.1
	《隋唐帝国形成史论》	[日]谷川道雄	8.8
两宋时期	《细说宋朝-黎东方讲史之续》	虞云国	9.2
	《汴京之围-北宋末年的外交、战争和人》	郭建龙	8.2
	《祖宗之法：北宋前期政治述略》	邓小南	8.8
	《南宋初期政治史研究》	[日]寺地遵	8.7

在知乎专栏中，我们可以得到知乎答主推荐的非常全面的历史类图书。

如果觉得推荐的图书比较多，自己不知道该如何选择，可以向 ChatGPT 提问。

提问： 请介绍吕思勉所著《隋唐五代史》的内容。

ChatGPT 《隋唐五代史》是吕思勉先生中国断代史系列著作的最后一部，分上、下两部。上部是政治史，包括王朝兴亡盛衰、各种重大历史事件的前因后果、政治措施的成败得失，以及与少数民族的关系等，采用新的纪事本末体；下部是社会经济、文化史，介绍隋唐时期社会经济、文化学术等方面的情况。

根据图书的内容简介可以大概了解一本书的主要内容，从而判断这本书是否符合自己的阅读需求。

大量的阅读只是手段，要通过大量读书提高写作能力，最基础的做法就是积累书中优秀的字词句段。

作为写作课的讲师，我被问到最多的问题就是词穷怎么办。所谓词穷，即在写作时无法找到精准的词语来准确表达写作者的所思所想。阅读是解决这个问题非常好的方法之一，可以通过大量阅读积累词汇量，并通过刻意练习，将所积累的词语应用到自己的文章中。

这个过程是漫长的，但现在有了 ChatGPT 作为工具，这个过程将被有效缩短，我们可以通过向 ChatGPT 提问，来获取精彩的描写片段。

提问： 请你分享一些美国作家玛格丽特·米切尔的作品《飘》中的经典段落或句子。

ChatGPT 《飘》中的经典段落或句子如下。

1. 不管怎样，明天又是新的一天！
2. 死亡、税收和分娩，没有任何一件事的时间都是方便的。
3. 我爱的是我虚构的东西，它和梅利一样已经死去。我制作了一件漂亮的外衣，然后爱上了它。当阿什利骑马而来，那么英俊，那么与众不同时，我把那件外衣给了他，不管它是否适合他。
4. 生活不一定会给予我们所期望的。

如果你有特别喜欢的一句话，可以输入 ChatGPT，让它来进行适当的改写，以满足你所撰写的文章的需求。

提问：我写了一个句子："那年，18 岁，我走进长安城，爱上了这里的千年古韵，谁能想到，后来这里却成了我的地狱。"我觉得这个句子缺乏意境，你有什么修改建议？

ChatGPT　那年，我 18 岁，迈入长安城，陶醉于千年古韵，然而未曾预见，此处将成为我的心灵狱炉。

如果 ChatGPT 的回答不能满足你的需求，你可以进一步与它对话，提出更具体的问题，以获取更多的修改建议和替换词汇。比如这里的"心灵狱炉"，我觉得不准确，可以继续让 ChatGPT 优化。

提问：继续优化句子，替换"心灵狱炉"，我想表达的意思可能是人间地狱，语句要美。

ChatGPT　那年，我 18 岁，踏入长安城，沐浴在千年古韵中，未料，此地竟成为我的人间炼狱，泯灭众生。

修改后的句子虽然看起来很不错，但是最后这个"泯灭众生"用得并不准确。我们可以自己改一下句子：18 岁那年，我踏入长安城，沉浸在它的千年古韵之中，未料，这里竟成为我的人间地狱。

ChatGPT 生成的内容很多时候并不能直接满足我们的写作需求，需要我们根据上下文的内容，对其进行修改。修改的过程，对写作者而言是一个非常好的练习写作的过程。

日更写作

写作需要不断练习。不要害怕写不好，因为写作是一个漫长的过程。在一开始不知道写什么的时候，可以从写日记开始，无论看到了什么、想到了什么，还是有什么感悟，都可以记录下来。即使我们写出来的只是片段，不够完整，甚至完全不像文章，也没有关系，重要的是开始写。

首先练习写日记，培养叙述能力；然后练习写故事、写短篇小说，练习布局谋篇的能力，最后开始写书。每个阶段都需要大量刻意练习。

以上方法并不难，但很少有人能够真正落实到行动中，这是因为方法还不够细化。针对这个问题，我们可以通过向 ChatGPT 提问，来了解更加详细的做法。

假设我想要实现每天都能写 3000 字的目标，可以进行如下提问。

提问： 有什么方法，能够让我坚持每天固定写作 3000 字呢?

ChatGPT 有如下几个方法，可以让你每天写作 3000 字。

1. 制订具体的写作计划：确定每天的写作时间段和持续时间，将其安排在你最有创造力和专注力的时段。
2. 找到适合写作的环境：找到一个安静、舒适且没有干扰的写作空间。清理桌面，准备好所需要的写作工具和材料。
3. 掌握时间管理技巧：例如，使用番茄工作法、时间块方法，将写作时间分解为短暂的工作间隔，每个工作间隔专注于写作一定数量的文字。设定定时器，在每个工作间隔结束时休息片刻，然后继续下一个工作间隔。
4. 设置写作目标和奖励：每天设定写作目标，例如，每小时写 500 字，当你达到目标时，给自己一些小奖励，如休息片刻、喝杯咖啡，或进行一些愉快的活动。
5. 使用写作工具：有许多写作工具可帮助你提高写作效率并记录字数。你可以使用专业的写作软件进行写作，或者使用字数统计工具来跟踪每天的写作进展。
6. 分解大任务：将 3000 字的写作任务分解为更小的子任务。集中精力写作一个段落，完成后再转入下一个段落。这样做可以让任务更具可管理性，减少压力。

7. 克服写作障碍：如果你遇到写作障碍，如缺乏灵感或写作困难，尝试一些应对方法，例如，进行预写作练习、进行头脑风暴、寻求灵感来源，或与其他写作者交流、寻求反馈。

8. 培养阅读的习惯：保持广泛的阅读，以增加你的写作素材，提高创造力。

9. 获得支持和反馈：与其他写作者建立联系，加入写作社群或参加写作工作坊。与他人分享你的写作目标和进展，寻求支持和反馈，这将鼓励你坚持下去。

制定写作计划表

在写作之前，制订一个清晰的计划是有必要的。你可以制定一个计划表，明确每个阶段的目标。对于写作者来说，确定什么时间做什么事情，就不必整天为未完成的写作任务感到焦虑。

现在以普通的上班族为例，看看 ChatGPT 会给出什么样的写作计划表。

提问：请你帮我制订两个科学合理的写作计划，记住是两个计划，第一个计划针对工作日，每天的 8:30—18:00 我要上班，这段时间无法写作；第二个计划针对周末，我有很多时间可以写作。

ChatGPT　基于你的时间限制和要求，我为你制订了两个科学合理的写作计划。

计划一（工作日）

早晨（6:00—7:00）：起床后留出一小时进行写作。这是一天中思维清晰、注意力集中的时段，利用这段时间创作会更有效率。

晚上（19:30—21:30）：利用工作日的晚间时间进行写作。在晚饭后，留出两个小时专注于写作。这段时间可以用来展开思路、撰写具体内容，写完目标字数。

计划二（周末）

> 上午（9:00—12:00）：利用周末上午的三个小时进行写作。这是一天中精力充沛、时间较长的时段，可以更深入地投入写作中，完成较多的字数。
> 下午（14:00—16:00）：在午休和完成其他事务之后，留出两个小时进行下午的写作。这段时间可以用来进行修订，或者深入研究与写作相关的内容。
> 晚上（20:00—22:00）：在晚上的时间段，再次留出两个小时进行写作。这是一天中相对宁静的时段，可以专注于完成剩余的字数，或者进行写作规划和构思。

ChatGPT给出的这个计划比较有参考价值，我的很多学员，写作时间安排类似。

写作需要时间和精力，不要着急赶工，要给自己足够的时间来思考、计划和写作。并不是每个写作者都像我一样全职写作，大多数文学爱好者是在工作之余写作。

以我的一个学员为例。

这位学员是兼职写作，且因为有了孩子，她白天工作，晚上还要照顾孩子，导致写作时间不足，无法完成写作任务，非常焦虑。

在和她的交流中，我发现她的孩子每天晚上10:00才睡觉，她自己也没有良好的时间管理习惯。基于此，我给她提出了以下建议。

第一，要求孩子在晚上9:00睡觉，这样她每天晚上就会多出一小时的时间。

第二，每天晚上固定在9:00—9:30阅读，9:30—10:30写作，10:30—11:00洗漱、准备休息。

这是一个简单但是具体的时间计划，如果当天晚上有其他事情，可以提前规划，改变策略，比如在条件允许的情况下早起写作。通过固定早起和睡前的写作时间，能有效解决写作时间不足的问题。

找到适合的写作工具和平台

选择一个适合你的写作工具，可以是电脑，也可以是纸制笔记本，关键是它一定能够让你专注于写作。

在写作过程中，找到适合自己的写作工具并充分利用它，能够极大地提高写作效率。除了写作工具，我们还需要找到适合自己的写作平台，这样我们的作品才能获得曝光、传播，从而被读者发现、喜欢。

以下是 ChatGPT 列出的适合中文写作的写作工具，大家可以参考使用。

提问：有没有适合中文写作环境的写作工具？

ChatGPT 以下是一些适合中文写作的工具。

1. 搜狗输入法：搜狗输入法是一款广泛使用的中文输入法，它提供了快速准确的中文输入，支持多种输入方式和个性化设置。对于中文写作来说，使用搜狗输入法可以提高输入速度和准确性。

2. 有道云笔记：有道云笔记是一个多平台的云端笔记应用程序，支持中文输入和编辑。它提供了便捷的写作和组织工具，包括文字、图片和音频等多种形式的记录方式，并能够跨设备同步。

3. 百度脑图：百度脑图是一款用于组织思路、制作思维导图的工具，适用于中文写作中的大纲和思维整理。你可以使用百度脑图创建清晰的思维导图，用于构思和组织文章结构。

4. 印象笔记：印象笔记是一款跨平台的笔记应用程序，支持中文写作和编辑。它提供了强大的文字处理和排版功能，同时支持图片、音频和附件的插入，适合进行中文写作和资料整理。

5. 语雀：语雀是一款专业的在线协作写作工具，广泛用于中文写作和团队合作。它提供了强大的文档编辑和版本控制功能，支持多人同时编辑和评论，方便团队协作和分享中文文档。

6. Typora：Typora 是一款简洁而强大的 Markdown 编辑器，适用于中文写作。它支持实时预览和快捷键操作，能够快速转换和导出中文文档，提供了舒适的写作环境。

7. 石墨文档：石墨文档是一款可多人协作的云端文档工具，适用于中文写作和团队合作。它支持实时协作和评论，提供了丰富的排版和编辑选项，方便创建和分享中文文档。

写作工具迭代到现在，大多数主体功能都有一定的相似度，但是不同的人使用习惯不一样，想要选择自己用起来最顺手的工具，最好的方法就是看测评 + 实际测试。

测评类的帖子，可以在百度、小红书、知乎等平台搜索。

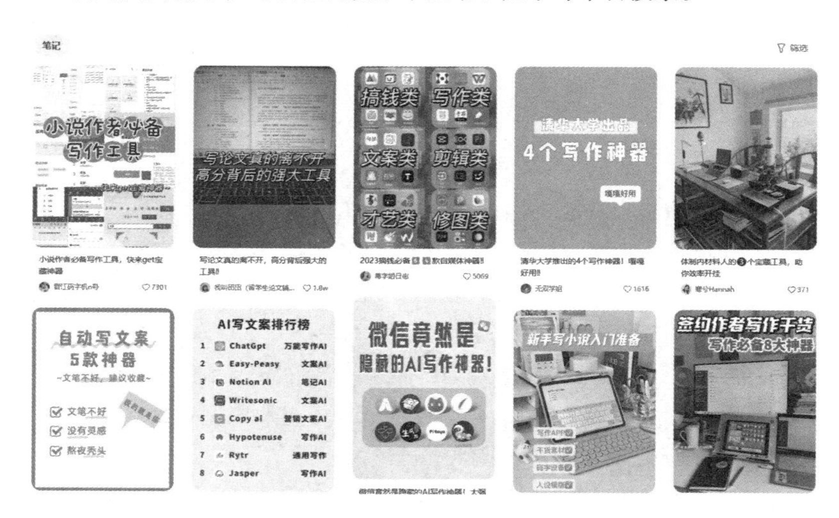

对比这些测评帖子之后，可以选择一两个写作工具亲自体验，比如橙瓜码字，它的优点是支持 Win/Mac/iOS/Android 等系统，可以随时在云端备份稿件；内置生成器，能够随机生成人名、地名、装备名称，甚至能生成细节描写，启发创作灵感；可统计每日码字速度、本次码字字数、本章字数、全书字数；具备稿费预测功能；支持多种文本格式导入导出，和 Word 文档无缝结合，方便交稿。

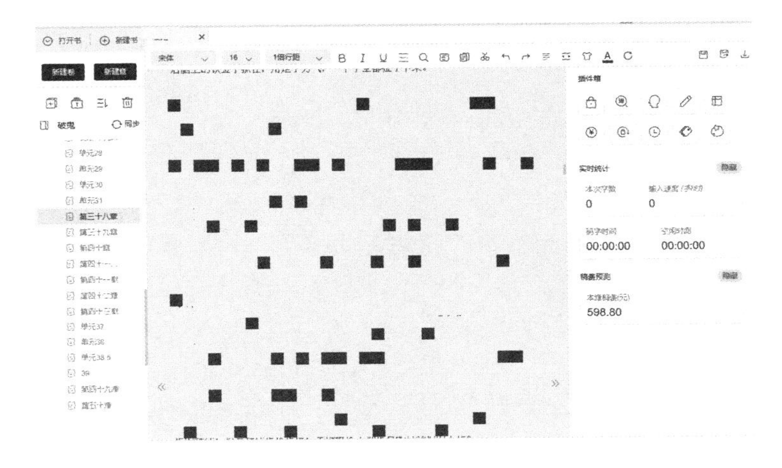

选择合适的写作工具可以大幅度提升写作效率，而选择适合自己的写作平台，可以让自己未来的写作之路更加顺畅。

对于刚开始写作的人来说，选择在哪个平台写作、了解平台的规则等可能是难题。现在有了 ChatGPT，我们可以借助它来解决这个问题。

提问：我想靠写作变现，请你介绍几个适合初学者写作的中文平台。

ChatGPT　以下是一些适合中文写作初学者的平台，可以帮助你展示作品、积累经验和尝试获得收入。

1. 知乎：知乎是一个知识分享平台，你可以在上面写回答、撰写文章、发布专栏等。通过分享你的知识、经验和观点，吸引读者的关注，可能获得一定的稿费或打赏。知乎适合分享专业知识、学术知识、实用技能等内容的写作者，它的读者群体对于深度、专业和有实际应用价值的内容更感兴趣。

2. 微信公众号：微信公众号是一个自媒体平台，你可以创建自己的公众号并发布文章。通过定期更新内容、吸引粉丝和与读者互动，你可以积累自己的读者群体，并通过广告、赞助或付费文章等方式实现变现。微信公众号适合个人创作者、各领域专家、生活经验分享者等，你可以选择适合自己的领域，并吸引相应领域的读者。

3. 简书：简书是一个以写作为主题的社区平台，它提供了分享作品的空间。

你可以在简书上发布短篇小说、随笔，或读书笔记，并与其他作者和读者互动交流。简书适合散文、随笔、小说等创意性写作，它的用户群体对于优美的文字、独特的观点和情感共鸣更感兴趣。
4. 豆瓣读书：豆瓣读书是一个读书社区平台，你可以在上面撰写图书评论、读后感、书评等，通过分享你的读书心得和观点，吸引读者的关注和讨论，可能收到出版社或图书公司的合作邀约，请你写书评等，获得一定的稿费或奖励。豆瓣读书适合分享图书评论、读后感、书评等相关内容的写作者，它的用户群体对于文学作品、学术著作和主题阅读有浓厚兴趣。
5. 小红书：小红书是一个以分享生活方式为主的社交平台，你可以在上面分享你的旅行经历、美食评价、时尚心得等。通过吸引粉丝和与粉丝互动，你可以获得品牌合作、广告推广等机会。小红书适合旅行、美食、时尚、生活方式分享等方面的写作者，它的用户群体对于体验分享、购物推荐、生活技巧等内容更感兴趣。

如果你作为写作者，在写作领域已经有了一些成绩，想要出版一本书，但是不知道怎么操作，也可以通过ChatGPT了解出版渠道和出版要求。

提问： 我想在中国出版一本简体中文的书，应该怎么操作？

ChatGPT 如果你想在中国出版一本简体中文的书，以下是一些操作步骤和建议。
1. 撰写完整的书稿：确保你已经写完一本完整的书稿。确保内容质量高、结构清晰，并适合目标读者群体。
2. 寻找出版机构：在中国，有很多出版机构可以考虑合作。你可以通过互联网搜索、咨询相关行业人士或参加出版交流活动来寻找适合你的出版机构，了解他们的出版方向、规模、声誉、资源等方面的信息。
3. 提交出版申请：一旦确定了合作的出版机构，你需要按照他们的要求提交出版申请。这可能包括填写选题申请表、书稿样章、作品简介等。出版机构会评估你的作品，决定是否出版。
4. 签订合同：如果你的书稿被接受，你将与出版机构签订出版合同。仔细阅读合同内容，并与出版方商讨版权、版税、印数、宣传等方面的细节。
5. 编辑和排版：一旦合同签订，你将与出版机构的编辑团队合作，进行进一步的编辑和排版工作，包括内容的润色、文字的校对、封面和版式设计等。
6. 印刷和发行：完成审校和排版后，图书将进入印刷阶段。出版机构将负责印刷、装订和包装，并安排发行和销售渠道。你可以与出版方讨论市场推广和宣传的计划。
7. 著作权登记：在出版前，你可以考虑为你的作品进行著作权登记。这可以为你的作品提供法律保护，确保你的权益得到充分保障。
请注意，这只是一个基本的操作指南，具体的流程和要求可能因出版机构而异。建议你与具体的出版机构联系，并咨询他们的详细要求和流程。此外，也可以咨询专业人士，如出版代理人或律师，以获得更专业的指导和支持。

经过测试，ChatGPT 对于一些问题的回答非常专业，如“如何出版一本书”；但是询问平台规则时，给出的答案却比较笼统，需要不断修正提问内容。比如提问豆瓣平台的规则，得到的答案很可能答非所问。出现这种情况是因为提问的方法不对。如果你想在豆瓣写小说，要问：豆瓣阅读的签约要求是什么？

提问一定要具体。问题越具体，答案越准确。

不断反思和修改

写作是一个反复修改的过程。在初稿写作完成后，要检查写完的作品存在哪些问题，并进行修改，使其更加完善。ChatGPT 是非常好用的修改稿件的工具，举个具体的例子，来展示它的作用。

例如，我需要一段写景的内容，但是写出来的内容不够精练，不够优美，甚至可能存在错误，此时可以使用 ChatGPT 进行整体修改。

原文如下。

云宛如小孩儿一般喜欢“哭”，刹那间，晴空万里的天空突然变幻莫测，从金色、红色、紫色、白色、黑色的云朵中飘洒下一阵太阳雨，仿佛天上的彩虹架起了七彩天桥。彩虹与白云交相辉映，如同在舞动。彩云飘过，轻风拂来，河面泛起涟漪，仿佛水中的彩云也融入了欢快的舞蹈。白河的水面上不仅映照出彩云和蓝天，还映照出青山的倒影，增添了一抹碧绿的峭拔。

清澈的白河水面上，早晨的阳光照耀下，彩云在水中更显婀娜多姿、瑰丽迷人。随着轻风拂来，河面上的波纹仿佛在欢乐的舞蹈中跳跃。云、水、蓝天、青山，宛如一幅画卷，在这片水天相映的美景中，彩云倒映着山峰的峭拔，青山衬托着白云的洁白无瑕。

故乡的云与大山息息相关。秦岭的大山高大险峻，被形容为“孤峰突起”“盛气凌人”“云横秦岭”。故乡的云儿在山间飘荡，早晨，玉带般的白云缠绕在山腰，午后，轻纱般的白云在山巅飞舞。

故乡的云变化多端，傍晚时分，农民归来，坐在门槛上欣赏火烧云。火烧云升腾而起，将半个天空染成火烧般的红彤彤，接着，一朵朵白色、红色、黄色、紫色的云儿出现在眼前。它们有的像呼啸的狮子，有的像奔腾的骏马，有的像棉花团，有的像金山，有的像老人，有的像怪人。

现在使用 ChatGPT 来进行修改。

提问：请对这段文字进行修改，要求将字数缩短至 200 字以内，突出云的特点，语言优美，逻辑通顺。

ChatGPT 天空变幻莫测，金、红、紫、白、黑，颜色各异的云朵中飘洒下一阵太阳雨，彩虹架起七彩天桥。彩云飘过，轻风拂来，河面泛起波纹，仿佛跳跃着欢乐的舞蹈。云、水、蓝天、青山，如画卷相映。
故乡的云与大山息息相关。秦岭高大险峻，常被形容为“孤峰突起”“盛气凌人”“云横秦岭”。故乡的云儿在山间飘荡，早晨，玉带般的白云缠绕在山腰，午后，轻纱般的白云在山巅飞舞。

ChatGPT 修改后的内容，整体上仍旧保留着云的特征，但是语言要简洁得多。如果觉得哪里不符合自己的要求，可以在 ChatGPT 修改的基础上进一步修改，这样会大大节省文章修改的时间。

不过，需要注意的是，ChatGPT 的发挥并不稳定，在进行文章整体修改的时候，写作者一定要做好把控，在它修改的过程中及时反馈问题，并且仔细审查最终的结果，避免它给出存在语句、语法错误的回答。

对于零基础的写作者来说，只要按照以上七个步骤去做，便已经迈入了写作的大门。借助 ChatGPT 辅助写作已经成为一种趋势，既然我们无法阻止它，那么就尝试去拥抱它吧。

02 写作的三个核心技能

写作并非易事，我们必须承认，要取得写作成果，需要长期坚持和不断提升。对于零基础写作者来说，最大的难点在于动笔。现在，AI 时代来临，我们不禁要问：未来还需要作家吗？ChatGPT 已经可以写小说、文案、脚本、剧本等内容了，一些工作，如简单文案编写、素材整理、选题策划，可能会面临被取代的风险。

所以，要成为一位出色的且不被 AI 取代的作家，你需要掌握以下三个核心技能。

创造力

当 ChatGPT 可以完成一些简单、重复的创意作品时，缺乏创造力的作家可能会被淘汰。因此，培养个人的创造力至关重要，创造力将成为作家的最大竞争力。

在未来，写作可能分为三种类型：AI 写作、AI 辅助写作和创造性作家写作。大量 AI 创作出的作品，有可能导致书籍和文章同质化严重，读者对此产生审美疲劳时，创造性作家就有了机会。

人与 AI 的最大区别在于，人类拥有各种思想，甚至能够创造新的思想，而 AI 只能在已有的数据库中提炼和重组信息。

所以人可以创新小说模式、结构，摸索新的写作风格。只要这种模式从未出现过，AI 就无法模仿。这就是未来作家写作的方向，我们思想的独一性和创造力，是 AI 无法替代的。

我们可以让 ChatGPT 成为我们的助手、我们的导师，但是它不能替代我们。

怎样才能拥有创造力？在日常写作中进行刻意练习，可以培养写作的创造力。我们可以尝试以下几种方法。

方法一：脑洞练习。

ChatGPT 给出的脑洞练习方法如下。

提问：写作时如何进行脑洞练习？

ChatGPT 进行脑洞练习是培养创造力和想象力的有效方式，可以帮助你在写作中产生新颖、独特的想法。以下是一些进行脑洞练习的方法和技巧。

1. 自由写作：选择一个主题或一个词语，开始围绕其进行写作，不受限制地记录你的想法。不要担心逻辑性或连贯性，只需要让思维自由流动，让想法迸发出来。这种练习可以让你的大脑从传统思维模式中解放出来，为创造性的想法铺平道路。
2. 假设和设想：作出一个假设或设想，以此为基础展开你的写作。例如，假设地球上的引力突然消失，你可以写一篇关于人们如何应对这种情况的文章。这种方法可以激发你的想象力，引导你思考不同的情境和可能性。
3. 反转观点：将一种常见观点或情节进行反转，探索其中隐藏的可能性。例如，将童话故事中的反派角色反转成主角，或者对科幻小说中的未来社会进行反向设定。这种方法可以让你看到事物的不同面，并找到新的创作灵感。
4. 随机组合：使用随机的元素进行组合，如随机词语、图片或情节要素，将它们结合起来进行写作。这种方法可以刺激你的大脑，帮助你思考不同的组合方式，发现意想不到的创意。
5. 创造角色：想象一个独特的人物角色，包括其外貌、性格、背景故事、目标等，尝试将这个角色置于不同的情境中，探索他如何应对困难和解决问题。通过创造角色，可以培养你对于人物的洞察力，并丰富故事情节。

综合 ChatGPT 给出的方法，我们可以举个例子。

假设你做了一个梦，梦中是机器人和人类共存的时代，那么怎么根据这个梦进行脑洞练习呢?

首先，你可以创造出几个角色，简单写下这些角色的基础信息，如身份设定、性格特征等，做成人物卡片，通过随机组合的方式抽取其中的一两个角色，将他们置于你的梦境中。其次，根据这些角色的人物设定，进行多元思考，设想根据人物的性格，他们在不同的情境下会做出什么样的选择。再次，适当让其中一个或者两个角色的做法出现反转，如一个角色是懦弱的反派，面对发狂的机器人本该立刻逃离，但是他亲眼看见自己的亲人被杀害，懦弱了一生的人决定在生命的最后时刻不再逃跑，而是奋起反抗，一个出人意料又在情理之中的反转会提高整个故事的可读性。最后，如果你写着写着突然“卡文”了，不知道该继续写什么，可以随机设定几个与前文剧情关联的关键词，不受限制地随意联想，想到什么写什么，不要担心逻辑性或连贯性，只需要一直写下去，你会发现思路会在不知不觉中被理顺，情节自然而然地就写出来了。

方法二：创新写作方式。

除了内容创新，作家与 AI 的区别还在于结构和风格的突破。我们可以尝试创新并摆脱传统写作方式。

举例来说，2022 年的诺贝尔文学奖得主安妮·埃尔诺所写的自传体小说《一个女孩的记忆》，结构与常规小说完全不同。作者以第一人称写第三人的故事，通过叙述小女孩安妮的故事，分析安妮的心理和对安妮行为的评价，创造出与众不同的写作方式。还有一部非常有趣的群像小说《米格尔街》，每个章节写一个人的故事，直到所有人的故事都得以完整呈现，展现出当时殖民地底层人民生活的真实写照。

这些创新的写作方式是目前的 AI 无法实现的，只有成熟的作家才能设计出如此惊艳的结构。

方法三：写出独特的风格。

语言风格是一篇文章中较明显的特点，如幽默风趣、冷静叙述、犀利老辣、清新干净等。每个人都有自己擅长的风格，我们需要找到并放大这种风格，让读者记住。

举例来说，弗兰兹·卡夫卡是西方现代主义文学的先驱和大师，他的小说和短篇故事常常描绘荒诞而压抑的世界，涉及权力、孤独和人类存在的意义。

加西亚·马尔克斯则是魔幻现实主义文学的代表作家，他的作品常常融合现实与幻想，创造出奇幻的情境。

阿来的作品以浓郁的民族色彩和对生态环境的关注而获得赞誉，他的作品常常将神话传说和现实生活融合在一起，展现少数民族的文化传统和命运。

莫言是中国当代作家的重要代表人物之一，他的作品以浓厚的地方特色和对乡土文化的关注而著称，他的小说《红高粱家族》和《丰乳肥臀》等作品中充满丰富的地域气息，有生动的人物形象。

我们阅读这些大师的作品，即便不看作者、不看书名，也能大概分辨得出某一段文本是谁创作的。

但是 AI 不行。

现在的 AI 写作，能够描绘光怪陆离的情节，但是文笔与风格远无法与成熟的创作者比肩。

我们可以看一个例子，同样是写高粱，莫言和 ChatGPT 的行文差距一目了然。

在杂种高粱的包围中，我感到失望。

我站在杂种高粱的严密阵营中，思念着不复存在的瑰丽情景：八月深秋，天高气爽，遍野高粱红成洸洋的血海。如果秋水泛滥，高粱地成了一片汪洋，暗红色的高粱头颅擎在漫漫的黄水里，顽强地向苍天呼吁。如果太阳出来，照耀浩渺大水，天地间便充斥着异常丰富、异常壮丽的色彩。

这就是我向往的，永远会向往着的人的极境和美的极境。

——莫言《红高粱家族》

红高粱，那是一种生命的象征，一片田野的骄傲。当金色的太阳升起，初晨的微风轻轻吹拂过大地，红高粱在阳光的照耀下，散发着迷人的光彩。

站在高粱田的边缘，我感受到一股温暖的气息迎面扑来。那一片片婆娑的红叶仿佛融化了天地间的一切繁杂，只留下了一片宁静和宏大。红高粱们高高耸立，如同勇敢的战士，迎接着每一次风雨的洗礼，展现出强大的生命力。

——ChatGPT

文学鉴赏能力

未来，随着大量 AI 生成的内容出现，对于普通人来说，如何选择阅读材料将成为一项巨大的考验。同时，随着 ChatGPT 等技术的发展，许多文字相关的工作将被自动化技术承担。那么，什么样的人才能在变革中保持价值？答案是具备文字鉴赏能力的人。

在研究 ChatGPT 的过程中，我发现了一个问题：它所写的许多文章看起来很华丽，但仔细阅读时会发现其中有时候存在前后矛盾，或者文章表面上看起来很有道理，但缺乏具体方法和实质内容。

举个例子。

提问：写一篇关于人生选择的文章，告诉读者在面对两难抉择时，到底该怎么选。

ChatGPT 当我们面临人生的两难抉择时，内心常感焦虑困惑。然而，在关键时刻，我们需要冷静思考、审视内心，并采取适当行动。

首先，明确价值观和长期目标。确保决定与内心一致，符合核心价值观。

其次，深入思考和研究选择。了解所有选项，搜集信息和资源，以做出明智决策。

最后，倾听内心的声音。感受直觉和内心引导，结合外部信息，找到最适合自己的道路。
在决策后，要能够承担责任并接受后果。人生充满不确定性，只有勇敢迈出一步，才能迎接机遇和成长。
两难抉择是不可避免的，但通过清晰思考，忠诚于自己的每个决策，能塑造出真正属于我们的人生。

ChatGPT 生成的内容，初读很有道理是不是？但实际上，代入常见的抉择类问题，比如，面对两所各方面都相差无几的学校，去离家近的还是离家远的？面对两个薪资水平、工作强度、工作氛围都上佳的公司，是选择大城市的，还是返回故乡发展？如果无论哪个选择，都是心之所向，都既有好处也有劣势，此时 ChatGPT 生成的内容就会变成“正确的废话”，缺少实际参考价值。

因此，具备文字鉴赏能力非常重要。这种能力使人能够辨别文章中的逻辑矛盾，并识别文章中的空洞之处。具备文字鉴赏能力的人可以筛选出有价值、有深度、有逻辑的内容，从而提供给读者高质量的阅读材料。

在未来，那些具有超强文字鉴赏能力的人，可能会将 ChatGPT 训练成自己的小助手，为自己提供选题、思路和大纲，能够迅速识别出哪些文字不可用、哪些文字有价值，快速筛选，提高工作效率。

那么，文字鉴赏能力如何培养呢？

答案是大量阅读。

随着阅读的广度和深度增加，对文字的鉴赏能力会提升。在阅读时，我们应尽可能选择经典作品和名著，选择那些经过岁月洗礼，仍然被传承的作品。同时，我们应该多去阅读那些具有创新特点、独特个人风格的作品，尝试接受不同类型的思想。除了文学，最好还可以涉猎哲学、心理学、佛学，以及历史学等领域。长期阅读诗歌对于写作者也非常有益处，诗歌语言凝练，意境深远，对于任何类型的作家，都能提供很大的帮助。

AI 的出现可能让许多人过度依赖科技，失去思考能力，甚至放弃阅读，这对作家来说无疑是致命的。无论何时，我们都不能放弃阅读和思考，也不能过度依赖 AI，否则最终我们将被 AI 所束缚。

独特的观察力

作家需要具备敏锐的观察力和洞察力，捕捉到人类情感、行为意图和内心世界的复杂性，并将其真实地表达在作品中。这种独特的观察力和洞察力是 AI 难以模拟的，因为它涉及对人类情感的深度理解。

那么，如何培养敏锐的观察力和洞察力？我们看看 ChatGPT 怎么说。

提问： 如何培养观察力和洞察力？

ChatGPT 培养敏锐的观察力和洞察力需要积极的实践，以下是一些方法，可以帮助您提升这两个能力。

1. 练习专注：培养专注的能力，将注意力集中在事物、周围的环境和细节上。在观察事物时，尽量排除其他干扰，全身心地专注于所观察的对象。
2. 多角度观察：从不同的角度观察事物。改变位置、角度或观察时间，以便获得更全面和深入的观察结果。尝试换位思考，从他人的角度来观察和理解事物。
3. 练习写作：坚持写日记、随笔或观察记录。通过写作，您可以更加仔细地观察和思考，将观察到的细节、感受记录下来，进一步培养敏锐的观察力和洞察力。
4. 练习绘画：通过绘画来观察和表达。艺术可以帮助您更加深入地观察事物的形态、颜色、纹理等细节，并将其表达出来。
5. 观察身边的人和环境：关注周围的人、事和环境。细心观察他们的表情、姿态、行为和交流方式，倾听他们的言语和言外之意，察觉他们的情感和内心的细微变化。
6. 阅读和学习：广泛阅读各种类型的书籍。阅读可以开阔视野，接受不同的观点和思考方式。学习不同领域的知识，了解不同的文化和历史背景，以丰富自己的观察力和洞察力。

7. 培养批判性思维：质疑和分析观察到的信息和观点，不盲目接受表面现象，而是深入思考背后的原因和逻辑。

通过不断地实践以上方法，我们可以逐渐提升自己的观察力和洞察力。这需要时间和耐心，是一个必须长期坚持的过程。

以上三个要点是在 AI 时代作家必须掌握的核心技能。只要你能做到这三点，你就能击败 99% 的人。成为作家的道路并不坎坷，只要我们坚信自己能够到达终点，我们就能实现自己的作家梦。

03 为什么一定要公开写作？

很多文学爱好者在写作初期不敢公开展示自己的作品，常常担心自己写得不好或不够完美，害怕遭受读者的批评。因此，他们有时会选择将自己的文字藏在文件夹中。殊不知当作家的作品无法得到反馈时，作家很容易失去自信，最终放弃写作。

我曾经遇到一个学员，她写了几十万字的小说，却不敢公开发表。她说："我知道我写得太烂了，不好意思给别人看。"正是这种心理，使得她的作品一直被埋没。后来，我指导她将作品发布到小说网站上，出乎意料，她的第一部作品就被平台签约了。从那时起，她的自信心大增，至今坚持写作，并且已经签约了三四部作品，还担任了无戒学堂的导师和助教。

公开写作需要做到以下几点。

克服自我否定

不要总是自我否定，认为自己写得不够好，害怕受到读者批评等。

不要将不存在的问题当成事实。当你将文字公开发布后，你会发现事实并不像你想象的那样。我还记得刚开始写作时，我最喜欢写日记、随笔和小故事。当我完成一篇文章后，我会上传到简书平台。那时我的文笔不太好，分段有问题，标点符号也用得不准确。但令我感到惊奇的是，大家都鼓励我，甚至给我打赏，没有人苛责我。正是这种鼓励让我有了继续写作的勇气，这就是公开写作的意义。

接受批评

公开写作可能会遭遇批评，接受读者的批评是每个作家都必须经历的过程。你会发现，无论是大作家还是小作者，总会有人不喜欢他们的文字，这是很正常的。而且作为新手作者，写得不够好也是正常的。

新手作者的文章中可能存在很多低级错误，我们可以尝试使用 ChatGPT 解决基本的写作问题，如分段、校对、标点确认、文章分析等，让 ChatGPT 做你的第一位读者，给你提出一些建议。

提问：我写了一篇文章，请你帮我校对一下其中是否存在错字错词、标点符号错误、逻辑错误等。文章如下。

在浩瀚的自然世界中，有一种生灵，它轻盈而娇美，翩翩起舞的姿态让人陶醉其中。那就是蝴蝶，它们是生命的化身，寄托着无尽的哲理与启示。

蝴蝶，从幼小地蛹中孵化而来，蜕变的奇迹始终伴随着它们。正是因为经历了从毫无形态到华丽蝶翼的转变，蝴蝶成了生命的象征。我们是如此渺小，面对岁月的流逝和变迁，而蝴蝶，用自己的存在诠释了生命的多变和无限可能。

蝴蝶的舞姿，优雅而独特，仿佛在宣示着自由的权利。它们在空中翩翩起舞，毫无拘束地飞翔、 ” 它们并不畏惧困难和挑战，它们用那柔软的翅膀飞越山川河流，穿越森林和草原，展现出生命的勇气和坚韧。蝴蝶告诉我们，只要拥有一颗勇敢的心，即便面对逆境，我们也能展翅高飞。

ChatGPT 在浩瀚的自然世界中，有一种生灵，它轻盈而娇美，翩翩起舞的姿态让人陶醉其中。这种生灵就是蝴蝶，它们是生命的化身，能给人无尽的启示。

蝴蝶，从幼小的蛹中孵化而来，蜕变的奇迹始终伴随着它们。正是因为经历了从毫无形态的蛹到华丽蝶翼的转变，蝴蝶成了生命的象征。我们是如此渺小，面对岁月的流逝和变迁常有无能为力之感，而蝴蝶，用自己的存在诠释了生命的多变和无限可能。

蝴蝶的舞姿，优雅而独特，仿佛在宣示着自由的权利。它们在空中翩翩起舞，毫无拘束地飞翔。它们并不畏惧困难和挑战，用那柔软的翅膀飞越山川河流，穿越森林和草原，展现出生命的勇气。蝴蝶告诉我们，只要拥有一颗勇敢的心，即便面对逆境，也能展翅高飞。

使用 ChatGPT 修改文章的时候，它有时候会标注出哪一句存在错误，应该怎么修改；有时候则是直接生成修改后的答案，需要我们自己检查哪里出了错误。

本例就是直接反馈了修改后的答案，可以看到它将“从幼小地蛹中”错用的“地”修改为正确的“的”；将“‘’它们并不畏惧困难和挑战”中多出来的单引号删除等。

基础的文字处理完成后，再来看看它能否给我们提供更加高级的修改建议。

提问：请以（1）（2）（3）的形式，指出上段文字的 3 个优点和 3 个缺点。

ChatGPT

优点：

1. 生动描写蝴蝶的轻盈娇美和翩翩起舞的姿态，让读者能够形象地感受到蝴蝶的美丽和优雅。
2. 通过描写蝴蝶的蜕变过程，强调了蝴蝶作为生命的象征，展示着生命的多变和无限可能性，给人以启示和思考。
3. 通过勾画蝴蝶勇敢飞翔的形象，具象化了勇气和坚韧，向读者传递积极的人生态度和信念。

缺点：
1. 在描述蝴蝶的舞姿时，使用了过于普通的形容词，如“优雅”和“独特”，缺乏更具体、生动的描写，可能无法给读者留下深刻印象。
2. 句子结构相对简单，有一些表达上的重复，导致文章的表达方式较为单一，可以尝试使用更丰富的语言结构和表达方式来增加变化和吸引力。
3. 虽然文章提及蝴蝶的存在是短暂而美丽的，但没有进一步展开关于如何珍惜当下、绽放生命之美的思考，这一点可以进一步发挥，使文章更具深度和内涵。

如果我们认同 ChatGPT 给出的修改意见，可以对自己的文章进行相应的修改；如果不认同也完全没有关系，毕竟它只是一个工具，不代表绝对正确。在使用工具进行校对时，仍然需要运用自己的判断力和写作技巧来判断是否采纳它的修改建议。

树立写作自信

很多写作者缺乏写作自信，总认为自己的作品不够好。没有写作自信的作者是走不远的，当你对自己的作品不够自信时，这种情绪会出现在你的作品里，读者也能感受到你的不自信。如此一来，你输出的价值和观点，就不容易被别人接受，因为你都不知道自己说的对还是错。

想要成为作家，必须树立写作自信。

通过提问，可以让 ChatGPT 给我们提供一些提升写作自信的方法。

提问：作为一位创作者，如何树立写作自信？

ChatGPT　树立写作自信是一个渐进过程，以下方法可以帮助您树立写作自信。
1. 阅读和学习：广泛阅读优秀的文学作品和优秀的写作指南，从中学习不同的写作风格、技巧和表达方式。通过学习和模仿他人的作品，逐渐提升自己的写作水平，增加对自己写作能力的信心。
2. 练习和反馈：持续练习写作，尝试不同的主题和风格，通过不断地写来提升自己的写作技巧和表达能力。同时，寻求他人的反馈和意见，通过他人的评价和建议来改进自己的作品，从中获得正面的反馈，增强自信心。
3. 接受自己的独特性：每个人都有自己独特的写作风格，接受并珍惜自己的独特性是培养写作自信的重要一步。相信自己的观点和想法的独特性，勇于表达自己的思想和情感，不要过于担心他人的评价和意见。
4. 设定目标和挑战自己：设定写作目标，逐步挑战自己。通过不断地设定目标并完成它们，您会逐渐感受到自己的成长和进步，从而树立起写作自信。
5. 坚持和自我鼓励：坚持写作是培养自信的关键。即使在面对困难和挫折时，也要保持写作的习惯，并给自己积极的反馈和鼓励。认识到写作是一个长期的过程，每一次努力和进步都是宝贵的，相信自己有潜力和成长空间。

以我的一个作者朋友为例，在开始写作的很多年中，她都不是一个对自己的文字很有自信的人，她很怕身边的朋友、亲人看到她写的内容，更不敢给比她写得好的前辈看作品、寻求点评，怕自己的文字太差，被别人轻视、鄙夷。

为了克服这一点，她查找了很多树立写作自信的经验帖，归纳起来，与ChatGPT给出的方法有非常多的重合。

她开始进行大量的阅读和学习。写作是输出，而阅读与学习是输入，没有输入何谈输出？比如，要写一本以法医为主角的刑侦悬疑小说，就必须阅读大量的同类型优质作品，学习别人的行文结构、人设优点、案情设计技巧；同时，为了保证内容的专业性，必须阅读《法医学杂志》、法医相关论文等材料，努力学习专业知识，并用大量的写作练习，将这些知识融入故事情节。只有这样，在写作的时候才不会露怯。

在阅读的过程中可以发现，不同作者的特点截然不同，有的擅长推进剧情，波澜起伏，一环套一环；有的则擅长细节描写，人物刻画细腻鲜明，即便情节偏简单，只要人物够复杂，仍然会有大量的读者喜欢。由此，写作者要明白，每个人的作品都是独一无二的，不必刻意模仿，要接受自己的写作特色。

给自己制定目标，挑战自己，让自己看到自己的进步，对坚持下去也非常重要。

我的这位作者朋友的写作之路始于中学时期在网站上连载网络小说，那时候不懂规则，只是闷头自己写，读者只有几十个，每个月收入只有一两百元；大学之后，她开始转写短篇小说，还学会了给自己定目标：每个月一定要写出一篇 8000 字的短篇小说，每年一定要有 5 篇以上成功过稿。在长期坚持下，大三的时候，她已经能够保证每年过稿 10 篇左右，这是一个非常大的进步，给了她极大的自信心。

现在她已经毕业多年，不再给杂志写短篇小说，而是重新写长篇小说连载，目标持续升级，比如从签约千字 20 元的保底稿酬，逐步提升到千字 30 元、千字 50 元、千字 100 元……每一次新目标的制定，都是对自己的挑战。

选择适合自己的投稿平台

开始写作时，我建议小伙伴们找一个适合自己的写作平台。我们可以尝试在不同平台上发布文章，根据文章的阅读量和读者的反馈来确定适合自己的平台。

对于一些入门级的写作者来说，可能对写作平台并不了解。这时可以考虑参加一些写作课程，老师会为你提供关于选择写作平台的指导。如今，我们也可以使用 AI 筛选平台。不同类型的作品，如散文、小说、诗歌、新媒体文或热点文，适合不同的平台。

提问：我想写小说，适合在哪个平台发展？

ChatGPT　如果你有兴趣写小说并且希望在某个平台上长期发展，以下是几个适合发表小说和与读者互动的平台。

1. 纸质出版：你可以尝试将你的小说投稿给出版社，争取获得出版的机会。这可能需要一些时间和努力，但如果你的作品被接受，它们将会在实体书店和电商网站上出售。
2. 网络文学平台：在中国，有很多著名的网络文学平台，如起点中文网、纵横中文网、17K 小说网等。这些平台提供了广泛的读者群体和发表作品的机会，你可以在这些平台上发布你的小说，并与读者互动。
3. 自助出版平台：自助出版平台如亚马逊的 Kindle Direct Publishing（KDP）、Smashwords 等，允许作者自行出版和销售电子书。这些平台为你提供了快捷的途径，将你的小说发布到全球市场。
4. 社交媒体平台：你可以使用社交媒体平台，如微博、微信公众号、Facebook 等，建立自己的品牌，通过发布短篇故事、系列小说或其他文章，吸引读者的关注和支持。
5. 个人网站或博客：搭建自己的个人网站，或者运营自己的博客，也是展示和发表作品的途径。你可以在个人网站或博客上发布你的小说章节、短篇故事，或者提供付费订阅服务。
选择平台时，要考虑以下因素：平台是否有庞大的读者群体和流量，是否有良好的作者支持和服务、版权保护措施、稿酬政策等。同时，要确保自己可以在平台上积极互动，与读者建立联系，接受反馈并提升自己的写作技巧。

AI 的出现给我们带来了机会，让我们能够更轻松地创作，避免走弯路。一旦找到适合自己的平台，就要坚持深耕一个领域，不断提升自己的能力。

不是说一旦确定了平台就不能换，但最好尽量避免频繁更换平台，因为积累读者不是一个简单的工作，重新开始又要花费很多时间。

04 判断一篇文章好坏的七大要素

很多作者开始写稿的时候，常常困惑，不知道自己写的稿子是好是坏。那么，评判一篇文章的好坏要从哪些方面入手呢？

语句是否通顺，表达是否完整？

我的职业是写作课讲师，看过上千篇新手作者的作品，这些新手作者存在的共性问题是刚入门写作，语句不通顺、用词不准确、故事表达不完整，以片段化呈现为主。

好的作品，不一定有华丽的辞藻，也可以用简洁的语言把要表达的事情清楚地表达出来；好的作品，不一定是长篇大论，也可以用几百字把要呈现的故事写得引人深思；好的作品，不一定要标新立异，也可以用最常见的叙述方式让读者共情。

新手作者写作时，一定要记得别排斥反复修改。当你不知道你的句子是否通顺的时候，可以尝试大声朗读，朗读的时候，如果发现有句子读起来不顺口，一定是句子不通顺，可以尝试修改。如果自己不知道怎么修改，可以尝试用 ChatGPT 进行优化。

以下是别人给我写的采访稿中的一段，我们让 ChatGPT 帮我们优化一下。

那三年很艰难，她从一个文学创作者变成了一家传媒公司的创始人，不光自己写、开设课程，还找各种资源，带着很多人一起写！有时候，她早晨写作，白天为年度课同学做一天的语音咨询，晚上讲完课，还能再去做直播，半夜都在构思小说。写书、上课、创业、管理团队、学员答疑、拍视频、做直播、剪辑，一天 24 小时，被她过成了 48 小时。

将这段内容发给 ChatGPT，并进行提问。

提问： 帮我优化一下稿子，意思不变。

ChatGPT 那段为期三年的经历非常艰辛，她从一位文学创作者转变为一家传媒公司的创始人。她不仅自己写作，还开设了课程，并积极寻找各种资源，与众多人共同创作！有时候，她一大早就开始写作，白天为年度课程的学生提供语音咨询，晚上讲课后又进行直播，甚至在深夜思考小说的构思。她的日程安排涉及写作、授课、创业、团队管理、学员咨询、视频拍摄、直播和剪辑等各个方面。虽然一天只有 24 小时，但她像过了 48 小时一样充实。

这是它给出的答案，我并不满意。于是继续发出指令让它优化。

提问： 继续修改，要求语言精练。

ChatGPT 那三年过得艰难却充实，她由文学创作者转变为传媒公司创始人。不仅要创作，还开设课程、寻找资源，带大家一起写作。她早起写作，白天为学生提供咨询，晚上讲课直播，深夜构思小说。写书、上课、创业、团队管理、学员咨询、拍摄、直播、剪辑，她将 24 小时过成了 48 小时。

现在效果好多了。

当我们发出适合它的指令，它是可以给出让你满意的答案的。

但是要注意，ChatGPT 修改后的稿子并不一定是完美的。有时候也存在语句不通顺的情况，以及词不达意、前后矛盾的问题，这时候，需要写作者自己做出判断，并进行修改。

内容是否有深度？

阅读过许多书籍后，我们会发现并非每本书都有深度，有些书篇幅冗长、废话连篇、信息有限。好的书籍可以分为两类：一类能够赋予读者力量和方向，引发警示和思考；另一类能够提供方法和建议，给出解决问题的思路。

评判一本书的好坏时，关键在于它对读者的改变程度：它是否能准确解决读者的问题，让读者的内心产生震撼和豁然开朗的感觉？是否足够吸引读者反复品读，并从中提炼观点，突破思维局限，改变现状？

有些书籍内容浅尝辄止，似乎说了很多，却没有真正说到点子上。这种情况往往是因为作者缺乏深度思考，未能剖析问题的本质。

优秀的书籍必须能让读者洞察事物的本质，只有透过现象看清本质，才能更好地解决问题。

因此，在写作时，务必培养自己的深度思考能力，让作品更有深度。

提问： 怎么能让写出来的内容有深度呢？

ChatGPT 要让自己写出来的内容有深度，可以考虑以下几个方面。

1. 深入思考主题：选择一个有深度的主题，并进行深入思考和研究。了解主题的各个方面，包括历史背景、相关理论、现实问题等，通过广泛阅读、调研、思考，打下扎实的知识基础。
2. 给出独特的观点：寻找与众不同的观点或独特的见解，不仅要从表面看问题，还要深入挖掘背后的本质和深层次含义。尝试从多个角度思考问题，给予读者新的思考视角。
3. 提供有力的论据：在写作过程中，用有力的论据来支持自己的观点。可以引用专家的观点、引用研究数据、提供实例和案例分析等。通过提供可靠的信息和具体的例子，可以增强内容的深度和可信度。
4. 增加个人思考和情感表达：将自己的思考和感受融入写作中，让文章更具个人色彩和情感共鸣。这一点可以通过分享个人经历、情感表达、对于主题的个人反思等方式来实现。个人思考和情感表达能够给内容注入更深层次的内涵和共鸣。
5. 引用经典作品：借鉴经典作品中的深度思考和哲学观点。通过与经典作品对话，能够给予读者更丰富的阅读体验。
6. 反复审查和润色：写作完成后，反复审查和润色你的内容，确保思路清晰、逻辑严谨、表达准确。修正语言上的模糊和含糊不清之处，删减冗余和无关紧要的内容，使文章更加精练有力。

主题是否明确？

优秀的文章必须有一个明确的主题，读者阅读之后能够清晰地了解作者想要传达的观点和思想。许多作者在写作时容易发散，将自己想到的所有内容都塞进文章中，这样的文章没有明确的主题思想，内容泛泛，很难深入挖掘任何一个方面。

我们会发现，那些广为传播的文章都有明确的主题和作者独特的观点，读者读后可以立即提炼出有价值的信息。

对于作者来说，在写作之前，可以尝试先确定文章的主题，再围绕主题进行构思和整合素材。

切记不要将所有素材放在同一篇文章中，对素材进行精心筛选和删减对于作者来说非常重要。

语言是否准确？

优秀的文章常常用简洁的语言准确地表达要写的事情和要传达的观点，让人称赞不已。也许你有过这样的经历：你曾努力想要准确地记录下某种感觉，却无法找到合适的表达方式，但在某篇经典作品中，作家用一句话准确地描绘出了你的内心世界，令你惊叹不已。

这就是准确叙述的魅力。

初次写作的作者，由于词汇量不足，常常无法将思维和笔触同步，导致作品词不达意，令人难以理解。

针对这些问题，我们必须进行刻意练习，平时要注意积累词汇，并尝试用这些词汇来构建句子、描写场景、编写故事。

我们的写作社群中进行过一项训练，即每天找一个喜欢的词语或成语，用它来造句或编写故事。经过一段时间的练习，大家的写作水平明显提升，词汇量也显著增加。

如果你已经开始写作，并且正在积累词汇，但在写文章时仍觉得找不到准确的词语，可以尝试使用 ChatGPT 突破瓶颈。将你想要表达的感觉发送给 ChatGPT，让它为你提供描绘这种感觉的句子和词汇，有助于帮你克服初期无法准确表达的障碍。

比如我想描写痛苦到麻木的感受，但是不知道怎么形容，就可以这样提问。

提问： 描写极度痛苦、痛苦到麻木的感受，要求 100 字左右，用散文叙述的方式，语言要美，句子要精练。

ChatGPT　极度的痛苦，如刀锋穿透灵魂，酿成无尽苦楚。痛至麻木，如瘫坐荒野，失却呼吸与感觉。万千黑暗织成囚牢，囚禁着心灵。无边的绝望漫溢，像悲歌困于咽喉。无法述说的痛，无言地割裂着每寸肌肤。

看得出来，这段描写的水平还不错，能够很好地解决词穷的问题。同时，我们也可以根据它写的句子，积累词汇。

价值观是否积极向上？

有些作品看似写得很出色，但读者阅读后可能会感到更加难过，对未来失去希望，甚至对人生感到绝望。

这样的作品是毫无价值的。

我一直在思考：作家写作的意义是什么？

我认为绝大多数作家写作的目的是影响他人，让更多人过得更好、活得更快乐。

然而，有些人可能会问：如果所有作品都以大团圆为结局，那么写作不同作品的意义在哪里？我并不是说不可以写黑暗、人性、悲剧，而是要让人们了解悲剧发生的原因，避免悲剧重演，并且要揭示人性的丑恶，以促使生活变得更加美好。

《活着》是一部典型的悲剧作品，虽然它是悲剧作品，但通过描绘主角悲惨的一生，告诉读者，在那样一个年代，国家困苦、人民困苦，每个人依然努力活着，而我们现在生活条件、物质条件更好，什么都不缺，是不是更应该好好活着，活得更好？

你看，即使是悲剧作品，也可以传递积极的价值观。

作品的价值观很容易影响读者的人生。年少时，我阅读了许多“青春疼痛文学”，它们对我产生了深远的影响，导致我常常认为颓废和痛苦是人生常态。这些作品中有很多关于自杀的描写，受这种价值观的影响，我甚至对死亡充满向往。

这就是负面的价值观对读者产生的影响。

我认为优秀的作品，不论是悲剧还是喜剧，都应该给读者带来希望，而非诱导读者对这个世界绝望。

观点挖掘是否深入？

有些作品表面上看似乎很有道理，但当我们深入思考时，会发现问题解析过于浅显。例如，我写过一篇关于高额彩礼的文章，批评家乡人将嫁女儿视为卖女儿的行为，我主张只要女儿幸福，父母不应该索要彩礼，彩礼问题就能解决。

然而，事实并非如此简单。高额彩礼背后存在很多原因，如历史背景和男女比例失调。女孩长大后远嫁他乡，许多男孩找不到媳妇，为了娶到媳妇，家人只能支付更多彩礼。因此，将问题归咎于女孩父母是不全面的。

当我的观点引起读者质疑时，我才意识到自己的狭隘。因此，优秀的作品要能客观全面地分析问题，避免主观偏见。

对读者是否有用？能否引起共鸣，帮助读者做出改变？

不论你写的是新媒体文章、故事、散文，还是小说，一个作品是否优秀，重要标准之一是读者能从中获得什么。

对于写作方法类的作品来说，作者必须提供具体方法，避免泛泛而谈。对于故事和小说来说，读者应通过作品感受到作者所传达的思想，并对自己的生活和行为进行反思。

我曾出版一本名为《余温》的小说，许多读者反馈，说读完这本书后决定与原生家庭和解，重新开始生活。最近我出版的一本书《云端》，让许多读者意识到网络暴力的危害，不能做杀人于无形的杀手。

当你不确定一篇文章是否为好文章时，可以通过以上七点进行验证和判断。这不仅可以帮助你评估作品的质量，还可以辅助你修改作品，让你知道如何写出优秀的作品。

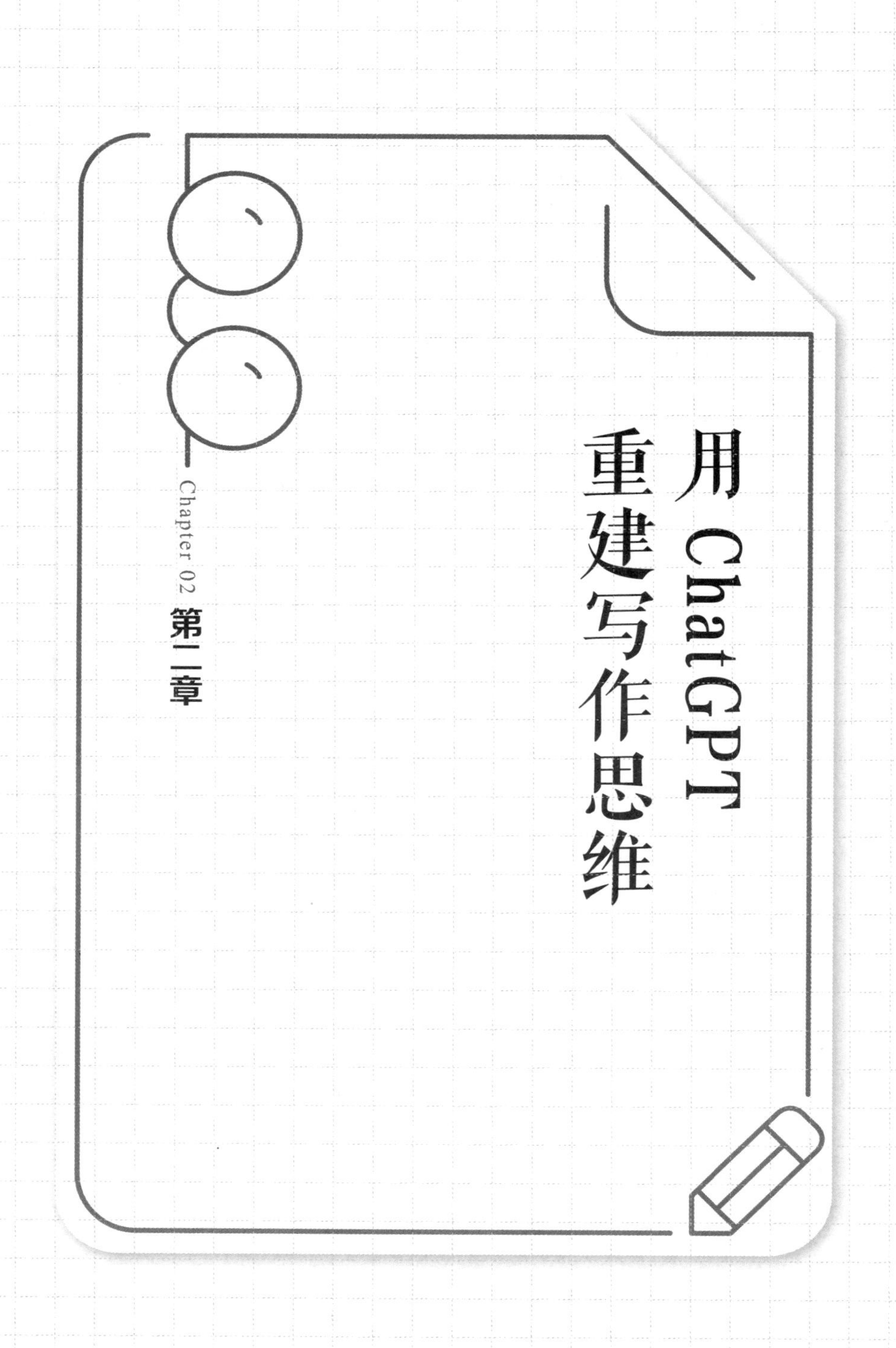

Chapter 02 第二章

用ChatGPT重建写作思维

01 为什么说作者必须有写作目标?

在写作之前,思考为什么要写作是至关重要的,只有找到写作的意义,才能更好地坚持下去。许多作者无法持续写作的根本原因就是他们不知道为何而写,缺乏明确的写作目标。刚开始写作可能是出于兴趣,随着时间推移,写作的热情可能逐渐消退,便失去了持续写作的动力。

大多数人开始写作是为了记录生活。

如果是为了单纯地记录,只需要将你想表达的内容写出来即可,不需要考虑读者,也不需要考虑文字对他人的价值,只要你认为你的记录有意义即可。

但如果你的写作目标是成为作家,你必须明白,要成为作家,你必须写出对他人有价值的作品,要写出读者喜欢且满足市场需求的作品。确定了成为作家的目标后,你必须意识到写作是一生的事业,要有长期主义思维,让写作成为你的生活习惯。成为作家的道路并非一帆风顺,可能会面临各种困境和瓶颈期,许多作者因此放下了手中的笔。一旦我们明确了成为作家的目标,就相当于提前预知了这些困境,当困境出现时,目标会成为我们坚持下去的动力。

曾经有一段时间,我差点放弃写作。那时,我已经写了五年,与我一同写作的一些同行者已经出版了好几本书,我却一直遭遇退稿。我失去了信心,陷入强烈的自我怀疑之中,差点放弃写作。然而,就在那时,我想起了自己的目标——成为作家,用一生的时间去创作。既然要写一辈子,何必在乎这几年呢?只要坚持去写就可以了。

你看,这就是确定写作目标的意义,它能在我们迷茫时为我们指引方向。

有人写作是为了疗愈情绪。写作是心灵的良药,能够治愈内心的创伤。在心理学中,有一种专门的治疗方式被称为写作疗愈——当你内心充满负面情绪无法释放时，可以通过写日记的方式倾诉，用文字表达你的不满、痛苦、悲伤，以及对不公平的抗争。情绪得以宣泄，抑郁状态会得到缓解。

作为讲师，我遇到过许多通过写作疗愈自己的案例。其中之一的主人公是一个长期受母亲控制的人，长大后无法处理好自己的人际关系，深陷困境。通过写作，她不断反思，深入剖析自己和母亲的关系，并逐渐改变了现状。在此之前，她与孩子的关系极差，通过写作，她意识到自己变成了第二个“母亲”，明白了与孩子关系不好的根源在自己。她决定做出改变，亲子关系得以改善，生活也逐渐变得光明起来。

还有一位学员，她在 40 岁时生了二胎，患上了产后抑郁症。后来她开始写作，不仅郁症得到治愈，还成了几个平台的签约作家。

有人写作是为了赚钱，实现变现。一旦你决定通过写作赚钱，你就需要深入研究市场规律、平台规则、读者喜好等。目标明确后，可以围绕这个目标努力，目标更容易达成。

如果没有明确的目标，你容易偏离方向，例如，有些人喜欢写小说，却一直在新媒体领域发展；有人想成为作家，但从未完成一部完整的作品；有人想通过写作赚钱，却选择了纯文学领域。这就是目标不明确的结果，虽然你在努力，但方向错误，就很难得到想要的结果。

如果你想通过写作赚钱，你可以选择写新媒体文章、带货文、个人品牌故事、热点文章等，你可以选择那些根据阅读量做收益分成的平台，也可以选择稿费较高的投稿平台，或者盈利较好的网络文学平台等。这些平台的内容需求量极大，只要有足够强的输出能力，通过写作获得的收入非常可观。

写作者想要靠写作赚到更多的钱，一方面需要提高笔力，让自己的文字更值钱；另一方面，需要让自己的效率更高，在相同的时间内写出更多的文字。前者是一个漫长的、逐步提高的过程，无法速成；但是后者，只要掌握一定的方法，完全可以让自己的写作效率成倍提升。

例如，现在 AI 兴起，写作者可以借助 ChatGPT 提供的思路，提高写作速度。

以写文案为例，介绍一下具体操作方法。

假设客户要求你写一篇关于写作的文案，使用 ChatGPT，可以高效搞定。

提问：从作家角度，写出写作的好处。

ChatGPT　写作的好处如下。

1. 创作技巧的提升：通过不断写作，作家可以不断锤炼自己的写作技巧，包括描写、对话、情节构建等方面的能力。随着时间的推移，作家的写作水平会不断提高，更加熟练地表达自己的思想和情感。
2. 视野的开阔：写作是一个探索世界和思考人生的过程，作家需要进行广泛的阅读和研究，以积累知识、开阔视野。这种积累和思考会深刻影响作家的创作，使其能够创作出更加丰富和深刻的作品。
3. 独立思考和表达能力的培养：写作要求作家有自己独特的观点和思考能力，能够独立思考问题，并通过文字表达出来。这种独立思考和表达能力对于每个人来说都至关重要。
4. 影响力和社会责任感的提升：作家拥有一定的影响力和社会责任。通过写作，作家可以传递自己的思想和价值观，引发读者的思考和共鸣。作家创作的优秀作品可以成为社会文化的一部分，对社会产生积极的影响。

根据这个思路，再结合客户要求进行创作即可。这样就节省了从无到有的梳理思路的时间，大大提高了写作效率，更容易实现靠写作变现的目标。

当然，写作目标并非一成不变。有时我们开始写作只是为了倾诉和疗愈自己，后来却发现自己对写作产生了热爱，希望成为作家。在不同阶段，写作目标的变化是完全可以的。然而，无论怎样，我们都需要时刻明确自己当前的写作目标。

明确写作目标有以下几个好处。

明确写作内容和主题

许多作者在开始写作时，不知道要写什么，涉猎各种类型，写了许多作品，却没有获得收益，让写出来的内容都成了废稿。如果一开始就明确写作目标，如确定自己就是要写小说、写观点文章、写故事等，就可以根据目标准备素材和内容，更容易取得成果。我曾遇到一位学生，她写了 80 万字，却没有任何成就，我好奇地阅读她的作品，发现她什么都写，但都不够深入。后来，她参加了我们的写作课程，开始专注写小说，一年内，同样写了 80 万字，签约了豆瓣阅读和番茄小说，通过写小说实现了写作变现。这就是明确写作目标的好处。

找到受众群体

不同的受众群体喜欢不同的作品。明确写作目标有助于找到适合自己的写作平台，每个平台的受众群体都不同，我们需要根据自己的文章风格和写作方向，找到适合自己的受众群体，作品才会有更大的传播力。

提高写作水平

明确写作目标后，可以有针对性地深入了解专攻的领域。例如，你喜欢写小说，并决定在这个领域深耕，就可以有意识地练习写小说，研究优秀小说的结构，提高人物塑造、情节构思等方面的技巧。其他方向也是类似的，你喜欢写文案，就需要研究文案的结构、爆款文案的特点、开头和结尾的写作技巧，以及产品的植入技巧等。

给予自己坚持的动力

有时候，当我们未得到预期的结果时，就很难坚持下去。一旦明确写作目标，便可以将大目标分解为小目标，这样更容易获得成就感，从而更好地坚持下去。例如，我的目标是成为一名小说家，有了这个明确的写作目标后，我只需要每年完成两部作品就足够了。只要我每年能够写完两部小说，我就知道自己迟早会成为小说家。

更好地优化作品

明确写作目标后，我们可以向着小目标努力，及时进行复盘和总结，并根据结果不断优化作品，这也有助于提高写作水平。

在我指导过的学生中，大多数放弃写作的同学，都是因为写作的目标和未来想要的结果并不明确。因此，在你开始写作时，一定要多问问自己：为什么我要写作？我希望写作带给我什么？我要写作多久？我能坚持多久？

只有始终清楚自己当前的写作目标，才能更有针对性地努力，并取得更好的成果。

02 写作为什么需要读者思维？

在写作的过程中，许多作者发现他们无法坚持写作的根本原因是缺乏读者的反馈——充满热情地写了很长时间，却没有人欣赏，很容易陷入自我怀疑和自我否定的情绪中。

那么，为什么作品没有阅读反馈或者阅读量低迷呢？其根本原因在于，很多作者在写作时没有与读者形成双向沟通。

写作不仅需要从作家的角度看问题，还要站在读者的角度思考。作家需要了解目标受众群体，知道他们喜欢什么样的文章。只有作品符合市场需求，才有可能被广泛传播。

新手作者在写作时，常见的问题如下。

一、只关注自己的情感倾诉需求，忽视读者的阅读需求

大多数新手作者开始写作时，所写的内容只与自身相关，无法引起他人共鸣。我经常听到新手作者抱怨自己的作品很出色，但没有人欣赏，然而，当我阅读他们的作品时，发现实际情况并非如此。他们写的是自己的故事，可能个人情感很深，但作为读者，我毫无阅读兴趣。

无论你写什么样的文字，都要记住，不要只满足于自我欣赏，除非你写作的目的就是倾诉和治愈自己。如果你想成为作家或者在新媒体领域发展，你必须具备读者思维。

什么是读者思维？

读者思维是指站在读者的角度去思考、去写作的思维。作者需要考虑读者的需求、兴趣和期望。

当我们阅读一本书时，作为读者，我们总是希望这本书能够帮助我们解决现实生活中的问题，给我们提供实用的方法，或者启发我们进行思考。有时，我们还希望通过阅读故事来体验情感上的共鸣，了解某件事情的来龙去脉。

我们经常看到，一些热门文章的阅读量很高，这是因为热门话题是大众关注的，许多人想了解其中的真相和背后的故事。

现在我们就以热点文为例分析一下。

以前，要迅速写出一个热门事件的相关文章并不容易，但现在我们可以借助 ChatGPT 等工具来快速收集素材，轻松写出热点文章。

先来了解一下热点文的整体写作思路。

提问： 热点文的整体写作思路是什么？

ChatGPT　热点文是指以当前社会热点事件或话题为素材的文章。它旨在抓住公众关注的焦点，表达作者对该事件或话题的见解和思考。下面是热点文的整体写作思路。

1. 捕捉热点：选择一个当前引起广泛讨论和争议的热点事件或话题，可以是社会、政治、科技、文化、娱乐方面的事件，也可以是关注度较高的社会现象。
2. 深入了解：对所选热点事件或话题进行深入研究和了解。收集相关信息、数据和观点，了解不同立场和意见。多方面的了解，可以为你的文章提供更全面的视角。
3. 确定观点：基于你对热点事件或话题的研究和理解，明确自己的观点和立场。想清楚你的观点是否与主流舆论一致，以及你对问题的看法和解决方案。
4. 结构安排：构思文章的结构和组织方式。可以使用问题—论点—论据—结论的经典结构，或是通过引用事实—引用专家观点—讲述个人经历等方式展开。
5. 引起兴趣：开篇要引起读者的兴趣和好奇心。可以采用引用、故事、引发疑问等手法，吸引读者继续阅读。
6. 论述观点：在文章的主体部分展开论述，提供相关的数据、专家观点、实例来支持自己的观点。
7. 对立观点：在表达自己观点的同时，也要考虑到对立观点的存在。可以选择性地引用对立观点并进行反驳或辩解，展示你的观点的合理性和可信度。
8. 总结观点：在结尾部分对文章进行总结，并强调自己的观点和看法。可以用简洁有力的语言概括观点，并鼓励读者思考、讨论或呼吁采取某些行动。
9. 语言表达：注意语言的准确性、简洁性和清晰性。避免使用含糊不清的叙述，而是用具体、生动、有力的表达来增强文章的说服力。
10. 修订和编辑：完成初稿后，仔细审查、修订。注意清除语法错误、逻辑错误、表达不清等问题，以确保内容流畅、连贯。

在写作热点文时要保持客观，进行理性且有深度的思考，为读者提供有价值的观点和见解，引导他们思考和参与相关讨论。

作为写作者，如果你不太了解某个文体的写作技巧，但是很想尝试去写一写，就可以借助AI了解基本的写作思路。不仅仅局限于热点文，任何类型的文章，AI都可以给出很详细的写作思路。

确定写作思路之后，再借助AI查一下最近有什么热点。

由于ChatGPT通用版是在2021年9月停止训练的，所以它无法直接提供最新的时事热点，如果通过各个平台的热搜榜单等查找热点新闻，费时又费力，这个时候，我们可以使用Bing内嵌的AI聊天工具来查找信息。

比如，搜索最近一个月国内的娱乐热点新闻，Bing的AI反馈如下。

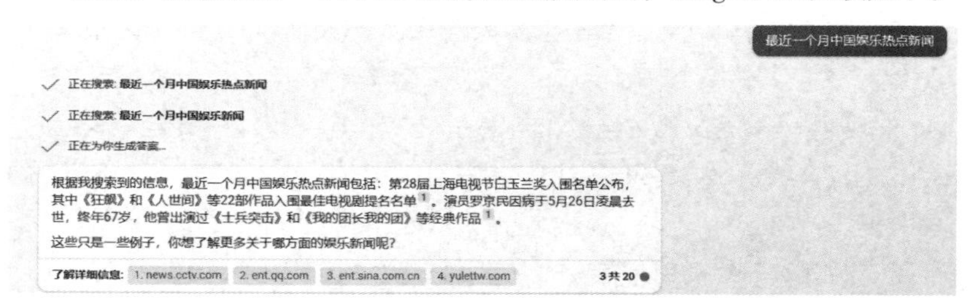

如果要查找其他领域的热点内容，在对话框中直接提问，AI会迅速给出相应的答案。

此外，我们可以使用AI预测热点，比如写电影相关的文章，可以提前了解即将上映的电影，收集相关素材，提前准备稿件。

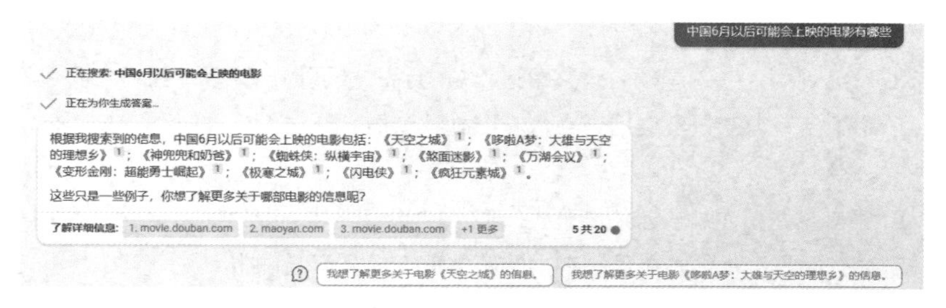

将Bing内嵌AI聊天工具与ChatGPT结合使用，可以获得更好的效果。

二、按照自己的理解写作，忽视读者的阅读感受

我们不仅要会写作，还要跟上时代的发展步伐。我参加过某个文学协会，其中的会员总是按照传统的思维模式创作，与时代脱节，并不关注现实。还有一些学者用自以为高深的文字写了许多作品，结果没有人能读懂，他们大骂读者没有水平和眼光。

这样的作者太多了，在新媒体圈子里，很多人一边模仿爆款文章，一边抨击爆款文章毫无价值。事实上，所有爆款作品背后都存在着爆款逻辑，这个逻辑就是了解读者想要看什么、喜欢读什么，以及他们关注什么内容。

我们不能总是带着偏见看待新媒体上的爆款文章和爆款网络小说。有些作者之所以能写出爆款作品，是因为他们了解读者的思维逻辑。

如果想写出经典之作，需要看 1000 册经典书，研究经典作品的共性。

如果想写出爆款文章，需要拆解 100 篇爆款文章的结构和写作框架，研究读者为什么喜欢转发它们。

当你学会了深度分析，了解了爆款逻辑之后，不论你写什么作品，都会有人喜欢。

如果你想分析爆款作品，但不知道从何开始，可以借助 ChatGPT。它可以为你提供爆款选题和撰写思路，帮助你更好地创作。

你可以输入指令，让 ChatGPT 帮你分析某本书畅销的原因。

提问：分析《追风筝的人》畅销全世界的原因。

ChatGPT　《追风筝的人》是卡勒德·胡赛尼（Khaled Hosseini）所著的小说，出版后迅速在全球范围内取得了巨大的成功。以下是《追风筝的人》畅销全世界的几个可能原因。

1. 独特的故事情节：《追风筝的人》以阿富汗为背景，讲述了两位主人公的跨代友谊和复杂的人际关系，涵盖了家庭、友情、背叛、救赎等多个主题。小说情节扣人心弦，跌宕起伏，同时充满情感张力和戏剧性，吸引读者关注，引发读者共鸣。

2. 深入描绘人性和情感：小说以第一人称叙述的方式展现了主人公的内心世界和情感变化，以及他与周围人物之间的纠葛。对人性的细腻描绘和对情感的真实表达引发了读者的共鸣，使他们能够在故事中找到自己的情感体验和思考。

3. 文化和历史背景的吸引力：小说背景设定在阿富汗，展示了该国多年来的战乱、动荡和社会变迁。通过对阿富汗文化和历史的描绘，读者可以了解一个陌生而又充满魅力的国家，这种异域情调为故事增添了独特的吸引力。

4. 主题的独特意义和普遍性：《追风筝的人》触及了一系列具有普遍性特征的主题和人物关系，如友谊、道德选择、个人成长、父子关系等。小说通过讲述个体经历来探索这些主题，呈现人类共通的情感和价值观，使得读者能够在不同文化和背景下产生共鸣。

5. 精心构建的人物形象：小说中的人物形象鲜活而立体，具有丰富的个性和复杂的情感。读者能够与主人公和其他角色建立情感上的联系，被他们的故事所打动。

6. 作者的叙述风格独特：卡勒德·胡赛尼的叙事风格简洁而生动，语言质朴而富有感染力。他善于通过生动的描写和真实的对话来吸引读者，并使他们沉浸在故事中。

这是 ChatGPT 给出的答案，根据这个答案，我们可以轻松地发现这部作品畅销的原因是情节有吸引力、故事有普世价值、语言有特色、背景设置有文化和历史底蕴、人性部分写得很深刻等。

了解经典作品值得我们学习的地方后，我们可以进一步研究和深读这本书，学到方法，在自己的作品中应用。

阅读一个故事时，读者可能希望从中获得启示。因此，在写故事时，我们应该选择具有代表性的主人公，表现某个群体、阶层或职业人群的生活，这样的作品更容易传播。

写小说时，我们应该多关注大众关注的事情，涉及大众讨论的事件，例如，校园霸凌、网络暴力、天价彩礼、婆媳矛盾、女性权益、男女平等、延迟退休、人工智能、夫妻关系等。只要我们关注的是大家普遍关注的话题，我们的作品就会有市场。

前文讲了没有读者思维的缺陷，那么，具备读者思维后，随之而来的好处有哪些？

作品更容易传播

站在读者的角度思考和写作时，更容易触及读者的内心，引发共鸣，满足他们的需求和期望。比如，写关于外卖小哥的故事，以外卖小哥的视角展现他们工作的艰辛，希望大家能给予他们更多的理解，外卖小哥看到有人为他们发声时，他们会愿意转发并留言支持。这就是读者思维的力量。

获得忠实读者群体

用读者思维创作内容，能够与读者建立更紧密的联系。当读者发现你的作品与他们的关注点和兴趣相符时，他们会成为你的忠实粉丝，持续关注你的作品并支持你的创作，成为你的作品的稳定的读者群体。

提高作品的影响力和认可度

拥有读者思维，意味着你了解读者的需求和期待，并致力于让作品契合他们的关注点和兴趣点。当你的作品能够解决读者的问题、提供实用的信息，或带来思维上的启发时，它会在读者中间产生更大的影响力和认可度。

总之，拥有读者思维能够帮助你创作出更具吸引力、更有价值的作品，扩大作品的传播范围，获得忠实的读者群体，同时提高作品的影响力和认可度。

那么，应该怎样培养读者思维？

还是先来看看 ChatGPT 怎么说。

提问： 怎么培养读者思维？请介绍具体的、详细的方法。

ChatGPT　要培养读者思维，可以尝试以下具体方法。

1. 研究目标读者：了解你的目标读者群体，包括他们的兴趣、偏好、年龄、文化背景等。通过市场调研、社交媒体分析、读者反馈等方式收集信息，可以更好地理解他们的需求和期望。
2. 读者角色扮演：将自己置于读者的立场，以读者的眼光审视作品。想象自己是第一次读这篇文章的人，思考自己会对内容有何反应，是否能够理解和接受。这有助于发现潜在的问题和改进空间。
3. 广泛阅读：阅读各种类型的作品，包括小说、散文、新媒体文章等。通过接触不同的作者和写作风格，了解他们是如何与读者建立联系、引起共鸣的，从中汲取灵感和经验，提高自己的写作技巧。
4. 分析优秀作品：选择一些广受欢迎和备受赞赏的作品，对其进行深入分析。思考作者是如何通过优化故事结构、塑造人物、发展情节等手法吸引读者的。从中学习和借鉴，应用到自己的写作中。
5. 与读者互动：积极与读者进行互动和交流。通过社交媒体、博客评论、邮件反馈等方式，与他们建立联系，了解他们的想法、意见和反馈，从中获取宝贵的建议和改进方向。
6. 参加写作社群：加入写作社群或参加写作工作坊，与其他写作者进行交流和讨论。在这样的环境中，可以分享自己的作品，接受他人的评价和意见。从他人的角度了解自己的作品，开拓思维，提高写作技巧。

要养成读者思维，第一件事是确定自己的读者群体，你的读者是中学生、大学生，还是上班族？是学历水平偏低的人，还是需要具备某一行业的专业素养的人？他们接受的是传统教育，还是有留学背景？只有知道自己的读者是谁，才能更好地了解他们，进而写出他们喜欢的内容。

判断读者是否喜欢你写的内容，一个非常有效的办法是收集读者反馈，比如在文章的最后，留下一个问题和读者讨论，根据反馈结果写下一篇稿子或者小说的下一个章节。也可以建立读者群，让读者可以直接与作者沟通，包括提供反馈、提出问题、分享阅读体验和建议，并与其他读者交流。这样作者就能第一时间了解读者的需求，有利于在下一部作品中改进。

我的小说《云端》上市之后，我建了一个1000人的读者群。在小说共读结束之后，我们开了一个线上研讨会，在会上，读者根据自己对《云端》这本书的理解，提出了各种问题，研讨会结束之后，我有一个很大的收获，就是作品中一定要塑造一个读者非常喜欢的人物形象，这对读者来说有极大的吸引力。

这就是读者反馈的用处，能够让我们更好地创作，写出让读者更喜欢的作品。

综上所述，写作者在写稿子之前要问自己三个问题：

我的稿子是写给谁看的？

我想要表达什么？我在替谁发声？

我的作品能够给读者带来什么样的改变？

想明白这三个问题，就可以开始动笔写了。

03 写作者在悦己和悦人之间怎么取舍？

在我做写作课讲师的这些年里，经常被问到一个问题：写作要取悦读者还是取悦自己？

这个问题困扰了我很长时间，一开始我认为写作是自由的，作家不应该为了取悦读者而写一些虚伪的文章。然而，当我坚持悦己写作时，我发现仅仅追求个人的喜好并不能创作出广受欢迎的作品。

经过深思熟虑，我找到了一个答案，那就是在取悦读者和取悦自己之间寻找平衡点。

在写作中，常见的误区之一是有些作者将作品质量不佳归咎于没有取悦读者，或没有追求热点话题，这种观念是错误的。我们必须清楚地了解自己的写作水平，认识到自己的不足，才能有针对性地进行练习，提升写作水平。

另外，一些作者喜欢追随潮流，看到别人写某种类型的文章阅读量很高，明明自己并不擅长，也跟着去写，结果不尽人意。失败后，他们又选择了另一个看起来比较容易、赚钱快的方向继续模仿，结果仍然不如预期，进而陷入焦虑和困惑的循环，无法专注、专心地创作。

明确自己的写作目标非常重要，这一点，我们在前面的章节中已经提到过。但如果我们在一个领域中写了很多文章，却没有多少人读，在这种情况下，我们应该怎么做？是否应该跟随潮流改变方向？

这个问题困扰着很多人。

当你不得不违背自己的意愿写作时，会感到痛苦，我相信大部分作者都有过这样的感受。

面对这种情况，我们究竟要怎么做呢？我有以下几个原则要跟你分享。

绝不违心创作

作者创作时如果只考虑读者，很容易丧失创造力，而且一味地去迎合读者，或者为了阅读量而写作，会失去写作的快乐。我始终认为，无法按照自己的意愿创作，很难写出好作品。

因此我建议作者在写作的时候，要选择自己喜欢的领域。任何言不由衷的作品，都无法写出真实的感受，作品会失去灵魂，而且，这样很容易对写作产生厌恶情绪。写作的前提是作者自由地表达自己想要表达的观点、传递自己认可的价值观，只有这样，写作才能更长久，才能写出更好、更深刻的作品。

不要去不擅长的领域写作

在写作的过程中，选择不同赛道、不同领域，获得结果需要的时间完全不一样。有些赛道更容易变现，一些作者容易被眼前的利益诱惑，选择自己并不擅长的领域，比如，在我带学员的过程中，就看到有人放弃小说写作而去写新媒体文章。该学员擅长小说写作，进入新媒体赛道之后，虽然一直写，却没有办法像别人一样在短期内获得成绩，于是更焦虑了。而且新媒体写作对他来说是个陌生的领域，他需要从头开始，浪费了许多时间，却没有得到想要的结果，不仅写得痛苦，而且举步维艰、进退两难。写作者一定要明白自己的天赋所在，在自己有天赋的领域里写作，才能更快速地成长。

一定要满足读者需求

作者需要明确自己的写作目标，并了解读者为何选择阅读自己的作品。在前文中，我们提到读者阅读一本书通常是为了获取价值、方法、共鸣等方面的内容，因此，当我们撰写文章时，绝不能泛泛而谈。以干货文为例，我看过很多人写的干货文，只是进行分析，没有具体的方法，而这类文章的价值恰恰在于提供实用的方法，供读者参考使用。

做好市场调研

在写文章时，你需要了解自己的读者群体，并根据他们的需求确定选题。比如，写关于女性的话题，需要了解女性最关注的领域。那么，如何进行市场调研呢？可以在读者群体中收集大家最想了解的问题。

我非常喜欢的作家庆山有个习惯，即在微博上收集读者的问题，并对这些问题进行答疑。这些答疑的内容经过整理，被写成一本非常受欢迎的书，名为《心的千问》。

当我写关于写作的文章时，我会选择与写作者普遍相关的问题，具体问题具体分析，这样的文章往往受到同样有写作者身份的读者的欢迎。

在开始写一本小说之前，我会把我要写的书的主题和想法在读者群中公布，询问大家是否感兴趣。通过调研，可以了解读者的需求，从而写出受喜欢的作品。

除了上述常用的方法，我们还可以借助 ChatGPT 了解某一群体常见的问题，并围绕这些问题撰写文章。

比如，你想写一本关于写作的书，你可以向 ChatGPT 提问。

提问： 我想写一本关于写作的书，帮我提出 10 个与写作相关的痛点问题。

ChatGPT 以下是 10 个可能会出现在写作过程中的问题。

1. 如何克服写作拖延症，提高写作效率？
2. 如何应对创作灵感枯竭的问题，找到新的写作灵感？
3. 如何在写作中保持连贯性和流畅性？
4. 如何处理批评和拒绝，克服写作过程中的负面情绪？
5. 如何优化文章的结构，使其更具吸引力和可读性？
6. 如何找到适当的语言和风格，以满足目标读者的需求？
7. 常见的写作误区有哪些？该如何避免？
8. 如何提高表达能力，使作品更加生动有趣？
9. 如何解决写作中的信息整理问题，确保内容准确可靠？
10. 如何解决写作中缺乏自信的问题，提高写作的质量和自我评价？

这些痛点提炼非常准确，做写作课老师这些年，我发现这些问题确实困扰着很多作者。针对这些痛点写稿子，读者大概率会喜欢。

根据读者需求进行创作，能够帮助我们写出更容易传播的文章。

列举接受改变和不接受改变的内容

为了增加作品的阅读量、优化作品的传播效果，我们需要做出一些改变和妥协，但并不意味着完全放弃原则，比如，我们可以列举出接受改变和不接受改变的内容，如下所示。

接受改变：

使用更吸引人的标题，以增加阅读量；

进行读者调研，根据他们的需求撰写文章；

调整写作结构，以更好地传达观点和信息；

……

不接受改变：

使用夸大事实的标题，误导读者；

编造事实或盲目追求热点和流量；

写作时违背自己的价值观；

写自己完全不熟悉的领域的文章；

……

在写作过程中，我们不仅要承担作家的责任和使命，还要紧跟时代和市场的趋势，只有这样，我们的作品才能被注意到，才能更好地传播出去。

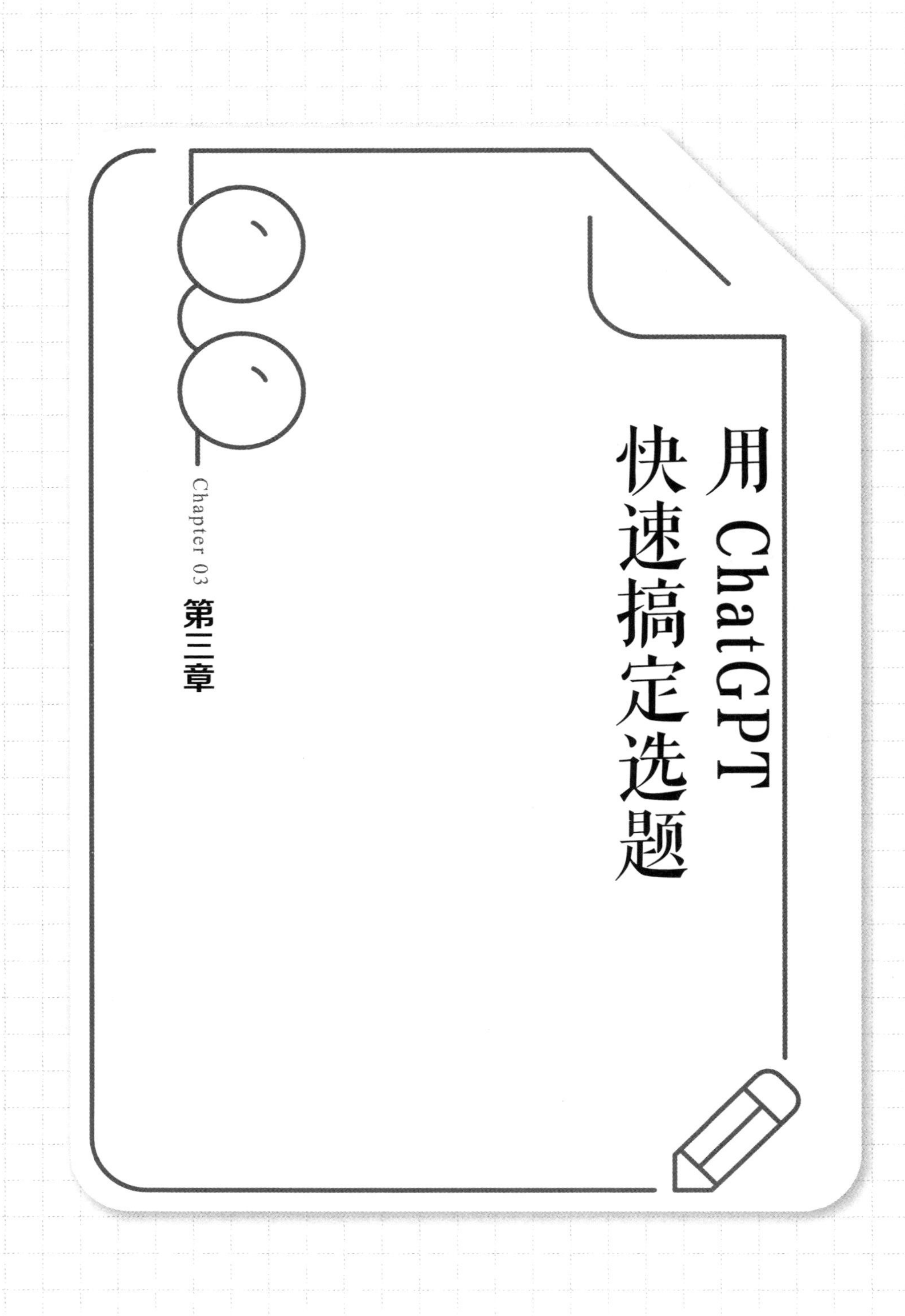

Chapter 03 第三章

用 ChatGPT 快速搞定选题

01 不知道该写什么，怎么办？

拥有源源不断的灵感对于作者来说至关重要，很多作者写一段时间之后，就不知道该写什么了，由此陷入焦虑状态，痛苦不堪。

不同作者无法继续写作的原因不尽相同，在我教写作的这些年，为学员答疑上千场，总结起来，大家写不下去主要有以下几个原因。

身边的素材写完了，没有新素材

这是出现频率最高的无法继续写作的原因，很多写作者问我：我把身边的故事写完了，接下来不知道要写什么了，怎么办?

一定要记住，作家的基本能力之一是创作能力，写作不能脱离现实生活，但是也不能完全依赖现实生活。

创作能力，在日常写作中要刻意练习。写作中常见的一种形式是虚构，我们想要写一部小说，有主题，没有原型，便需要根据主题虚构一个人物、虚构一个背景，虚构一些故事情节来表现主题。

让 ChatGPT 来提供一些具体的方法来练习虚构写作。

提问：如何练习虚构写作？请介绍具体的方法。

ChatGPT　练习虚构写作时，以下是一些具体的方法，帮助你提升创作能力。

1. 写作练习：每天安排一段时间进行写作练习，可以描述一个场景、描写一个人物、构思一个故事情节等。尽量保持连续练习，并逐渐增加写作的难度。

2. 角色练习：虚构一个人物，深入探索他的个性、背景、目标和心理。写下关于这个角色的详细描述，包括外貌特征、喜好、家庭背景等，并尝试让角色面临挑战、冲突或变故，思考他的反应和故事走向。

3. 描述练习：选择一个具体的场景、物体或人物，练习用生动的语言描绘细节。运用比喻、象征等修辞手法，让读者能够感受到你描述的事物的特征。这有助于培养你的观察力和描写能力，让你的作品更加生动和引人入胜。
4. 对话练习：设计一段对话，尝试强化不同角色的独特语言风格，通过对话传递情感、信息，推动情节发展。这个练习可以帮助你熟悉角色的语言和心理，增强人物对话的流畅性和真实感。
5. 情节构建练习：选择一个简单的情节框架，例如，列出事件的起因、经过、结果等，尝试在此基础上构建一个完整的故事，练习在有限的篇幅内展示角色的性格变化、情节冲突的高潮和结果。这个练习有助于你掌握构建情节和优化故事结构的技巧。
6. 阅读经典虚构作品：阅读各种类型的经典虚构作品，包括长篇小说、短篇故事等。学习作者的写作风格、情节安排、人物塑造和语言运用。思考作者如何利用各种元素创作引人入胜的作品，从中汲取灵感。

在平时写作的时候，我们可以针对这些技巧进行刻意练习，比如我们在路上看到一个独臂女人，就可以联想女人身上发生的故事，进行虚构创作。

这里提供一个简单的创作思路，供大家参考。

观察和记录：回想遇见独臂女人的情景，仔细回忆她的外貌、表情、举止等细节。记录你的观察结果和感受，包括她给你的第一印象、你对她的好奇和疑惑等。

角色设定：设定一个主人公，可以是你自己，也可以是一个完全虚构的角色。思考这个角色与独臂女人之间的关系和互动，他们可能会在什么情境下相遇？主人公可能会有怎样的反应和情感体验？

故事情节：构思一个故事情节，围绕独臂女人展开。可以是一个小故事，也可以是一个大的背景和冲突。思考独臂女人的背景、经历，以及主人公在这个故事中扮演的角色。

主题和意义：思考这个故事背后蕴含的意义。独臂女人象征着什么？故事的主题可以是坚韧、逆境中的勇气，也可以是人性的美好等。

描述和情感表达：通过具体的描写和情感表达，将读者带入故事中的场景和角色的内心世界。通过细腻的描写、人物的对话和思考，展现独臂女人的个性，推进故事情节的发展。

修订和反馈：完成初稿后，寻求他人的意见，包括对故事情节、人物塑造的理解和感受。根据反馈进行修订，进一步提升作品的质量。

这只是一个思路示例，写作者可以根据自己的创作风格和想法进行调整。通过这样的练习，掌握虚构写作的技巧，丰富故事的情节。

除了虚构写作练习，也可以进行主题写作练习。对于绝大多数人而言，想出一个主题，比构思完整的文章要容易得多。而当我们想出一个还不错的主题的时候，就可以以这个主题为根系，逐渐添加具体的内容和细节。

主题写作并不是写命题作文。想要进行主题写作，先要了解主题写作的相关概念。

在写作中，主题指的是作品所探讨或传达的核心思想、中心议题或主要观点，是作品的灵魂和基本命脉，贯穿于整个作品的情节、人物和意象之中。主题可以关于人性、社会问题、道德观念、成长与变化、爱与失去等，可选范围极大。

在进行主题写作时，以下是一些重要的注意事项。

内容选择：选择一个你感兴趣的、你认为有深度和启示的主题，它可以是你对某个问题的思考、对人生经历的领悟，或者对社会现象的反思等。要确保主题具有足够的内涵和表达空间。

一致性：主题应该贯穿整个作品，并与情节、人物和意象有一致性。每个情节、人物和场景都应该与主题相互关联，以便强化对主题的表达。

深度和复杂性：尝试探索主题的不同层面和多个视角，给予主题更深入的思考，揭示其复杂性和多样性。这样可以使作品更具深度和启发性，引发读者思考。

情感共鸣：通过精确的场景描写、动作描写、语言描写和情感描写，让读者能够与主题产生情感连接，并在阅读过程中产生感悟。

统一性：确保作品中的各个要素有助于突出主题。情节发展、人物塑造、对话、象征意义等方面的表达，都应该与主题相一致，并有助于传达主题的核心信息。

现在尝试让 ChatGPT 提供写作主题，来测试一下主题写作的实用性。

我是写作课讲师，平时要输出关于写作的内容，所以我输入指令，让 ChatGPT 提供 10 个小说写作方面的选题。

提问：请给我提供 10 个小说写作方面的选题。

ChatGPT 当涉及小说写作时，以下是一些可能的选题，可以作为创作小说的起点。

1. 爱与失去：探索爱情中的欢乐、痛苦和成长。
2. 幻想世界的冒险：在一个奇幻世界或科幻世界中展开惊险刺激的冒险。
3. 成长与自我发现：描写主人公在面对挑战和困惑时的成长与自我发现之旅。
4. 战争与和平：以战争为背景，探索人性、勇气和希望。
5. 反乌托邦：构建一个扭曲的、不完美的社会，揭示现实世界中的社会问题。
6. 时空穿越：通过时空旅行，让主人公在不同时代进行冒险和探索。
7. 罪与赎：探讨罪恶、道德困境和个人的救赎之路。
8. 喜剧与幽默：创作一个轻松、幽默、诙谐的故事，让读者笑中带泪。
9. 神秘与解谜：构建一个扑朔迷离的情节，抽丝剥茧解开谜团。
10. 恐怖与超自然：创作一个包含恐怖元素或超自然元素的故事，让读者读后毛骨悚然。

我们会发现，这个指令答案和我们的预期不同，它理解成了写作内容选题。我们可以修改提问。

提问：不是提供小说写作思路，而是关于写作方法的文章选题。

ChatGPT 非常抱歉误解了您的要求。以下是关于写作方法的文章选题，供您参考。

1. 创意写作：如何激发创造力和想象力？
2. 写作规划：大纲和准确的写作计划如何提高写作效率？
3. 克服写作困难：如何应对写作障碍，克服创作中的困难？
4. 提高写作技巧：通过练习和读者反馈提升写作技巧的方法和策略。
5. 深度思考：如何通过深度思考提升文章内容深度，提升写作质量？
6. 写作风格的探索：探索如何形成独特的写作风格。
7. 写作灵感的挖掘：寻找创作灵感的途径和方法。
8. 写作的自我编辑：有效的自我编辑技巧和方法，提高文章的准确性和流畅性。
9. 写作社群的支持：如何利用写作社群提高写作能力并获取反馈？
10. 养成写作习惯：如何养成积极的写作习惯，拥有持续的创作动力？

这次的答案更符合我们的需求，很多选题只需要做简单修改就可以使用，但也有少部分选题的逻辑并不十分通顺，比如“写作的自我编辑：有效的自我编辑技巧和方法，提高文章的准确性和流畅性”这个选题，它存在错误，可以让 ChatGPT 修改。

提问：“写作的自我编辑：有效的自我编辑技巧和方法，提高文章的准确性和流畅性”这句话不太通顺，请你修改一下，记得要保持原来的意思和格式不变，只修改不通顺的个别词汇。

ChatGPT “提升写作质量：有效的编辑技巧和方法，增强文章的准确性和流畅性。”

现在是不是好多了？

现在我们可以根据以上选题构思内容，收集相应素材并写成文章，这直接解决了没有内容可写的问题。

素材太多，却不知道怎样写

对于拥有丰富素材库但不知如何写的写作者来说，可以使用以下几个方法走出困境。

明确写作领域：明确你想要写作的领域，将与该领域相关的素材整理出来。

确定文章呈现形式：确定你打算写散文、小说，还是观点文等。

明确目标平台和受众群体：明确你未来希望深耕的平台和目标读者群体。

梳理选题清单：根据选择的方向，列出 30 个选题，围绕这些选题选取适合的素材进行写作。

如此，能够解决素材过多而不知如何写作的问题。

没有灵感

突然间失去写作灵感也是写作者经常陷入的困境之一。许多人问我：作家是否需要灵感才能进行写作？实际上，大多数成熟的作家随时都能进行写作，因为如果只依赖灵感的到来，几乎无法长期写作，因为大部分时间都没有灵感。

如何解决这些问题呢？可以尝试以下几个方法。

阅读：持续阅读，直到产生强烈的写作欲望。每当我遇到写作瓶颈时，我会去阅读。通过阅读其他作家的作品，我能够快速找到写作灵感。我把这称为作家之间的对话，在这个对话过程中，只要你愿意思考，就能找到写作灵感。

持续写：在没有灵感的时候也要求自己持续写作。可以尝试写日记，通过这种方法记录生活、观察生活并积累素材。

无意识写作：当你实在不知道如何写作时，可以尝试无意识写作，即随意地书写，想到什么就写什么。这个方法非常有趣，虽然你最初没有灵感，但一旦打破思维的桎梏，你就能够触及自己的灵魂，写出出色的作品。我曾让学员尝试这个方法，每个人的反馈都非常好。

定制主题并深度思考：选定一个主题，进行深度思考、分析和探讨，这也是一种刻意练习的方法，对提升写作能力非常有益。

想要开始写作，不知道怎么开始

对于那些想要开始写作但不知道如何开始的写作者，我有一个非常好的建议，那就是写日记。通过写日记，你可以先记录日常，再思考想要写什么。

写日记可以锻炼你的叙述能力，提升你的观察力，并且是积累素材的最原始方法。同时，它可以让你真实地感受到情绪，培养你在作品中融入情感的能力。

那么，只会写日记，一写其他类型的文章就无从下笔怎么办?

想要写好其他文体，首先需要了解其他文体的特点和结构，尝试写出第一篇文章。只要开始了，一切就会变得简单。无法开始的原因往往是有畏难情绪，不敢尝试。

写出第一篇文章后，我们可以根据它存在的问题不断修正。

我带领学员写小说时，很多人开始时觉得写小说很困难，但一旦他们“被迫”写完第一部小说，他们的顾虑往往会消失，很快就能够写出第二部甚至更多作品。

因此，对于新手作者来说，最重要的是入门。入门了，再去寻找自己的深耕方向。

想要突破，却没有新的创意

除了新手作者，一些写了很久的作者也会遇到灵感枯竭的情况。特别是那些写作多年的作者，他们对自己的要求很高，使得写作变得困难重重。

很多作者都希望常有创新和突破，但往往很难实现。我始终认为，突破不仅仅表现为在写作方式和结构上有突破，还应该表现为对生活有更深刻的理解和思考。

写作方式和结构虽然重要，但它们只是作品的呈现形式，作品的最终价值在于思想和内容。因此，对于作家来说，深入生活、感受生活比空想写作更为重要。

优秀的作品离不开生活，无论是虚构作品还是写实作品，都是为了更好地书写生活。我对虚构作品的理解是更好地展现真实，而不是为了虚构而虚构。

虚构的本质是通过刻画人物，让人物具备更多人性特点，就像鲁迅笔下的孔乙己、祥林嫂、阿Q、闰土，他们虽然是作品中的角色，但是如此真实，以至于过了许多年，我们仍然能从他们的身上看到自己的影子。

写作不仅仅需要技法，更需要生活阅历和深度思考能力。当作家遇到瓶颈时，我的建议是停下来，多读些书，四处走走，与人交流，过好生活。

将自己融入生活中，感受阳光、风、雨，聆听花开的声音，与爱人共进晚餐，去远方旅行……无论何时，都不要忘记好好生活，只有深入生活，才能写出触动人心的文章。

要求过高，总是无法达到内心期望

新手作者常常有一种写作误区，就是高估自己的写作水平。明明只是刚刚入门的阶段，却期望自己的作品媲美经典文学作品，结果往往因为无法达到预期，陷入强烈的自我怀疑，甚至无法继续写作。

当你因为这个原因无法继续写作时，一定要知道，很少有人一开始就能写出非常出色的作品，大多数作家都是通过持续练习逐渐提高写作水平的。

你必须明白自己处于写作的哪个阶段，只要你的作品是当前阶段的最高水平，就足够了，不要试图超越自己的能力范围。

精准定位、降低期望、刻意练习、持之以恒。当你坚持练习足够长的时间，你会发现自己的写作能力有大幅度的提高。

只要我们清楚了解无法下笔的原因,就可以针对问题,尝试做出改变。

从生活中挖掘选题的 5 个方法

写作者无法持续写作的另一原因是没有可写选题，因此挖掘选题对于写作者来说至关重要。作为写作者，可以建立选题库，平时想到好的选题就放进选题库,以备不时之需。那么,应该如何从生活中挖掘选题呢?

见与思

在生活中，我们可以随时记录自己的所思所想。当你遇见某件事，想要表达某种观点时，可以立刻把这个观点记录下来，放进选题库。我分享一个我建立选题库的方法——想标题、写标题。我写书时，会根据大主题写很多小标题。比如写一本关于小说写作课的书，我只要想到了关于小说写作的要点，就会迅速放进选题库，这样，开始写书的时候，直接拿出主题来分析，列好框架后直接写即可。

写作者在平时就要积累选题或者积累写书的素材，不要等写的时候才去找，那样很浪费时间。就像我现在写的这本书，在开始写之前，我已经准备好了每个章节的选题，而这些选题是我从长期完善的写作选题库里挑选出来的。这样既节省时间，也能写得顺畅。

寻找创意选题

除了记录所思所想，还要记录日常观察。我习惯观察路人、朋友，以及我能看到的所有人。观察可以给我提供无限的灵感，比如，观察孩子，就可以想到教育、自由、成长、儿童心理等方面的选题。把你的观察转化成你的观点，即为更具体的选题，比如，孩子眼中的父母、孩子想要的幸福、孩子为什么想要玩手机、孩子心中的未来、孩子期望的生活……这些选题都是围绕孩子这个大主题引申而来的。

我们可以观察一个群体，观察一类人，观察一件事。一旦你掌握了寻找选题的秘诀，写作的一大难点就解决了。以上选题都是我在写书的过程中随机想出来的，如果你让我写选题，我可以迅速写出数十个，不过，并不是每个人都拥有像我一样的能力，很多人即使了解方法仍然找不到选题，因此而放弃写作。

AI时代来了，它能够帮助我们解决很多问题。如果你确实无法找到选题，可以使用ChatGPT搜索选题，来建立选题库。方法很简单，输入生成选题的指令即可。指令要写清楚需求，比如写作选题的类型，是用来写书、讲课，还是写文章，选题偏好是什么等，还可以提供案例，让它学习。

提问：帮我写一个关于小说写作的图书选题，生成这本书的目录，内容包括偏好纯文学创作方向 + 写作基础 + 写作困境。

ChatGPT 目录如下。

导读：踏上纯文学创作的征程

第一部分：纯文学创作的基础

塑造灵魂：深入刻画人物的艺术

情感探索：情绪与心理描写

构建独特世界：背景与环境创作

魔法的笔触：语言与文体特色

第二部分：基础写作技巧
故事的根基：构建引人入胜的情节
对话的韵律：生动而独特的人物对话描写
感官的共鸣：运用细节描写激发读者的感官体验
用意象绘画：隐喻与象征的力量
时间的编织：叙事结构与时间线的探索
第三部分：克服写作困境
走出创作困境：寻找创意与灵感的方法
战胜写作障碍：克服写作障碍的策略
修炼写作技巧：持之以恒地实践与改善
突破边界：如何超越传统，创造独特的文学形式
结束语：纯文学的边界与无限可能

从写作导师的角度看这个目录，只需要稍作修改，即可使用。其问题很典型，很具体，紧扣主题。

写文章同理，可以提问“帮我生成 100 篇散文的选题”“帮我生成 100 篇观点文选题”“帮我生成 100 个故事概要”等。

ChatGPT 可以在很短时间内生成 100 个选题，甚至更多。这直接解决了没有选题可写的问题，为写作者的写作提供了更多可能性。

整理、筛选爆款选题

除了日常生活，我们还可以去哪里寻找选题呢？在新媒体写作圈子中流传着一个写作秘籍，就是想要写出爆款作品，就要学会拆解爆款选题。

在部分新媒体公司中，会有专门的人负责进行爆款选题分析，根据爆款选题的共性和特点，找到新的选题。对于不知道如何寻找爆款选题的人来说，可以多看各个平台的热门文章，关注一些大号，整理他们拥有 10 万 + 阅读量的文章并进行分析。通过分析爆款文章的特点，让 ChatGPT 根据这些特点提供新的选题。

爆款选题具有什么共性的特点呢？来看看 ChatGPT 怎么说。

提问： 公众号文章爆款选题的特点有哪些？

ChatGPT 微信公众号文章爆款选题通常具有以下几个特点。

1. 引人关注：爆款选题通常会引起读者的兴趣和好奇心。这可能是因为爆款选题与时下热门话题相关，或者与读者生活密切相关，能够引起共鸣。
2. 独特性：爆款选题通常具有一定的独特性，能够吸引读者的眼球。这可以体现在选题的切入点、角度、观点等方面。
3. 实用性：爆款选题通常会提供有用的信息、实用的建议，或者解决问题的方法，读者能够从中获取有益的知识或者帮助。
4. 情感共鸣：爆款选题往往能够触动读者的情感，引起读者的共鸣和共情。这可能是通过讲述感人的故事、分享真实的经历、探讨深入人心的话题等方式实现的。
5. 娱乐性：爆款选题通常会具有一定的娱乐性，能够给读者带来轻松愉快的阅读体验。这可以体现在选题的趣味性、幽默感、故事性等方面。
6. 引发讨论：爆款选题通常会引发读者的讨论和互动，激发读者对于话题的思考和表达。这可以通过提出有争议的观点、提出问题引发思考等方式实现。

常看微信公众号文章的读者及新媒体从业者一定能看出来，ChatGPT 的概括是很精准的，所有阅读量 10 万 + 的公众号文章，一定具备以上 6 个特点中的至少 3 个特点，甚至很多同时具备以上 6 个特点。

那么，我们让 ChatGPT 根据这些爆款内容的特点，尝试提供几个选题。

提问： 根据如上公众号爆款选题特点，生成 5 个科技领域的爆款公众号文章选题。

ChatGPT 以下是 5 个科技领域的爆款公众号文章选题示例。

1. “AI 革命：人工智能如何改变医疗行业？” 探讨人工智能在医疗领域的应用，如智能诊断、药物研发等方面的突破，以及对医疗行业未来发展的影响。

2. “区块链技术：数字货币的未来趋势与挑战”分析区块链技术在数字货币领域的创新，讨论不同数字货币的发展前景，以及面临的法律、监管、隐私等方面的挑战。
3. “未来交通：无人驾驶技术的突破与应用”探讨无人驾驶技术在交通领域的发展，包括自动驾驶汽车、无人机交通等，以及该技术对道路安全、交通效率、城市规划的影响。
4. “5G 时代：物联网的新篇章”介绍 5G 技术在物联网领域的应用和潜力，包括智能家居、智能城市、工业自动化等方面的创新和发展趋势。
5. “生命科学的奇迹：基因编辑技术 CRISPR 的革命性突破”解析 CRISPR 基因编辑技术的原理和应用，探讨其在医学、农业和环境保护等领域的潜力。

可以看出，ChatGPT 给出的选题都与高新技术相关，但是因为它的训练数据库截至 2021 年，所以给出的一些“高新技术”在现在看来是有点过时的，这一点可以通过 Bing 的 AI 聊天工具弥补，结合 ChatGPT 确定合适的选题。

根据 ChatGPT 提供的选题，可以继续发出指令，让它将选题优化为文章标题，并列出文章框架。

提问：请根据爆款公众号文章的特点，给“生命科学的奇迹：基因编辑技术 CRISPR 的革命性突破”这个选题列一个文章框架，内容翔实、准确、有趣味性。

ChatGPT 下面是一个可能的文章框架。
1. 引言：描述一个引人入胜的场景，如面对一位患有遗传疾病的小女孩，家人内心同时有希望和挣扎。
引发读者的好奇心，介绍基因编辑技术 CRISPR 是如何成为这个故事的关键的。
2. 什么是 CRISPR：解释 CRISPR 的全称和基本原理，并简要介绍其作用。
3. CRISPR 的革命性突破：探讨 CRISPR 技术对基因编辑的巨大意义，及其与传统技术相比的优势；详细介绍 CRISPR 技术的核心组成部分，包括

CRISPR-Cas9 系统，以及如何通过该系统实现精确的基因编辑。
4. CRISPR 的应用：揭示 CRISPR 在医学领域的突破，包括基因治疗、癌症研究、遗传疾病治疗；引用实际案例，如对遗传性失明的治疗和对 HIV 的研究，来说明 CRISPR 技术的潜力。
5. CRISPR 的伦理和道德问题：探讨 CRISPR 技术引发的伦理和道德争议，如基因改造、人类设计和遗传上的平等等问题；引用科学界的不同观点，提供较全面的分析和思考。
6. 未来展望：展望 CRISPR 技术的发展方向和潜力，包括精确基因编辑、抗衰老研究、食品安全、生态保护等方面；鼓励读者思考 CRISPR 技术对未来的影响和可能的挑战。
7. 结论：总结 CRISPR 技术的革命性突破和应用领域；引发读者对基因编辑技术的兴趣，并鼓励他们关注和思考相关议题。

对于从事新媒体创作的写作者来说，在选题策划和文章结构搭建方面，有 AI 的帮助，可以节省大量的时间。

不过，好的文章不仅需要好的框架，还需要独特的观点和对某个问题独一无二的分析，以及实用、可行的见解。因此，写作者未来最大的核心竞争力在于有独特的观点和对某个问题的深入思考。

关注社会话题

多关注社会话题，将这些话题记录下来，也是选题的重要来源之一。同一个选题，可以写成不同类型的文章，如观点文、故事、小说等。例如，大家讨论的“孔乙己脱不下的长衫”，实际上是大学生就业难的问题；大家讨论的失业潮和 AI 替代人力工作，反映了我们这个时代的特点……这些问题都可以记录下来作为选题，并以新媒体文章、剧本、小说的形式加以探讨。

选题的灵感来源于生活

只要愿意去寻找、去观察，选题就永远不会写尽。

除了网络上的社会话题，身边的人也会遇到各种社会问题，这些问题也可以融入作品中。

举个例子，我的朋友面临一个难题：他的妻子不想要孩子，但父母坚持逼迫他们生育，这让这位男士左右为难，不知道该如何解决。这是现代社会中一个非常典型的问题，容易引起读者的共鸣。

另外，我还有一个朋友，遇到了一个更棘手的问题：夫妻二人结婚多年，无法生育，他们四处求医，但始终没有结果，夫妻俩为了要孩子焦头烂额，无法专心工作，也无法过好生活。这样的现实问题也可以作为选题，写成文章。

寻找热点选题

作为新媒体写作者，我们都知道热点选题的热度超过其他选题。要想作品获得更多收益，学会寻找热点选题非常重要。那么，我们从哪里找到热点选题呢？可以关注微博热搜、头条热搜、抖音热搜等。一旦有热点出现，无数人会开始讨论，迅速将其推上热搜榜。

热点选题能为我们提供写作的思路，但要注意的是，并不是每个热点都需要写。有些热点不易讨论，因为可能对他人造成伤害，或者由于对真相不了解，容易将谣言当作真相。写热点选题时，切忌站在道德制高点评论一件真相不明的事情。

热点选题的写作意义不仅仅是获得流量，更重要的是这些热点事件背后的故事对人们的启发，以及我们从中获得的教训。

比如，前段时间有一个景区发生了几个年轻人集体自杀的事件。那么，针对这一事件，我们应该如何写作呢？应该去探究这种群体自杀背后的原因：到底是什么让他们绝望到这个地步？为什么他们会相约自杀？

这样的热点值得被揭露、被记录，以便找到原因、找到解决方法，避免更多悲剧的发生。

还有类似的热点，比如被网络暴力致死的粉色头发女孩，这样的人间悲剧也值得被记录，让所有人知道言语是一把刀子，要心怀善意。

每一个热点背后都隐藏着值得大众关注的社会问题，作家的职责之一是关注社会问题，写出有价值、能影响他人的作品。

深度思考

无论选择什么样的选题，最终要靠作家的思想深度来取胜。因此，思考是另一个选题来源。

正是因为有了思考，作家的作品才得以百花齐放。除了事件选题，还有观点选题，即对某件事情的思考也可以成为一篇文章的选题。例如，我们为什么活着？人活着的意义是什么？我应该如何面对死亡？人为什么需要有信仰？人为什么要有梦想？女性如何才能做到精神独立？

你看，只要愿意思考，就会有无尽的选题可写。作家写作的意义不仅在于关注社会问题和民生问题，还在于将自己的思想传递出去。只有通过思考、提问、剖析、总结，才能实现思想传递。在日常生活中，我们可以通过刻意练习来锻炼自己的思考能力。

比如，思考婆媳不和的原因，可以试着列出如下几条。

文化差异：文化差异是婆媳关系紧张的常见的原因之一。不同的文化价值观、家庭角色和期望，可能导致误解和冲突。例如，传统观念中，婆婆通常在家庭中担任权威角色，而如今，儿媳更希望保留自己的独立性和自主权。

传统家庭角色分工差异：传统的家庭角色分工和期望可能导致婆媳关系的紧张。婆婆期望儿媳承担家务、照顾孩子等传统女性角色承担的家庭工作，而儿媳更希望拥有自己的事业和个人空间。

相处模式：婆婆和儿媳之间的相处模式也会影响婆媳关系。婆婆可能希望儿媳符合自己对理想女儿的期望，而儿媳更希望得到婆婆的尊重和理解。这种不同的期望和不同的角色定位可能导致冲突和不满。

沟通和理解：婆媳关系中的沟通问题也是常见的冲突根源。双方可能由于沟通方式、语言障碍或意见不合产生误解和冲突。缺乏理解和尊重的沟通方式可能导致关系紧张。

家庭压力和期望：家庭压力和期望会对婆媳关系产生影响。比如婆婆期望儿媳在经济、家庭责任、孩子教育等方面达到某种标准，儿媳则期望婆婆给予更多的支持或更少的干涉。

争夺注意力：在某些情况下，婆婆可能感到自己在儿子心中的位置受到了儿媳的威胁，因此产生了争夺儿子注意力的心态。儿媳可能感到婆婆干涉过多，对她的婚姻和家庭产生了不利影响，因此也产生竞争的心态。

你看，问题的本质被找到，问题就会变得容易解决。因此，学会思考对于写作来说至关重要。

如果你没有选题可写，可以从以上五个方面入手帮助自己建立选题库。一旦选题库建立起来，写作过程中 90% 的问题都会得到解决。

03　爆款选题的本质和共性分析

作品能否被传播、是否有深度，与作品的立意有很大关系。如何让自己的作品被更多的读者喜爱？几乎每个作者都想知道答案。不管写文章还是写书，最重要的是选题，一个好的选题，能够让你的作品传播量翻倍。

那么什么是好的选题？

选题是否为大众关注的话题？

在写作的过程中，我们一定要注意，不要选择太小众的领域，尤其对于新人作者来说，小众领域意味着市场有限，写作之路可能会相对艰难。

我曾听合作的编辑说，一个选题，如果市面上没有爆款书，不能说明选题独特，有时可能是这个选题没有市场。没有爆款书，不一定是没有人写，很可能是写了没有人买。

写作的时候，我们的选题不能随心所欲，要选择有市场需求的，这样受众广、读者群体大，书或者文章被传播的可能性会更大。

当你有足够影响力的时候，再去写小众领域，不然，可能很难有机会出头。

有的写作者常问：要不要坚持自己的喜好和初心？我觉得结合市场，两者相融，是最好的选择。

无论是写小说，还是写新媒体文章，都需要关注大众关注的内容，才能与大众共情，切不可自娱自乐。

我之前写小说从不考虑市场，所以写了十余本，都没有出版的机会。后来我出版的畅销小说《余温》《云端》，一个是关于原生家庭的，另一个是关于语言暴力的，出版之后被很多人喜欢。因为这两个选题老少皆宜，每个人都可能关注。

读者群体越大，作品被传播的机会越大，影响力也会越大。

现在关于女性主义的讨论很热烈，很多女性作者乘势崛起，这就是好的选题的力量和带来的机会。

大众关注的话题大多具有以下特点。

涉及当前热点问题：选择当前社会时事中引发广泛讨论的热点问题，可以吸引读者的兴趣。

有关人类情感与体验：人们对人际关系、爱情、友谊、成长、挫折等主题的关注一直存在。探讨这些主题，能够触动读者的内心，产生共鸣。

介绍实用知识与技能：提供实用的知识、技能、经验分享，能够满足读者的学习和成长需求。

富有想象力或逃避现实：提供令人向往和易产生遐想的故事情境，带领读者进入奇幻、冒险、浪漫的世界，满足他们对于逃离现实的渴望。

爆款选题共性分析

无论是爆款图书还是爆款文章，都具有一些共性特点，比如，它们能够抓住读者的需求并帮助读者解决问题。2020 年，一位新人作者出版的《认知觉醒》一书上市后大获成功，我们的读书会共同阅读了这本书，很多学员反馈说这本书非常出色，给予他们很多帮助，其中的观点让他们受益匪浅。

通过反复阅读这本书，并对其写作方式进行分析，我发现了它成为爆款的逻辑。

这本书整理了人们在生活中普遍面对的问题，并提出了改变认知、改变观念的观点；书中每个章节都围绕大众痛点展开，提供具体方法并深入分析问题的本质；语言通俗易懂，容易被接受……这些都是爆款书的特点。通过上述分析，我们可以发现，爆款选题一定要能够帮助大众解决问题。

另一个例子是大冰的《阿弥陀佛么么哒》等作品，以及三毛的《撒哈拉沙漠》等作品，这类作品能够满足读者对美好生活和对遥远世界的向往，容易长销和畅销。

还有一类爆款书，如《白鹿原》《平凡的世界》《活着》，它们之所以长销且畅销，是因为它们书写了时代和历史。无论经过多少年，这些作品都具有文学价值。

爆款图书和爆款文章之间有一些共性，即解决读者问题、抓住读者注意力、提供情感价值、带来某种精神上的慰藉。只要作品选题符合这个逻辑，基本上就不会太差。

我前段时间出版的一本书叫作《自由职业者生存手册》，内容是关于解决自由职业者面对的各种问题的,受到了读者的高度评价。主要原因,是帮助读者解决了做自由职业者的一些困惑，以及给出了具体建议。

总结一下，爆款选题的特性如下。

解决读者问题：爆款选题能够针对大众共性问题或痛点，提供具体解决方法或改变观念的思路，满足读者需求。

提供情感价值和精神慰藉：通过展示美好生活、远方梦想，或提供情感上的慰藉，满足读者对情感价值的追求。

紧扣时代：爆款选题能够与当代社会、文化或历史背景紧密结合，反映时代变迁和社会现实，引起读者的关注和共鸣。

人物形象和故事情节独特：爆款选题中的人物形象鲜明，故事情节引人入胜，能够引发读者的好奇心和阅读欲望。

语言通俗易懂：爆款选题往往使用通俗易懂的语言，让读者轻松理解和接受，帮助他们更好地融入故事或理解内容。

借助口碑传播和社交媒体推广：爆款选题通常通过读者口碑传播和社交媒体推广迅速扩大影响力，并吸引更多读者的关注。

爆款选题和专业相融合

除了考虑传播特点和读者群体,作者还需要了解自己的核心竞争力。如果在写作中一味地追求爆款和热点，很难进行持久创作。

因此,确定选题时要结合自己的专业方向,与个人的专业领域相结合,这样才能够在写作中走得更远。

例如，面对网络暴力事件，新媒体作者可以围绕该选题写一篇观点文；时评作者可以围绕该选题撰写一篇时评文章；小说作者可以以此为背景创作一本小说等。

为了能够持续地进行创作，我们需要不断获取动力并获得反馈。作品的持续传播对于作者来说是持续创作的重要动力。许多作者无法长期坚持写作的根本原因是缺乏读者，因此，将专业知识与爆款选题相结合，可以有效解决没有读者、作品无人问津、缺乏创作动力的问题。

然而，有些作者只擅长写作自己专业领域的选题，有些作者则只擅长追求爆款热点，将两者融合起来难度不小。那么，该如何解决呢?

我们可以尝试借助 ChatGPT 来辅助创作。

如果我们无法将专业知识和爆款热点结合起来，可以通过提问的方式，让 ChatGPT 给我们提供思路。例如，从心理学角度分析某明星吸毒的原因、围绕年轻人不愿意生孩子的问题构思小说，或者从作家的角度分析作家无戒新书《云端》的价值等。

通过不断分析、总结、反思和改进，我们的作品质量将不断提高，从而创作出更优秀的文章。

04 策划爆款选题的 5 个关键技能

在写书、撰写专栏或写网文之前，我们需要策划选题。选题的好坏决定了作品是否能得到出版社或平台的青睐，优质选题是签约和出版的前提。

在前面的章节中，我们已经介绍了如何建立选题库，然而，对于很多人来说，围绕特定要求策划选题仍然非常困难。

那么，要如何才能策划出爆款选题呢？除了前面所讲的分析爆款逻辑，还需要掌握以下筛选爆款选题的技能。

截至目前，我通过这些方法已经成功签约出版了 7 本书，并帮助了数百位学员签约各大平台，辅助了上百位学员策划出了可签约出版的选题。

了解传播的本质

什么样的选题更受平台青睐呢？其实判断标准只有一个：能否被传播。作品被传播，才会有读者，有读者才能产生影响力，作品才能被更多读者看到，从而实现畅销。

那么，传播的本质是什么呢？我们来思考一下：为什么自己会向更多人推荐一本书？大致有以下几个原则。

推荐原则一：认为这本书有文学价值，能够对他人产生正向影响，如《悉达多》《遥远的救赎主》《呼兰河传》等。

推荐原则二：认为这本书很好地表达自己的观点，找到了共鸣，如写作书《成为作家》《金蔷薇》等。

推荐原则三：认为这本书可以帮助自己学到知识，让自己更博学，如哲学、心理学、国学类的书籍，《论语》《孙子兵法》《了凡四训》《被讨厌的勇气》等。

推荐原则四：认为这本书能够很好地解决生活中的某些问题，非常实用，如《深度工作》《自控力》《掌控习惯》《亲密关系》等。

推荐原则五：与自己相关，能够在书中看到自己的影子。一些散文类的书往往能够引起读者的共鸣，如庆山的《眠空》《月童度河》《一切镜》等。

如果一本书具备以上这些特点，它就容易传播，也容易成为爆款。

还有一种推荐行为，即将文章转发到朋友圈、收藏文章、转发给亲友和重要人士等，这种行为又是出于何种心理呢？

转发文章与推荐书籍有共性，但也有一些不同之处。

转发文章的人一般具有以下几种心理。

第一，想要显得自己博学多才。利用此心理可以策划一些专业选题，特别是涉及某专业内容的选题。

文章案例：《解密高级量子计算：引领科技革命的未来之路》

这篇文章探索高级量子计算的前沿研究和关键问题，能展示转发者的专业知识和博学多才。

第二，想要借助作者的文章向某人表达自己的观点。因此，策划选题时必须站在特定人群的角度发表观点，不能缺乏立场。

文章案例：《关注生活中的细节，让每一刻更有意义》

站在某类人群的角度，这篇文章讲述如何通过关注生活中的细节来赋予每一刻更多的意义，表达转发者对美好生活的向往。

第三，希望通过转发文章表达自己对某种生活的向往或热爱，承载作者的情感。

文章案例：《放弃了高薪、大 House，跑到深山当"野人"是一种什么体验？》

这篇文章分享了成功人士逃离现实世界、追求世外桃源的经历，让向往逃离都市、隐居乡野的读者很感兴趣。

第四，分析大众关注的热点话题，以显示自己与时俱进。这属于读者的心理需求。

文章案例：《热议时事话题：社会变革的驱动力》

这篇文章分析当前的热点话题和社会变革现状，可以展示转发者与时俱进的观点和对社会的关注。

第五，通过描述某个人物或讲述某个故事来反映某种社会现实，表达自己的不满，这也容易引起读者的转发。

文章案例：《故事里的反思：揭示社会弊端与呼吁改变》

通过讲述故事来讽刺某种社会现实，这篇文章反映了转发者对社会的不满和对改变的呼吁。

了解了传播的本质，就明白了选题应该如何策划。了解传播的本质后，根据传播的逻辑去策划选题。

如果实在想不到选题，可以先让 ChatGPT 生成 100 个选题，再根据之前介绍的原则进行选择和优化。

了解读者的需求

作为写作者不仅要了解读者为何转发文章，还要了解读者想要看什么类型的文章。根据传播的特点，结合读者的需求，策划出的选题会更加完美。

为了推断出读者喜欢什么样的书，我们可以先思考自己为什么要读书。不同的群体阅读需求是不同的。

例如，我个人喜欢文学、心理学和哲学类书籍，但为了管理团队，我会阅读一些企业管理方面的书籍；为了做好新媒体平台，我也会阅读一些新媒体运营方面的书籍。

既然不同群体有不同的需求，我们在策划选题时可以通过定位读者群体进行调研，根据读者的需求来设计选题。

例如，这本书的大多数选题基于我做写作课导师多年来，学员们常问的共性问题，受众群体是学习写作的人。

根据写作者在写作过程中遇到的问题来设计章节的内容，一定可以满足读者的需求，并帮助更多读者解决他们在写作过程中遇到的大部分问题。

经过市场调研和市场检验的选题一定会受到读者青睐，而且，这本书的选题结合了之前提到的热点（如当前热门话题ChatGPT）和专业知识，能够让作品的影响力最大化。

对于许多写作者来说，他们渴望了解ChatGPT对写作行业的影响，因此我针对这个大众关注的热点进行了详细的剖析，致力于清除大家的困惑。同时，本书中详细阐述了AI对写作的各种帮助，结合专业方向输出专业内容，帮助更多作者解决写作困境，学会利用AI提升写作能力。

一旦找到选题规律，出版就会变得容易。

从出版营销的角度来看，如果一本书有价值、有卖点、有受众，那么它肯定不会卖得太差。

了解作者的核心竞争力

除了市场价值，还需要考虑作者的专业方向。并非每个爆款选题都适合写,有些选题虽然在市场上很受欢迎,但可能不符合作者的专业领域。因此，在选题策划时，务必在自己擅长的领域里寻找具有市场价值和爆款特性的选题。

在过去的几年里，我收到过很多出版社的约稿。比如最近，一个出版社找我写一本给儿童看的作文书，我拒绝了。虽然这个选题可能是个爆款选题，但它不符合我的专业方向。作家一定要在自己擅长的领域里深耕。

了解选题的价值

确定一个选题前，要先思考它的价值。思考这个选题的优势是什么、市场潜力如何、受众群体是谁，以及选题的特点等。这样做不仅可以帮助我们评估作品是否具有市场价值，还可以通过在出版社的选题表中填写这些信息，增加作品被选中出版的机会。

通常，出版社审阅选题时不会阅读整本作品，而是会看简介、大纲、卖点、作品的受众，以及选题特点等信息。通过练习提高这些能力，可以增加你获得出版机会的可能性，避免自嗨式写作、无法传播、无法出版等问题。

复盘和总结选题的数据

尝试选择不同的选题进行写作并发表文章，及时查看文章的数据表现，从中筛选出表现较好的内容，用于撰写书籍、专栏文章，或作为新书的大纲，这也是高效写作的途径之一。

我曾经与一位编辑讨论写畅销书的方法，他建议先列出 100 个选题，用这 100 个选题写 100 条文案，并录制成视频，在不同的平台上测试数据，再根据数据选择表现良好的选题，修改、充实，写成一本书并出版。

经过市场调研和测试选题后再写作的这种方法，帮助很多作者出版了多本畅销书。数据代表着读者的喜好，找到读者喜欢的内容，并结合自己的专业知识确定选题，这样的书更容易传播，也更具有市场价值。

在过去，列出 100 个选题，即便是创作能力很强的作者，也会感到吃力，更别说还要将这 100 个选题写成 100 条文案、录成视频。毕竟策划选题与视频文案写作、视频录制属于完全不同的领域，想要将这些事都认真做完，可能需要好几个月的时间。

但是现在借助 ChatGPT，这件事执行起来，会变得容易得多。

我们这里不写 100 个选题那么多，只是举一个例子。

在本章的第 2 节中，我们使用 ChatGPT 生成了 5 个科技领域的爆款公众号文章选题，现在，假设我们要将这些选题作为图书选题，让 ChatGPT 生成相应的文案。

提问：请帮我写一个与“未来交通：无人驾驶技术的突破与应用”选题相关的视频文案，要求内容准确、科学合理，且口语化、有趣味性、易于传播。

ChatGPT

标题如下。

【未来交通】别再担心堵车！无人驾驶技术的突破与应用

文案如下。

嘿，各位车迷和未来科技爱好者！今天，我们将揭示交通领域的一项惊人突破，它将彻底改变我们的出行方式——无人驾驶技术！准备好迎接交通革命了吗?

你是否曾为交通堵塞、驾驶疲劳、交通事故而烦恼？别担心！无人驾驶技术正迅速崭露头角，它将为我们带来一个更智能、高效、安全的交通未来。

现在，让我们揭开无人驾驶技术的神秘面纱。这项技术通过人工智能和传感器技术，使车辆能够通过自动化系统感知、理解和响应周围环境。说白了，就是车子变得聪明起来，能够自主导航和决策，摆脱对人类驾驶员的依赖。

无人驾驶技术在应用方面有巨大潜力。比如，它将使城市交通更加通畅，让你告别烦琐的停车步骤和寸步难行的拥堵道路。你只需要坐在车内，享受旅途的自由和舒适。
更令人兴奋的是，无人驾驶技术将提高安全性和可靠性。统计数据表明，人为驾驶错误是发生交通事故的主要原因之一。无人驾驶车辆通过高精度的传感器和先进的人工智能系统，能够实时感知和应对各种情况，大大降低事故风险。未来的道路将变成安全的行车天堂！
此外，无人驾驶技术将为特定人群带来巨大便利。老年人、残疾人和其他行动不便的人将能够更加自主地出行，不需要依赖他人。这项技术将打破交通壁垒，使每个人都能享受便捷和自由的出行。
虽然我们会面临挑战——无人驾驶技术需要面对复杂的道路环境问题、法律法规和伦理问题，但随着科技的不断进步和政策的完善，这些困难将逐渐被克服，我们拥有更美好的未来。
所以，让我们一起期待未来交通的无限可能吧！
觉得有趣？别忘了把这个视频分享给你身边的小伙伴，让他们一起为未来交通的奇妙变化感到惊叹！留言告诉我们你对无人驾驶技术的期待和想法吧！加入我们，共同探索未来交通的精彩世界！

从确定选题，到 ChatGPT 给出初版视频文案，所有时间加起来，不过几分钟。

ChatGPT 生成视频文案后，作者需要根据自己的知识储备和语言风格，对文案进行相应的修改，直至其符合自己的需求，能够直接作为脚本录制视频。

学会策划爆款选题，可以帮助你抓住读者的注意力，让你创作的优秀内容被发现、传播。

Chapter 04 第四章

用ChatGPT快速搞定标题

01 优质标题的三大判断标准

在开设写作课的这些年，我听到过很多作者有这样的苦恼：努力写了一篇文章，反复打磨修改，自己觉得非常满意，但发在平台上，发现阅读量并不高，由此产生自我怀疑，觉得是不是自己的文章质量不好？是不是自己不够有天赋？是不是读者没有眼光？

其实，这是一个非常普遍的问题——很多人把精力放在了文章内容上，忽略了标题的重要性。有人会花好几天的时间写文章，但是只用一分钟的时间起标题，这就是为什么内容优质却没有阅读量：标题不够优质。

在自媒体时代，标题尤为重要。现在大家的注意力都很分散，如果标题很普通，哪怕文章内容再好，也没办法吸引人打开。一个优质的标题，有可能让你的内容从千万个内容中脱颖而出，闯入读者的视野，因此，你必须在标题上面花不亚于写文章的心力。

那么，优质标题的衡量标准是什么呢？

吸睛

为什么吸睛是第一个标准？因为在自媒体平台上，每天更新的文章数量多到一个人一生都看不完。如果标题没有亮点，读者根本不会注意到你的文章。

那么，如何让标题足够吸睛？

制造悬念：揭示部分信息，让读者渴望了解更多。

使用数字：利用具体的数字或统计数据，突出文章的准确性或权威性。

强化冲突：突出文章中的对立观点、情感冲突或矛盾，引起读者的兴趣。

制造反差：将两个相对的概念或观点放在一起，产生鲜明的对比。

使用对话形式：在标题中呈现对话，增加互动性。

引发共鸣：触动读者的情感或利益，使他们能够与文章内容产生共鸣。

在设计标题时，还要注意以下几点。

简洁明了：使用简洁的语言，突出关键信息。

独特性：确保标题与众不同，吸引读者的注意力。

考虑目标受众：考虑读者的兴趣和需求，选择适合他们的表达形式。

如果还是不知道如何写出吸睛的标题，可以使用ChatGPT作为助力。

提问： 写出一些标题，主题如下。

你期待已久的年度写作课又开始招募了，具体内容私信我了解。赠送2000元一次的咨询。

标题要符合以下特性。

1. **制造悬念：** 揭示部分信息，让读者渴望了解更多。
2. **使用数字：** 利用具体的数字或统计数据，突出文章的准确性或权威性。
3. **强化冲突：** 突出文章中的对立观点、情感冲突或矛盾，引起读者的兴趣。
4. **制造反差：** 将两个相对的概念或观点放在一起，产生鲜明的对比。
5. **使用对话形式：** 在标题中呈现对话，增加互动性。
6. **引发共鸣：** 触动读者的情感或利益，使他们能够与文章内容产生共鸣。

ChatGPT 以下是一些示例，展示了如何利用不同的亮点技巧来撰写吸引人的文章标题。

对话揭秘：写作课的黑暗与光明，你敢挑战吗？

写作的终极对决：传统VS创新，哪个才能让你脱颖而出？

独家！仅剩30个名额！年度写作课赠送价值2000元咨询！

写作天才VS写作小白？年度写作课带你轻松实现逆袭！

写作的价值：10000+学员亲证，转变人生的力量！

根据ChatGPT提供的标题，选择最符合平台调性的标题即可。

有了AI的帮助，写作不仅更高效，而且更加符合市场规律，容易传播。

精练

很多人的标题起得冗长，看起来重点模糊。人的大脑是有惰性的，很多时候不愿意思考，如果标题太长，在三秒内让人抓不到重点，读者很可能会下意识地滑走。所以精练、简洁明了的标题比花里胡哨的标题更具吸引力。优秀的标题要让读者一眼明确你表达的意思，明白你的文章是否有用、有趣、有料，因此一定要聚焦在一个点上，让人一下子就能判断这篇文章值不值得读。

如何才能做到精练呢？认真审阅你起好的标题，看看哪些词是不重要的，一一去掉。通常情况下，可以去掉修饰性副词、形容词，保留动词和名词，先只留下骨架，再在骨架之上加点睛之笔，才有更好的效果。

如果你起的文章标题特别长，不知如何精减，可以把这个标题交给 ChatGPT，让它帮你精减。

比如，你起的标题为《青年作家的野蛮成长史：写作 8 年，写了 800 多万字，出版 7 本书，我是如何实现作家梦的》。

这个标题冗长，容易让读者失去耐心，我们可以让 ChatGPT 帮助我们优化。

提问：请帮我优化以下标题，要求不超过 20 个字，意思不变。提供 6 条以上参考标题。

ChatGPT　当然可以，请发标题给我。

提问：青年作家的野蛮成长史：写作 8 年，写了 800 多万字，出版 7 本书，我是如何实现作家梦的。

ChatGPT　明白了，以下是不超过 20 个字、保持意思不变的优化标题。

1. “青年作家 8 年成长：800 万字，7 本书，她如何实现梦想？”
2. “800 万字，7 本书：青年作家的奋斗史”
3. “青年作家：8 年 800 万字，7 本书，梦想之路”
4. “800 万字，7 本书：青年作家的梦想历程”

5. “青年作家的蛮荒成长：8 年，800 万字，7 本书”
6. “800 万字，7 本书：青年作家的成就之路”
7. “青年作家的写作之旅：800 万字，7 本书”
8. “800 万字，7 本书：青年作家的励志故事”
9. “青年作家的 8 年传奇：800 万字，7 本书”
10. “800 万字，7 本书：青年作家的奋斗之路”

是不是很容易？当然，AI 不是全能的，会有局限性，如有的标题超出 20 字，重点并不十分突出等。如果不满意，你可以继续给它提要求，让它帮你优化，或者根据它提供的标题，结合自己的习惯及平台调性，自己着手修改。

扣题

好的标题，一定要有画龙点睛的效果，做到扣题、点题、升华思想，这样的标题才能算是高级标题。

为什么有些标题党会被批评，另一些却受到称赞？原因在于前者的标题与文章主题不符，而后者的标题虽然夸张，但与文章内容密切相关。在自媒体平台撰写文章时，适度夸张能够吸引读者的注意，过度夸张则会让读者感觉上当受骗。

所以，第三个值得强调的标准是扣题。写文章，千万不要挂羊头卖狗肉。

如何才能做到扣题呢？最好的方式就是准确提炼文章的主题，根据主旨列出不同的标题。这项工作很基础，ChatGPT 完全可以帮助我们完成。

提问：围绕顺利渡过写作瓶颈期的 8 个方法，写几条扣题、吸睛的标题。

ChatGPT 标题如下。

1. “突破创作瓶颈的终极秘籍：8 个有效方法揭秘！”
2. “告别写作困境：8 个实用技巧助你轻松突破瓶颈期”

3.“笔下乏力？不妨试试这 8 个方法，轻松突破写作瓶颈！”
4.“创作灵感枯竭？ 8 个神奇方法助你重拾写作信心”
5.“8 个击破写作瓶颈的绝招，让你的文字瞬间亮眼无比！”
6.“解锁绝密写作技巧：8 个突破瓶颈的必备法宝”
7.“写作陷入僵局？试试这 8 个方法，重燃你的创作热情！”
8.“打破写作瓶颈的秘密武器：8 个窍门助你创作出惊艳之作”

这些标题都很有吸引力，这就是 AI 的优势，可以帮助我们快速找到写作法门，提高工作效率，拿到结果。

了解优质标题的标准之后，每次写完标题，都可以对照这些标准衡量。如果对自己的标题不满意，就让 ChatGPT 生成几个同类型的标题，选择你喜欢的标题使用即可。

当你不知道应该选择哪个标题时，要从旁观者的角度去看，即如果你是读者，在一个平台上看到了这几个标题，哪个让你更有欲望点击阅读呢？不要深度思考，而是要下意识判断。“下意识”才是读者的阅读习惯。

请记住一点，能吸引你的标题往往也能吸引读者，反之亦然。写文章的时候，你代入的是作者的角色；写完文章，你代入的必须是读者的角色。

02　爆款标题的三大写作技巧

为什么有些作者的文章篇篇阅读量 10 万 +，而有些作者的作品明明质量也很好，却没有阅读量呢？大概率是标题的问题。很多作者，还坚持使用传统的标题模式，比如《背影》《母亲的爱》《父爱如山》。这样的标题，如今的市场有限，我们必须拥有爆款标题的思维，根据不同平台的要求，写出适合读者、适合平台的标题。

那么，到底什么样的标题才符合新媒体时代平台和读者的要求呢？除了要满足吸睛、精练、扣题这三个基本标准，还有没有什么更实用、落地的标题拟定技巧呢？接下来分享三大爆款标题的写作技巧，你可以直接使用。

设置悬念，拉高期待

推理电影之所以让人看得欲罢不能，是因为一开始就布下了悬念，这个悬念就像钩子一样，吊起观众的好奇心，吸引观众看下去。同理，写文章也是如此，在标题中设置悬念，就是在调动读者的好奇心。

那么，应该如何设置悬念呢？有如下 2 个方法。

方法一：反常法。

示例标题：《研究生毕业当保洁，211 大学毕业 5 年存款 5000 元？》

这是一篇爆款文章的标题，运用了反常法制造悬念。读者看了这个标题，心里会充满疑问：为什么研究生毕业要去当保洁呢？学历这么不值钱了吗？他究竟经历了什么？ 211 大学毕业 5 年存款 5000 元，这也太少了吧？当读者产生了疑问，就会想要阅读文章，寻找问题的答案。这就是一个成功的有悬念的标题。

还有一个爆款标题：《降薪一万元去端盘子、送外卖、卖衣服，她们更快乐了吗？》

“降薪一万元”很反常，和我们平时看到的升职加薪不一样，所以能引起读者的好奇心。

想用反常法来写标题，需要浏览整篇文章，看看哪里是最反常的，把这个细节抓出来，在标题上突显即可。

“反常”究竟是什么？反惯例、反常识、反规则、反风俗、反逻辑等，只要和平日生活中常见的现象不一样，就可以作为反常点来对待。

方法二：“半遮面”。

示例标题：《让人十倍式成长的秘密，竟然是这个字！》

“千呼万唤始出来，犹抱琵琶半遮面”，这就是“半遮面”的美妙之处，露半面，遮半面，让人猜测遮住的那一面究竟是什么样子。

用在标题上，即话只说一半，一半明说，一半遮掩。

看到这个标题，读者一定忍不住想：让人十倍式成长的秘密，究竟是哪个字？如果不看文章，这个问题就会一直留在心里，像挠痒痒一样，让人特别想知道答案究竟是什么。

如何运用这个技巧？找到文章核心，写成一句话，一半是原因，一半是结果。可以只呈现结果，模糊原因；也可以只呈现原因，模糊结果。总之，说一半，留一半，就能达到“半遮面”的效果。

我们做个小练习，运用所讲的技巧修改标题。

主题：“精神上的自律”，拉开了人与人之间的差距。前面是原因，后面是结果。

根据这个主题，能够写出什么标题呢？

《真正拉开人与人差距的，原来是这一点》。

《正是这一点，真正拉开了人与人的差距》。

《“精神上的自律”到底能造成哪些不同的结果？》。

人性弱点，激发欲望

无论性别、地域、爱好、工作差异有多大，人性都是相通的。如果能利用人性弱点来设置标题，将会达到事半功倍的效果。因为这样写出来的标题受众更广、传播速度更快，评论也更热烈。

怎么利用人性的弱点写标题呢？

最简单的方法就是顺应人性的弱点。

人性的弱点有懒惰、贪婪等。

顺应懒惰这个弱点写标题：《三分钟学会变美小技巧》《十分钟教你入门 PPT》。这样的标题一看，就能为自己省力、省时间，完美符合人性的懒惰心理，自然会有阅读的欲望。

顺应贪婪这个弱点写标题：《100个思维模型精华汇总来啦》《春日穿搭请查收，27款小众设计不撞款！》。这种标题让读者感觉能得到很多干货内容，就会特意收藏起来。

除此之外，还可以在文章标题中透露文内送福利或礼物，人看到免费的礼物，就会蠢蠢欲动。

思考一下，你的文章如何顺应人性弱点、激发阅读欲望呢？

群体特征，抓人眼球

思考一下，你平时关注的自媒体文章都分属哪些类型呢？你关注的和你朋友关注的类型一样吗？你所关注的领域和自己的生活、工作、家庭、爱好有关系吗？认真分析完以上问题，你大概率会发现，自己平时关注的文章，都是和自己的群体特征强相关的。

怎么利用群体特征起标题呢？可以大致分为这几类。

第一类：具备地域特征。

如果你的文章主题是关于某个地区的，那么可以在标题中写明。比如，有个阅读量10万+的文章，标题是《东北，曾经也很狂》，这就很特别，只要是东北人，大概率想要点进去看看到底写了什么。大家会关心和自己居住区域相关的信息，所以，把地域名字放在标题中，天然对同地区的人有强烈的吸引力。

如果总是对写出来的标题不满意，可以召唤“人工小助手”ChatGPT给我们提供思路。

提问：写出具有甘肃地域特征的标题，围绕高额彩礼主题。

ChatGPT

1. “甘肃彩礼数字惊人！探秘西部婚嫁风俗背后的故事”
2. “甘肃彩礼：传统与现代的碰撞，你不得不知的事实”
3. “甘肃高额彩礼：金钱背后的文化血脉和家族传承”

4.“天价彩礼，甘肃婚嫁中的独特仪式”
5.“走进甘肃彩礼的离奇世界：财富象征与爱情的交融”
6.“甘肃彩礼之谜：豪华嫁妆背后的社会压力与价值观”
7.“甘肃彩礼：金钱与尊严的纠葛”
8.“彩礼背后的故事：甘肃传统婚俗的深层探索”

以上标题是 ChatGPT 提供的，能看得出，有的标题比较普通，但有的质量还不错。我喜欢第一个标题。

之前我们的文章标题，都是团队小伙伴一起“头脑风暴”出来的，非常浪费时间，有时候，一上午只能想出一个标题；有了 AI 之后，工作效率得到了极大的提高。

第二类：具备爱好特征。

如果你是一个爱美的女生，你可能会关注很多美妆、护肤、发型设计、穿搭审美等方面的内容；如果你是一个爱踢球的男生，那么你可能会关注球类赛事、时事政治、新闻热点等方面的内容。不同的人有不同的爱好，设计标题时可以尽量多地抓取关键词。

我们以小红书的笔记标题为例，来感受一下具备爱好特征的标题是怎么写的。

截至目前，ChatGPT 不具备实时准确抓取其他网页数据的能力，Bing 的 AI 聊天工具表现也不够好，但我们有其他分析类工具可以用，比如新榜。

新榜是专注于新媒体平台，如小红书、抖音、公众号等平台的数据与内容分析的网站，其首页如下图所示。

切换到小红书页面，就可以查看最近的各领域的爆款笔记。

单击目标领域，查看相关爆款笔记，可以发现，这些爆款笔记的标题都迎合了不同群体的爱好、需求，如绘画、舞蹈、阅读等。更有突出者，不仅明确爱好的类型，还直接告诉读者自己的内容是什么，更一目了然，更能吸引具有相同爱好的用户关注。

如果不想让读者对你的文章“不理不睬”，你就得想办法，在标题上制造与读者之间的相关性。这个相关性越强，读者阅读文章的概率越大。如果你的标题与读者没关系，那么你的文章也与读者没关系。

第三类：制造冲突，增强张力。

恰如文章不喜平，标题更不喜平。一个看了标题就能被预测到全篇讲什么的文章是毫无吸引力的，有冲突才有看点。比如，一部电影的高潮，就是各种角色产生冲突的时候，观众都在等着看角色会有怎样的举动，以及会怎样推动情节变化。

怎样运用这个技巧呢？我们看两个标题实例。

《28 岁，不结婚，花 50 万生了个娃》

《自由的子宫，比靠谱的老公更安全！》

这两个标题，包含了女性与男性的冲突。

因此，把文章中最具冲击力的情节提炼出来，写成一句话作为标题，效果肯定是那种平淡的标题所不能比拟的。冲突可以是立场冲突、人物冲突、事件冲突等，要能让读者心起波澜。

第四类：凸显情绪，引发共鸣。

文章标题，拼的是能在读者心中留存的时间。当标题能激发读者藏在心里的情绪时，标题和读者之间的关系就不仅仅是文字与人了，而多了情感的流动。

情绪是激发用户点击冲动的按钮。情绪都有哪些类别呢？悲伤、愉悦、痛苦、愤怒、怨恨、愤懑、快乐……把关键性情绪表露在标题里，有非常好的效果。

这些情绪大致分为两类：一类是负面情绪，一类是正面情绪。一般来说，负面情绪的传播效果大于正面情绪，因为人很难忍住负面情绪，很多读者看了让人愤怒的文章后，会想要吐槽、评论、讨论等。这样的文章不仅阅读量高，互动性也很强，因为读者在感受到情绪后，很可能会转发给自己的朋友、家人，让他们看完后与自己讨论。

正面情绪的标题举例如下。

《一个人最高级的活法：慢》

《人到中年，静而不争》

《有一种淡然，叫顺其自然》

负面情绪的标题举例如下。

《反转！湖南男子冒死在珠峰救下的那个女人，让所有人寒心……》

《突然被骂上热搜的“米粉蒸肉”事件：远离你身边有毒的“善人”》

《武汉小学生被撞身亡 10 天后，妈妈跳楼身亡：世间最残酷的，莫过于此》

知道和做到之间有非常大的差距。很多人看了干货书，总感觉自己明白了，动手一做，才发现自己做不出来。所以，了解这些技巧还不够，大家需要在写作中多加练习。

你喜欢哪类标题，可以尝试用这些标题特性去写标题并优化，逐渐形成自己的知识体系。

03 确定标题的五大思考方向

很多人私信问过我同一个问题：花了很长时间写好文章，最后卡在了标题上，实在不知道哪个标题合适，想写个优质标题却毫无头绪，怎么办？这可能是困扰很多作者的问题。

当你不知道起什么标题时，可以从以下五大方向入手寻找思路。

一、提炼主题、概括核心思想式标题

这是最简单、实用的方法，当你不知道该如何起标题时，问自己几个问题：这篇文章的主题是什么？核心思想是什么？最想要表达的是什么？这些问题的答案可能是一段话，尽你所能把这段话压缩成几句话，或者把这段话发给 ChatGPT，让它提炼出最重要的核心。这个核心就是全文的中心思想，很可能会成为你的标题。值得注意的是，在提炼核心思想时，不要跑题，如果自己都没有抓住核心，标题很可能起错。

举例如下。

《早起，比熬夜更可怕》

这个标题非常简短、醒目，能够让人产生好奇：为什么说早起比熬夜更可怕呢？这种可怕不是传统意义上的可怕，而是早起的人意志力更强大，更能掌控自己的人生。这就是全篇重点，直接提炼成标题。

《惊人的“圈子定律”：和谁在一起，真的很重要》

这篇文章写的是和优秀的人在一起，你会学习到很多优秀的习惯，逐渐变得更优秀。同理，和堕落的人在一起，你很可能沾染不良习惯，从而变得颓废不堪。你想要成为谁，就要和谁在一起，这就是文章的主旨。这个标题精准概括了文章的核心观点。

《成人的世界：只筛选不教育，只选择不改变》

当别人的观点和立场跟你不同的时候，千万别试图说服对方和教育对方，这世界上没有一个人是可以轻易被改变的——这是这篇文章的核心观点，以此为据，稍加提炼总结，就写出了标题。

《一个家庭最大的悲剧：不是困于贫穷，而是死于沟通》

文章列出了父母与子女之间的矛盾和误会，指出了当代家庭中存在的沟通困境，点出了一个事实：父母都在等儿女一句感谢，儿女却在等父母一句抱歉。之所以造成这样的局面，就是因为没有沟通，把文章中心思想找出来之后，标题便水到渠成。

二、金句式标题

金句式标题也是基于核心思想提炼的。普通的标题是直白地把观点写出来，进阶的做法是通过变换词汇语序等方式，把观点写成金句。这样做的好处是更精练、直抵人心、朗朗上口，让人过目不忘，非常有冲击力。

举例如下。

《一个人最大的成熟，是克制自己的反驳欲》

真正睿智的人，会克制自己的反驳欲，懂得讷于言而敏于行，这才是为人处世的最佳法则。这句话是全文的核心观点，如果精简一下，直白地写成标题，可以，但是多多少少会减少魅力。现在的标题《一个人最大的成熟，是克制自己的反驳欲》，是典型的金句式标题，我们可以仿照这个结构多写几句话，如《一个人最深的爱，是克制自己的占有欲》。

把“一个人最……，是……”这个结构提炼出来，你可以造出很多句子。根据这些句子做优化处理，摘抄记录之后，即可提取出金句框架，举例如下。

《所谓的高情商，是懂得边界感》

用句式“所谓的……是……”造句：“所谓的智慧，是懂得活在当下。”

《低层次的聪明，比愚蠢更可怕》

用句式“低层次的……，比……更……”造句：“低层次的人脉，比没有人脉更麻烦。”

此外，可以自己提炼句式，并把句式发给 ChatGPT，让它生成更多新句子。

提问： 参考如下标题风格，生成“你所谓的……是……”句式的关于自律的文章标题。

《所谓的智慧，是懂得活在当下》

《低层次的人脉，比没有人脉更麻烦》

ChatGPT 基于您提供的标题风格，以下是使用“你所谓的……是……”句式的关于自律的文章标题。

1. 你所谓的舒适区，是限制自己的成长。
2. 你所谓的放纵，是对自己懒惰的妥协。
3. 你所谓的娱乐，是逃避现实。
4. 你所谓的忙碌，是疏于时间管理的借口。
5. 你所谓的“佛系”，是不珍惜自己的潜力。

需要注意的是，AI 生成标题的随机性很大，有的标题可能特别惊艳，有的则可能特别平庸。如果 AI 生成的标题不满足要求，可以先让它多生成几次，再在 AI 生成的基础上进行修改。

三、故事式标题

当你的文章属于故事类文章时，可以取一个故事式标题，标题要素主要包括人物、事件、冲突等。把极具戏剧性的内容展现在标题上，可以引发读者的阅读欲望。如果想写好故事式标题，可以多看新闻热搜，因为热搜事件天然地包含一些故事，举例如下。

《为了两千块钱，岳父策划卖掉聋哑岳母》

《做了试管后，我离婚了》

《凌晨 4 点的早餐店，挤满了上班族》

《等待交房的 3548 天》

《承认自己普通后，活着容易多了》

以上这些故事式标题，有非常丰富的联想空间，可以让人产生不同的想象。值得注意的是，故事式标题，一定要有“惊奇力”。惊奇力是什么？是让人无法忍住的好奇，是吊人胃口的悬念，是极具张力的冲突。只有这样才能留住读者。

ChatGPT 在提高标题故事性方面的表现也不错，我们来看一个例子。

提问：请提供几个故事性特别强的文章标题，标题要能引起人类的好奇心，且与社会现实相联系。

ChatGPT 以下是几个故事性强且与社会现实相联系的文章标题，旨在引起读者的好奇心和思考。

1. “为了一封信，他决定重返故乡”
2. “被禁止的科学实验，暴露了伦理与科技之间的较量”
3. “失落的声音：探寻社会边缘人群的沉默与抗争”
4. “谜一样的遗书，揭开一个家族的秘密与命运”
5. “藏匿在城市中的秘密社区，暴露了社会的另一面”

这些标题都有着强烈的故事性和情感色彩，为读者打开了一扇通往各种神秘、浪漫、悲喜交织的世界的大门，可以引起读者的好奇心和共鸣。

四、提问式标题

提问式标题天然是话题。设计提问式标题，需要注意的要点如下。

第一，标题中的问题要具备一定的共性。

越多人关注这个问题，就有越多人想要点开这篇文章。什么样的问题具有共性？要从人类的底层需求出发，根据马斯洛需求层次理论，人类需求从低到高依次为：生理需求、安全需求、爱和归属感需求，尊重、自我实现需求。如果你的文章是关于这五方面内容的，大概率会获得很多人的关注。人本质上只关注与自己有关的事情，因此，提问时，可以参考这些需求。

举例如下。

《在碎片化学习时代，高手是如何学习的？》

这个标题背后隐含的是人类的自我实现需求，每个人都想要更好地学习、提高自身能力。

第二，标题中的问题要具有一定的反差性。

举例如下。

《为什么朝阳区妈妈选择了“放养式”育儿？》

如果你是一个宝妈，大概率会被这种标题吸引，迫不及待地想要了解“放养式”育儿背后的理念、方法和适用性。这种标题，天然在读者心里放了一个疑问，引导着他去思考答案。

所以，标题要有一些和常识不同的反差性。比如，《为什么有的人明明比你有钱，却总向你哭穷？》这个问题就和常识不一样，为什么有钱人还要哭穷？让人想要揭开谜底。又如，《老公带娃的婚姻，最后都怎么样了？》这个标题，现实生活中，很多家庭都是女性带娃，所以当看到这个标题时，大家会产生好奇，想看看到底发生了什么。

第三，标题的问题要具有价值感。

人是利益导向的，基本不会花时间在一篇不值得看的文章上。只有他觉得这个标题有价值，才有想要点击阅读的欲望。比如，《如何让 5 年后的你，不后悔现在的职业选择？》看起来就是干货类型的文章，非常吸引职场人。又如，《如何在一个月内快速瘦十斤？》这个标题，如果你是一个正在减肥的人，必然不会错过这样的文章。

所以，如何用“提问法”写标题？方法就是要换个思维角度，看看这篇文章里，哪个问题是读者最关心的，直接用最简单的问句问出来。

五、吸引注意力的标题

吸引注意力的标题有哪几类呢？

避雷警示类：这种标题的作用，就好像景区的危险标识语“水深危险，远离此处”，如《千万不要让儿女从事这 3 种工作，钱再多也别做，坚持再久也没有前途》。这种标题是避雷式的，给读者提醒，让他们少走弯路。

空间联想类：给读者一个句子，制造巨大的场景感与故事感，剩下的由读者自己的想象来补全。如《等待交房的 3548 天》，这个标题中的数字足够大，将近十年的时间都在等待交房，这个过程本身就极具张力，漫长的时间，能让人产生诸多联想。

开放式结尾类：什么样的故事最有余味？没有结尾的故事。因为不完美，因为有缺憾，所以留下了更为广阔的想象空间。比如，《当一位北大博士，决定去考城管》《当不婚女性开始老去》这些标题中，都是没有故事结尾的，如果你想要知道结尾，就要阅读文章。值得注意的是，这些标题中的故事是必须有意思的，如果很无趣，人们对其结果也并不在意。

当你不知道该如何起标题时，就按照这五大思考方向，全部想一遍，每个方向起一个标题。还有更简单的方法，即用上面的案例，让 ChatGPT 优化标题。

比如，把自己的文章标题发过去，让 ChatGPT 生成提问式标题。

提问：用提问法帮我优化这个文章标题：《我一个 65 岁农民，现在开始写文章，不知道来得及不？》

ChatGPT

1. “65 岁的农民挑战写作，梦想能否超越年龄的限制？”
2. “农民新笔墨：65 岁起步，能否书写出辉煌篇章？”
3. “从田间到键盘：65 岁农民的写作梦，能否实现？”
4. “年过古稀，文思翻腾：65 岁农民踏入文字世界，可否成功？”
5. “文坛新晚辈：65 岁农民的文学探索之路，有何希望？”

当然，你也可以把“提问法”要求换成其他要求，如生成一个反差式 / 悬念式 / 故事式标题；这样做的好处是更精准有力，能够得到有效答案。当然，让 AI 起标题，前提是自己要有非常强大的鉴赏力，如果你面对一堆标题，选不出来适合的，还不如自己起。只有了解读者点击文章的底层逻辑，掌握了技巧，才能预测哪个标题的点击率更高。

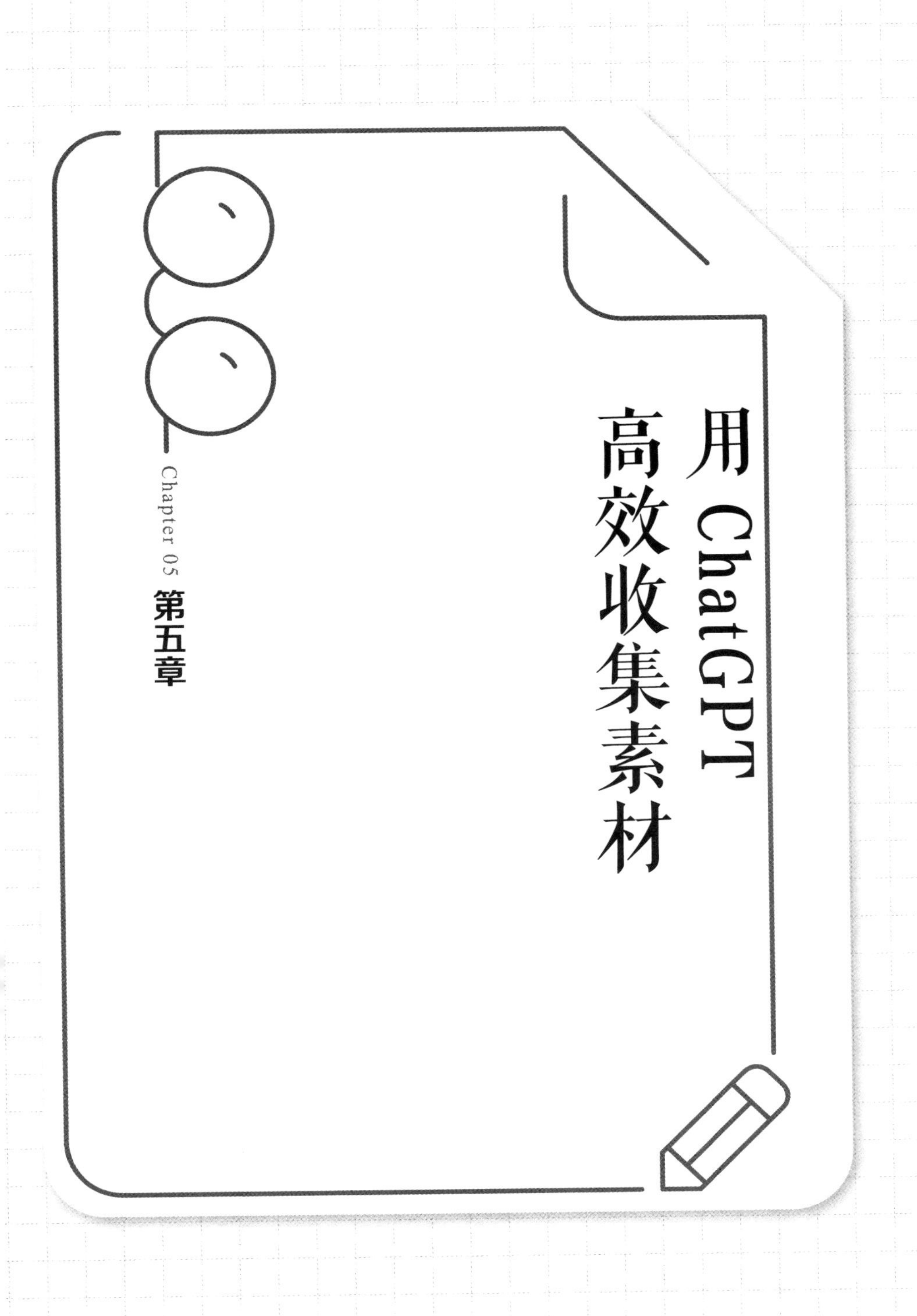

Chapter 05 第五章

用ChatGPT高效收集素材

01 素材收集的六大技巧

是否拥有足够的素材，是写作者能否持续写作的关键，也有很多作者放弃写作，是因为缺乏素材。

其实，写作高于生活，但来源于生活。我们怎样从生活中收集素材呢？

我写作 8 年，一直坚持日更，总结了一套收集素材的方法，分享给你。

广泛阅读

写作是一个持续输出的过程，当你感觉内容匮乏时，要反思一下，是不是自己的输入不够多。输入决定输出，源头活水至关重要。持续通过阅读收集素材，是写作者每日必修的功课。有人说，我知道阅读很重要，可是我不知道应该读哪些书。这里有个小建议：50% 的阅读书目，与你所写的内容同领域；剩下的 50%，选择不同领域的书广泛阅读。

同领域书籍可以帮你加深思维深度，而泛领域阅读可以拓展你的思维广度，纵横相加，可以搭建出一个立体的阅读框架。

如果你不知道某个领域有哪些值得读的书籍，可以让 ChatGPT 推荐。使用 AI 检索自己需要阅读的图书的方法，在第一章详细介绍过，大家可以根据自己的写作需求，快速使用 Bing 的 AI 聊天工具检索，找到适合自己阅读的书单。

注意收集故事素材

如果你在写作时遇见了情节卡点，不知道如何继续写下去，最好的解决方法是收集一些故事素材。可以用 ChatGPT 收集某种类型的故事素材，如哲理故事、婚姻故事、爱情故事、神话故事、职场故事等，选取自己感兴趣的，复制并保存，形成素材库。这样，在不知道怎么继续推进情节的时候，可以翻一翻自己的素材库，找一找方向和灵感。

举个例子。

提问： 请提供两个具有代表性的婚姻故事，整理成 200 字左右的故事概要。

ChatGPT 罗密欧与朱丽叶（莎士比亚的《罗密欧与朱丽叶》）：这个经典的爱情故事发生在意大利的维罗纳市，两个家族之间的仇恨无情地阻挠了年轻的罗密欧和朱丽叶的爱情，他们秘密结婚，但不幸的事件导致了他们的悲剧结局。这个故事展示了无法抵挡的爱情的力量，以及社会和家庭压力对婚姻产生的影响。

安娜·卡列尼娜与基洛夫（列夫·托尔斯泰的《安娜·卡列尼娜》）：这部小说讲述了俄国贵族女性安娜·卡列尼娜与她的丈夫卡列宁，以及花花公子涅伦斯基之间的三角关系。安娜·卡列尼娜为了追求自己的爱情和幸福，放弃了婚姻和社会地位，最终导致了她的精神崩溃和悲剧结局。这个故事探讨了婚姻、道德和社会规范之间的冲突。

这是一个非常简单的示范，在写作过程中多多训练 ChatGPT，它生成的内容会给你带来惊喜。

当然，日常生活中也会发生很多故事。我们每天的工作、生活、学习，就在经历不同的事情，当你和别人交流，听到了比较好玩的故事时，可以迅速记录下来；在日常看电影、看电视剧的时候，看到了比较新颖的故事片段，也可以随手记下来，以后很可能用得到。

注意积累人物素材

如果你的故事中的人物形象不够鲜活，说明你应该多收集人物素材。怎么收集呢？找几个和你的故事主人公很相像的真实人物，然后让 ChatGPT 讲述人物故事。

假设你深耕新媒体写作领域，主要写作内容是人物稿，那么找到更多值得写的人物其实并不容易，毕竟搜索引擎上的内容比较粗浅，且存在很多谬误。想要对一个人物有非常深入的了解，最好的方法是阅读人物传记，可是传记类图书通常比较厚，短时间内很难从头到尾读完并迅速提取关键内容。

在这种时候，AI就可以发挥它的优势。如果我们现在不知道该写哪位人物，可以使用第一章提到的方法，让ChatGPT推荐人物相关的传记，知道了书名之后，输入书名，让它提取核心故事，这就相当于给它规定了一个框架，让它在框架中找故事，这比自己手动搜索资料更快。

现在，你手头有了几个同类型人物的故事，可以通览这些内容并进行剖析：这些人物的共同点是什么？不同点是什么？他们分别做出了哪些选择？家庭背景、婚姻状况、事业工作是如何影响他的？他的生活中出现过什么转折和意外？这些转折和意外怎样改变了他的命运？

真实的人物经历往往很精彩，当你分析完这些，想必对于如何设置主人公的性格、成长、背景等内容就深有体会了。高级的小说，是让读者以为你笔下的人物是真实存在的。如何才能让人物看起来像真实存在的？你得先研究真人，才能写得像真人。

收集整理图片素材

如果你写小说时遇见了场景描写的困难，可以先根据主人公的身份，判断他的生活环境。

比如，他是职场白领，那他可能出现在环境优雅的咖啡厅、办公大楼、商场大厦等地方；如果他是农民，那他可能出现在田地、镇上的集市、小卖部等地方；如果他是大学生，那他可能出现在学生宿舍、教学楼、操场等地方；如果她是家庭主妇，那么她可能出现在超市、厨房、育婴室等地方。

根据主人公的经历判断他可能出现的地点后，可以使用AI绘画工具，如Midjourney等，通过短语提示词，生成独一无二的“剧照”，将存在于自己脑海中的设定以图片的方式呈现出来，这些图片可以是人物设定，也可以是定格的某个情节片段。有了直观的图片之后，对照图片进行描写，既可以激发自己的灵感和写作热情，也可以让写出来的内容更有代入感。

音乐素材

写作是一个相当丰富的过程，我们不仅可以通过阅读文字获得素材，也可以通过聆听音乐获取素材。比如，写主人公的至暗时刻时，你写不出悲伤的感觉，那就可以尝试用伤感的音乐来调动情绪。沉浸式听这些音乐中的故事内容，细细地感受流经身体的情绪，在这样的氛围下，你写出的文字可能会更有感染力。

写作是一个需要情绪的工作，你有悲伤的情绪，才能写出悲伤的故事；你有欣喜的情绪，才能让读者感受到欣喜。作者的情绪要和内容的情绪高度一致。

所以，你需要未雨绸缪，把情绪按照喜怒哀乐分类，与相应的音乐匹配，收集、汇总、整理，建立一个音乐库。

需要写快乐的情节，那就打开音乐播放软件，听欢快的歌曲；需要写分别的情节，那就听听分手主题的歌曲，感受难过的情绪。沉浸式听音乐，细腻地感受歌词、曲调、节奏，能让人产生很多画面联想，这些联想到的内容，都是你的写作素材。

收集视频素材

在短视频泛滥的今天，很多人都容易沉迷其中。短视频是双刃剑，我们应当如何正确看待它呢?

如果你仅因为无聊看短视频，那就是纯粹娱乐，消磨时间；如果你是一个写作者，看短视频是为了了解爆款短视频的创作逻辑，那就是在学习。

作为一个创作者，你应该在短视频中学习什么?

1. 寻找你的目标读者

现在的短视频，天然就是庞大的素材库。各个阶层、各个行业中的各类人物，都在短视频里上演着不同的故事。你可以每天去看热门视频，看一看这些视频的受众是什么类型的人，分析他们为什么会喜欢这样的视频，以及这些视频的类型是不是和你的写作类型相匹配。

找到和你的写作领域、写作风格相符的热门视频，提取其中的故事要素，梳理这些短视频吸引人的关键点，并将这些关键点融入自己的创作之中，有助于让自己的作品收获更多的读者。

2. 寻找社会热点

如果你在写现实主义类型的小说，可以在情节里加入一些社会热点事件，从而更好地反映真实生活。

我在小说《云端》中写到主人公何光直播自杀，就是当时看到一个新闻报道产生了灵感。

热点新闻会迅速反馈在短视频上，甚至很多新闻热点是因为有短视频大量、迅速地传播，才得以发酵，所以，如果你不是一个有精力时刻关注各种新闻热点、新闻动向的人，可以在每天的固定时段看一看短视频，从短视频中了解发生了什么事情。此外，从视频的评论区中可以看出普通大众对于这样的热点新闻是一种什么样的反应。很多视频的评论非常精彩，是非常好的写作素材。

注意，观看短视频时，要有重点、有目的、有方式，尽量避免自己无目的地淹没在短视频的海洋里，忘记了收集素材的初心。

本节讲了用 ChatGPT 收集素材的六大技巧，在收集素材的过程中，我们要把 ChatGPT 当成一个辅助工具，而非竞争者或全能的替代者。

虽说 ChatGPT 有很多优点，如数据库庞大、效率非常高、生成功能强大，但它的缺点也不少。

比如，它不理解人情世故和社会风俗，有时会出现一些逻辑错误，只能根据算法做出相关性判断，缺乏人类灵魂的丰富性和多变性。

ChatGPT 生成的东西，可能会模式化、刻板化、规则化，所以，它创作的内容可能不那么直击人心，需要使用者去调控和修改。

总之，我们可以使用 ChatGPT 获取灵感，但不能全然照搬其生成的内容。

02 素材整理的两种方式

很多人有这样的困惑：随时随地收集素材，但真正“卡文”，急用素材的时候，发现自己的素材库里一团混乱，什么都找不到，非常头疼。如何整理素材，才能做到有效分类，从而在最短的时间内找到最适合的素材？

接下来介绍三种整理素材的方法，让你的素材库一目了然、井然有序。

建立小说写作素材库

我写了十几部小说，深深明白写小说是一个庞大的工程，从开始到结束，经常需要使用各种各样的素材。如何保存这些素材呢？可以按照素材类型来分类。把小说写作素材库想象成一栋大楼，可以在每层设置不同类别的素材，比如，在电脑中新建多级文件夹，第一级文件夹命名为写作素材库，第二级文件夹命名为小说写作素材库，并在小说写作素材库中分别设置几个第三级文件夹，具体文件夹命名及内容可参考以下内容。

1. 人物构造素材库

一部小说最核心的是人物，如何构建一个随时可以取用的人物构造素材库呢？可以从以下几个方面来考虑。

（1）家庭背景

真实世界里，每个人的性格和家庭环境密不可分，但是在小说写作中，很多人都忽略了家庭背景，导致读者觉得人物的做事风格、性格特点没有依据。因此，想要设计好一个人物，必须明确他的家庭背景，这是他成长的根基和土壤。

作者可以把自己收集到的人物素材详细拆分，他有什么样的家庭？有怎样的父母、怎样的兄弟姐妹？从小经历过什么大事件？对他造成了什么影响？这些都是人物塑造的重要组成部分。收集了几十个不同的家庭背景后，写这方面的内容就有了比较全面的参考系统。

（2）人物性格

如果你觉得自己笔下人物比较寡淡，很可能是因为人物性格没有设计好。很多人把自己的主人公设计成了扁平人物，只有单一的维度：好人没有缺点，坏人一坏到底，没有优点。这样的性格虽然鲜明，但不真实。真实的人物都是立体的，是复杂的，是多维度交叠的。

所以，当你看书、看剧，发现一些人物比较有魅力时，可以分析一下他的性格特征有哪些，把这些人物性格分析全部放进素材库，可以按需分类，如友善型、乐观型、悲观型、粗枝大叶型、心思细腻型、恋爱脑、理智脑等。

如果不确定都有哪些分类，可以求助于ChatGPT，让它给出小说人物性格分类，并举一些广为人知的例子。

提问：请列出小说人物性格的所有类别，并举一些例子，分析例子中的人物性格。

ChatGPT 作家在创作小说时可以赋予人物不同的性格特征，以下是一些常见的小说人物性格类别，及例子中的人物性格分析。

1. 英雄/勇士：勇敢、坚毅、正直。例如，“哈利·波特”系列中的哈利·波特，他展现出勇敢的特质，不畏艰险地面对邪恶势力，坚定地追求正义。

2. 反派/恶棍：邪恶、冷酷、狡猾。例如，《傲慢与偏见》中的费茨威廉·达西，他曾以傲慢和冷漠的态度对待他人，追求自己的私利，不顾他人感受。
3. 冒险家 / 探险者：好奇、具有冒险精神、喜欢探索未知。例如，《夺宝奇兵》中的印第安纳·琼斯，他对历史和宝藏充满好奇，敢于探索危险的地下墓穴和神秘的遗迹。
4. 智者 / 导师：聪明、睿智，给予主角指导。例如，《星球大战》中的欧比旺·克诺比，他是一位有着丰富智慧和经验的绝地武士，能为主角提供重要的指导和支持。
5. 平凡 / 普通人：普通、平凡，通常在故事中起到引导读者的作用。例如，"哈利·波特"系列中的赫敏·格兰杰，她是一个普通但聪明的女孩，通过她的视角，读者可以更好地理解魔法世界。
6. 浪漫 / 梦想家：浪漫、富有幻想，追求梦想和理想。例如，《简·爱》中的简·爱，她是一个富有梦想和独立思考能力的女性，勇敢地追求自己的自由和幸福。
7. 善良 / 仁慈：善良、友善，愿意帮助他人。例如，《小王子》中的小王子，他有纯洁善良的心灵，关心他遇到的每一个人。
8. 坚毅 / 顽强：坚韧、不屈不挠，克服困难。例如，《麦田里的守望者》中的霍尔顿·考尔菲德，他面对困惑和挫折时展现出顽强的意志，坚守自己的原则和信念。
9. 双重人格 / 复杂人物：复杂、矛盾，有多重人格或深层次的内心斗争。例如，《福尔摩斯探案集》中的福尔摩斯，他是一个极具才智但性格古怪的侦探，有冷漠和孤僻的一面。
10. 幽默 / 滑稽：幽默、滑稽，给人带来轻松和欢笑。例如，《疯狂的麦克斯》中的麦克斯，他是一个具有幽默感和滑稽行为的角色，为故事增添了不少欢乐。

按照这几种分类，我们可以慢慢充实自己的素材库，在写作中随机挑选几个性格组合在一起，形成新的人物设定。就像爆火的电视剧《狂飙》，反派角色之所以让人印象深刻，是因为其性格很复杂，有很坏的一方面，也有对亲人朋友真情实感的一方面，这样的人物才是饱满的、真实的、立体的、多维的。

（3）言谈举止

很多人写小说时卡在语言描写和动作描写上，不知道该怎样下笔。这时可以多多阅读优质小说，把比较精彩的段落、句子、词汇摘抄下来，填充在素材库中。一个人的言谈举止与家庭背景、人物性格是统一的，农民的说话方式与知识分子的说话方式是截然不同的，把不同类型的人的言行举止描写分别放在不同的文件夹里，更方便参考。

2. 主题思想素材库

主题思想是小说的定海神针，如果没有主题，或者主题游离，很容易让整部小说没有重心。小说不仅仅是讲述一个故事，更是通过故事来向世人传达某些观点，这是初学者最容易忽略的事情。从文学史上来看，只有主题足够明确的小说，才能历久弥新、流传后世。那么问题来了，你的小说想要表达什么呢？剥离表面的故事，你的文字剩下什么核心呢？这个问题思考过吗？

建立一个主题思想素材库是重中之重。在阅读各类小说的过程中，你要学会不断总结这部小说的核心要义，以及该核心要义是如何通过故事呈现的。

比如，《红楼梦》表面写的是爱情故事，其实主题思想是通过这个悲剧故事，讽刺封建社会制度的腐朽落后。《西游记》表面写的是师徒四人去西天取经，主题思想则是通过这个与妖魔鬼怪斗争的历程，来批判当时的黑暗社会，歌颂不屈不挠的斗争精神。《水浒传》表面写的是108位梁山好汉的故事，主题思想则是揭露社会矛盾、统治阶级的罪恶。《三国演义》表面上构建的是一个三雄争霸的局面，主题思想则是表达人民对于仁政的向往，以及对暴政的厌恶。

当你学会了这样分析小说，你的主题思想素材库会越来越充实。如果你看完了一本小说，却无法提炼它的主题思想，可以询问ChatGPT，先让它帮你概括、总结，再去结合故事细细体会应该如何借鉴和参考。

3. 社会话题素材库

没有灵感时，不如上网看看每天都在发生什么新鲜事。我很喜欢看热点新闻，每次都能从中看到人性的复杂。有的事件让人大吃一惊，比“狗血”的影视剧还复杂。

写作者可以为自己建立一个社会话题素材库，收集网友对同一事件的不同角度的评论，从中采撷灵感。也可以看看其他“大 V”是如何解读各类事件的，比较有价值的文章链接，可以加以保存。

我的小说《云端》就选取了一个社会热点话题：网络暴力。如何看待网络暴力，如何制止网络暴力，这些都是我想要呈现给读者的。希望大家读完小说后，也可以进行反思。

记录不是结束，而是开始，通过记录，可以持续不断地完善你的思考。

如此，参照这些分类，你还可以构建环境描写素材库、情节设计素材库、开头结尾素材库等。如何确定自己该构建哪些素材库呢？从自己最薄弱的方面开始，哪些方面经常成为你的写作卡点，就优先做哪些方面的内容整理。

建立观点文素材库

如果你主要写新媒体观点文，那就必须构建一个观点文素材库。这可以节省你大量的时间，不断又快又好地产出观点文。具体怎么做呢？

1. 开头结尾素材库

一个好的观点文，必须在开头就抓住读者的兴趣，吸引他一看到底。建议大家在大量阅读优质观点文时，一边看一边思考：这个开头有吸引力吗？如果感觉不错，可以摘录后进行拆解，分析这个开头的吸引力是从何而来的？哪里写得比较好？有什么值得借鉴的地方？我应该如何运用？源源不断地更新的开头结尾素材库，能帮助你逐渐熟练地写出“凤头豹尾”的文章。

2. 观点素材库

写观点文，最重要的当然是观点。一个别出心裁的观点，能让整篇文章脱颖而出。有人问：我是一个想法很少的人，也不常表达自己的观点，应该如何提升自己的观点敏锐度呢？

我们可以从这些方面入手，充实自己的观点素材库：从热点文章评论区中找观点、从爆款视频标题中找观点、从经典书籍中找观点……如何让自己的观点更有新意？可以用反向思考法、深度挖掘法、纵向延伸法等。

3. 案例素材库

观点文的框架是主干，案例是血肉，丰富多样的案例是必不可少的。建议大家时刻留心收集案例，按照不同类别放入素材库中。这些案例可以来源于真实生活，也可以来源于网络、书籍等。

写案例要注意，不必把案例全盘复述，这样内容过长。可以挑选比较有代表性、新颖的素材，进行归纳，用几句话把案例写出来。如果自己归纳比较费精力，可以交给 ChatGPT，让它对长内容进行精简，浓缩为几句话。

举个例子。

提问：请把以下一段话，简化成 100 字左右的故事，其中若有错误，要注意修改。

在这 365 天里，她坚持每天讲课、学习、总结，阅读了近一百本关于写作的书。她的发现是，不论是知名作家，还是新人作者，所传达的核心思想都有着相似之处。她逐渐明白，写作的关键在于不断地实践和锻炼，只有这样才能不断提高。基于这一领悟，她更新和升级了自己的课程，将重点放在解决学员在写作中遇到的困难上。

她说："从那之后，我逐渐接受了自己的老师身份。以前别人叫我老师，我总是说请称呼我'无戒'。现在我对于老师这个身份有了更深刻的理解，我意识到能够帮助别人是一种功德，称谓只是一个称谓而已。'老师'这个称谓时刻提醒着我要更加努力，不断精进自己的能力，同时更好地服务大家，让大家的写作梦想不再是梦，不辜负那些相信我的人。"

她的佛系招生方式仍然着许多人。这种方式建立在口碑的基础上，很多新加入的朋友是通员介绍而来。正是因为他们的信任，她一直坚持不懈。她在自己的作课程中规定学员按要求写作业能够退还学费，目的只是希望所有加的伙伴能够真正实现成长，写出优秀的作品，永不放弃。

在 2022 年 2 月，无戒被西北大学文学院录取，开始了为期三年的系统理论学习。这是她向更高层次努力的结果，能进一步提升自己的写作水平。

ChatGPT　无戒每天讲课、学习、总结，看了近百本写作书，悟到写作需要多写多练，她不断升级课程解决学员的写作困境，并接受老师身份，服务学员圆写作梦，帮助学员成长。2022 年 2 月，她被西北大学录取，开始为期三年的理论学习，坚持不懈，提升自己。

对 ChatGPT 精简后的内容加以整理，放进素材库，待需要的时候，直接拿出来使用即可。

在使用案例的过程中，需要根据主题进行升华、改编。所以，整理故事素材时不必在意内容是否完整。如果你使用的时候突然想不起其中的细节，有时可以虚构细节，使作品更加完整。

按照以上方式有序构建素材库，写作会更顺畅。

使用 ChatGPT，可以帮助自己构建素材库，但是素材在手，并不代表写作无忧。每个人的大脑都是独一无二的，大家可以通过对素材进行不同程度的拆分组合，尝试写出更多新奇的内容。

03　素材积累的三大方法

我们之前讲了收集素材和构建素材库的方法，在这些环节中，

ChatGPT 可以起到辅助作用。但 AI 不是……的。本章介绍三种方法，可以做好独一无二的素材积累，能够成功和……拉开差距，拥有个人特质明显的素材。

作家之眼，学会观察

很多人的素材是从网上摘录的，有的空泛，有的老套，有的枯燥，这会导致文章内容不够新颖，同质化严重，读者感觉文章内容司空见惯，作者很难形成独特的个人风格。有没有什么方法可以改变这种状况呢？

教学七年来，针对这个问题，我想了很多解决方法，其中一种是要拥有作家之眼，学会观察。培养作家之眼，是无戒学堂首创的写作训练活动之一。这个活动广受好评，很多学生说，参加这个活动，仿佛发现了另一个世界，同时拥有了更丰富的写作素材。

作家之眼是如何训练的呢？把自己想象成非常知名的作家，认真细致地观察这个世界的细节并进行写作训练。比如，先观察你今天看到的一个路人，他的面部表情、肢体语言、着装特点等；再进行全方位描写，或者侧面描写细节，比如，布满红血丝的眼睛、饱经沧桑的双手。这些你看到的东西，都是你的素材来源。

人与 AI 有什么区别呢？同样面对一双饱经沧桑的双手，AI 可能会用各种修辞手法来写，但是不管怎么写，都只停留在很浅的描写层面；而身为作者的我们，能在观察的过程中充分发挥人的主观能动性，见微知著，引申到他的工作、生活的艰辛。

以描写大树为例，AI 只会描写树的形态和外在特点，那如何利用作家之眼去写呢？把思绪放空，盯着一棵树看几分钟，激发更多特别的灵感——你不止能看到一棵树，你还能看到岁月，看到命运，看到故乡，看到新生和死亡，看到祖祖辈辈日出而作、日落而息地耕耘，看到一代代的轰然坍塌与一代代的茁壮崛起……

每天花 3 ～ 5 分钟的时间，练习观察身边的一个事物，每天写一小段文字，坚持一年，写作能力一定会大幅度提升。

深入生活，沉浸体验

很多时候，因为工作、生活节奏很快，我们根本就没有对周边事物上心。按部就班地上班、机械粗糙地生活、周末宅在家里刷手机……这样的生活是无法产生灵感的，因为心是封闭的、麻木的，没有真实地体验生活，素材自然是乏味的。

很多人写小说，写得很悬浮，跟现实世界根本不接壤，人物塑造扁平、环境描写虚幻、工作细节模糊，这是因为他虽然生活在现实世界中，但从未认真体验过。

我始终认为，作家的第一要义是生活，生活也是创作的一部分，而且是重要组成部分。不会生活的作家，是无法创作出好作品的。因为文字所表达的都是作家经历的东西，你本身没有察觉到的，自然不会呈现在文字中。从真实体验转化为纸上文字，这中间必然是有折损的，因此，文字只能少于我们所体验到的情感，不能超过。

那如何深入体验自己的生活呢？

好好体验自己所扮演的角色。如果你是一个上班族，那就认真工作，在工作中体验职场冷暖；如果你是一个家庭主妇，那就好好照顾孩子、做好家务，从这些日常中体验作为主妇的感受。每一个角色都是非常重要的，也是很独特的。我们都很容易因为习以为常而被蒙蔽眼睛，沉浸式体验生活，能发现之前未曾发现的优质素材。

我有个学员是家庭主妇，她说自己实践这个方法后，整个人都变了。她在无聊枯燥的生活中发现了很多乐趣，看到了孩子的可爱、老公的负责，也培养了诸多兴趣，整个人更积极、更乐观，同时，她扩大了交流圈，每天都在积累写作素材。

想要沉浸式体验生活，还有一条很重要，那就是认真感受自己的情绪，不要对抗情绪。现在很多人在讲求管理情绪，仿佛情绪是一个很不好的东西，但事实上，情绪是我们生而为人最自然的生理反应。没有情绪的人是不存在的。

当你有了情绪，就可以觉察到自己身上发生了什么变化，记录下心理上和生理上的微妙起伏，这是相当珍贵的。很多人写情绪，写得毫无特点，那是因为他们没有真正体验过这些情绪。只有真正体会过喜怒哀乐后，才会知道，原来真实的反应竟是这样的，下次才能写得更好。这一点是AI所不能及的，它只能在已有的信息库里选择、组合文字，无法作为一个真实的人，去感受自己的情绪变化，自然无法写出打动人心的内容。

深入体验生活时，我们还可以打开感官，去感受身边的事物。正常人习惯用眼睛获取最多信息，但视觉不是唯一，我们要学会综合运用五感。视觉、听觉、触觉、嗅觉、味觉，用五感接收来自生活的素材馈赠。很多人习惯依赖眼睛看世界，这时候，教你一个技巧，闭上眼睛，打开其他四感。你能听到什么声音？你能感受到什么质地？你闻到了什么气味？你尝到了什么味道？这世界远比你看到的丰富得多，运用五感时，你能和这个世界产生更真切的联结。

积累创意，沉淀素材

创意是文章的灵魂，拥有了独特创意，就拥有了战无不胜的硬本领。创意在于“创”，指具有开创性、创新性、创造性的内容。

如何积累创意呢？我有一个习惯，每天早起第一件事就是记下自己昨晚的梦境。梦境是脱离现实生活的，有时候，梦里会发生意想不到的故事，曲折离奇。

梦境天然是创意，不受世俗约束，不受逻辑控制。我把这些内容都记录下来，写小说的时候，偶尔翻翻自己记录的梦，往往可以想到很好的点子。

在无戒学堂，我们每周都会进行一系列创意训练，通过多种方式刺激学员的创新性。如“脑洞活动”，即给学员一句话，让学员接着这句话即兴续写，越离奇越好，不要思考任何逻辑。这就是在最大限度地刺激大脑的创意区。

有学员说，参加脑洞写作活动，真的会得到与众不同的想法。

又如，“极限想象”活动，即给学员一个图形，圆形、长方形、正方形等，让学员根据这个形状，写下自己联想到的故事。再如，“虚实相生”活动，即给一个真实的故事，让学员基于已有内容，创造、添加新的元素，写出另外一个故事。还有“看图写文”活动，发布一些真实生活中的照片，让学员看照片，产生联想，写出他脑海中的故事。

有了 AI 之后，训练想象力会变得更加容易，比如，我们可以天马行空地想出一个文章的开头，让 AI 进行续写。AI 的续写很多时候并不是特别符合逻辑，但随机性会让它生成很多人类不会想到的东西。

举一个简单的例子。

提问：以“我变成了一条狗”开头，续写一个悬疑小说。

ChatGPT　我变成了一条狗。这个匪夷所思的事实在我脑海中回荡，我试图摆脱这个无法理解的现实。我不再是人类，而被困在一个四肢着地、被毛发覆盖的身体里。我感到绝望和恐惧，但也有一股奇怪的决心，我决定找到自己变化的原因。

我穿梭在人类世界中。我发现自己具备了独特的嗅觉和听觉，能够感知到人类无法察觉的细微细节。这使我更加坚定地相信，我成为一条狗并非偶然。

我开始展开调查，试图找到与我的身份转变有关的线索。经过一番探索，我发现自己曾是一位知名的科学家，研究着一项神秘的实验。在实验过程中，发生了一场事故，导致我莫名其妙地变成了一条狗。

我追踪线索，发现了隐藏在黑暗中的阴谋。原来，我的身份转变并非偶然，而是一场精心策划的阴谋。有人利用我的研究成果，使用一种神秘的药物将我变成了狗，以阻止我继续揭露他们的秘密。

随着调查的深入，我发现幕后黑手不止一个。他们是一个强大而神秘的组织，掌握着超越人类认知的科技力量。他们在背后操纵着一系列事件，企图掩盖真相。
我面临着巨大的危险，但我决心继续追查。我结识了一位对我的变身深感兴趣的记者，我们携手合作，共同寻找证据。
逐渐地，我们揭开了一个惊天的阴谋。原来，这个组织意在掌握人类身份转换的技术，通过控制个体的身份，获得巨大的权力和利益。他们利用这种技术进行人身交易、追踪和控制，使得每个被选中的人成为他们的傀儡。
在最后的决战中，我以一条狗的形态，与黑暗势力展开激烈的较量。依托我独特的感知能力，我和记者成功揭穿了他们的阴谋，将他们绳之以法。
最终，我重获人类的身份，但这段经历永远地改变了我。我深深明白，人类的身份并非永恒不变，我们必须保护自己的自由和尊严，防止科技被滥用和操纵。
这个悬疑事件是对人性的探索和对科技力量的警示。我以一条狗的身份，完成了一场惊心动魄的调查，同时唤醒了人类对于自身存在和社会伦理的思考。

根据ChatGPT的发挥，我们得到了一个小说大纲：主角是一个天赋异禀的科学家，在进行基因实验的过程中发生事故，导致自己变成了一条狗，拥有了极为敏锐的感知力。利用变成狗后不会被怀疑的便利，主角查到了实验事故的真相——一个隐藏在黑暗中的组织掌握着转换人类基因的技术，并利用此技术获得巨大的权力和利益。主角结识了一位记者，在记者的帮助下，利用自己独特的感知力成功揭穿反派的阴谋，并成功变回人类。

这是一个万能大纲，将反派设定为外星来客，将是一篇科幻小说；将笔墨重点放在阴谋设计与揭露的环节，将是一篇悬疑小说；如果主角是年轻的科研天才，而记者是同样优秀的异性，这甚至可以成为很受欢迎的悬疑爱情小说……

这些都是训练创意的好办法，在一次次训练当中，可以逐渐打开脑洞，敢于想象，敢于书写，积累自己的创意素材。

前两个方法是在教大家觉察、体验世界，而最后一个方法，是让大家脱离真实世界，天马行空地进行大胆想象。先去观察现实，而后体验现实，最后超越现实，层层递进，环环相扣。这三个方法叠加使用，将会有意想不到的效果。真实和虚构相辅相成，利于积累更生动、更优质的独家素材。

这种更高维度、更深层次的素材积累方法，是作家的核心竞争力之一。拥有这个能力，任何 AI 都无法取代你。AI 主要依靠信息整合，作家所体验到的生活，所想象的创意，它都是没有的。人能产生思考、联想、推测，能透过现象看到本质、透过表面看到深层、从个例推及群体，看穿世界万物，从而写出更深刻的内容。

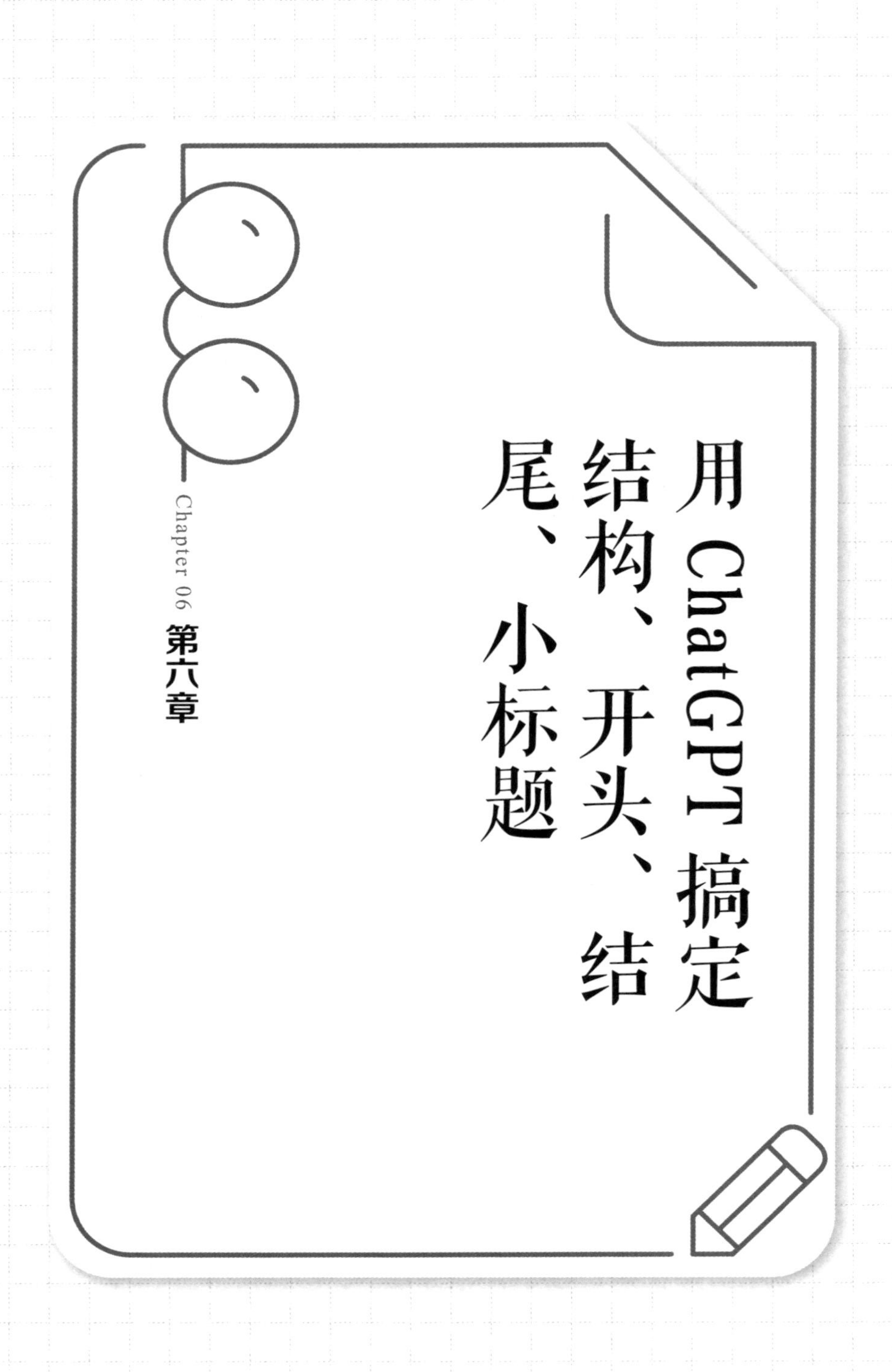

Chapter 06 第六章

用 ChatGPT 搞定结构、开头、结尾、小标题

01 文章结构的五种类型

很多作者全靠热爱冲进写作赛道，对于写作基础知识完全不了解，甚至分不清故事和小说，不了解文章结构，写作的时候难免觉得艰难。

了解文章结构，有了基本的写作基础，就可以直接解决写文章时不知道如何下笔的问题。

知道了文章结构的重要性后，应该用怎样的结构支撑一篇文章呢？本章列出了五种文章结构，详细阐释什么样的内容适合什么样的结构，如果你能全部掌握，写文章时会顺利很多。

故事型结构

故事型结构的自媒体文章可继续细分为两种类型：一种是一个故事占主体篇幅，引出主题、点明内核；另一种是两三个小故事组成一篇文章。在第一种类型当中，故事占比 80%，剩下的 20% 是从故事中引出的思考与启发；在第二种类型当中，几个小故事分别从不同角度验证同一个主题，可以是并列的，几个故事从不同侧面来佐证主题，可以是对照的，有正有反，更有说服力，也可以是层层递进的，由浅入深，更有逻辑感。

故事型结构寓情理于故事，比开门见山讲道理更容易让人接受，且印象深刻。人天生爱看故事，一个好故事，能让不同读者解读出不同含义，更有发散性。

写作时，可以把文章的主题发给 ChatGPT，让其生成一些经典故事作为参考；也可以给 ChatGPT 发送一个故事，让它提炼主题。这样双向操作，可以让写作思路更清晰，写作更高效。

清单式结构

现在有很多自媒体文章是清单式结构。这样的结构适合什么主题的文章呢？适合轻干货类型的文章。

轻干货文章的特征是有一定量的干货，但是并不深入，比如，《25岁我懂得的25件事》《小红书运营的100条法则》《手机拍照好看的30个技巧》……与之相反的是重干货文章，深入剖析某一类型的知识，知乎上很多专业度比较高的专栏文章，可以归类为重干货文章。

写轻干货文章像是挖多口浅井，写重干货文章则是挖一口深井。

当你的文章类型是轻干货文章时，比较适合清单式结构。清单式结构的一大特点是条数多，且每一条的内容不宜过长，否则读起来会很累。使用清单式结构的目的是给读者一种阅读起来轻松愉悦，还能得到知识的感觉，给足获得感，会让人更有收藏的欲望。

要注意的是，清单式结构的文章，整体内容要层层递进，每一条都尽可能言之有物，精练不拖沓，让人有启发，切忌简单罗列、泛泛而谈。

总分总结构

总分总结构是常见的文章结构之一。当你不知道该用哪种文章结构时，用这一种总是没错的。

开头直接引出主题，让读者知道你这篇文章准备讲什么内容；中间用各种案例进行阐释和佐证，进一步说服读者；最后回归主题，进行扣题。

需要注意的是，使用这类文章结构的人非常多，想要不落俗套，要在文章标题、主题、案例上下功夫。

分论点式结构

分论点式结构的好处是角度多样、变化有序、层次丰富，让读者看起来津津有味，体验感好，不容易感到厌倦。

分论点式结构有点像鱼骨，中间是一条粗的主线，两侧是细的副线，主线和副线之间是有联系的。副线为主线服务，而主线引领副线的排序。

一般一篇 3000 字左右的文章，可以列出 3 个分论点，这些分论点从不同角度服务于主题。如果有多个论点，建议在这一阶段进行删减，把那些不出色的、比较平庸的论点全部删掉，留下精彩的、与众不同的论点。

这种结构适合比较有深度的主题，可以从不同角度入手进行阐释。

解决问题式结构

这种结构的优势是主题非常明确，针对性很强，为了解决某个问题而写，不需要很多技巧，只要能把问题解决就好。

文中问题可以源于自身，也可以源于他人。在列大纲的过程中，写作者肯定会不断深入思考，层层递进，提出解决方案。如果你觉得自己的思考不够深入，或者解决方案太弱，可以让 ChatGPT 给出一些参考答案，弥补不足。

使用这种结构需要注意的是，核心问题是最重要的，如果你的问题有共性，阅读量便高；如果你的问题太小众，关注它的读者少，阅读的人便少。比如，通常来说，核心问题与婚恋、情感有关，阅读量比较高；而如果核心问题是怎么写出合格的博士毕业论文，关注的人会大大减少。

很多人写文章，感觉最难的是定结构。没有完整结构的文字是一盘散沙，读者阅读时，会感觉松散无章，抓不到重点。当你掌握以上五种结构并熟练运用之后，无论写什么都能信手拈来。

打个比方，你有很多想要写的内容，这些内容就像各式各样的宝石，需要用一根链子串联起来。按照怎样的顺序串联呢？这便是你要思考的。按照不同顺序串联宝石，就是构建一篇文章结构的过程。不同的串联顺序，自然有不同的呈现形式。因此，写文章时，除了需要收集观点、整理素材，还需要思考究竟哪种文章结构更利于这篇文章的内容表述。

02 开头写作的七大技巧

写作最大的难点是坐下来，开始写，其次是写出一篇文章的开头。很多作者写作效率低的根本原因是在开头花费了太多时间，导致本来就不宽裕的写作时间变得更紧张了。

如何把开头写得又快又好，是很多作者想要解决的问题。

不知道你有没有发现，好的作品开头都非常有吸引力。作品的开头吸引人，读者便有兴趣继续阅读；如果开头平庸晦涩，那么读者容易放弃。读书时，可以多多留意好作品的开头，从中摸索规律。

我经常会去整理名家作品的开头。我们以小说为例，看看怎样写好作品的开头。

直接叙述事件

今天，妈妈死了。也许是昨天，我不知道。我收到养老院的一封电报，说：“母死。明日葬。专此通知。”这说明不了什么。可能是昨天死的。

——《局外人》加缪

大学二年级时有一节热力学课，老师在讲台上说道：“未来的世界是银子的。”

——《白银时代》王小波

这种开头直接叙述事件，直截了当，开门见山，非常简洁明了，让读者一下子就进入情景。门槛低，比较易读。

这样的开头方式，同样适用于故事、观点文、散文等各类文章。很多写作方法是互通的，学会了一种文体的写作方法，在其他文体中也可以使用。这就是为何无戒能写小说，也能写方法类书籍，因为写作方法也是相通的。

用金句开头

那是最美好的时代，那是最糟糕的时代；那是个睿智的年月，那是个蒙昧的年月；那是信心百倍的时期，那是疑虑重重的时期；那是阳光普照的季节，那是黑暗笼罩的季节；那是充满希望的春天，那是让人绝望的冬天；我们面前无所不有，我们面前一无所有；我们大家都在直升天堂，我们大家都在直下地狱——简而言之，那个时代和当今这个时代是如此相似，因而一些吵嚷不休的权威们也坚持认为，不管它是好是坏，都只能用“最……”来评价它。

——《双城记》狄更斯

幸福的家庭都是相似的，不幸的家庭各有各的不幸。

——《安娜·卡列尼娜》列夫·托尔斯泰

金句式开头可以揭示主题、奠定作品基调、强调核心思想；也可以瞬间击中读者的心，朗朗上口，易于记忆。读者喜欢的话，会引用、转发，从而达到自动传播的效果。

金句式开头，除了用在小说写作中，用在观点文写作中也常有事半功倍的效果，即直接在开头展示观点，说服读者。在一些故事文中，也可以尝试用这个方法。

金句可以是自己原创的句子，也可以引用名人语录，如果想不到名人语录，可以让 ChatGPT 给提示。

输入“关于写作的金句”“关于婚姻的金句”“关于坚持的名言”“关于读书的名言”等内容作为提问，ChatGPT 就会给出答案，这里不再演示。

直接展示结果

他是个独自在湾流中一条平底小船上钓鱼的老人，至今已去了八十四天，一条鱼也没逮住。

——《老人与海》海明威

直接展示最终结果，用悬念吊起读者的好奇心——为什么会发生这种事情呢？当读者想要寻找原因时，阅读兴趣自然提上来了。

在写故事或小说的时候，不知道如何写开头，可以先设定好这个故事或小说的结局，把结局写在开头，再开始回忆，讲述故事。

写观点文，先把观点写在开头，再去论证；写干货文，先把结果写在开头，再去讲方法。举一反三，这些开头，在哪类文体中都可以使用。

总结式开头

话说天下大势，分久必合，合久必分。

——《三国演义》罗贯中

这种开头非常有气魄，能够提炼整部小说的核心思想，让读者有非常直观、总揽全局的印象，同时为全篇做足铺垫，自然地引出故事内容。

以回忆引入

很多年以后，奥雷连诺上校站在行刑队面前，准会想起父亲带他去参观冰块的那个遥远的下午。当时，马孔多是个二十户人家的村庄，一座座土房都盖在河岸上，河水清澈，沿着遍布石头的河床流去，河里的石头光滑、洁白，活像史前的巨蛋。

——《百年孤独》加西亚·马尔克斯

回忆式开头能够给读者一种时空穿梭之感，奠定全文深沉悠远的调性，让读者仿佛在聆听一位老者讲故事，身临其境，代入感强。

利用环境描写引出情节

红海早过了，船在印度洋面上开驶着，但是太阳依然不饶人地迟落早起，侵占去大部分的夜。夜仿佛纸浸了油，变成半透明体；它给太阳拥抱住了，分不出身来，也许是给太阳陶醉了，所以夕阳晚霞隐褪后的夜色也带着酡红。到红消醉醒，船舱里的睡人也一身腻汗地醒来，洗了澡赶到甲板上吹海风，又是一天开始。这是七月下旬，合中国旧历的三伏，一年最热的时候。在中国热得更比常年厉害，事后大家都说是兵戈之象，因为这就是民国二十六年〔一九三七年〕。

——《围城》钱钟书

环境描写式开头非常常见，起到烘托气氛的作用。全景开局，给人以宏大叙述之感。

悬念式开头

一定是有人诬陷了约瑟夫·K，因为一天早上，他没有犯什么错，就被捕了。

——《审判》卡夫卡

用悬念开头，可以充分调动读者的好奇心，激发读者继续阅读的欲望。对于新人作者来说，如果运用恰当，可以吸引不少读者。

同上，这种开头的方式也不仅仅可以用在小说写作中，在其他类型文章的写作中也适用。

设置悬念、直接叙述、金句开头，都是万能开头方法，可以有效解决无法下笔的问题。

方法有了，如何使用呢？在我教写作的这些年，发现有人懂得很多写作理论，但一到实际操作就蒙了。

任何写作方法都离不开刻意练习，只有实践了、掌握了，才算是有效方法。

新人作者可以尝试先写一个开头，再运用这七种技巧，把开头改写为七种不同的风格。这种刻意练习，会让你对文章开头的写作技巧有更深入的认识。写完之后，可以全面分析一遍，看看哪一种开头更适合你的内容，也可以让 ChatGPT 帮助你进行优化。

提问：“那年夏日，我在丽江遇见了他，此后很多年，他一直留在我的心里。”分别将这句话写成金句式开头、悬念式开头、回忆式开头。

ChatGPT

金句式开头：

“那年夏日，我在丽江遇见了他，从那刻起，他就像一朵绽放的花朵，永远盛开在我心中。”

悬念式开头：

"在丽江的那个夏日，我遇见了他，那个深情而神秘的男人，他如同一道不解之谜，让我迷失在时间的流转中，直到今日，我依然在回忆中寻找着他的足迹。"

回忆式开头：

"回想起那个仲夏的丽江，我仿佛能闻到那些花的香气，听到风的低语。在那片古老而神奇的土地上，我遇见了他，他的眼神如同星光闪烁，瞬间点亮了我心中的记忆，让我怀念起那段难以忘怀的夏日恋曲。"

以上是 ChatGPT 帮我写的开头，我感觉它写的不如我写的好，但能为我提供新的思路，我可以根据它提供的思路进行修改，直到写出满意的开头。

一个好的开头，是作品成功的一半。

03　结尾写作的八种方法

很多写作者写文章特别容易虎头蛇尾，比如故事突然中断，让读者感觉猝不及防；又如结尾过于平淡，没有给读者留出回味的空间；再如结尾没有做到升华，达不到读者的预期，让前面所做的努力付之东流。

不管是对资深作家还是新人作者来说，写好文章的结尾都至关重要。作品结尾出其不意，会让读者念念不忘，"烂尾"则会遭到读者的批评，纵然前面写得再好，读者对文章的整体评价也不会高。

所以，写好作品的结尾，是我们必须提高的能力。

以小说为例，此处列出了八种结尾写作方法，希望可以帮到你。

开放式结尾

这个人也许永远不回来了，也许明天回来。

——《边城》沈从文

开放式结尾最大的好处是留下一个悬念，让读者读后念念不忘，一直在思考这个结局的不同可能性。结尾不固定时，不同的读者会有不同的理解，会产生争议和不同看法，让这部作品更神秘，从而引发讨论热情。我的小说《云端》是开放式结尾，很多读者向我表达过自己的看法，我觉得能够引发读者思考，就是一个好结尾。

这种开放式结尾常用于写作小说和故事。

完美式结尾

他对她说，和过去一样，他依然爱她，至死不渝。

——《情人》玛格丽特·杜拉斯

完美式结尾就是给作品画上了一个句号，代表真正意义上的结束。读者看到这里，会觉得作品很圆满，有舒心之感。

前后呼应式结尾

我追，一个成年人在一群尖叫的孩子中奔跑。但我不在乎。我追，风拂过我的脸庞，我唇上挂着一个像潘杰希尔峡谷那样大大的微笑。我追。

——《追风筝的人》卡勒德·胡赛尼

如果有个小孩出现在你面前，如果他笑着、有一头金色的头发、拒绝回答任何问题，你就会知道他是谁了。如果发生了这一切，请及时告诉我，好让我得到安慰。请给我捎个话，就说他已经回来了。

——《小王子》安托万·德·圣－埃克苏佩里

前后呼应式结尾，让作品呈现闭环式结构，有一种对称的美感。

这种结尾不仅可以用在小说中，观点文、故事、散文、说明文也经常会用到。

环境描写式结尾

老人和牛渐渐远去，我听到老人粗哑的令人感动的嗓音在远处传来，他的歌声在空旷的傍晚像风一样飘扬，老人唱道：少年去游荡，中年想掘藏，老年做和尚。炊烟在农舍的屋顶袅袅升起，在霞光四射的空中分散后消隐了。女人吆喝孩子的声音此起彼伏，一个男人挑着粪桶从我跟前走过，扁担吱呀吱呀一路响了过去。慢慢地，田野趋向了宁静，四周出现了模糊，霞光逐渐退去。我知道黄昏正在转瞬即逝，黑夜从天而降了。我看到广阔的土地袒露着结实的胸膛，那是召唤的姿态，就像女人召唤着她们的儿女，土地召唤着黑夜来临。

——《活着》余华

我在那温和的天空下面，在这三块墓碑前流连！望着飞蛾在石南丛和兰铃花中扑飞，听着柔风在草间吹动，我纳闷有谁会想象得出在那平静的土地下面的长眠者，竟会有并不平静的睡眠。

——《呼啸山庄》艾米莉·勃朗特

大地的草木萌芽，大海和天空开始放亮，两人久久地眺望着远方，喜悦和悲伤使她们宛如春天的蓓蕾一样含苞待放。倘若那一天来临了，那么，她们俩的心语就会像花朵一样竞相绽放吧，而芬芳的气息将把整个学校团团包围吧。

——《少女的港湾》川端康成

环境描写式结尾能够渲染气氛，给人的感觉就像看到黄昏时村庄升起的细细炊烟，含蓄悠长，袅袅不散。哪怕过了很久，读者完全忘记了书的具体内容，也还会记得这种阅读感受。

这种形式的结尾，用在散文和小说中，是最妙的。

留白式结尾

等明天回到塔拉庄园再考虑这一切吧。到那时候我就能够忍受了。我明天会想出办法来重新得到他的。不管怎么说，明天是新的一天了。

——《飘》玛格丽特·米切尔

不直接写出结局，让读者猜测接下来的情节，给读者遐想的空间，这是类似于中国水墨画的艺术。

隐喻式结尾

鸟儿胸前带着棘刺，它遵循着一个不可改变的法则。她被不知其名的东西刺穿身体，被驱赶着，歌唱着死去。在那荆棘刺进的一瞬，她没有意识到死之将临。她只是唱着、唱着，直到生命耗尽，再也唱不出一个音符。但是，当我们把棘刺扎进胸膛时，我们是知道的。我们是明明白白的。然而，我们却依然要这样做。我们依然把棘刺扎进胸膛。

——《荆棘鸟》考琳·麦卡洛

窗外的动物们先看看猪，再看看人，又反过来先看人，后看猪。但它们再也分辨不出人和猪有什么分别了。

——《动物农场》乔治·奥威尔

隐喻式结尾非常有内涵，提升了整部作品的深度，揭示了主题，读者的大脑也会被调动起来。

金句式结尾

人这一生，既不像想得那么坏，也不像想得那么好。

——《一生》莫泊桑

人类的全部智慧，就包含在这四个字里面，“等待”和“希望”。

——《基督山伯爵》大仲马

金句自带传播属性，寓意丰富，简单易记，这样的结尾通常会让人长时间记忆犹新。

简洁式结尾

再见。

——《堂吉诃德》塞万提斯

简洁是最强大的力量之一，无须多言，就让整部作品的深度更上一个层级。

以上八种经典结尾，可以让我们的作品更有深度。一部作品开头很重要，结尾也很重要，甚至我认为结尾比开头更重要，因为大多数作品是在结尾处点题，如果结尾处立意没有升上去，可能一部作品就被毁掉了。

当你不知道如何写结尾的时候，可以参考以上案例。以上案例不仅可以用在小说中，在其他文体中也同样适用。

在写作的过程中，一定要记得，不要着急结尾，这是写作大忌，也是很多写作者的常见问题。

写作时，写到最后，一定要好好思考、润色，尤其是作品的结尾，一要点题，二要传递思想，三要让读者知道故事结局，四要精妙，五要出其不意。

好的作品是琢磨出来的，除了以上举例的结尾方式，你还可以进行创新——越出其不意，越有新意，对读者来说越惊喜。

不论写哪类文体，都要在作品的结尾处下功夫。

04 利用小标题提升阅读体验的三种方法

如果文章内容过多，字数过多，很容易出现一个问题：篇幅太长，文段混乱，不易读。怎样优化这样的文章呢？比较常用的方法是巧用小标题。

使用小标题的优点是显而易见的：让结构更清晰、板块更分明，让读者读起来轻松、愉悦，大大提升阅读体验。

一篇文章的小标题通常为 3 ～ 5 个，文章太短，没有写小标题的必要；小标题太多，会有零散破碎的感觉。

小标题设计之逻辑递进

第一种起小标题的方式：逻辑递进，层层深入。

以一篇爆款文章为例，文章标题是《27 岁离过婚和 35 岁未婚的女人，你娶谁？这个男人的回答惹怒无数人》。

文章以热点社会话题为切入点，引人入胜的同时，抛出了主题，提出三个非常值得女性思考的问题：该不该结婚？什么时候结婚？婚姻能带给我些什么？

接下来，使用四个小标题，搭建文章的主体框架：①审视和歧视，打破了女性对于婚姻的期待；②女性困境正在蔓延到整个家庭；③女性觉醒从婚姻清醒开始；④好的婚姻都是利益共同体。

第一个小标题，说明了女性不想结婚的原因。其下内容是作者身边朋友的例子，解释在婚恋市场上，女性从工作到年龄，从外貌到身材，总是处于被审视和被歧视的状态，被各种评判与挑剔，遭遇太多束缚，承受很多不公。

如果说第一个小标题讲的是女性婚前被挑剔的困境，那么第二个小标题及其下内容讲述的则是婚后女性面对的工作与家庭之间的冲突——如果她们在最佳生育年龄选择生孩子，那么就会错过事业黄金期，失去经济基础和成长空间；如果她们选择事业，不生孩子，则可能会影响到家庭。

第三个小标题及其下内容侧重讲述女性婚后容易以家庭为中心，相夫教子，没有工作，与社会脱节，失去工作能力、成长能力，以及与伴侣匹配的经济力量，这样容易导致婚姻问题。所以，女性必须对婚姻有非常清醒的认知，哪怕结婚生子，也不要放弃自我成长，应该永远保有积极向上的进取心和学习力，才能更好地在婚姻中生存。

第四个小标题及其下内容是结论，写了婚姻的本质——利益共同体，并指出人在寻找伴侣时会重点看三种价值：繁衍价值、生存价值、情绪价值，这三种价值很可能并不能同时拥有。

认真思考一下，这四个小标题的逻辑是什么呢？

“审视和歧视，打破了女性对于婚姻的期待”这部分是“为什么”：为什么女性不想结婚？

“女性困境正在蔓延到整个家庭”这部分是“是什么”：女性的困

境究竟是什么？

“女性觉醒从婚姻清醒开始”这部分是“怎么办”：面对婚姻困境，女性究竟应该怎么办？

“好的婚姻都是利益共同体”这部分是结论。

认真分析完这些，可以发现，这篇文章的小标题是按照“为什么—是什么—怎么办”的逻辑进行架构的。

如果你的文章主题是对某一个社会现象进行深入剖析，这个起小标题的思路非常适合你。如果你不知道该如何分析，或者自己的思路不清晰，可以咨询 ChatGPT，问它对某个现象的看法，让它分析为什么、是什么、怎么办、怎么样，从中选取自己可以借鉴的内容，进行优化创作。

提问：为什么现在年轻人越来越不愿意结婚了？通过深度分析，给出三个小标题，小标题要分别解释分析为什么、是什么、怎么办。

ChatGPT

为什么现在年轻人越来越不愿意结婚了？以下是三个小标题及其下主要内容，分别解释了为什么、是什么、怎么办。

1. 为什么年轻人不愿意结婚？

社会变革与个人价值观变化：社会的变革和个人价值观的转变使得年轻人对婚姻的态度发生了变化。

经济压力与事业追求：经济压力和个人事业追求成为年轻人推迟结婚或不愿意结婚的主要原因之一。

婚姻观念的转变：婚姻观念的转变包括对婚姻角色的重新定义、对婚姻期望的调整，以及对传统家庭模式的质疑。

2. 结婚对年轻人来说意味着什么？

失去个人自由：对年轻人而言，结婚可能意味着失去一部分个人自由，需要承担更多的责任和义务。

经济压力与负担：结婚通常伴随着经济负担，包括婚礼费用、共同财务，以及家庭建设成本。

婚姻关系与个人发展的平衡：结婚对于年轻人来说，有时意味着要在婚姻关系和个人发展之间寻求平衡，这可能带来挑战和抉择。
3. 年轻人如何看待婚姻?
替代选择与非传统关系：年轻人越来越多地探索替代选择和非传统关系，如养宠物、单身生活，来满足个人需求。
自我实现与个人成长：年轻人更加强调自我实现和个人成长，将重心放在事业、学习、探索个人兴趣上，而不是仅仅依赖婚姻来实现这些目标。
婚姻的重新定义：年轻人对婚姻的看法正在被重新定义，比如，强调平等、尊重、伴侣关系的质量和相互支持，更加关注情感、亲密和心灵的契合。

这些小标题通过分析为什么年轻人不愿意结婚、结婚对年轻人而言意味着什么，以及年轻人如何看待婚姻，探讨了现代年轻人对婚姻的态度和选择的原因，揭示了社会变革、经济压力、个人价值观、个人发展和婚姻观念转变等对年轻人婚姻观的影响。

小标题设计之伞状思维

什么是伞状思维？这种思维的呈现如同一把伞的骨架，只有一个主心骨，其他内容呈放射状发散开来。这就像是在写文章时，围绕一个点进行发散性创作。小标题总体呈并列关系。

以一篇爆款文章为例，文章标题是《和情绪价值高的人在一起，是一种养生》，文章共计有四个小标题，分别为“和情绪价值高的人在一起，少烦”“和情绪价值高的人在一起，少怨”“和情绪价值高的人在一起，减少内耗”“和情绪价值高的人在一起，养好脾气”。这种小标题一目了然，核心是“和情绪价值高的人在一起有什么好处”，围绕这个好处，进行了多角度的深入剖析。注意，这四个角度之间并没有严密的逻辑关系，它们之间的顺序是可以任意调换的。

再看一篇类似的文章《谁是你生命中的贵人》，其小标题及相关分析如下。

“贵人相助”：第一种贵人，即倾力相助的人。

“高人点拨”：第二种贵人，即比你认知高很多，会点拨你的人。

“亲人祝福”：第三种贵人，即总是默默支持你、鼓励你的亲人。

“小人监督”：第四种贵人，即小人。这一点可能让人感觉诧异，其底层逻辑是小人的批评会让人警醒、反省、改过，进而踏实向前。

“自己不弃”：第五种贵人，即自己。无论身处何种境地，都不要放弃自己，自我实力提高后，才会拥有更多的贵人。

这五个小标题的核心是“贵人的类型”，从不同角度写了不同的贵人。这五个小标题之间的关系，从宏观角度来看，是围绕核心进行发散的；从微观角度来看，是有轻微递进关系的。

看到这里，发现在什么情况下适合用这种类型的小标题了吗？找到核心支撑点后，可以据此为中心点进行发散。如果你的思考不够多，可以使用 ChatGPT。

提问：什么样的工作最具前景？从五个角度进行详细解答。

ChatGPT 以下从五个角度详细解答哪些工作最具前景。

1. 技术行业与人工智能相关工作：随着人工智能技术的迅猛发展，相关的工作具有巨大的前景。人工智能工程师、数据科学家、机器学习专家、自然语言处理工程师等职业将持续有高度需求。这些专业人士能够设计、开发和应用人工智能算法和系统，以解决现实世界中的各种问题。

2. 数字化与信息技术相关工作：数字化正在改变各行各业，因此，与数字化和信息技术相关的职业具有巨大的发展前景。软件开发人员、网络安全专家、数据分析师、云计算工程师、人机交互设计师等职业将持续有广泛需求。这些专业人士能够利用技术工具来改善业务流程、保护数据安全，并提供创新的解决方案。

3. 绿色和可持续发展相关工作：随着大家对环境保护和可持续发展的关注不断增加，与绿色和可持续发展相关的职业将迎来更多机会。可再生能源工程师、环境科学家、可持续发展顾问、绿色建筑设计师等职业将成为未来的热门职业。这些专业人士能够开发和实施可持续发展方案，减少对环境的影响，并推动绿色经济的发展。
4. 创意产业与娱乐领域相关工作：创意产业和娱乐领域将继续蓬勃发展，并提供许多有前景的工作机会。艺术家、设计师、电影制片人、游戏开发者、数字营销专家等职业将持续有需求。这些专业人士能够创造吸引人的内容，设计各种媒体和娱乐产品，并利用数字平台和社交媒体来进行推广和营销。
5. 健康护理与老龄化社会相关工作：随着人口老龄化趋势的加剧，与健康护理和老龄化社会相关的职业将具有广阔的前景。医生、护士、护理师、健康技术专家等职业将持续有需求。这些专业人士能够提供医疗和健康护理服务，开发创新的医疗技术和解决方案，以满足老龄化社会的需求。

得到小标题后，结合自己的观点进行创作即可。

提问越具体，越准确，ChatGPT 给出的答案越实用。它依托强大的数据库，对很多问题给出的建议极具参考性。我们要学会把 ChatGPT 培养成我们的小助手，为我们服务。

小标题设计之明暗交错

什么是明暗交错？即小标题有双重含义，表面是一层意思，内里是另外一层更深的意思。明暗线交叠在一起，会让内容更丰满、厚重，同时比单层意思的标题更有内涵，给读者更多启发和思考。

如果你想写一篇比较长的故事，可以使用“明暗交错”的设计小标题的方法，让故事的可读性更强。

以一篇阅读量 10 万 + 的爆款文章为例，文章标题是《被丈夫推下悬崖之后》，讲述的是一则真实新闻事件的主人公的故事：怀孕三个半月的王暖暖在泰国被丈夫推下悬崖，而后奇迹生还、坚强生存。

这篇文章有三个小标题，分别是站稳、重新攀爬、信任。

作者用这三个小标题串联了主人公的过去、现在与未来，同时，让明线和暗线交叠在一起。

第一个小标题：站稳。

以王暖暖练习站稳为契机，回忆她恋爱、结婚的具体经过。过去的甜蜜与现在的痛苦形成巨大反差，更能突出人性之恶。“站稳”这个小标题，明线是她需要恢复身体机能，暗线是她在经历巨大的创伤之后，要对抗轻生的念头，不能死，要好好活着，重新点燃生存的勇气。

第二个小标题：重新攀爬。

这一段，明线是王暖暖努力复健，暗线是她在泰国白手起家，实现经济独立。经过这起事件之后，她失去了积蓄与事业，生活陷入低谷。为了生活，她尝试重建自己的事业。

第三个小标题：信任。

王暖暖出于对爱人的信任选择结婚、建立家庭，并且在这个过程中付出了很多。丈夫把她推下悬崖的举动，彻底摧毁了她对婚姻的信任，同时摧毁的还有她对这个世界的信任，她开始警惕陌生人，选择保护自己。在身体康复的过程中，她要尝试重新和自己、和他人、和这个世界建立信任关系。

这三个小标题是从故事情节中提炼的最关键的节点，表层含义和深层含义交叠在一起，让故事更有生命力。

逻辑递进、伞状思维、明暗交错，以上三个起小标题的方法，非常值得学习。

用ChatGPT
写出优质文章
Chapter 07
第七章

01 两大方法，让文章逻辑更严谨

很多人开始写作是为了抒发情感、记录生活日常等，写作目的是自己留念而不是公开发表，此时，随性写作是没有问题的。

公开写作则不同，很多新人作者开始公开写作时，会遇到很多共通的问题，比如，经常有学员问我，读者给他留言说他的文章没有逻辑，这一点应该怎么改进？

人的思维是发散的、跳跃的，如果跟着灵感，过于随性地写，读者很难跟上节奏，容易造成一定程度上的阅读困难。

那么，如何让自己的文章更有逻辑感？这里介绍两种方法，大家可以试试。

多思考

很多人写文章，会等有了灵感，坐下来一口气写完，写得酣畅淋漓，非常舒坦，把自己想要表达的全部表达出来。这种写作的确很真诚、幸福，“兴之所至，文之所成”。但是这样写作有一个缺点，就是灵气有余，而理智不足，表达时难免有失偏颇。

因此，在写作时，要学会思考，不仅动心，也要动脑。

具体而言，思考什么呢？

第一，思考文章的谋篇布局：文章主题是什么？应该用什么结构？应该用哪些内容与素材？要采用哪种写作风格？

第二，思考文章的提纲：如果预计文章很长，内容非常多，那么在正式写作之前，可以列出简要的提纲。一边写，一边对照自己的提纲，谨防偏离主题。

第三，思考完稿后如何修改：写完就发布，并不是一个很好的习惯。没有哪个作者敢说自己的初稿是完美的。建议写完后自己从头到尾检查一遍，对一些不合适的内容进行修改，或者把文章发给 ChatGPT，让它检查逻辑不通的地方（具体方法在前面章节有演示），并根据点评结果进行检查和修改，尽可能让文章更完善。

建立结构性思维

文章为什么会写得很散，没有章法？那是因为没有提前搭建框架。

框架是结构性思维的呈现，心中没有结构的时候，文字会肆意流淌，没有脉络。这样写出来的文章，如果写作者水平高，有可能灵动鲜活；如果写作者水平低，就会散乱无边。

什么时候需要建立结构性思维？

写作初期可以不需要，练习叙述能力、培养写作习惯更重要。写作技巧不成熟的时候，如果直接搭建框架，写出来的文字可能不够灵活，思维容易被局限。

写作中期，养成了一定的写作习惯，提升了写作能力后，可以用结构性思维让自己的文章更规整，逐渐走向成熟。

写作后期，可以不局限于结构，探索适合自己的风格。很多知名作家都有独属于自己的风格，每个句子都是个人特性与品性的表达，这种表达是 AI 无法代替的。有网友试过让 ChatGPT 模仿鲁迅的风格写文章，结果生成的内容只学到了其语气，其思想还是大众化的。

从无框架到有框架，再到去框架的过程，是一个新手作者逐渐走向成熟作者的必经之路。一开始忽视规则，中间遵从规则，而后超越规则，让真实的自我得以显现。

作为作者，得先掌握技法，才能超越技法。最后的无框架境界，并不是初期的混沌状态，而是跳出局限，达到心中有章法、笔下有风格的境界。

那么，最重要的便是如何在中期建立结构性思维。我们可以储备一些思维模型，用它们来构建你的文章。

写文章开始的标志并不是动笔，而是动心。在动笔之前，就得想清楚最终想呈现怎样的效果。不同的文章风格，对应不同的思维模型。

第一个思维模型：5W+1H 思维模型。

如果你要写一篇记叙文，文章要素太多，那么如何有条不紊地将这些要素有序组合是最重要的。

我看过非常多的文章，不是前后逻辑混乱，就是内容要素缺失，面对这种情况，可以使用经典的“5W+1H”逻辑结构进行梳理，即谁（Who）、何时（When）、何地（Where）、何事（What）、为什么（Why）、怎么样（How）。

在文章中的表述方式是人物、时间、地点、事件、起因、经过、结果。

按照这些要素进行写作，就能写出一篇合格的记叙文。

第二个、第三个思维模型：What—Why—How 与 Why—How—What 思维模型。

这两个思维模型看起来有些像，但其实截然不同。

What—Why—How 是我们经常用到的一种思维模型：是什么—为什么—怎么样。

Why—How—What 则是黄金圈思维模型，即为什么—怎么样—是什么。

Why：为什么，是对事情原因的阐释。

How：怎么样，是针对原因所采取的行动和方法。

What：是什么，揭示最表层的现象。

What—Why—How 与 Why—How—What 有什么区别呢？

What—Why—How 普适性很高，可以用于很多文章类型的写作，从现象到原因，从原因到方法，像剥洋葱般层层剥落，循序渐进地讲透一件事，非常适合新手作者。

Why—How—What 的结构更高阶，适合用于文案写作。首先讲为什么要做这件事，把疑问展示在读者面前，让人想要一探究竟；然后讲具体的方式与方法；最后讲这个事情是什么。这样一层层深入，让人有一种探寻秘境的感觉，自然会被吸引。

用这两种结构写文章，要进行刻意练习。熟练掌握之后，可以随意进行组合切换，创造不一样的阅读体验。

第四个思维模型：SCQA 思维模型。

什么是 SCQA 思维模型？应该如何在写作当中运用？

S（Situation，情境）：可以是热点事件、生活故事，也可以是现实难题等。用情境来写开头，让读者代入感很强。

C（Complication，冲突）：冲突是什么？是障碍，是困难，是无法逾越的鸿沟，是双方对抗的力量。冲突在文章中是最占据笔墨的，也是最抓人眼球的，毕竟有对抗的地方，才有戏剧性。

Q（Question，疑问）：产生冲突背后的原因是什么？本质是什么？追根溯源，盘根问底，给读者呈现的是思考的深度。

A（Answer，回答）：有了前面一系列铺垫，这部分写水到渠成的答案，告诉读者如何解决这些冲突、难题。

写文章时需要注意的是，在宏观层面上注重逻辑性，在微观层面上保持感性。感性是难以捉摸的，具有变化性与复杂性，但是底层的理性是相通的。只有在文章框架中呈现多数人认同的逻辑，才能在短时间内得到别人的理解与共鸣。

写文章不是作者一个人的事情，因为文章是需要被阅读、被看见的，文章是载体，是打通作者与读者心灵的桥梁，所以要考虑读者的接受度。

我见过很多作者写作时将整个顺序颠倒，大框架非常感性，让读者摸不着头脑，小细节却充满理性，缺乏生机，这种写作方式是不可取的。

好的文章不是越复杂越好，而是在简单易懂的基础上，将有深度的知识转化为大众能接受的文字。低阅读门槛，高知识含量，才能让读者读得轻松又有收获。

02 四种技巧，让文章论证更有说服力

你有没有发现，自己阅读文章时，偶尔会不自觉地对某些文章进行吐槽与批判，而对另一些文章拍手称赞，觉得作者说得太对了，完全写出了自己的心声。

这两类文章的差别究竟在哪里呢？差在了说服力上。

写作本质上是一个说服读者的过程，作者用文字的形式呈现自己的观点和看法，想要得到读者的肯定与认同。但是由于技巧不同，说服力的强弱有所不同。

那么，有没有什么技巧可以增强文章的说服力呢？

事例论证

如果全篇都是“假大空”的理论，那么读者会觉得作者说的毫无根据，甚至产生怀疑与厌倦，因为他没有看到事实，文中的道理是悬空的。

想要说服读者，最好运用“事例论证”的技巧，可以从古往今来的故事中选取适合文章的例子，穿插进去；也可以写发生在自己身上、周围人身上的事情，这样更真实、可靠，可信度高。读者看到例子，才真正意识到：原来是这样。

比如，文章主旨是婚姻中的女性一定要经济独立，仅说大道理，读者很可能无法意识到它的重要性；如果举一个女性朋友的例子，因为没有经济能力，过于依赖另一半，最后导致离婚，生活很无助，读者阅读时很可能将自己代入其中，感受到没有经济能力的恐惧，从而认同你所讲述的观点。

如果想要举例，但想不出来合适的案例，可以使用前文介绍的方法，让ChatGPT推荐一些案例。ChatGPT是一个天然素材库，这是最能发挥其能力的领域。

权威论证

为什么有人会经常引用名人名言来证实自己观点的正确性呢？因为名人的经历和认知附带权威性，很多时候，普通人和名人说了类似的一句话，人们会觉得名人说话的分量更重，说得更对。

甚至有时候说了什么话并不太重要，重要的是这话究竟是谁说的。

这也是很多品牌会花大价钱找明星代言的原因，因为大家对明星的认可度高，相信他们。如果你认可一个明星，大概率会认可他的话，相应地，也会认可他推荐的产品。

因此，如果你感觉自己文章的论据有些薄弱，不足以说服你的读者，可以找权威“代言”，增加说服力。

除了名人名言，还可以使用专家报道、科学研究、实验数据等。在需要让读者相信一个新观点的时候，我们可以适度运用权威论证，但切忌运用过量，适得其反。

如果你想要了解某方面的科学研究，可以咨询 ChatGPT，但拿到文本之后，需要查询其准确性，因为 ChatGPT 给出的回答并不一定都是准确无误的，它也有可能杜撰一些数据。

举个例子。

提问：我要写一篇关于叶黄素的科普文章，请提供相关的中国的研究资料，要求资料准确、权威。

ChatGPT　叶黄素是一种重要的天然营养素，对人体健康具有多种益处。以下是一些关于叶黄素的中国权威研究资料，供您参考。

1. 研究论文：《叶黄素对眼睛健康的影响及作用机制》。该论文由中国科学院上海生命科学研究院的研究人员于 2018 年发表在《营养学报》上，研究探讨了叶黄素对眼睛健康的影响，并对其作用机制进行了阐述。

2. 研究报告：《中国居民膳食叶黄素摄入状况和风险评估》。该报告由中国疾病预防控制中心营养与健康所于 2019 年发布。报告对中国居民膳食叶黄素摄入状况进行了评估，并对叶黄素不足对健康可能产生的风险进行了分析。

3. 临床研究：《叶黄素对眼底病变的治疗作用研究》。该临床研究由中国医学科学院眼科医院于 2020 年进行，针对叶黄素在治疗眼底病变方面的作用进行了探究，并给出了相应的治疗建议。

虽然 ChatGPT 给出了相应的研究论文及研究报告等内容，但是这些内容并不能在中国知网等权威网站中找到，所以此处它给出的素材大概率是虚构的，不可轻信。

这时候，可以使用 Bing 来检索相关素材。

将同样的问题输入 Bing 的 AI 聊天工具，可以得到如下回复。

我要写一篇关于叶黄素的科普文章，请提供相关的中国的研究资料，要求资料准确、权威。

✓ 正在搜索：叶黄素 中国 研究

✓ 正在为你生成答案…

您好，我找到了一篇关于叶黄素的文章，它来自中国药房网站，标题为"叶黄素的生物学作用及制剂研究进展"[1]。这篇文章综述了叶黄素的理化性质、体内过程、抗氧化活性、生物学作用、剂型研究及应用现状等方面。希望这些信息对您有所帮助。

了解详细信息：1. wap.china-pharmacy.com　2. zaliang.byau.edu.cn　+2 更多　1 共 30

单击 Bing 给出的论文标题，可以直接跳转到相应的文章阅读界面。

叶黄素的生物学作用及制剂研究进展

石晓晴[1,2*]，黄月英[1,2]，沈一唯[1,2]，鄢　寒[1,2]，卞　俊[1#]（1.解放军第411医院药学科，上海　200434；2.江西中医药大学药学院，南昌　330004）

中图分类号　R944　　文献标志码　A　　文章编号　1001-0408(2017)04-0561-05

DOI　10.6039/j.issn.1001-0408.2017.04.36

摘　要　目的：为叶黄素的制剂研究提供参考。方法：以"叶黄素""药理作用""剂型""应用""Lutein""Antioxidant"等为关键词，组合查询2006年1月—2016年7月在PubMed、Elsevier、中国知网、万方、维普等数据库中的相关文献，对叶黄素的理化性质、体内过程、抗氧化活性、生物学作用、剂型研究及应用现状等方面进行综述。结果与结论：共检索到相关文献696篇，其中有效文献47篇。叶黄素含有独特的紫罗酮环二羟基结构，可作为强抗氧化剂淬灭单线态氧和蓝光过滤器，具有抗氧化、抗癌、保护视网膜、预防心血管疾病等生物学作用。但叶黄素的理化性质不稳定，在制剂过程中存在水溶性差、性质不稳定和生物利用度低等问题；叶黄素在体内只能与脂类结合吸收，这一特点大大制约了其药效的发挥。通过物理包埋和化学改性（如酯化反应）等方法改变剂型，并利用超微粉碎和微囊化等技术将叶黄素制备成油悬浮液、水分散性干粉、微胶囊和脂质体，能较好地解决这些问题。但如何进一步提高叶黄素的生物利用度、减小对胃肠道作用的影响、改善传统制剂粒径过大等问题还有待进一步研究。

关键词　叶黄素；理化性质；体内过程；生物学作用；剂型；应用

对比 ChatGPT 生成的回答，以上内容可信性更高。

对比论证

你可以做一个实验，验证对比的重要性。

先把手放进冰水中，再把手放进常温水中，你会感觉常温水很热；先把手放进很热的水中，再把手放进常温水中，你则会感觉常温水是凉的。在这个实验中，常温水的温度是恒定的，为什么前后两次的感觉差异这么大呢？是因为对比。对比的神奇之处就在于此，明明什么都没有变，但是性质完全相反的两个事物相邻时，各自的特性会增强。

所以，当你想要证明一件事情对的时候，可以举一个相反的例子，通过对比，让对错更为鲜明。

比喻论证

如果让你描述一个读者从未见过的东西，怎么写能立刻让读者想象出它大概的样子呢？

这个世界上最难的事情，便是向他人描述他从未见过的东西。叙述难以达到目的时，可以尝试用一下比喻。

1. 描写事物

她高兴得走路像脚心装置了弹簧。——钱钟书

这句话惟妙惟肖地描写了主人公走路的样子，虽然全句没有一个“蹦”字，但是身为读者，能够感受到主人公蹦蹦跳跳的姿态。

月光如银子，无处不可照及，山上篁竹在月光下皆成为黑色。身边草丛中虫声繁密如落雨。——沈从文

如果你要描写虫鸣声，会怎么写呢？沈从文的写法是不写具体的声音，直接比喻成落雨，让人身临其境。

她那双眼睛就像钻子一样，一直旋进你的心。——福楼拜

这句话非常精准地形容了目光的锐利感。

比喻的好处是精简笔墨，把陌生的东西转化为读者耳熟能详的事物，让人快速理解。

2. 化抽象为具象

写抽象的事物往往比较困难，因为具象的东西，可以进行各种外形描写，读者心里会有概念；如果是抽象的事物，很难通过描写来展示，这时就需要用到比喻。

我仿佛是你口袋里的怀表，绷紧着发条，而你却感觉不到。这根发条在暗中耐心地为你数着一分一秒，为你计算时间，带着沉默的心跳陪着你东奔西走，而在它那嘀嗒不停的几百万秒当中，你可能只会匆匆地瞥它一眼。——茨威格

古往今来，暗恋在文人的笔下各有各的写法。而这段话，把暗恋这种抽象的、难以解释的感觉，比作口袋里紧绷着发条的、嘀嗒响不停的怀表，有了非常具象的画面感。

鸿渐身心仿佛通电似的发麻，只知道唐小姐在说自己，没心思来领会她话里的意义，好比头脑里蒙上一层油纸，她的话雨点似的渗不进，可是油纸震颤着雨打的重量。——钱钟书

“好比头脑里蒙上一层油纸，她的话雨点似的渗不进，可是油纸震颤着雨打的重量。”这句话非常形象地写出了方鸿渐的心不在焉与思绪的混乱。

运用比喻，可以毫不费力地写出通透的文字。如果你觉得自己的文章很平淡，或许可以试试比喻句，会有画龙点睛之效。如果你不太会写比喻句，可以通过拆解、分析名家比喻句，模仿着写。

比如，面对如下例句。

遗憾像什么？像身上一颗小小的痣，只有自己才知道位置及浮现的过程。——简媜

仿写一个关于遗憾的比喻句：遗憾就像是落下又升起的月亮，又像小火咕嘟的浓郁老汤。

写作是一个长期的过程，如果想要提高，得把写作融入生活当中，

看到任何一个好句子，都不要轻易放过，而是去思考：它好在哪里，我可以怎样学习？

无戒学堂的很多学员会在阅读时摘抄好句子，有个学员摘抄了满满几大本子，但我问他有没有练习时，他说没有，只是抄下来而已。这是没什么用的。

针对这种问题，我策划了仿写的刻意练习活动，把一些好句子发在群里，让大家模仿写作。好多人写完之后，惊呼原来自己可以写出这么好的句子。这就是刻意练习的魔力。下次看到好句子，千万别只摘抄，模仿练习，才能有效提升自己的写作能力。

当你学会了以上四种技巧，写文章会更加扎实、有说服力。每一种论证方式，都可以进行刻意练习，比如一个月练习使用一种论证方式，每天评估自己是否有提高。

03　三个修改方法，让文章更精练

经常有学员给我发文章，让我点评。如果我打开文档，发现文章要么错字连篇，要么逻辑不通，要么冗长啰唆，我一眼就能看出问题出在哪儿：写完就搁置，根本没有修改。

修改对于一篇文章来说是必不可少的步骤，甚至可以说，与写文章的重要性是同等的。

我自己写小说，经常要修改很多遍，有时候还会推翻重写。能够忍受修改的枯燥与烦琐，也是一个作者的基本能力。很多大作家会一遍遍修改文稿，比如，托尔斯泰的《战争与和平》重写了 8 遍；歌德写《浮士德》花了 60 年，写写改改；海明威把《永别了武器》的最后一页修改了 30 多遍……拥有丰富经验的大作家尚且如此，何况新手作者呢？

那么，到底应该如何修改文章呢？

调整心态，允许不完美

修改文章时，要调整好自己的心态。

有人说，我写得太差了，根本就没有修改的必要。这样想的话，根本无从进步，因为你的水平永远停留在第一稿的程度。

也有人说，我改了很多遍，依然不完美，是不是修改毫无效果？其实，一个人的写作水平在短时间内是不会有太大浮动的，想通过修改，让文章从很低的水平一下跳跃到很高的水平，这基本是不可能的，进步总要一点点发生。

要允许自己不够完美，才能拥有前进的机会。我见过很多作者，明明拥有不错的能力，但总是质疑自己，觉得自己的作品不够完美，不敢投稿。其实，这个世界上没有完美的文章，每一篇文章都是有缺陷的，但缺陷也是一种美。当你执着追求完美时，这反而会成为你的阻碍。

什么才是正确的心态呢？

不妄自菲薄，知道自己拥有很大的上升空间；不追逐完美，而是追求确定性的阶段性进步；通过反复修改和调整文章字词句段，达到现阶段最好的水平。

这样比较平静的心态，对提高写作能力大有裨益。

通读修改

检查文章内容，控制在三遍即可。太少的话，修改不完善；太多的话，容易陷入反复修改、不敢投稿的怪圈。

第一遍修改，通读全文，修改所有错误的文字。

第二遍修改，检查逻辑是否清晰、通顺、完整；检查词汇表达是否严谨、准确；检查案例是否足够新颖、有趣且符合主题；检查句子是否有更高级的表达方式、是否可以更简洁；一篇文章最少起 3 个标题，择优而用；检查整篇文章有没有偏离中心观点。

自己完成第二遍修改后，可以发给朋友，让他们作为第一批读者，指出文章的不足之处，然后进行第三遍修改。比如，村上春树每完成一部作品，都会先让他的妻子阅读，给出建议。

这并不是说一定要按照朋友的建议修改。每个人的审美偏好是不一样的，如果你同时把文章发给五个人，五个人提出了截然不同的建议，那你要怎么选择呢？如果你和朋友的观点发生了冲突，又该如何呢？在我看来，一个作者必须坚持自己的想法，因为文字书写的是你的内心，只有你知道自己是怎么想的。你的文字有你的风格和特质，这一点是无论如何也不可磨灭的，身边人的意见，仅作参考即可。

使用 ChatGPT 辅助修改

可以使用 ChatGPT 辅助进行检查校对，让其提出合理建议。

如果你发现文章缺了某部分内容，但暂时没有灵感，可以向 ChatGPT 提问，得到答案，优化之后补充进去。

同样是使用 ChatGPT，为什么每个人得到的答案都不同呢？除了与 ChatGPT 本身的随机性有关，提问方式也会极大地影响它的回复。低级的提问方式只能得到低级的答案，高级的提问方式会得到更满意的答案，所以，在使用 ChatGPT 时，我们可以刻意学习一些提问方式。

在使用 ChatGPT 的时候，如何提问才能让它给出令人满意的答案？

1. 提问必须清晰准确

与人对话时，我们传递的不仅有语言信息，更有神态、语气、动作等。但与 ChatGPT 交流时，它只能从我们提供的文字当中获取信息，所以我们输入的文字要尽可能清晰明确，绝对不能使用有歧义、冗余拖沓的语言。

2. 学会让 ChatGPT 扮演角色

如果你想问更专业的问题，可以让 ChatGPT 扮演某个特定的角色。比如，询问关于写作的问题，可以这样提问：现在假设你是一位作家，请写出一篇精彩的悬疑小说；如果询问关于健康的问题，可以提问：如果你是一位专业的医生，你会给孕妇怎样的保养建议；如果询问关于运动的问题，可以提问：如果你是一位专业的健身教练，你会给想要减肥的人什么建议……

3. 巧用数字

如果你的提问中没有数字，那么 ChatGPT 可能会从单一的角度回答。如果你想要得到多角度的答案，可以巧妙穿插数字，举例如下。

一般提问：运动有什么好处？

进阶提问：运动有什么好处？请从 10 个不同的角度进行阐释。

一般提问：写作的意义是什么？

进阶提问：请说出 10 个写作的意义。

更高级的提问，会让 ChatGPT 生成多角度的回答，从而更便捷地提取我们想要的内容。角度越多，可选择的内容就越多。

4. “爬楼梯” 式提问法

如果你提了一个非常复杂的问题，而 ChatGPT 的回答不符合你的预期，那就考虑换个方式提问或者拆分提问。运用“爬楼梯式”提问法，把问题拆成三个层次，从最低层次开始提问，循序渐进地增加高度，让 ChatGPT 把它自己回答的内容当成已知条件，在此基础上继续深挖答案。这样做的好处是能深度解决一个问题，而不是泛泛而谈。

5. 扩展指令

ChatGPT 习惯分点论述，如果你想要知道答案中某个点的具体内容，可以在它回答之后继续进行提问，比如：“关于第五点 ×××，请展开论述，为什么会出现这种情况？”它就会精细解读第五点。

如果你想获取一些知识，可以继续提问：“关于第五点内容，有什么科学解释或者心理学知识吗？”你会得到更详细的专业知识。这样多次提问后，答案会逐步丰富。

以上总结了五种提问技巧，你可以在运用的过程中做刻意练习，并且有意识地用不同方式提问同一个问题，比较得出的答案有何区别。在这个过程中，你会逐步知道什么样的问题大概能得到什么样的答案，以后再进行提问时更有的放矢。

在用 ChatGPT 修改全文时，熟练运用高级提问方式，会让你的文章血肉丰满，增色不少。

修改文章是一个缓慢的过程，甚至比写文章更累。因为你需要面对自己作品不够完美的事实，还需要不断思考如何才能完善这篇文章。所有好的作品都是精雕细琢的，我们要有精益求精的精神，才能写出好的作品。

修改，是提高写作水平的捷径。

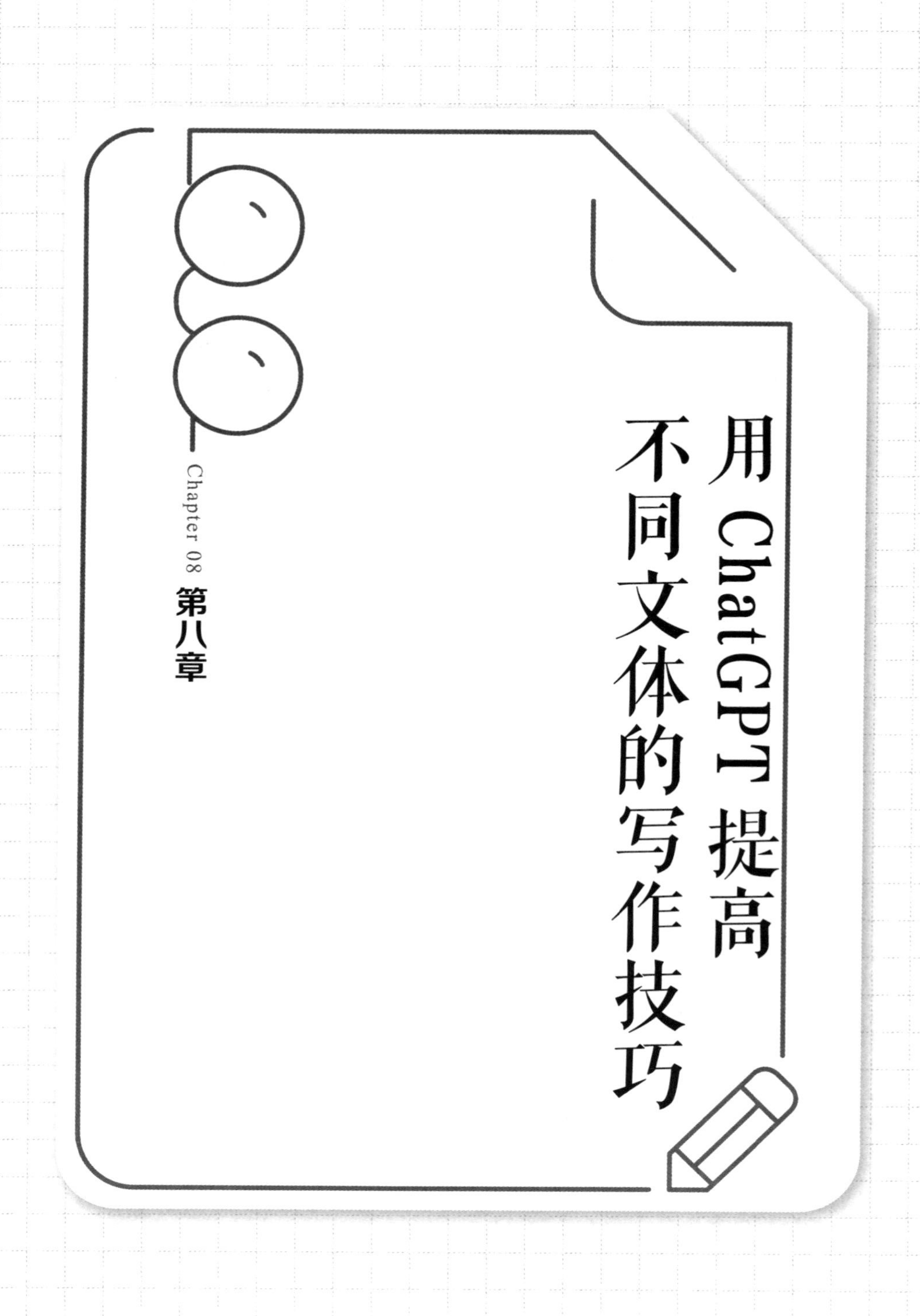

Chapter 08 第八章

用 ChatGPT 提高不同文体的写作技巧

01 故事文写作技巧

几乎每一类文体，都需要故事，写好故事是写作的基础。怎样写好故事？如何提升写故事的能力？为什么同样一篇故事，别人写出来很精彩，而你写出来平淡无奇，毫无吸引力？

想要解决这个难题，可以从以下四个角度出发，努力写出打动人心的故事。

主题思想

你需要在下笔之前，就确定故事想要表达的主题思想。主题思想是一根线，需要贯穿始终，不能中断。确定主线后，才可以放心大胆地写。故事，要能反映某一类共同的现象，揭示某个道理。主题不对，掌握再多的写作技巧也没用。

如何确定一个好的主题？

第一个字是“正”：你的主题必须是正向的，可以弘扬真善美，可以批判社会现实黑暗，也可以写爱情、友情、亲情，但不能肯定丑恶，不能美化坏人，价值观一定要正确，文字才能流传下来。公开发表的文章肩负着传播价值观的责任，作者把自己的价值观融入文章，影响千万读者价值观的形成。写作表面上呈现的是不同排列组合的文字，但归根结底，本质上是在传播思想。

决定文章内容高度的是作者的思想高度，而不是各种写作技巧。AI 是没有思想深度的，只有模式化程序，从这一点上来看，无论科技如何发展，都无法超越人类。

第二个字是“独”：文章一定要具有独特性，哪怕同一领域有再多人写过，也要努力发现一些别人没写过的内容。跟随大众，要写得非常厉害才能被看见，否则容易被埋没；另辟蹊径，选准一个独特的赛道，竞争压力小，更容易出成绩。

那么，主题是不是越宏大越好呢？立意没有大小之分，再小的主题，也有其存在的价值。而且，通常来说，一篇故事文的主题不能太宏大，否则容易空泛，没有重点。以小见大才是正确的做法。

人物塑造

一个精彩的故事，通常离不开饱满的角色。“主题”是线，“人物”是魂。创造出一个生动鲜明、让读者记得住的人物，这个故事就离精彩不远了。如何塑造饱满的角色？从两个方面入手：丰富性、独特性。

1. 丰富性

我经常看学员的文章，发现很多人写的人物根本不立体。一个扁平的人物是没有吸引力的，读者说“你这个人物写得真好”，并不一定是夸奖；当读者说“这样的人我见过”，这才是夸奖。能让读者看出虚构痕迹的，那就是雕琢感太重了。我们想呈现的并不是写作技巧，而是抹去写作痕迹，让读者意识到，这就是一个真实的人。所以，我们得让人物丰富起来，不能从单一维度写，要让他的性格更复杂、更多维、更矛盾，毕竟真人都是这样的。怎么让人物丰富呢？让好人有缺点，让坏人有优点。多维的塑造，能让人物拥有真实的生命力。

2. 独特性

你的人物和别人创作的人物有什么不同呢？有没有什么独特的爱好、习惯、口头禅、动作？为你的主人公设计一个与众不同的标志性特点，会更容易被记住。鲁迅就是一个创造独特性人物的天才，比如，提到“善于自我安慰的人”，我们就能想到“阿 Q”；提到“穿着又脏又破的长衫的人”，我们就能想到“孔乙己”；提到“细脚伶仃的圆规”，我们就能想到“杨二嫂”；提到“手握钢叉跟猹搏斗的英雄少年”，我们就能想到“闰土”……这就是创造独特性人物的方法。为你的人物深深刻上某个烙印，提到某个东西，就能让读者想起他来。

又如《红楼梦》中的十二钗，虽然都是女性，但是人物特点各不相同。

林黛玉：才华横溢、情感细腻；

薛宝钗：温良恭让、周到得体；

贾元春：德才兼备、雍容大度；

贾探春：聪明伶俐、见解不凡；

史湘云：淘气憨直、活泼开朗；

妙玉：清高孤僻、才华横溢；

贾迎春：懦弱无能、害怕惹事；

贾惜春：青灯古佛、清冷心硬；

王熙凤：尖酸刻薄、圆滑处世；

贾巧姐：乖巧可人、纯真可爱；

李纨：心胸开阔、宁静淡泊；

秦可卿：性格风流、绝世美貌。

我们在写作的时候，尤其是在写小说或者人物稿的时候，一定要提前设定人物小传。人物小传要包括如上的一句话性格概括，以及更详细的姓名、身份、成长环境、重要的外貌特点、重要的过往经历、兴趣爱好、人际关系等。人物小传越详细，刻画出的人物越立体。

故事情节

写故事，需要琢磨情节。如果情节没有波澜，读者会读不下去。一个好的故事，把情节线拉出来，肯定不是直线，而是波浪线，高低起伏。这样的情节设置才精彩。那么，具体怎么做呢？

1. 确定角色的目标

分别确定每一个角色的目标，是设定情节的第一步。

为什么必须有目标呢？目标，可以增加角色的真实感，推动情节发展，增强角色之间的联系，提高读者的期待感。

如何虚构一个故事呢？其实非常简单：先创作一个人物，再给人物一个目标。当现实和目标有差距的时候，就有了故事情节。

2. 设定角色实现目标的障碍

为了达到目标，主人公需要克服什么障碍？他遇见了哪些挫折和失败？设定合理的障碍，可以为故事注入戏剧性和紧张感，增加故事的复杂性，展示角色的成长，推动故事情节的发展。

3. 详细描写突破障碍的过程

遇见障碍后，角色是如何克服的？做过哪些具体的努力？每一次努力的过程是怎样的？得到了什么结果？请记住，不要让角色一次性成功达成目标，一次性成功的故事根本不精彩。可以给主人公设置多重障碍，让读者跟着主人公一起失败，感受那种失落的情绪，沉浸在悲伤当中。同时，也要让读者感受到主人公愈挫愈勇的品质，同他一起拼搏向前。在这样的过程中，读者比较容易和主人公共情，如此一来，读者不再是旁观者，而是人物本身。

4. 设定好故事的转机

历经磨难后，主人公经历什么事件，才能迎来转机？这个转折或许已经偏离了他原本的目标，但是让他意外得到了一次新的成长。为什么要设置转机？目的是不让情节落入读者的想象当中。当读者觉得故事一定会按照他的预测发展时，你偏偏不那么发展，这种意料之外、情理之中的故事，才更好看。

5. 结局是什么？

你的故事的结局是什么？有些作者在刚落笔写开头时，就已经想好了结局；另一些作者则选择随着主人公的成长而自然展开故事情节，等主人公成为一个丰富立体的人物，他会有自己想法，再顺着人物的想法自然而然地写出结局。这两种方法没有孰优孰劣，只是要注意一点：结尾要服务于主题，不能太偏离。最好的结局是给读者一种意犹未尽的感觉，这样才能让读者念念不忘。

修改故事

前文提过，任何文章的写作都不是一蹴而就的，写故事同样需要反复打磨。运用前文提到的修改方法，沉下心，进行精细修改，才能让故事更加完善，更受欢迎。

讲完技巧，我们以一个校园小说为例，详细介绍使用 ChatGPT 进行写作的细节。

提问：我要写一个校园小说，故事发生在高中校园，主题是拼搏奋斗，男主角季澜是学习成绩极好且循规蹈矩的少年网球运动员，女主角陈朵惟是表面温柔恬静实际非常叛逆的实习校医。请根据这个设定，写出一个完整详细的人物简介和故事简纲，要求符合人物设定，有逻辑。

ChatGPT　男主角：季澜，19 岁。

人物背景：高中生，学习成绩最出色的学生之一，对自己要求极高，每天严格按照时间表进行学习、训练和休息，循规蹈矩地过着有条不紊的生活。他是校网球队的主力队员，多次在比赛中展现出非凡的球技和毅力。

个人目标：进入著名大学的体育系，成为一名顶尖网球运动员。

内心矛盾：虽然在学习和网球方面非常出色，但他内心常常感到孤独和压抑。他没有太多时间和精力投入社交活动，缺乏真正的朋友。有时他会怀疑自己的选择，想知道是否值得为了这个选择放弃其他的乐趣和生活体验。

女主角：陈朵惟，21 岁。

人物背景：学校的实习校医，尽管年纪较轻，但她有着深厚的医学知识。她是一个表面上温柔恬静，实际上非常叛逆和独立的少女。她对学校的权威和成规持怀疑态度。

个人目标：成为最优秀的康复治疗师。

内心矛盾：尽管陈朵惟表面上展现出强烈的自我主张和叛逆态度，但内心深处她渴望被理解和接受。她渴望能够找到一个知心朋友。她有时会对于自己的叛逆行为感到内疚和矛盾，同时也担心自己的行为会给他人带来麻烦。

故事设定：

在高中校园中，季澜和陈朵惟意外地相遇，并逐渐建立起特殊的联系。季澜在遇到陈朵惟后，开始重新审视自己的人生和目标，渴望找到生活的平衡点。而陈朵惟通过与季澜接触，渐渐理解自己的叛逆行为需要更理性的表达，并逐渐接受自己的过去。两人通过互相帮助和支持，共同成长，并在拼搏奋斗的过程中实现自己的目标。他们一起面对各种挑战和困难，同时发现了友谊和爱情的力量，最终实现了自己的梦想。

可以看到，ChatGPT 生成了很详细的人物小传，但是故事设定太过笼统，没有太大的参考价值。这时候，我们可以对其进行修改。

修改后的故事设定如下。

高中网球联赛，季澜带领球队再次夺冠。因运动损伤，季澜前往校医室购买止痛药物，遇到新来的实习校医陈朵惟，陈朵惟看出他的旧伤严重，建议他去专业的医院检查、治疗，但是被拒绝。陈朵惟从老校医那儿听说季澜患有轻微的孤独症，生活中除了学习和打球，什么都不关注。陈朵惟的毕业论文方向正是运动员的心理健康，认为季澜是一个很好的研究样本，于是主动接近季澜。

从来没有过朋友的季澜对性格急躁的陈朵惟的主动接近，从最初的不适应逐渐变为习以为常，两人日渐熟悉。季澜开始重新审视自己的人生和目标，陈朵惟也渐渐明白自己的叛逆行为需要更理性的表达，并逐渐接受自己过往不愉快的经历和不完美的原生家庭。高考之后，季澜成功成为理想大学的特招生，加入国家队；陈朵惟通过国家队队医的选拔，两人彼此扶持，共同为实现梦想而奋斗。

02 观点文写作技巧

现在互联网上最流行的文章类型是什么？无疑是观点文。尤其是在公众号兴起以来，阅读量 10 万 +、100 万 + 的观点文非常多。为什么观点文容易成为爆款文？因为观点文与我们的现实生活更接近，短小精悍，信息量丰富，容易让读者产生共鸣，从而获得广泛传播的效果。很多人刚开始学习写文章，就是从观点文入手的，但观点文想要写好，不是那么容易的。很多人写观点文时容易出现这样的错误：观点不清、逻辑错误、结构松散、案例陈旧。

如何解决这些问题，写出条理清晰、让人眼前一亮的观点文呢？我从以下几个角度进行详细讲解。

确定观点

观点文最重要的是观点，如果观点比较平庸，那文章就失去了看点。如何确定自己想要表达的观点呢？有时候，你不是没有观点，而是表述不清。

你可以试着先把自己想要表达的意思详细写成一段话，再将一段话浓缩成一句话。如果你觉得自己写得不够好，那就发给 ChatGPT，让它帮助你提炼，或者把你提炼好的观点发给 ChatGPT，让它写出相同意思、不同结构的句子。得到 ChatGPT 生成的诸多答案后，你可以从中挑选质量较好的回答，优化成属于自己的观点。

好观点的特征是什么？逻辑清晰、有说服力、能成功引起读者的兴趣和共鸣。写作者平时要有意识地多多积累那些比较亮眼的观点，看看表述这些观点的句子结构是怎样的，学会拆解其中的逻辑，并多加练习。

组织结构

观点文的结构形式有很多种，其中有一种非常好用且适合新手作者：三线并进结构，即用一个主论点统领三个分论点。

使用金字塔思维，搭建大框架：确定一个主题观点，并从不同角度思考出三个分论点。这三个分论点要有一定的逻辑关系，比如，总分关系、并列关系、递进关系等。三个不同层面的分论点，形成一个厚实紧密的文章框架。

搭建大框架之后，详细做每个分论点内容的填充。每个分论点的结构可以为引子—提出分论点—解释说明—正反案例—金句—总结。

具体而言，首先，把一个社会热点话题作为引子抛出来，并用一句话引出分论点；其次，做进一步的阐释，并通过不同的案例论证说明，在案例与案例之间用一句话承上启下进行过渡；再次，用一些金句作为点睛之笔；最后，概括总结，扣题，让读者有醍醐灌顶之感。

三个分论点都可以采用这样的结构，规整有序，环环相扣，层层递进，从不同角度和维度佐证文章主题。

分析素材

观点文中的素材形式非常多样，包括新闻事件、人物故事、名人语录、名著名句、自身故事等。如果你缺乏素材，可以把自己的观点输入ChatGPT，让它帮你找到一些素材。

提问：提供一些没学历但是成为作家的人物的案例。

ChatGPT 虽然大多数作家在其进入职业生涯前受过教育，但也有一些成功的作家并没有正式的学历。以下是一些著名的作家案例，他们没有大学学历，却凭借自己的才华和努力成为成功的作家。

1. 马克·吐温：没有上过大学，自学成才，成为文学界的重要人物，代表作品《哈克贝利·费恩历险记》和《汤姆·索亚历险记》。
2. 村上春树：大学期间辍学，30岁时开始写作，成为世界文坛的重要人物，代表作品《挪威的森林》《且听风吟》等。
3. 塞尔玛·拉格洛夫：诺贝尔文学奖得主，年轻时因身体原因无法正常上学，但这并没有阻碍她成为一位杰出的作家，代表作品《尼尔斯骑鹅旅行记》。
4. 鲁迅：曾就读于仙台医科大学，但没有完成学业。他是中国现代文学的奠基人之一，代表作品《朝花夕拾》《野草》等。

5. 沈从文：仅受过小学教育，报考燕京大学国文班未被录取，只能在北京大学做旁听生，代表作品《边城》等。
这些作家的成就证明了学历并不是成为杰出作家的必要条件。他们通过自学、广泛阅读和独立思考，以独特的视角和才华创作出了经典的文学作品，对世界文学产生了重要影响。

在第五章里，我详细介绍过收集素材、整理素材、积累素材的方法，大家可以回顾学习，建立一个观点文素材库。

很多作者写作时遇到的问题是，感觉这个素材可以用，那个素材也可以用，一堆素材摆在眼前，根本不知道该如何挑选。建议大家对所有自己觉得不错的素材进行分析和比较，删掉自己觉得不合适的，留下更贴合文章主题的。

应该删减哪些素材呢？陈词滥调的、过了新闻时效的、不合主题的……不要害怕删素材，有时，不合适的素材会毁掉整篇文章。只有勇于删减，才能为更合适的素材留出空间。

那么，应该让哪些素材入文呢？挑选扣题的、亮眼的、新颖的。一般来说，两千字的观点文，包含三个案例就差不多了。案例组合也是很讲究的，要有差异化，既有正面的，也有反面的；还要详略得当，既有主案例，也有次案例。这样组合出来的素材更多维、扎实、丰富。

素材是为文章观点服务的，这一点一定要时刻记牢。我在阅读学员文章的过程中发现，有些素材很新颖、特别，单独拎出来是一个不错的故事，但是融入文章后反而让文章跑题了，并没有达到说明观点的作用。这显然是主次颠倒，只看素材好不好，根本不看素材对论证主题有没有帮助。

因此，我们在选素材时，要把符合文章主题作为第一选择标准，在符合第一选择标准的基础上考虑是否新颖、有趣。这就好比买衣服，要把合身作为第一标准，在合身的情况下去挑选款式。而不是买了一件款式新颖的衣服，却和身材不相称，这就属于本末倒置。

修改观点文，除了要注意逻辑错误，还要防止行文拖沓、枯燥、乏味。如果用大量篇幅重复一个意思、说明一个观点，很容易让读者失去阅读兴趣。

构造精巧的园林，亭台轩榭、花草树木、林泉溪流、疏阔幽曲皆有，步移景异却有和谐之妙。优质的观点文亦是如此，通过观点、案例、金句，构造出精美的内容，设计精巧却又浑然天成，内容丰富却又丝毫不乱，让人回味无穷。

03 干货文写作技巧

干货文的写作要义是向读者传达某个领域的知识、方法论等。这类文章和我们之前所讲的几类文章有些许不同，因为干货文所讲的内容是有阅读门槛的，如何尽可能通俗易懂且不枯燥地讲明白一个干货知识，是难点所在。

从以下几点技巧上进行把控，会让干货文呈现更好的效果。

灵活引入

1. 热点话题

开头写最近的热点话题，点明因为发生了什么事情，让你想到了这个知识点。用热点话题引入的好处是话题拥有海量曝光，很多人关心和好奇，自然流量会很大。

2. 故事

讲述自身或者他人的故事，自然地带出知识点。人天生爱看精彩的故事，这会帮助读者产生代入感。

3. 痛点

写大多数人面对的普遍困境，点出痛点之后，引入知识。痛点最好和目标读者密切相关，如果你戳中了读者的痛点，那么他就会被吸引，他很有可能希望通过阅读这篇文章，解决自己的困境。

引入完成，进入正题，写自己想要分享什么内容，为什么要分享这一内容，这一内容有什么重要性，以及对大家有什么用。这会让读者明白，原来这个知识竟然这么重要。

考虑目标受众

写干货文一定要有读者思维，知道读者喜欢什么、能看懂什么。在提笔之前就要想明白：读者是谁？他们对这个知识了解多少？如何下笔才更简洁易懂？

有的作者写干货文时，为了显示自己很专业，经常用很多外行听不明白的词汇，极尽能事地展示高深学问。这会造成很多读者看不懂。读者是很“懒惰”的，如果刚开始就看不明白，很少有人会强迫自己看下去。无论你的文章多么有价值，没有被阅读，就失去了意义。

那么，想要写一篇简洁又吸引人的文章，需要怎样的技巧呢？

不要生搬硬套很多专业词汇，如果你无法用朴实的语言解释某一专业名词，说明你对这个专业名词的真正含义理解得还不透彻，可以学习白居易作诗的方式，他作诗后会让老妪听，如果老妪能理解，就收录，否则的话就做出修改。这是一个很好的方式，如果你写的文章“小白”都能看懂，说明写得好；如果只有行业内人士看得懂，反而说明写得不太好。

学会类比

类比是一个非常常用的写作手法。如果一个知识点太难理解，可以用类比的手法来写，把难解释的知识点用生活中的一个例子通俗易懂地说出来。

公众号“进化岛”推送的某篇文章中的一段，很好地运用了类比的手法。

什么是认知？

想象你是一辆奢华英伦跑车，你在设计、发动机、空气动力学方面拥有顶级的产品性能。

整车遵循经典美学黄金分割比例设计。

你决定起程，在广阔的赛道纵横万里。

你开始想象沿途人们的欢呼和羡慕的眼光。

你似乎已经听见连续不断的引擎轰鸣声由远及近，观众疯狂的呐喊和引擎咆哮声响彻大地。

你在一个个死亡弯道漂亮超车，甩开了身后众多渺小的跟随者。

你享受着万众瞩目，夕阳下的你绝尘而去。

然而，睁开眼的你却发现：没油。

一辆永远没油的车，是开不出去的。

一辆永远没油的车，是没有价值的。

于是，你只能在停车场，任凭灰尘无情掩埋，自行车无情嘲笑。

每天祈祷驾驶员早日施舍你一些油。

“油”，就是认知。

使用类比的写作手法，可以化抽象为具象，把陌生的知识嫁接在大家熟知的领域上，让读者更容易理解、更有亲切感。这就是化腐朽为神奇。

举例子

刘润的同名公众号“刘润”中有一篇文章在讲什么是 Web 1.0、Web 2.0、Web 3.0。

什么是 Web1.0？其实就是第一代互联网。

最早期的互联网，多是门户网站，比如新浪、搜狐、网易、雅虎。

这些网站的特点，就是内容主要由这些网站的编辑整理，作为用户，我们只能浏览，只可读。所以，Web 1.0 的特点是：Read。

那什么是 Web 2.0 呢？ Web 2.0，就是我们正在经历的互联网，比如微博、微信。

互联网的发展，更进了一步，内容不仅由平台生产，作为用户，我们也能贡献内容。你可以写帖子，可以发文章，可以拍视频了。不仅可读，还可写。所以，Web 2.0 的特点是：Read+Write。

什么是 Web 3.0？就是不仅可读，可写，还要可拥有。我要拥有自己的数据和内容，拥有自己的权利和收益。我说了算，而不是平台说了算。

所以，Web 3.0 的特点是：Read+Write+Own。

虽然 Web 1.0、Web 2.0、Web 3.0 这些名词很陌生，但是当作者把我们熟知的案例分别加上去之后，我们就能够领悟这些名词是什么。这就是案例的重要性。

要有知识增量

一个没有知识增量的干货文是失败的，因为干货文的写作目的是传播知识。一篇干货文只阐述一个知识点就够了，不需要很多，多了容易乱，作者容易讲不清楚，读者容易产生阅读负担。

什么样的结构最适合干货文呢？引入—点题—正文—总结。正文部分是全篇的核心，可以按照一定的逻辑结构来写作：是什么、为什么、怎么样。

如果你在写作过程当中，遇到了自己也不太清楚的知识点，可以使用 ChatGPT 作辅助，让它推荐书目、推荐文章、解释名词、拓展知识。ChatGPT 最擅长的就是从信息库中调取知识点。但是切记，不要原文照抄它生成的内容，因为 AI 生成的语句很生硬，而且可能存在错误，它的定位只是一个知识工具库。

04 情感文写作技巧

情感文是什么？是以人类各种情感为核心所写的文章。包括哪些情感呢？亲情、爱情、友情、思乡情、师生情等，没有局限。

情感文有巨大的阅读市场，因为人拥有七情六欲，天然就会被富含情感的文章所吸引。为什么读者爱看情感文？因为能在文章中看到自己的情感。人是需要同类的，当我们孤独时，我们会不自觉地靠近同类；当我们拥有某种感情时，就会喜欢看同类型的文章，从中找到巨大的呼应感，得到情感上的慰藉。

人之所以为人，就是因为有丰沛的、细腻的情感。在这方面，AI远远赶不上。它们只能在技术领域升级，在程序层面解读情感，无法真正深入地与人类共情。ChatGPT很厉害，如果你在情感方面有困扰，它可以为你排忧解难，给出安慰和解决问题的方法，但它无法真的懂你，因为它是程序，不是人类。人性的复杂、情感的细腻、情绪的流转，都是它无法理解的东西。

情感文如何才能写好呢？最好的方法就是沉浸式体验自己的情感。只有我们理解了自己的情感，才能写出真正饱满的情感文。

下面针对不同类型的情感文，拆解详细的写作方法。

故事型情感文

故事型情感文的主要形式是写一个故事，围绕某种情感展开。按照正常的故事文结构写作即可，唯一不同的，是整篇故事以情感为中心。

故事型情感文写作最重要的三个要点如下。

1. 细节饱满

情感故事要从细节入手打动人心。细节是什么？细节是起关键作用的小事。为什么细节如此重要？因为生活就是由千千万万个细节构成的。宏大叙事虽然听起来“高大上”，但很空泛，没有具体的落脚点和抓手，读者的情感无处依托。当我们写细节时，是生动的、具象的，是和读者的生活息息相关的。读者在看到这些内容时，会更有感触。比如，写父母对子女的爱，不必写惊天动地的大事件，可以写父母冬天晚上多次去给孩子掖被子，写凌晨五点厨房亮起的灯光，写夜里十一点站在巷口等孩子下晚自习的身影……这就是以小见大，细节虽小，情感却非常饱满。

2. 行文自然

很多人写故事时会强行升华，好像不升华，读者就看不出主旨似的。其实读者心里跟明镜似的，作者强行总结升华感情，有时反而会引起读者的反感。强行升华，就好像在叫嚣：你看啊，我都这么写了，你还不快点感动？功利心过强，容易让读者感觉自己被控制。一旦他们意识到自己被你的文字绑架，就会想要挣脱。所以，故事型情感文写作，一定要顺其自然。你的故事脉络、逻辑是通的，细节是匹配的，情感便是水到渠成的。润物细无声的文章才最能打动人心，情感一点点渗透，读者还没有反应过来，便已经深陷其中。让读者感受不到行文技巧，才是最高级的技巧。

如何才能自然地渗透情感？

我始终认为，人间真情，最动人心。能打动自己的，才能打动读者；能让自己哭的文章，才能让读者落泪。情感从作者的心里溢出，蕴藏在文字当中，传递给读者。所以，在下笔之前，作者要调动全部的情感进行沉浸式写作，让自己丰沛的感情自然流淌在字里行间。

3. 注意留白

表达情感最怕什么？最怕过于直白。平铺直叙，会失去耐人寻味的韵味。什么样的情感才动人？是蕴含绵长情绪的，是有张力的，是露出冰山一角，让人忍不住猜测剩下部分的。

如果你有十分情感，将十分写尽，那就索然无味。你有十分情感，可以只写三分，余下的，让读者无限遐想。你创作三分，读者自行补全剩下七分，这样才能让故事在读者心中留有余味。如果你的情感是含蓄的、隐藏的，读者可能会更愿意探索。

观点型情感文

这种文章适合发布在新媒体平台，针对某个情感观点进行分析，容易触动人的内心，具有爆款属性。观点型情感文的结构，通常是先用一个小故事或者社会热点事件引出情感观点，再补充各种分论点和佐证案例，最后以金句收尾，前后呼应。

写这类型文章的作者太多，如果想要出挑，必须记住两个要点：写细不写全，写奇不写普。

什么是写细不写全?

在一篇文章中写多个观点，看着挺全面，其实容易写得过于宽泛。应该深挖一个细分观点，进行分析。

什么是写奇不写普?

可以试着写小众一些的观点，这样更容易吸引人，当然，观点不能违反道德标准。狭路相逢奇者胜，新媒体文章太多，你要写出新奇的观点，不要怕争议，因为没有争议的观点成就不了爆款。当读者能够在你输出的观点的基础上，形成对立两派进行辩论，文章就有了成为爆款的可能性。人人都赞同的观点是基本常识，不能说是作者的独特观点。

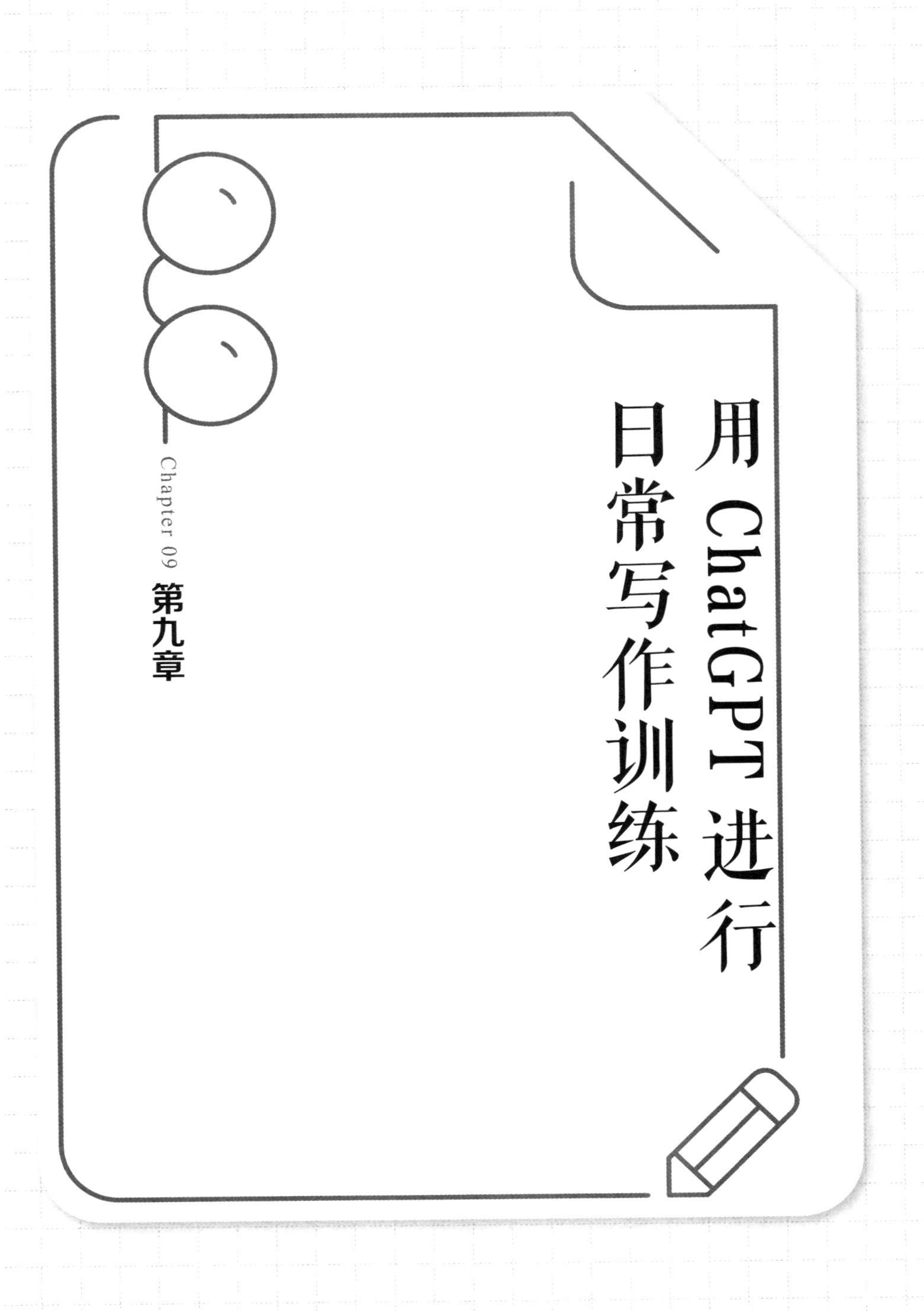

Chapter 09 第九章

用ChatGPT进行日常写作训练

01 用写作倒逼阅读，拓宽知识面

在写作的过程中，词穷是很多作者常见的问题之一。尤其是新手作者，刚开始写作，全凭兴趣，在写作之前，甚至从不看书。

其实，作家这个看似没有门槛的行业，是门槛最高的行业。写作越久，你越会发现知识匮乏。

写作不仅要懂人性，懂读者心理，如果你的作品涉及专业知识，你还需要懂专业知识。只有扩宽自己的知识面，作品才更有广度、深度。

用写作倒逼阅读，让阅读给写作提供养分，如此写作才能长久。

除了学习知识，我们还可以用哪些有关阅读的方法提升写作能力呢？我分享几个我常用的阅读方法。

提炼观点，改变认知，打破思维限制

当你读了足够多的书，你就会发现，同一个问题，不同作者的见解可能完全不同，那么，谁对谁错呢？

他们可能都是对的，只是看问题的角度不同。这就是读书的好处，或许我们看一件事，只能看到一个点，但是通过阅读可以了解到不同作者对同一件事的不同看法，甚至有一些观点是相悖的。只有看到足够多不同的观点，我们考虑问题才会更全面、更深刻。

当我们对于一件事的了解从点过渡到面，我们才算真正看清楚了一件事。这是非常有利于写作的，可以帮助我们避免观点单一、对一件事的看法不够全面等问题，能够更好地了解事情本质，帮助读者解决问题，文章会变得更有深度。

书籍中好的观点和思想也会影响我们，让我们的思想变得更深刻。一些国学类的书，如《道德经》《了凡四训》《论语》等，书中的一些处事智慧、做人的智慧、人性的剖析，以及生活中应对各种困境的方法等，对于写作者来说简直就是宝藏。好书影响作者思想，作者思想呈现在作品之中，又会影响其他读者。

作品的深度等于作者思想的深度。

分析作品结构，研究写作框架

时刻记住我们是作者，阅读不仅仅是为了积累知识，还要养成时刻分析作品结构的习惯。

我看书的时候，经常研究作者的写作框架。这对我后来写书有很大帮助，无论任何选题，只要有对标图书，我就能写出来。

那么，怎么分析书的框架呢？我再次拿《认知觉醒》这本书举例。

这本书的结构如下。

在开头普及专业知识，然后展示读者痛点，接着剖析问题原因并给出解决方法，最后总结升华。几乎每一个章节都是这样写的，这个结构非常精妙，对于读者来说每一步都是吸引力。这就是爆款书的结构。

还有一些文学作品，我们也可以用类似的方法进行分析。比如，想知道书中人物较少时怎么写，可以看《一个人的朝圣》《一个陌生女人的来信》《挪威的森林》。

想知道人物众多的群像小说怎么写，可以参考《红楼梦》《水浒传》《白鹿原》等。我们可以研究人物怎么出场、出场顺序是什么样的、如何从这个人转到另一个人、不同人物如何刻画等。

不同的作品各有特点，分析多了，你就知道该如何创新了，最终找到自己的写法。

在写作的过程中，我不建议仿写情节，因为这很容易引起抄袭争议。可以借鉴经典作品和爆款书的写作框架，但是选题和内容，以及叙述风格一定要原创。

我们学习是为了精进、超越，不是为了复制和抄袭。

积累词汇，刻意练习

很多作者被词穷困扰，我有一个依靠阅读解决词穷的方法：阅读的时候，可以把你喜欢的词语抄下来，要求自己下次写稿的时候必须用到文章中。用三次以上，这个词语就会进入你的大脑词库。我以前用这个方法练习，很好地解决了词穷的问题，现在，这个习惯我仍然保留着。

关注细节描写

有人不会写环境，阅读时可以重点看环境描写；有人不会写对话，阅读的时候可以拆解一下书中的对话；有人不会写转场，阅读的时候可以抄一些书中的转场描写备用，也可以使用 ChatGPT 整理一些作品中的转场描写，去研究它们的特点，并根据分析结果进行刻意练习，这样的阅读对于写作帮助更大，能够很好地提高写作能力。

提问： 整理一些小说中转场的经典片段。

ChatGPT

1. “当她穿过大门，发现全新的世界已经展现在眼前——”
2. “她推开大门，走出昏暗的房间。眼前是一片绚烂的景象，阳光洒满了广阔的原野，绿树成荫，彩蝶翩翩飞舞。这是她未曾见过的美丽世界。”
3. “随着电梯门缓缓打开，他被眼前的景象震撼住了。高耸入云的摩天大楼，灯火璀璨的城市，人潮涌动的街道，他来到了梦想中的都市。”
4. “透过窗户，他看到了迷人的海滩。蓝天白云映照着碧海金沙，海浪拍打着岸边，带来一阵阵清凉的海风。他终于到达了心心念念的度假胜地。”
5. “当车窗缓缓滑下，他的目光被一座宏伟的城堡所吸引。城堡高耸入云，花纹精美，仿佛故事书中的仙境。他踏上了奇幻的冒险之旅。”
6. “她抬起头，发现自己置身于一座古老的森林中。参天大树遮天蔽日，丛林中充满了神秘的气息。她踏上了未知的旅程。”
7. “他踏上露天阳台，眼前是一望无际的星空。银河铺满整个夜空，星星闪烁着神秘的光芒。他沉浸在星辰大海中。”
8. “透过窗帘的缝隙，她瞥见了迷人的巴黎夜景。闪烁的灯光映照着塞纳河畔的建筑，到处都是浪漫的气息。她来到了梦想中的艺术之都。”

提问：分析这些转场的特点。

ChatGPT　这些转场片段在小说中具有以下特点。
1. 突破边界：转场片段通过角色穿越门、车窗、窗户等物理边界的方式，将他们从一个环境带入另一个全新的环境。
2. 对比鲜明：转场片段通常用于描述全然不同的场景，与之前的场景形成鲜明的对比。比如，从昏暗的房间走到明亮的阳光下，从繁华的城市来到宁静的海滩等，这种对比加强了视觉冲击，让新环境更加生动。
3. 情感表达：转场片段不仅仅是描述角色所见所闻，还借此表达角色的情感和内心变化。例如，角色可能被新环境所震撼、感到兴奋和期待、产生安宁和放松的情绪。这些情感表达使得读者能够更深入地理解角色的感受。
4. 推进故事发展：转场片段常常被用来推进故事的发展。角色通过转场来到新的环境后，可能会面临新的挑战、结识新的人物，或者展开新的冒险。这种转场为故事注入了新的动力和可能性。

分析作品特点，总结复盘

我在阅读的时候，并不是看过的每一本书都能理解，有时候也会遇到一些书，虽然好，但是看完了仍不知道它讲了什么，记忆不是那么深刻。

遇到这种书的时候，可以去网上搜书评来辅助自己理解，如果想要更深层次地了解内容，还可以查阅相关的研究论文。

养成作家思维，像作家一样去读书：一边看书，一边分析，一边学习，一边总结复盘。读完一本书后，去实践，记录问题，再优化，再实践，再创新，再精进。如此，作品会越写越好，写作之路也会越走越宽。

只写不读是不可取的，写作一定要输出和输入相结合，写不出来就去读，读不下去就去写。

写作是一场马拉松，慢慢跑，匀速前行，更容易坚持到最后。

02 刻意练习，打牢写作基础

通过刻意练习，任何能力都可以得到提升，写作更是如此。

关于刻意练习，前文已经介绍过基本方法，本节结合实际案例，详细讲解更具体的练习方法。

有些写作者刚开始写作的时候，题材和体裁分不清楚，小说和故事分不清楚，议论文写法完全不懂，甚至段落的划分和标点符号的使用都不懂。如果你想要入门写作，可以给自己列一个问题清单，根据问题清单一个一个解决问题。例如，以前我在写作的时候，“的”“地”“得”不分，我就打出来一份“的”“地”“得”的试题，每天做一道题，后来这个问题慢慢就被解决了。

现在是 AI 时代，想要搜集这些知识更为便捷。

收集你的问题，先根据问题整理答案，再根据答案进行刻意练习。

比如，你不了解什么是小说，什么是故事，就可以输入这个指令，ChatGPT 会给你答案。

如果你看了名词解释依然无法理解，可以再次发出指令，让它给出案例。根据案例，我们可以在平时的写作中进行刻意练习，比如，针对同一个主题，分别用故事体、小说体来撰写文章。

提问： 什么是故事，什么是小说？

ChatGPT 小说是一种长篇虚构故事，通常以文字形式呈现，包含复杂的情节、人物塑造和主题表达。小说通常以书籍的形式出现，可以分为各种类型，如爱情小说、冒险小说、科幻小说等。小说的特点是篇幅较长，能够深入探索人物内心世界，有复杂的情节。
故事则是更为广泛的概念，包括小说在内，也包括其他形式的叙述，如童话、传说、寓言等。故事通常是为了传达特定的信息而编写的，篇幅相对较短，可以通过口头传承、书籍、电影、电视剧等形式呈现。

提问： 分别用案例来说明。

ChatGPT 《红楼梦》是一部中国古代小说，也是一部长篇小说。它以文字形式书写，通过复杂的情节和众多的人物塑造，展现了贾、史、王、薛等大家族的兴衰和人物之间的复杂关系；通过细腻描绘人物的内心世界、社会风貌，以及对封建礼教、官场腐败等问题进行批判，探讨了人性、命运、爱情等主题。
故事的例子可以是《灰姑娘》。这是一则传统的童话故事，以口头传承和书籍形式广为流传。讲述了一个贫穷、被虐待的女孩因为善良、充满勇气，最终与王子幸福结合的故事。这个故事传达了善良、公正、努力奋斗的价值观，给予读者希望和激励。
这两个例子展示了小说和故事的区别，小说更加复杂，涉及更多的情节和人物；而故事可以是一个相对简短的叙述，用来传达特定的信息和价值观。

那么，如果要写一本书，如一本小说，刻意练习有效吗？答案是有效。

写书时，最重要的刻意练习方法是实践和优化。

用写作实践检验写作问题

当你要写一本书时，不要提前预设困难，那没有任何益处，只会让你止步不前。你要敢于实践，直接动笔去写。

当然，要完成一本书不容易，写作过程中肯定会遇见各种各样的困难，80% 的作者败在了自己的第一部作品上面。

其实，第一部作品只要完稿就是胜利，要记住，先完成，再完美。第一部作品的不完美是可预见的，写作过程中存在的问题，只有通过实践才能明确，并具体问题具体分析，所以，第一部作品的价值是找到我们写作的薄弱点。

总结复盘提升，找到方法

在写作的过程中，遇见问题记得及时记录。

为了帮助大家找到写作过程中存在的问题，在我们的写作课中，有这样一个活动，叫“写作马拉松”，要求学员在一个月之内，完成一部10万字的作品。这个活动的目的是帮助大家完成一部作品，并且找到写作过程中的问题。

我发现学员在挑战的过程中，存在最多的问题是表达不精准，即无法用最精准的词语、句子表达自己的意思，只能用大白话。还有人不会写细节，情节写不好，作品写不长，剧情乏味，缺乏专业知识等。

其实，不管是写作还是工作、创业，有问题不可怕，有问题解决问题即可，可怕的是不知道问题是什么。因此，在完成一部作品之后必须总结具体问题，并解决这些问题，这比写下一部作品重要。当然，这个方法也可以用在写文章的过程中，同样可以帮助作者提升写作能力。

复盘方式可以参考以下模式。

情节够不够吸引人：尝试给故事设置障碍。

经常不知道接下来要写什么：提前写清楚故事大纲。

环境描写缺乏细节：日常练习环境描写。

不会转场：收集小说转场案例，学习小说转场写作方法。

人物刻画不够深刻：分析经典作品的人物，学习其写作技法。

总喜欢写对话：尝试不用对话推进情节。

不会细节描写：尝试用场景、心理、环境及对话描写推动故事发展。

一个章节写不多，只能写2000字：写一篇5000字的文章。

……

按照这样的模式总结、复盘，坚持下去，一定会有收获。

针对薄弱环节进行刻意练习

作者完成一部作品之后，应该先进行复盘，找出问题，再带着问题寻找答案，并带着答案创作下一部作品。

我用一些学员的共性问题来举例。

比如，故事情节写着写着就写不下去了，开始“卡文”，这个问题的根源在于一开始没有完成对故事情节的设置。针对这个问题，解决方法是在写下一部作品时，要提前写好作品大纲。有了大纲，就可以在故事情节范围里“头脑风暴”出合理又精彩的情节了。除此之外，还有一个很好的方法：提前设定小说结局，倒推情节，把得到这个结果可能发生的事情全部写下来。

还有人在写书的时候，写到一半就没内容可写了。针对这个问题，也有解决方法：提前写目录，并且把每一个章节的大概内容提前写出来，根据目录准备素材。如果没有这样的能力，那就去拆解别人的目录，并进行刻意练习，如尝试写出 10 本书的目录，写的越多越熟练。

这些都是刻意练习的方法，只要找到问题就有解决之法。

针对写作需求补充阅读

除了技巧上的问题，在写作的过程中还存在另一种问题，就是对主人公所在行业的专业知识完全不了解，这时，ChatGPT 就派上了用场。

例如，你要写一个宇航员实现梦想的故事，但是对宇航员的生活一无所知，你可以让 ChatGPT 帮你整理资料。

提问：请告诉我宇航员需要哪些知识、哪些技能，日常需要做哪些训练，以及宇航员的日常生活等。

ChatGPT　宇航员需要的知识、技能、训练和日常生活如下。

知识：

宇航员需要具备广泛的科学知识，包括物理学、化学、生物学、天文学等领域的基础知识，以便理解宇宙、太空探索的原理和宇宙飞行器的工作原理；
宇航员需要了解太空环境对人体的影响，包括重力变化、辐射、微重力、失重等因素，以便适应和应对太空飞行中可能需要面对的身体和心理挑战；
宇航员需要学习飞行器操作和维护的相关知识，包括导航、系统控制、航天器设备和仪器的使用等。
技能：
宇航员需要具备出色的沟通能力和团队合作能力，因为他们经常需要与来自不同国家、有不同背景的宇航员一起工作，并需要与地面控制团队进行有效的沟通；
宇航员需要具备决策能力和问题解决能力，因为执行太空任务的过程中可能会面临各种紧急情况和挑战，需要快速做出正确的决策并解决问题；
宇航员需要具备优秀的体力和耐力，因为完成太空任务，可能需要进行太空行走、体力活动，并长时间适应微重力环境；
宇航员还需要具备飞行器操作和维修的技能，包括对太空舱和仪器设备的操作、修理和维护。
训练：
宇航员需要接受基础训练，包括飞行器操作、生存技能和紧急情况处理等方面的培训；
宇航员需要接受物理训练，包括重力适应和体能锻炼，以准备应对太空环境对身体的挑战；
宇航员需要进行模拟训练，包括在地面模拟器中进行太空任务的模拟，以熟悉任务流程、操作飞行器、应对突发情况；
宇航员还需要进行团队合作和沟通训练，以增强协作能力，进行有效的团队合作。
日常生活：
宇航员的日常生活通常是高度规律且有组织的，包括按时进行食物摄入、睡眠和锻炼，以保持身体健康；
宇航员需要适应太空环境中的微重力条件，进行特殊的锻炼，以避免肌肉和骨骼退化；
宇航员在太空中需要完成科学实验、飞行器维护等任务，需要遵守任务计划和时间表；
宇航员需要在太空环境中处理垃圾、保持个人卫生和进行环境清洁，以维持太空舱的卫生状态。

把这些知识整理出来，即可用在小说中。

以前我们整理资料大多需要很长时间，AI 的出现，帮助我们大大节省了时间成本，让我们能够更好地创作。

以上刻意练习的方法，都可以用在写作之中。有效写作才能提升写作水平，而刻意练习是最好的有效写作的方式。

03 四个方法，助你提升写作速度

“怎样提升写作速度？”这是学员反复问我的一个问题，也是众多写作者需要面对的写作难题之一。

大多数写作者并不是全职作者，而是一边上班或上学，一边写作。如果写稿速度太慢，那么很难兼顾写作和工作学习。为了更好地、长久地持续写作，提升写作速度对于很多写作者来说是非常重要的。

完成一篇 2000 字的作品正常速度应该是 40 分钟左右，如果作者能够拥有这种写作速度，那么他想要持续写作会很容易。

想要成为作家、网络小说作者，或者新媒体文章写作者，无论是实现写作变现还是出版梦，都对写作速度有一定的要求。一般的网络小说平台，要求日更 4000—10000 字，想要在网文世界获得一席之地，写作速度一定要快。

在新媒体平台上，有人一天发 10 条短文、一篇长文，还有人数量和频率更高。只有如此，才能有更高的点击量和广告收益。

写书也是同理，同一个选题，出版社要求两个月交稿子，大多数作者无法在两个月内完成一本书，就会失去出版机会。

所以，提升写作速度对于作者来说是非常有必要的。

那么，写稿慢的原因有哪些呢？如何解决这些问题呢？

写稿时无法专注

电子产品对于人的影响巨大，很多人习惯工作一会儿，看一会儿手机。在写稿的时候，也容易出现这种情况，写一段，看一会儿手机。本来有一个小时的写稿时间，结果看手机用了 45 分钟，稿子只写了一段，甚至只写了一行。

几个小时过去了，一篇稿子，写写停停，最后甚至忘记了想要写什么。日更写作任务没有完成，于是感到焦虑、迷茫。

这是很多作者的现状。写稿慢的原因并不是不会写、写不好，而是专注力不够。

好的稿子往往是一气呵成的。在写稿的时候，一定要注意减少外界干扰。

当你开始写稿时，可以尝试把手机关机，放在另一个房间，电脑不要登录微信、不要打开网页，只做一件事——写稿子。写不出来的时候，就读前面写好的情节，直到写完当天的任务字数为止。

做到这一点，你会发现你写稿的速度至少提升一倍。

写稿时间不集中，碎片化

拖慢写作速度的另一个问题是时间碎片化。刚写了一段，要去做别的事，做完别的事再想写，发现接不上前面的剧情了，只能从头思考。如此反复，时间全部被浪费了。

建议找一个相对固定的整块时间写稿子，比如，假设午休时间有两个小时，你可以用一小时去写今天的稿子，或者利用睡前的一个小时、早起的一小时进行写作。

写稿的时候，可以跟家人打个招呼，告知他们你正在工作，尽量不要打扰。我写稿的时候，会提前告知家人：我等下要去写稿子，大概需要两个小时，这个时间段内尽量不要找我，也不要来我的房间。这会大大提升我的写作速度。此外，还可以尝试给自己寻找一个相对封闭的空间，隔绝外界的干扰，提高自己的专注力。

若是没有整块的时间，怎么办？如何保证每天坚持写作？

对此，我也可以分享一个方法。我以前开服装店的时候，每天有客人来了，我就卖货；客人走了，我就用手机写故事。刚开始的时候很艰难，后来练习了半年，形成了习惯，每天可以一边做生意，一边写故事，而且越写越快，越写越好。

如果你真的喜欢写作，但没有整块时间，可以尝试使用手机进行写作的方法，能充分利用碎片化时间写作。

我有个学员叫来慧，48 岁，有一个生活无法自理的婆婆，还有一个上幼儿园的女儿，她不仅要照顾老的、照顾小的，还要上班。

她每天写作全靠通勤的碎片化时间，别人在地铁上玩手机，她写稿子，每天坚持更新 2500 字，一年写几十万字。后来，好几部作品签约了阅文平台，现在是阅文平台的签约作者。

她在社群里做过分享，说练习越久，写作速度越快，需要的碎片化时间越少，写作变得越轻松。

不知道写什么，构思时间过长

本来写作时间就少，好不容易有了空闲时间，找选题、找素材、构思情节，这些事做完，一个小时已经过去了，再加上写、修改，没有三小时几乎是不可能完成的。

这也是常见的问题之一，而前面章节中介绍的建立素材库、选题库，也是为我们提高写作速度做的准备。

前一天确定第二天要写的选题，利用空闲时间，比如上班途中、做饭的时候，进行构思，并用便签记录下关键内容。

这样一来，坐下来后，只要按照梳理好的写作思路撰写就可以了。

怎样提高打字速度？

除了以上难点，还有一个常见难点是，有些作者刚开始写作时打字速度很慢，如何解决呢？

可以尝试语音输入，这个功能现在非常常用。一篇1000字的文章，只需要10分钟就可以完成。一开始，可能会不习惯，长期进行刻意练习，熟能生巧，掌握语音写作技巧后，就可以大大提高写作速度。

还有一种提高打字速度的方法，叫作“极限挑战”。我曾尝试日更10000字、20000字，当我坚持挑战一段时间之后，发现写作速度有了大幅度提升。

我把这个方法介绍给学员，带着他们做马拉松写作挑战。很多学员反馈，如果哪天写作突破极限，如日更10000字，第二天写2000字就会变得极其容易。

在平时，可以尝试用这个方法提升打字速度，找一个周末或者假期，定一个极限挑战的目标，如日更10000字、日更6000字。在某一个时间段里持续写，直到完成目标。如此尝试过后，恢复日常更文状态，你会发现你的写作速度快得不可思议。

另外一个提升速度的方法是我们常说的坚持每天写，写得久了，自然就写得快了。不管哪个技能，只有坚持大量练习，才可以做到又快又好。

提升写作速度，是为了更好地服务于写作，为了更好地抓住机会。在写作过程中，不能一味地追求字数，要以写出优质作品为目标，当然，写得又快又好，是最理想的状态。

在这里，值得一提的是，很多作者有一个错误的观念：写得快等于写得差，写得慢才会写得好。

其实不尽然。因为熟练，才能写得快，而且，一气呵成的作品往往更吸引读者，因为它的内容是浑然天成的，是一体的，不是拼凑的。

写得慢的原因可能仅仅是不会写，不知道怎样写，对文章结构不了解，不能说慢即是精品。

快和慢是不同作者的不同习惯，不能作为作品好坏的评判标准。

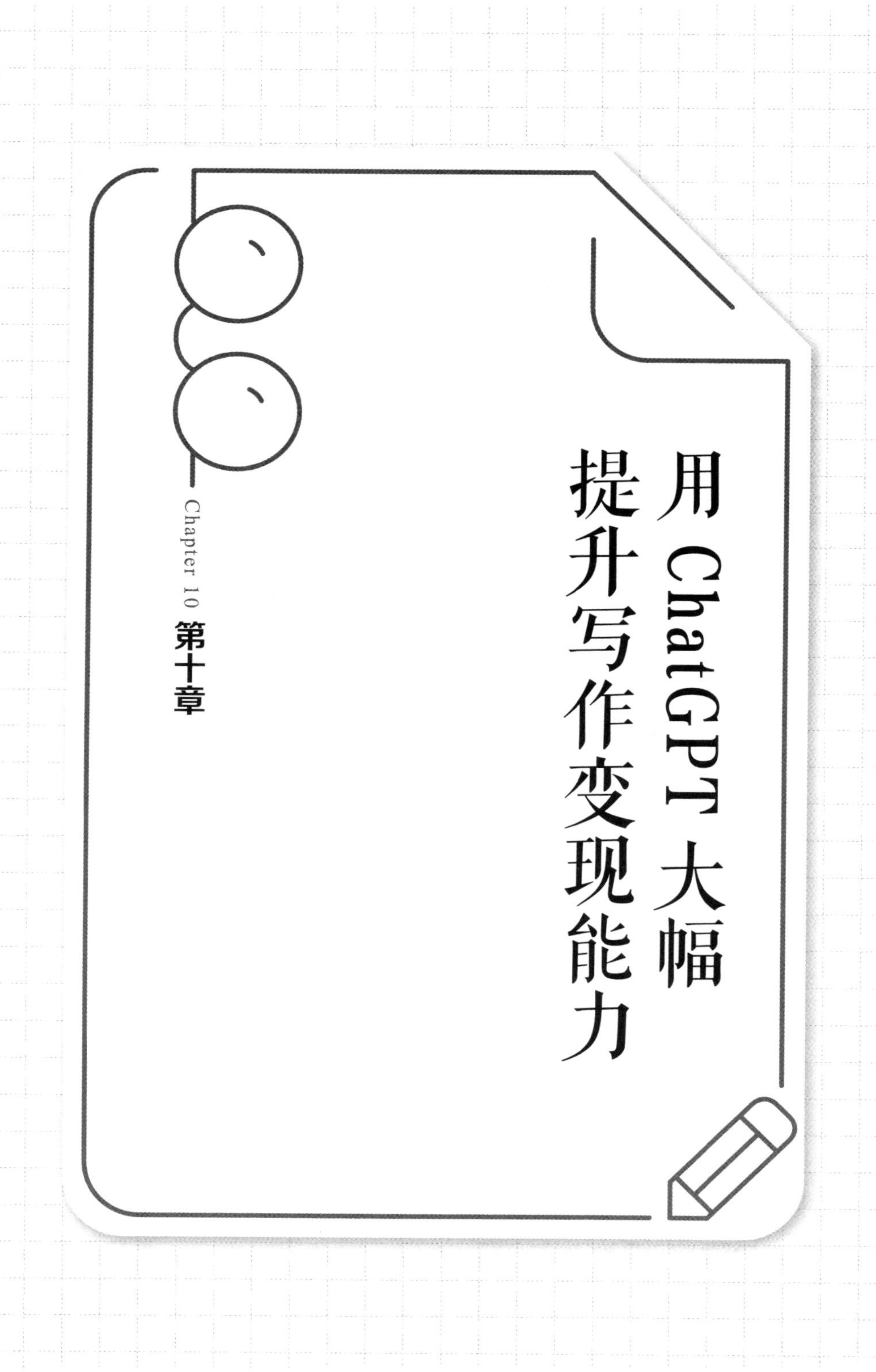
Chapter 10
第十章
用ChatGPT大幅
提升写作变现能力

01 如何通过写作打造个人 IP？

并不是每个人写作都是为了成为作家，还有一些写作者的目的是扩大个人影响力，通过写作实现变现。

怎样利用写作打造 IP、实现内容创业、扩大个人影响力呢?

文字创业可以选择的 IP 方向有小说作者、文案师、脚本作者、编剧、博主、写作导师、文案导师、剧本导师等。

确定方向和领域

如果你刚入局，不知道怎么确定 IP 方向，可以尝试这个方法：先考虑自己的专业，再找自己爱好，最后找自己的擅长。这三个方向都可以作为你的 IP 方向。

比如，我专业是文学，爱好是写作，擅长是写小说，我的 IP 方向是小说作者和写作课导师。

确定 IP 方向之后，接着选择深耕平台，并规划成长路径。

我的记忆点是什么?

每天入局的 IP 成千上万，大家为什么要认识你呢？这需要我们挖掘自己的核心竞争力，找到大家关注我们的理由。

去年，IP 圈子流行拍一个视频，叫“你为什么要关注我”，我觉得这个想法和尝试很好，能够帮助我们快速找到自己的核心竞争力。

尝试找 10 个别人关注你的理由，尝试找 3 个标签向别人介绍自己，尝试用专业知识解释你要做的事。完成这些，你就知道未来的路要怎么走了。

我见过太多人想要打造 IP，但是你问他你准备做什么？他说不知道；你问他为什么要打造 IP，他说要挣钱；你问他要从哪里挣钱？他说不知道；你问他最后想要拿到什么结果？他说涨粉；你问他涨粉干什么？他也不知道。

如果你什么都没搞清楚，是不可能成功打造 IP 的。

每个 IP 都有自己的定位，必须知道自己做的每一步想要拿到的结果，以及最终要实现的目标。

打造 IP 没有你想的那么简单，当然，也没有你想的那么难。

定位，领域，目标，结果，只要搞清楚这四个问题就可以了。

比如，我的定位是小说作者和写作课讲师，我的深耕领域是写小说和教写作，我的目标是成为小说作家及带着更多人签约出书，我想要获得的终极结果是持续写作，帮助更多人完成出版梦。

只有你清楚你想要什么结果，你才能根据结果规划你要做的事情。

我的标签是什么？

每个 IP 都有自己的标签，怎样寻找自己的标签呢？如果你是刚入门的“小白”，还没有在自己的领域里做出成绩，你可以先写你的专业 + 你正在做的事 + 一个小成就。

比如：爱写作的律师，坚持日更 100 天。

在你选择的专业领域里不断精进，完成小目标，加上成就事件，即可成为你的标签。例如，如果你是作家，标签可以是签约了哪个平台，出版了哪些书，写了多少字，有多少爆款，变现多少等；如果你是文案作者，标签可以是服务了多少客户，文案变现多少，和哪些平台合作过，合作结果如何等；如果你是平台博主，标签可以是做出了多少个爆款内容，平台涨粉多少，变现多少，与哪些甲方合作过，专业方向是什么等。

我能够给别人提供什么帮助？

IP 的价值不是有多少粉丝，不是能赚多少钱，而是能够影响多少人。别人为什么关注你？因为想以你为榜样，或希望通过关注你解决一些问题，你要能够帮助他们解决问题，要能够给他们提供价值。

你影响的人越多，你的 IP 的影响力越大。

比如我，我可以做什么？可以直播免费分享写作和阅读的方法，可以撰写写作方面的文章，可以写书分享自己的写作技巧和想法，可以针对关注我的人提出的问题坚持公开答疑，可以提供关于写作、阅读、出版及一些生活问题的咨询，帮助更多的人走出困境、树立自信、坚持梦想。

大家为什么要关注我？写作 8 年，我有丰富的写作经验，签约出版 7 本书，我不仅讲写作，自己也写书，有理论，有实践。同时，我坚持带学员，无戒学堂有近 5 万名学员，我有非常丰富的教学经验，能更清楚地了解写作者身上存在的问题，能更精准地解决大家在写作方面的问题。

只有不断地给他人提供价值，才会吸引更多的人关注你。

我们可以从哪些方面入手扩大自己的影响力？

第一，撰写专业文章，吸引读者，让读者知道你是这个方面的专家。

第二，出版专业图书，没有比图书更好的专业背书了。

第三，通过免费分享，以及发表文章、直播、录视频等全面宣传，让更多的人了解你。

第四，打造爆款，不管是视频还是直播，抑或是文章，爆款内容会给你带来很多曝光。

第五，打造冠军事件。别人为何要跟你学？为何要喜欢你？是因为你可以做到别人做不到的事情。

冠军事件非常重要，会让你更有记忆点。

比如，我曾经在简书开课，做过一个覆盖 1300 多人的年度写作课，立刻出圈了，简书首页几乎都是无戒学堂学员的文章；我的新书《余温》《云端》上市之后，都获得了当当中国当代小说榜第一名的好成绩；我日更写作 8 年，可以一个月写完一本书并签约出版，参加第九届当当影响力作家评选后成功入选，和莫言、余华在同一榜单；有 4 本小说签约了英文版权，会在 10 个国家上架……

这些都是冠军事件，只有你成为别人的榜样，才会有人喜欢你、追随你。你要成为大众的力量、大众前行的动力，这样你的 IP 才会有持久的影响力。

所以，想打造 IP，必须不断精进，不断进步，不断挑战不可能。

通过写作打造 IP 并不容易，不仅要写文章，还要写脚本、写文案等。有时候很难兼顾，但如果停止更新，就会“掉粉”，甚至失去影响力。

以前，大 IP 的主理人会选择找助理，或者寻找写手固定地提供稿子，现在，我们只需要训练好 ChatGPT 即可，它可以替代助理帮我们完成很多工作。例如，文章校对、文案撰写、整理资料、脚本撰写等。

你给它案例和要求，待它生成基础内容后，审核、修改、发布就行了。

提问： 请帮我写一个推广小说写作课的文案，1000 字左右，小红书笔记风格。

ChatGPT

标题：小红书读书笔记 | 推荐小说课，点亮创作之路！

嗨，亲爱的小红薯们！今天我要和大家分享一个绝对不能错过的宝藏课程——小说写作课！如果你是一个有写作梦想的人，喜欢用文字创造世界，这个课程绝对会成为你的灵感源泉。

这门小说写作课不仅适合初学者，也为有一定写作经验的作家提供了独特的指导。它汇集了一群经验丰富、富有激情的作家和导师，他们将带领你一起踏上创作之路，探索小说的奇妙世界。

首先，课程将帮助你了解小说写作的基本要素。从情节构建到角色塑造，你将学习如何打造引人入胜的故事，让读者为之着迷。无论是浪漫爱情、惊奇冒险，还是扣人心弦的悬疑，你将学会用文字为故事注入灵魂，让它们真实而生动地跃然纸上。

此外，课程还将引导你掌握独特的写作技巧。你将学习如何运用富有感染力的描述、流畅的叙事和独特的语言风格，让读者沉浸在你的故事中。你将了解如何用细腻的笔触刻画人物的内心世界，让他们变得真实且能让读者共鸣。通过实践训练和反馈指导，你将不断提升自己的写作水平，成为更出色的作家。

更令人兴奋的是，课程还将带你深入了解出版业的秘密。你将获得专业的出版指导，了解出版流程、市场趋势和推广策略。这将是你踏上作家职业道路的关键一步，为你的作品找到合适的出版渠道，让更多人欣赏你的文字。

此外，课程还提供了与其他学员交流的机会，你将结识有着不同背景、不同故事的写作者。这将是一个相互学习、相互启发的平台，在这里，你可以分享你的想法、寻求建议，甚至找到未来的写作伙伴。

小说写作课的魅力不仅在于知识的传授，更在于它能够点燃你内心的激情和创作的欲望。无论你是蛰伏已久的故事创作者，还是正在寻找灵感的文艺青年，这个课程都将成为你翱翔于创作天空的翅膀。

别再犹豫了！现在就加入我们的小说写作课，释放你的创造力，让你的故事在文字中绽放光芒！记得点击下方的链接了解更多详情，开启属于你的创作之旅吧！

链接：[小说写作课程链接]

小红书读书笔记 # 小说写作课 # 点亮创作之路 # 释放创造力 # 故事创作者

看到了吗，这是 ChatGPT 生成的稿子，甚至连该参与的话题都标记出来了。此外，你还可以把自己的语言风格发给它，让它参考，写出和你风格相近的句子。

每一个做 IP 的朋友，都应该学会使用 ChatGPT，不然，未来很容易被淘汰。

找到要做 IP 的原因

你为什么要做 IP？做 IP 的目的是什么？根据你的终极目标，制订你的成长计划。

比如，你想做读书博主，那么，你做读书博主的终极目标是什么？只有明确目标，你才能知道接下来如何做。如果你的目标是做知识付费，那么你需要做好引流，建立社群，持续产出价值，做好产品；如果你的目标是写书评，发广告，直播带货，那么写出爆款文案，给甲方做出爆款数据，同时做出爆款直播间是你的努力方向。

不同目标，决定了不同的努力方向。我们要根据终极目标，制订短期计划、年度计划、长期计划。

如果一件事情，你从长期的角度来思考，发现它没有可持续发展性，说明这件事情不适合持续做。

给你做的事情找一个不放弃的理由很重要。想要成长为真正的 IP，并不是一朝一夕的事情，最少需要 3 年，甚至更长时间，可能才会有一点影响力，而且可能你前期努力了许久，什么结果也没得到，这也是我们必须面对的现实。

无戒这个 IP，从无人问津到有一定的影响力，用了 8 年。这 8 年大多数时候是用爱发电。

多少人放弃了，多少人出局了，我活了下来，靠的就是一个信念。除了写作，我一无所长，不管有没有结果，这件事都是我一生要做的事情。

正是因为有这个信念做支撑，我才在无数次想要放弃时，重新打起精神，继续努力。

在别人休息的时候，你努力；在别人无法坚持的时候，你咬牙坚持；在别人筋疲力尽的时候，你匍匐前行……只有这样，你才有机会超越他人，成为最后的胜利者。

打造 IP 和写作一样，最后拼的是毅力和信念。

02 写作的变现方式有哪些？

无论是打造 IP，还是从事新媒体写作，抑或是想要成为作家，如何实现文字变现，是绕不开的话题。文字无法变现，持续写作就会变得举步维艰。

新手作者想要实现写作变现，要做些什么呢？

夯实写作基础

能否靠写作变现，取决于文字的价值。这个价值可以是对读者而言的，也可以是对甲方而言的。你的文字质量必须过关，只有高质量的文字才有价值，才值钱。

很多作者刚入门就着急写作变现，结果发现投稿过不了，签约过不了，文案被拒绝。究其根本是写作基础太差，文字不过关，无法达到平台标准。

写作变现的第一步是夯实写作基础，作品质量要够硬。如果作品没有阅读量，无法传播，屡屡被拒，说明写作基础太差。这时候，需要静下心来提高写作水平。为什么我不提倡写作者以写作变现为写作目标呢？因为那样写作者容易浮躁，无法静心。

记住，无论你想要以何种形式实现写作变现，写出高质量的作品是前提。

作品质量过关，变现是必然的结果。

如果你无法判断自己的写作质量如何，可以把作品发给 ChatGPT，让它帮你点评，这个方法，在前面的章节中演示过了。此外，你还可以把案例文章发给它，让它帮你分析，并且帮你把文章优化成同类风格，更适合平台要求。

这个过程中值得注意的是，过于依赖 ChatGPT 会让你失去创造力，甚至失去写作动力。同时，大批量使用 ChatGPT 生成的稿子缺少灵性，容易让作品失去作家的个性。

要时刻谨记，ChatGPT 是工具，只能起辅助作用。

确定定位，持续深耕

想要实现写作变现，一定要找到适合自己的赛道。在前文我们提到，打造 IP 需要找到定位，持续深耕，而想要实现写作变现，同样需要找到定位，持续深耕。

不同赛道，变现形式不同，我们需要研究清楚规则、了解市场需求，才能写出适合读者、适合平台的作品，才会有变现的机会。

比如，你的赛道是带货，那么你要学习种草文的写作方法，以及找到适合带货的平台，持续精进。

又如，你的赛道是小说，你就需要了解不同平台适合的题材、不同平台的签约标准，以及想要拿到平台的稿费需要什么条件，保底分成是多少，哪个平台的保底分成更高等。

再如，你的赛道是短故事，你需要了解哪些平台适合写短故事，短故事的稿费是多少，稿酬标准是高还是低，容易过稿还是不容易过稿，想要上稿还有什么渠道，多久可以达到平台的要求。

切忌三心二意，频繁换赛道。那些实现写作变现的作者，都是深入研究自己所写领域的专家。

唯有长久地坚持，不断练习，了解所有规则，顺应市场和平台，你才有机会，也更容易实现变现。

写作变现的形式有哪些？

第一，平台分成

平台分成是最容易入门的变现方式，几乎没有门槛，你可以随意书写你想写的文章，只要拥有一定量的粉丝，就有广告收益。

这种类型的文章质量要求不高，而且无字数限制，短文、长文、问答皆可。这类文章适合发布在头条号、百家号、网易号、一点号等平台，只要有阅读量，就有收益，如果有爆款，有可能一篇稿子的收益有几百元。我运营过一年头条号，变现 3.6 万元。

虽然好入门，但是需要注意的是，也要写出适合平台的稿子，像散文和诗歌，几乎没有阅读量；还有过于文艺、高深、晦涩难懂的稿子，也没有多少人看。

不同平台有属于自己的不同受众群体，写作者要善于根据自己的文章类型，找到适合自己的写作平台。

现在有很多机构专门为这些平台写稿子，书评、时评、热点、明星八卦、新闻分析，以及家长里短类文章，热度一向较高。这两年，真实故事、人物稿也极度受欢迎。

很多作者专门写名人故事，一篇有几百万阅读量，收益几百元，甚至上千元。以前写这样一篇稿子，可能需要两三天时间，大量的时间耗费在资料整理上。现在，我们可以让 ChatGPT 为我们提供人物的生平，以及所需要的资料，迅速整合并完成稿件，大幅度提高写作的速度。

第二，投稿

平台分成类稿子写作门槛低，但是收入不稳定。在没有爆款的情况下，很难获得理想的收益。

想要靠投稿赚取稿费，除了具备一定的写作能力，还有两点写作者必须知道：其一，投稿渠道；其二，怎样上稿。

通常来说，现在的投稿渠道可以分为三个大类：传统文学渠道、网络文学网站、新媒体平台。

传统文学渠道主要指纯文学报刊，如《山花》《北京文学》，以及各地区报纸的副刊等。这种类型的杂志对写作功底要求很高，通常刊发名家大师的作品；但是报纸的要求较低，收稿范围较广，读书笔记、散文、美文、历史人物稿等，都可以尝试投稿，稿费通常在几十元到几百元不等。

网络文学平台有我们耳熟能详的起点中文网、晋江文学城、知乎等平台。除了知乎，网络文学平台主要接受长篇小说投稿，短则30万字，长则几百万字。稿酬结算方式有两种：一种是平台分成+全勤，另一种是按照千字计算的保底或者买断。一般来说，保底或者买断的收益比较稳定，具体金额可以看各大网络平台官网发布的征稿启事。

新媒体平台主要是指公众号、头条号、百家号等平台，文章通常只有几千字，主要收稿类型为真实故事、职场励志、女性成长、新闻解读、热点八卦、读书笔记、影视剧解说等，包罗万象。不同平台、不同粉丝量的账号，收益并不一致。粉丝量较少的“小号”，上稿容易，但稿费很低，一篇只有几十元；粉丝量大的“大号”，如“洞见”“全民故事计划”等，上稿困难，但是稿酬很高，一篇就有几千元的收入。

那么，怎么能快速上稿呢？

首先，选择自己喜欢的、擅长的写作领域。如果擅长写长篇小说，就不要花费大力气尝试给新媒体平台投稿；如果对热点新闻有非常好的把控力，网感特别好，就不要束缚自己的天赋，非要在传统文学领域消磨自己。选择自己喜欢的，写起来才不会痛苦；选择自己擅长的，才更容易出成绩。

其次，分析领域内的热门作品，拆解样文。如果目标是传统文学平台与新媒体平台等，可以选择已经刊发的稿件进行拆解；如果目标是网络文学平台，则去“扫榜”，即仔细阅读目标平台“新书榜”“总排行榜”等榜单上的小说，研究其他人的作品是怎么开头、怎么引入、怎么安排结构、怎么收尾的。

再次，根据拆解的样文进行模仿。如果是刚入门的新人作者，可以提取样文的结构，直接填充自己的内容，这一步的目的是了解别人的行文脉络；如果是对市场比较熟悉的作者，可以借鉴别人的思路，搭建属于自己的框架，融入自己的内容；如果再进一步，非常成熟的作者可以尝试创新。一般来说，拆解5～10篇样文之后，就可以摸清其中的基本规律，进行独立创作了。

拆解样文结构的重要一点是提取大纲，而提取大纲是 ChatGPT 很擅长的一项工作。这里以《骆驼祥子》里祥子的车被抢走的情节为例，让 ChatGPT 提炼一下大纲。注意，提炼大纲的时候，需要将原文发送给 ChatGPT，本书中不再复制原文，大家可以自行查阅相关章节，对比 ChatGPT 提炼大纲的效果。

提问： 请提取如下小说的主要故事情节，生成大纲，要求条理清晰、逻辑通顺。

（小说原文略）

ChatGPT　小说大纲如下。

第一章 故事开始

主人公祥子来到西城，注意到街上没有人去西苑或清华这样的地方。

他听说西直门外正在抓车，想喝碗茶就往南放车。

他遇到一个光头的矮子，矮子希望有人陪他去清华。

祥子被矮子称为“大个子”，他很高兴，决定陪同前往。

两人上车后，发现城洞里几乎没有人，这不是好兆头，但他们仍然决定继续前进。

第二章 被抓捕

祥子和光头的矮子被一群兵抓捕。

尽管祥子预感到危险，但他不想表现出怯懦，于是他跟着兵去了。

第三章 失去一切

祥子的衣物和车也都被兵抢走，对此他感到特别愤怒和伤心。

祥子意识到他的一切辛苦都白费了，他不禁流泪。

他开始质疑这个世界为什么会如此不公。

第四章 逃亡

祥子意识到逃命才是当务之急。

他不知道自己身处何地，因为这些日子他只顾着跟随兵们奔跑。

身体疲惫不堪的他只能想着逃离，甚至认为闭上眼睛再也不醒来也不是坏事。

可以看出，虽然ChatGPT给出的大纲琐碎，但是能够很好地概括原文中的大量细节。它提取出的大纲，可以作为我们拆文的框架，修订之后，参考这个框架来写自己的内容。

最后，选定三个不同量级的目标平台，从高到低，逐一投稿。这个方法前文介绍过。选择目标平台很像高考报志愿，大多数人的第一志愿会定得比自己的分数稍微高出一点点，但这个高是有限制的，不是说自己只能考400分左右，第一志愿就要冲北京大学。在投稿时也要把握好这个度，选择比自己的写作水平稍微高一点的平台，这样即便文章有缺点，但是如果闪光点能打动编辑，对方也会给你指导，帮你上稿。而第二目标平台最好与自己的水平持平，自己有把握，只要认真写作、修改，就可以上稿。第三目标平台比自己的水平稍微低一些，主要是做备用，毕竟不可能有人保证自己的每一篇文章都是满意的，第三目标平台，主要投递自己用来练笔的稿子。

第三，专栏签约

如果你有某一领域的专业知识，可以尝试写成专栏。专栏变现的好处是持续性强，只要你写完专栏，它可以持续为你带来“睡后收入”。

而且，专栏可以用多种形式变现，既可以单篇售卖，也可以打包出售，后续专栏成为爆款了，还可以出版成书，帮助作者实现多重收入。

我以前在头条号做了一个写作专栏，定价399元，卖了300多份。后来，我把这个专栏整理成书，出版了《零基础新媒体写作指南》。

可能有一些作者虽然有专业知识，但是不知道如何写专栏。现在有一个便捷的方法，就是使用AI，搭建专栏目录。

根据你的专业方向及选题，让ChatGPT给你提供一篇稿子的目录。你根据这个目录，写出符合主题的章节即可。

提问：你现在是一位职场达人，对职场有非常深入的研究，请你生成一个知乎专栏的目录，介绍新人进入职场的注意事项，包含5个章节的内容。

ChatGPT

知乎专栏：新人进入职场的注意事项

第一章 职场入门指南

1.1 职场文化与价值观：了解并适应公司文化和价值观的重要性，以及如何融入团队。

1.2 职业形象与个人品牌：打造专业形象和个人品牌，包括仪表、言行举止和社交媒体的管理。

1.3 职业规划与目标设定：确定初期职业目标及相应的实现计划，了解如何在职场中提升自己。

第二章 职场人际关系与沟通技巧

2.1 建立良好的人际关系：如何与同事、上司建立积极的工作关系，促进团队合作。

2.2 掌握有效的沟通技巧：掌握有效沟通的要点，包括言语和书面沟通技巧。

2.3 处理冲突与解决困难：掌握应对职场冲突和困难的方法，包括解决问题、妥善处理批评和制定有效的解决方案。

第三章 职场技能与自我提升

3.1 学习与适应能力：了解持续学习和适应变化的重要性，包括提升技能和掌握新技术。

3.2 时间管理与工作效率：掌握有效管理时间、设置优先级和提高工作效率的方法。

3.3 领导与团队合作：培养领导力，学会与团队合作，承担责任并发挥个人潜力。

第四章 职业发展与晋升

4.1 职业规划与目标设定：制定长期的职业目标，制订相应的实现计划和行动步骤。

4.2 提升自我价值：发展和展示个人技能，积极参与项目和跨部门合作，提升自己的职业价值。

4.3 寻找晋升机会：了解晋升机制，主动争取晋升机会，提高竞争力。

第五章 职场心态与工作生活平衡

5.1 建立积极心态：保持积极的心态，正确处理挫折和困难，合理纾解工作中的压力。

5.2 工作生活平衡：平衡工作与个人生活，明确工作与生活的边界。

5.3 自我关怀与发展：关注自己的身心健康，培养兴趣爱好。

这个方法同样可以用在写书的过程中，辅助我们快速搞定新书的目录和大纲。有关这一点，后面章节我们会详细来讲。

学会使用工具，对未来的写作者来说，能够起到事半功倍的效果。

第四，文案变现

文案写作，是新媒体时代最容易变现的行业之一，写一篇文案，报价几十元到几万元不等。

AI 兴起之后，文案变现变得更加容易。我们可以直接使用 ChatGPT 生成文案。既然 ChatGPT 可以直接生成文案，那么文案写作者是不是会消失？当然不是，虽然 ChatGPT 写出的文案可以给我们提供思路，但是想要写出真正打动人的文案，还需要专业的文案写作者优化和润色。给文案加入感情和情绪，是 ChatGPT 无法完成的。未来，单纯地写出机械式文案的写作者一定会被代替，但是高级文案写作者永远不会被替代，甚至可能会更加值钱。

如果你具有高级文案的写作能力，再加上 ChatGPT 的辅助，那么写作变现会变得更容易。

文案变现的形式有文案带货，即通过传播文案卖产品，赚取产品销售的分成；还有给甲方提供文案，赚写文案本身的费用；以及给某些平台写产品介绍、种草文，赚帮助品牌扩大影响力的酬劳等。

此外，这两年特别火的帮助 IP 写个人品牌故事、个人成长故事、个人成长脚本等，其本质都是文案变现。

想要实现文案变现，需要找到自己的核心竞争力，即你最擅长的方向，以及你的成功案例等。

第五，版税收益

还有一些作者，依靠出版作品、挣图书版税养活自己，我的变现方式之一就是版税。

一本书出版，我们不仅可以拿实体书的版税，还有电子书和音频、影视版权的版税，如果版权全部卖出，会有一笔不小的收入。

除了这些，还有售出海外版权的收益。就像我的小说，不仅有简体中文版出版收入，还有英文版权、电子书版权，一本书就有三份收入。

如果书成了爆款，版税收入会随影响力的提高而提高。作品获奖的话，也会有不菲的奖金。

第六，知识付费

除了以上文字变现形式，我们还可以做知识付费，就是把文字和专业知识做成课程售卖。

这些年，知识付费迅速崛起，为大家提供了不少便利。你想学任何知识，几乎都可以找到相关课程、导师。

无戒学堂的写作课已持续运营了 7 年，带着很多同学从 0 到 1 开启了写作之路，这个写作课收入也是写作变现的形式之一。

知识付费变现的逻辑和专栏变现的逻辑相同，只是多了服务和陪伴。

如果在课程设计的过程中遇到难题，你也可以召唤小助理 ChatGPT，为你出谋划策，提供思路。比如，让它帮你设计课程大纲，列举课程优势和卖点。不过，成功变现的前提是你擅长这些内容，能讲，会讲。ChatGPT 只能给你提供思路，不能替你讲课，你还需要打磨自己的讲课能力，夯实基础知识。

任何领域，想要变现，都需要深耕，专业实力要过硬。如果你还没有实现写作变现，那么就找一个你喜欢的领域，先坚持 3 年看看。

价格是价值的体现，人们愿意为你的文字付费，其本质是你的文字有价值。只要写出高质量的文字，你也可以用写作实现月入过万。

03 成为内容创业者，需要做哪些准备？

内容创业是这两年快速兴起的一个风口，利用写作打造 IP，不仅可以扩大影响力，把作品推出去，还有很多作者有意愿做内容创业者，开办自己的文化传媒公司，将自己的爱好变成事业，更长久地坚持做自己喜欢做的事情。那么，想要做内容创业者，需要具备哪些条件呢？在开始做之前，需要做哪些准备呢？

确定自己的主营业务是什么

创业是为了创收，创业之前，需要先确定自己的项目有哪些营收渠道、公司的主营业务有哪些。

1. 有自己的产品

通过内容积累的人气、粉丝，最终要达到转化的目的。在创业之前，我们需要清楚自己的产品是什么。产品一般分为实体产品和虚拟产品，实体产品如书、衣服、化妆品、包等；虚拟产品如读书课、写作课、减肥课、瘦身课、理财课等。围绕产品产出内容，扩大影响力，建立社群，制定规则，完成转化。

2. 广告、文案变现

有些公司的业务是提供服务，比如承接文案撰写、推广、发布等工作。如果是这样的定位，需要大量资源，知道在哪里寻找甲方。保证有源源不断的单子，才能保持发展。

3. 代理出版、运营、策划等

帮助作者出书、代运营公众号或平台账号、迁移公众号、申请账号、开通权限等。如果是这样的定位，需要有渠道来维持发展。

4. 运营 MCN，打造矩阵

打造新媒体矩阵，做出成绩；打造头部作者，通过推广，提升其影响力；承接商单，参与平台活动，获得利润。

要明白自己的核心竞争力在哪里

现在，内容创业者非常多，想要持续运营，要明白自己的核心竞争力在哪里，即自己的公司优势在哪里。内容创业的核心竞争力包括产品、内容、服务、影响力，缺一不可。

内容创业者主要以流量为依托，需要有好的内容，因为好的内容有助于持续引流，形成影响力。在做内容创业者之前，我们必须具备某个领域的影响力，如果没有内容优势，公司的发展会很受限制。发展好的内容创业者都是依靠内容赢得口碑、完成转化的。

优秀的内容创业者，无疑在以下方面有很强的竞争力：

专业能力过硬、积累够久、流量池很大、变现途径多而广、有良好的口碑和服务模式、产品够硬、影响力够大、内容够好、有忠实客户、能够不断创新和迭代产品。

以上都是内容创业者的核心竞争力。人的精力有限，以前，创始人想要兼顾各项能力的提升，只能依赖雇用员工。不过现在有了更多的选择。

ChatGPT 兴起，一方面让内容创业者担忧自己的工作会被取代，另一方面也给内容创业者提供了便利。

对于现在的内容创业者来说，公司只需要培养一个内容编辑，内容编辑根据需求，用 ChatGPT 生成稿件，并根据自己平台的风格修改发布即可。

有了好的内容做好引流，我们还需要硬核产品，不管是实体产品还是虚拟产品，质量都要过硬。

对于实体产品，我们要清楚产品的优势。

对于虚拟产品，则需要结合自己的专业，打出差异性，同时切实解决目标用户的问题，了解同行的运营模式，优化和迭代自己的产品。产品质量影响口碑，是决定公司能否持续发展的关键点。

以我的无戒传媒为例，如今已成立7年，写作课几乎每年都在迭代、创新、优化、升级。

无戒写作课的课程模式推出之后，经常被同行模仿。如果有人模仿，我们就会迅速升级，继续寻找新的模式，还会根据学员的痛点问题，升级课程大纲，每年的课程都会重新梳理，加入新的内容。

很多老学员对此给出了高度评价。

我们的服务也在不断地优化，从开始的局部点评，到现在全本点评、辅助签约、推荐出版、贴身运营、一对一答疑、社群创意练习，所有内容都在不断地优化。

无论是实体产品还是虚拟产品，都要做好服务，在产品质量相差无几的情况下，几乎所有人都会倾向于选择服务更好的产品。服务是核心竞争力之一，在开发产品的过程中，我们可以使用ChatGPT帮助我们做好调研，寻找大众痛点，根据痛点做提升。

要有属于自己的团队

想要在新媒体领域做出成绩，只靠自己的力量很难。很多领域的头部账号背后都有团队，有专业的运营策划来打理账号。想要把新媒体做成事业，建立团队是必不可少的。前文讲过，想要扩大影响力，需要多平台运营。同时兼顾多个平台，一个人做起来相当困难，要想做好更是难上加难。

新媒体团队的人员必须包括如下几个部分。

1. 主笔或者供稿团队。负责专门写稿子，提供稿件。
2. 专业的编辑。负责审稿、排版、配图、发布内容。
3. 运营策划。根据产品策划各种活动，制订引流计划。
4. 市场运营。负责对接资源，以及账号推广、接商单。

5. 社群运营。专门负责社群运营，为社群成员输出有价值的内容，及时答疑、提高社群黏性。

6. 设计师。负责制作海报、各平台发布的图片等。

7. 把控全局的总运营负责人。负责确定发展方向、分配任务，以及组织全网布局、制订可实施的计划等。

8. 具有影响力的 IP。打造公司的品牌形象。

原来，想要做内容创业者，最少需要 10 个人才能完成以上所有工作。而且管理团队是一件非常不容易的事情，招聘难度大，磨合过程艰难。更让人头疼的是，你好不容易培养了一个人，磨合好了，结果人家不干了，你还得重新培养，这是每个内容创业者都会遇到的难题。

AI 有所发展后，很多事情变得容易，一个会使用 AI 的内容编辑，可以承担曾经需要好几个人承担的工作，而且工作效率极高，可以帮助我们节省不少费用。

未来，使用 AI 将成为必备的能力，可以帮助我们节省时间，节省成本，提高工作效率。

内容创业者的内容布局及运营模式

全网布局、全平台运营，能够最大程度地扩大影响力。线上、线下活动相结合，能够提高客户黏性，链接更多资源，获得更多变现渠道。

内容创业者能否活下去，取决于公司能否持续拥有新的流量。引流是内容创业者必须解决的问题，解决不了这个问题，创业失败是迟早的事情。

怎样才能拥有源源不断的流量呢？一定要做好公域运营，去公域挖流量。具体形式可以是在公域平台发布专业方向的文章、录制视频、持续直播，这些动作需要天天做、持续做。

2020 年，我持续直播一年，给微信引流 20000+ 人。

2021 年，我坚持做小红书一年，涨粉 10 万 +。

2022 年，我的微博持续更文 2 年多，涨粉 23 万。

2023 年，我持续更新视频号 + 直播，公众号涨粉 8 万 +。

既要做到日更视频，还要做到日更文章和直播，很明显存在一个问题：时间精力不够。

我之所以能够做好所有事，是因为有一个 9 个人的内容团队。

原来，内容创业者大多对外征稿，确保自己的平台持续有稿子发。

现在，我们可以使用 ChatGPT 协助生成稿件，并由内容编辑修改发布；可以让 ChatGPT 生成脚本，内容编辑修改，IP 核心人物用一天时间录制；可以用 ChatGPT 生成软文，为私域引流；亦可以让 ChatGPT 提供专业方向的直播主题、直播大纲、直播细纲等。

提问： 请帮我生成 20 个关于写作的直播主题。

ChatGPT 以下是关于写作的 20 个直播主题建议。

1. 如何养成写作习惯并坚持下去
2. 提高写作效率的技巧和策略
3. 克服写作困难和创作障碍的方法
4. 如何培养独特的写作风格
5. 深入探讨不同类型文章的写作：散文、小说、诗歌等
6. 如何抓住写作灵感
7. 改进文章结构的技巧
8. 提升表达能力和文采的方法
9. 编辑和修订作品的方法和步骤
10. 探索创意写作和想象力的边界
11. 如何处理批评和反馈，优化作品
12. 寻找适合自己的写作工具
13. 写作与情感表达的关系
14. 探索不同文学流派和风格的写作方法
15. 如何进行深入的背景研究和资料收集

16. 深度剖析经典作品的写作技巧和特点的方法
17. 如何在写作中塑造生动的角色
18. 掌握故事叙述的技巧和要素
19. 利用写作来探索个人成长、调整心理状态
20. 写作在自媒体时代的挑战和机遇

你还可以让 ChatGPT 提供每一个大纲的细纲，或者更具体的讲解案例。

持续发布优质内容，积累粉丝，才能持续发展。

公司能否持续发展的决定性因素

想要持续发展，必须确定创作项目，并持续深耕。

创业的过程就是“烧钱”的过程，在正式运营公司之前，可以先试运营，积累经验，测试你的产品和渠道能否创收。

我在成为内容创业者之前，通过策划付费课程、全网运营、对接渠道等，积累了大量经验，在各项业务能够支撑支出的时候才选择成立公司。如果入不敷出，公司必然无法存活。

储备人才，打造核心竞争力

对于公司发展来说，人才与内容同样重要，我们建立团队的目的是创收，我们需要持续寻找擅长运营的人员，以及能够独立策划活动、帮助公司扩展业务的人员。什么是人才？最重要的是有想法、能够提出可行的建议。对于团队来说，能够主动做事、善于创新、有想法的人，比踏实勤劳的人更能发挥作用。

虽然 ChatGPT 可能可以替代员工承担一部分工作，但人才仍然是最稀缺的。就像我的合伙人贝总，她擅长策划活动、迭代产品，以及管理团队。这样的人才在任何公司都不可能被替代，因为每一个公司都需要管理者，

需要创新者，需要能够提出建设性意见的谋士。

管理公司需要具备什么能力？

第一，要有明确的目标。要让员工知道需要做什么，向哪个方向努力。如果管理层都不清楚自己的定位，员工就更不知道要做什么。制定明确的目标，分工明确、任务明确、规划明确，公司才能良性发展。

第二，要有属于自己的企业文化。优秀的企业文化能够让员工更具凝聚力。

第三，要有决策力与领导力。在关键项目上有明确的规划，能够把握大方向，同时能够指导下属去执行。对于不确定的事情，有属于自己的判断，让大家知道该做什么，不该做什么。

第四，自己本身要具有一定的影响力。

第五，明确公司业务核心。比如，是打造个人品牌，还是打造公司品牌？品牌的优势是什么？怎样才能更好地发展？未来规划是什么？这些都需要明确。

第六，寻找多维度变现模式。想要持续发展，单一的产品经营模式往往不足以养活一家公司，我们需要从各种渠道获得资源，来帮助公司创收，同时向优秀的人学习，不断改进自己的产品，让产品多样化。比如，我的公司的主要业务是开设付费写作课，到 2023 年，写作课的模式已经迭代 8 次，最初的规划是打造个人品牌，现在的规划是打造公司品牌、培养讲师、让课程多元化、满足学员的各种学习需求。同时，业务从单一的付费课程扩展到代理出版、承接商单、打造新媒体矩阵和代理策划活动、课程，以及运营平台等多元化方向发展，收益来源更广泛，发展速度更快。此外，从线上课程向线下课程转化，策划线下读书会、写作交流会、游学、作文培训等活动，从长期发展角度来讲，可能性更大，创收的项目更多，机会也就更多。

把爱好发展成事业是一件非常了不起的事情，如果你也有这样的意愿，从现在开始积累资本，运营好自己的平台、打造自己的品牌，有想法及时实践，在实践中总结经验，为自己做专职媒体人和开办公司做准备。

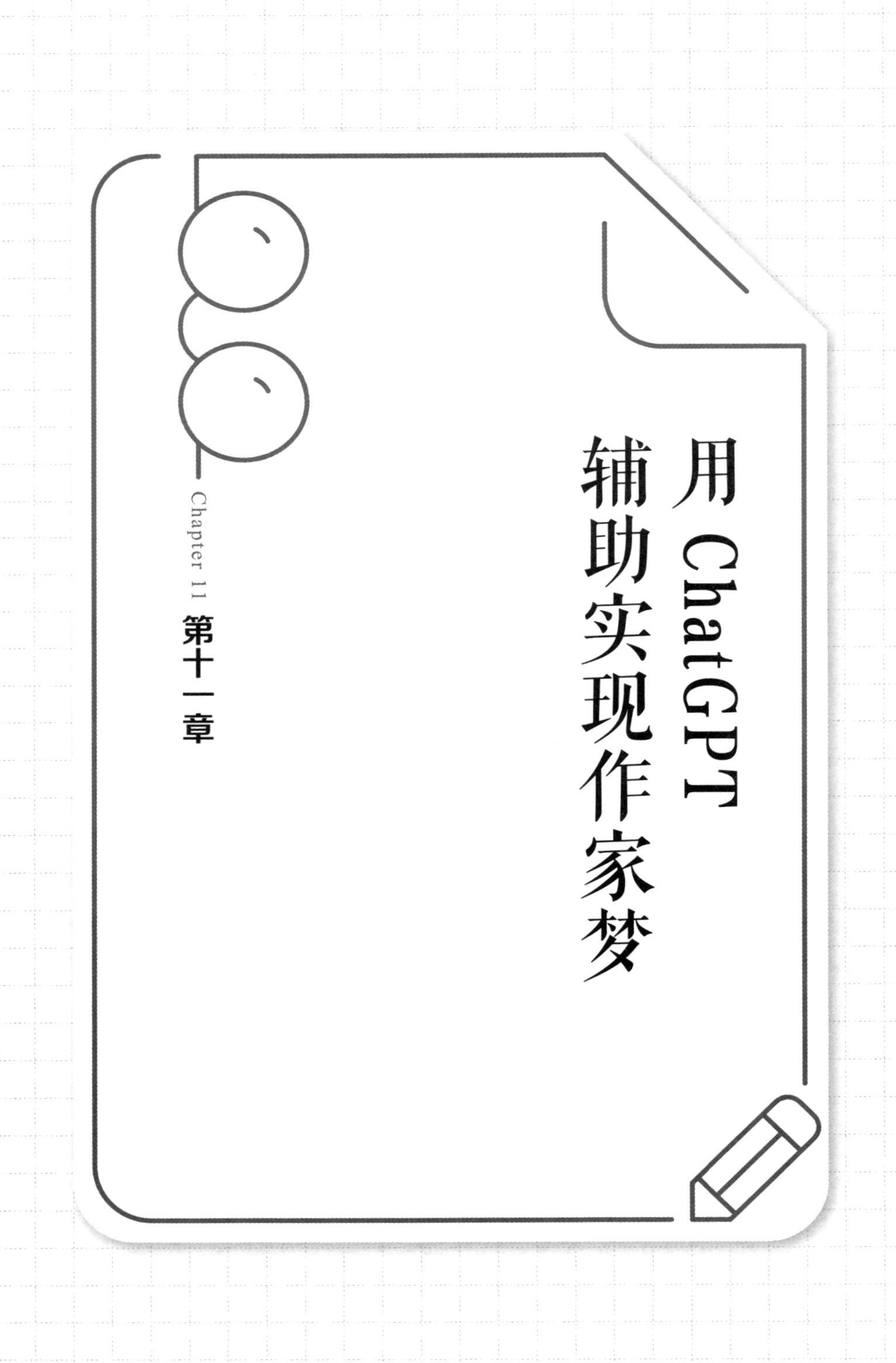

Chapter 11

第十一章

用 ChatGPT 辅助实现作家梦

01 作者怎样从 0 到 1 写完一本书?

很多作者认为，只要坚持写文章，就可以成为作家。但不少作者坚持了很多年，写了很多作品，仍然没有一本代表作。究其原因，是作品无体系，想到什么写什么，文章质量不够稳定。

这样的写作并非毫无用处，长期练习可以提高叙述能力和对文字的掌控能力等，但是想要写出受欢迎的代表作非常有难度。

我的年度写作课中，曾经有个学员写了三四年，写了近百万字，可是在写作上没有获得多大成就，既没有赚到钱，也没有拥有影响力。我看过她的作品，写作基础已经很不错了，只差一部代表作。

在我的指导下，她开始写第一部小说，作品完结之后，很快签约了平台，之后连续写了 4 部小说，都成功签约，且很受读者好评，不仅获得了影响力，还实现了写作变现。

由此可见，想要获得影响力、成为作家，写出一部代表作至关重要。

我做过一个调查，很多作者之所以没有代表作，是因为不自信，觉得写书是一件遥远的事情，想要完成一本书或者一部小说难度非常大，普通人很难完成。

但事实不是这样的，其实写书、写小说的难度和写文章差不多，只是我们不了解写书和写小说的逻辑而已。

从 0 到 1 写出一本书，你只需要了解以下几个步骤。

确定要写的书的大主题

在写一本书之前，我们需要确定这本书的主题是什么。

比如，我这本书的主题是写作；《掌控习惯》一书主要讲习惯；《深度工作》主要讲怎样更好地工作；《认知觉醒》主要讲认知；《自由职业者生存手册》主要讲自由职业者该如何更好地生存。

在写书之前，我需要首先确定这本书的大主题，然后围绕大主题来写。主题怎么确定？一般来说，不外乎你的专业、你擅长的、你了解的、你研究的。

比如，你擅长时间管理，平时会给大家做时间管理咨询，就可以写关于时间管理的选题；如果你是做心理咨询的，你的选题可以定在心理咨询方面；我的职业是小说作者，选题可以是剖析人性的小说；我的另一个职业是写作课导师，那么我的选题还可以是写作方面的技巧。

写书的第一步，就是确定选题。

针对选题，找到受众，列出目录

选题确定之后，要确定受众群体，即你要知道你的书是写给谁的，根据受众群体，确定书的具体内容。

比如，关于写作的书，你的受众是小孩还是成人？写职场的书，你的受众是职场“小白”，是白领，是高层管理人员，还是公司创始人？

不同受众群体，书所需要的素材不同。有些作者对此完全不知，会把自己掌握的所有知识不予取舍地写进书里，这样的书很难受欢迎。

确定受众群体之后，撰写与主题相关的章节主题。可以是目录，可以是读者痛点，也可以是调研得到的共性问题等。

有一些作者第一次写书，完全没有思路，怎么办？不要着急，可以尝试用ChatGPT辅助生成目录。

这个方法现在已经有很多作者开始使用了，这会大大提高写书的速度，能帮助我们更好地完成一本书。

ChatGPT写出的目录有一定的局限性，因为它无法很好地掌控写作者擅长的点，写作者可以根据自己的需求，把ChatGPT生成的目录和自己的专业相结合，进行优化。

整理素材和案例

确定目录之后，根据目录整理素材，列出提纲。这是我最常用的写作方法，我写书时习惯先写好目录，再根据目录列出章节标题，以及观点和思路。

这些准备工作的意义在于，把所有内容都准备妥当了，开始动笔写时，只需要写就可以，不会再因为其他工作导致停笔。

写书尽量一气呵成，不要停，否则思路容易断。停下后想要再次开始，会变得很艰难，因为原来一些思路一旦忘了，就很难接上。

在整理书的细纲时，如果遇到写不出来的主题，同样可以使用 ChatGPT 辅助生成参考内容，把目录标题发给它，它会迅速给你提供思路，你甚至可以要求它给出几条建议。

假设我们要写一个克服拖延症的选题，需要 ChatGPT 帮我们分析拖延症的本质。

提问：为什么会出现拖延症？帮我分析出 5 条原因。

ChatGPT　出现拖延症可能与以下 5 条原因有关。

1. 惰性倾向：拖延症的本质是一种倾向，即对于任务的开始或完成有惰性倾向。拖延者往往感到困难、压力或不适，因而倾向于推迟或避免开始工作。
2. 情绪管理困难：拖延症与情绪管理密切相关。拖延者可能对任务有抵触情绪，如焦虑、压力、恐惧或不确定感，难以克服情绪障碍，从而推迟行动。
3. 自我调节能力不足：拖延症涉及自我调节和自我控制。拖延者往往缺乏有效的自我调节能力，无法在面对诱惑或外部干扰时抵制拖延冲动，难以很好地管理时间和任务。
4. 时间感知偏差：拖延者通常存在时间感知偏差，即对任务完成所需要的时间估计不准确。他们往往过高估计完成任务所需要的时间，导致拖延行为。
5. 自我激励问题：拖延症与自我激励之间存在关联。拖延者可能缺乏内在动力和自我激励机制，无法有效激发自己的积极性，难以推动任务的开始和完成。

优秀作者的核心竞争力是什么？是经验，是研究，是独特观点，以及分析能力和知识积累。

同一个思路，不同人写出来的深度不同，所以未来作家拼的是知识积累、创新和经验。

开始写正文

开始动笔写正文时，要注意放低期望值，以完结为目标，遇到问题，解决问题，不要一遇到问题就放弃。

我调查发现，很多新人作者无法完成第一部作品的重要原因是他们觉得自己的作品太差，达不到预期，于是反复修改，直至崩溃。

在我做写作课讲师的这些年，还发现了另一个问题——即使大家了解写作方法、写作技巧、写作逻辑，仍然有很多人无法完成自己的第一部作品。

根据大家反馈的困境，我整理了 3 条写作法则，帮助大家更好地完成第一部作品。

法则 1：树立写作自信。

缺乏写作自信是最常见的问题之一。如果你不相信你可以做成一件事，多半就会真的做不成。

只有自己相信自己能完成，在写作中遇到困难时，才能逢山开路、遇水搭桥。

当你不相信某件事能够成功时，就会找诸多的借口，来安慰自己说：你看，这么多外因，失败是必然的。

当你相信自己时，你就会为了做成一件事，不断地找方法，而不是找借口。

据我观察，那些对写作有十足自信的学员，都能很快在写作领域写出成绩，而且能够持续坚持下去。而那些不自信的学员，很快就会被各种各样的困境打倒，进而放弃。

他们之间的区别就是，自信的作者会觉得我一定能写出好的作品，成为作家只是时间问题；不自信的作者永远在自我怀疑、自我否定、迷茫徘徊。

写作者一定要树立写作自信，相信自己可以成为作家，相信自己可以完成一部作品，否则任何一件芝麻大的事情，都能成为你打退堂鼓的理由。

法则 2：放弃完美主义。

狂写 68 个开头的“开头王”，你们见过吗？这是报名无戒学堂年度课程的学员的真实经历。

他对我说：“老师，我经常在写完一部小说的开头之后，写着写着，停更几天，就写不下去了，成了烂尾作品。”

这个现象在新手中很普遍，一旦在更文过程中偷懒停笔，不用多，两天时间，再继续就难了。

一部小说开了头，就要坚持写完，中途出现自我怀疑、感觉写得不好，没关系，这个阶段的核心任务是咬牙坚持。写过“自我怀疑”时期，越过了这个常见的心理障碍之后，就很少再出现“卡文”的情况了。

法则 3：不要回头看。

“开弓没有回头箭”，写作也一样，不能走回头路。即便是写到第十章时，发现第八章有问题，也要继续往下写，此时万万不可回头去改。

遇到这种情况，我们可以先拿个本子把发现的问题记录下来，等写完全文后，再一一修改。

不然，你可能永远停留在修改的循环中，比如，你需要修改第八章，修改时发现与前面第二章有对应关系的地方也得改，第二章改好后，第五章中与第二章有联系的地方也得跟着改……

这样改来改去，非常容易改乱套，昏天黑地地改好之后，可能已经用了 10 多天时间，思路全部被打乱了，接下来要怎么写，完全忘记了，只能不了了之，一部作品就这样烂尾了。

写书的时候，一定要记得，不要改，写完了统一改。

只有写完了第一本书，才会有后面无数本书。写完第一部作品对于作者来说意义重大。

写完作品之后修改，公开发布

写完第一部作品之后，大多数作者会拥有更强的写作能力，因为他完成了一个有难度的挑战。

但也有一些作者，写完之后会感觉沮丧，觉得自己写得过于艰难，作品太差，对写作失去信心。

不管你属于哪种心理，都要记住：初稿很差很正常，修改优化即可。

切记，不要把你写的作品藏起来，当然，你确实觉得它差到不能看，那么不发表也可以，但一定要总结复盘，开始写下一本书。

稿子写完之后，要么去找出版平台，要么去投网络小说平台，要么去发专栏，一定要让你的作品被更多人看到，才能获得更多的机会。

以上方法，同样可以用在写散文集、故事集、小说中。

不论是哪种体裁，都要记住写成成体系的内容，而不是分散的单篇文章。你可以选择写 100 篇散文、100 篇故事、100 篇游记……这样你就可以从中找出 30 篇极好的稿子，组成一本书出版；而不要写 10 篇故事，10 篇短篇小说，10 篇观点文，10 篇人物稿……

定选题、找定位、列大纲、写目录、捋情节、写开头……写作最难的就是开始写第一章节的内容，并且持续不断地写下去，直到完稿。

新人作者出版的几种形式和渠道

出版图书是每一个写作者的目标，几乎每一个找我做写作咨询的作者都问过我：如何出版一本书？去哪里投稿？怎样对接出版社？什么样的作品才符合出版标准？普通作者想要出版一本书，需要做些什么？

新人想要出版一本书，最关键的是什么？

其实就是先写出一部作品来，没有作品，一切都是空谈。想要出版，就写作品，写足够多的作品。如果写一本书，有1%的出版机会，写10本书，就有10%的出版机会。写的书越多，出版的概率就越大。

不光要写作品，还要让你的作品被人看见。出版社也希望可以挖掘更多的好作品，每个平台上都“潜伏”着很多出版社编辑，只要你的作品出众，就会被发现。

新人作者去出版社邮箱投稿获得出版机会的概率很小，建议先公开发布，让更多的读者或者编辑看到你的能力或潜力。

我曾经看到一本书出版的故事：一位叫田鼠大婶的博主，在微博每天更新自己在村子里的生活故事。她的文字极具烟火气息，很有场景感，真实地记录了农民的生活。连更了很久，终于，她的文字被编辑发现，出版了她的第一本书《田鼠大婶的日记》，火遍全网。

我的几次出版，都是出版社编辑在平台上看到我的作品，找到我的联系方式，给予出版机会的。

这就是我一直强调公开写作的原因。现在新人想要出版一本书，难度增加了许多，但是并不是说完全没有机会。

不同领域的作者，作品获得出版机会的方法不同。

小说作者出版的方法有哪些？

小说领域的图书出版，难度相对来说比较大。如果作者是素人，很少有读者买单。所以小说想要出版，要么作者有名气，要么作品有名气。

我们可以尝试去小说平台写作，如果数据好，平台会大力推广，积极对接出版和影视化，这是目前来看对素人作者最友好的出版捷径。

签约平台还有一个好处，就是如果书上架之后，数据极好，我们去找出版社的时候，可以把这个数据拿给出版社编辑看，说明你的作品是经过市场检验的，作品质量过关。

在有固定的读者，或者书本身有一定影响力的情况下，出版社编辑可能会优先考虑签约出版。

除了签约平台，还可以卖出书的音频版权录制成音频书，音频书订阅量高，也会得到出版社的青睐，获得出版和影视化的机会。

最后一个方法，就是出版电子书，以网络为载体，可以上架多个平台进行传播。

电子书出版的好处是可以帮助我们找到适合自己深耕的平台，而且覆盖面积广，有一定的收入。

电子书在订阅量极好的情况下，也可能会获得出版实体书的机会。

我们每年帮助上百名同学出版电子书作品，电子书出版也是正规出版形式之一，相当于作者拥有了自己的代表作。

想要完成出书梦，一定要记住，持续地写，不要间断。

或许有人告诉你，出版一本书不容易，成为作家不容易，但正是因为不容易，我们才要坚持，我们的写作才有价值。

我写了 11 部作品，才出版了人生的第一本书，之后 3 年签约出版了 7 本书。你一定要相信，只要你的书足够好，只要你相信你可以成为作家，只要你愿意持续写作，机会总会有，或早或晚而已。

文集作品出版的方法和渠道

如果你想出版一本散文集或者故事集，可以先去适合发布散文或发布故事的平台写作。

我曾经有一个学员，喜欢写散文，于是她坚持给散文类优质公众号投稿，后来成功签约了一个公众号，哪怕没有稿费，她也甘之如饴。

就是在这种强曝光的情况下，有出版社编辑邀请她出版图书，于是她成功出版了两本散文集。

另外一个案例，是我前面多次提到的《认知觉醒》的作者。他最开始是在公众号上发布文章，因作品质量过硬、传播范围广，后被出版社编辑邀请出书，成了畅销书作家。

还有一些作者出书，是因为作者本身的影响力大于作品影响力。一些创业者、明星、网红，因为巨大的流量，很容易成为某领域言论的引领者，出版社会愿意给他们出书，如网红旅游博主房琪，她凭借出色的文案，获得出版社青睐，有了出版图书的机会。

想要出书，要么有影响力，要么专业能力过硬，要么作品质量过硬。

出版的其他几种形式

被出版社邀请出版图书，是最常规的一种出版方式，出版社负责所有费用，同时还会给作者版税，并负责帮作者销售和推广。这是很多作者最希望获得的出版形式。除了出版社邀请出版，还有哪些出版形式呢？

1. 买断出版

买断出版也是常见的形式之一。买断出版是指作者写稿，出版方一次性支付稿费，后续这本书无论卖多还是卖少，都和作者没有关系。

这种出版一般是定制选题出版，就是出版社编辑有一个好的选题，他们预判这本书可能会成为爆款，于是寻找可以写的作者。

对于新人作者来说，买断出版也是一个机会，如果作品成了爆款，会带来巨大的影响力，是快速扩大影响力的一个方法。

2. 回购出版

还有一种出版形式叫回购出版，就是出版社免费帮作者出版，作者需要按照一定折扣回购一定数量的书。

这种出版常被需要书作为背书的专业领域的专家、需要书为自己的产品引流的知识 IP 使用。在有影响力的情况下，回购出版也是可以选择的。先出版，再用书打出影响力，如果书销量不错，会吸引更多出版社和你合作。

无论哪一种出版，如果你的作品足够好，都可以选择，因为任何出版形式都有可能是你的跳板。

当然，还有一种出版形式最为便捷，现在，很多写作课讲师都和出版社有合作，他们可以直接推荐作品给出版社，这是最直接、最快速出版一本书的方法。

当然，并不是说你报了写作课就一定能出版作品，最终能否出版，还是要靠作品质量。

不过，加入写作课，能够让你少走弯路，比别人更快地获得出版机会。

还有一些作者有一个错误的认知，就是刚入门的作者不需要了解如何出版，毕竟用不上。其实不是这样，早了解有关出版的基本知识，能少走许多弯路，比其他作者多一些出版的机会。

我曾经有很多次出书的机会，但因为不了解怎样写书，以及出书的标准，与出版机会失之交臂。直到多年之后，才明白，不是作品质量不过关，只是我当时不知道怎样去写一本书，没有写书思维。

写作不仅要有作家思维，也要有写书思维，像作家一样写书、像作家一样生活、像作家一样要求自己、像作家一样坚持，总有一天一定可以完成出书梦。

03 出版和营销的方法和技巧

想要出版一本书，首先要具备“写书思维”，这是最基本的出书常识，但并不是每个人都知道。

什么是写书思维？同样是写作，有人一年内写了 100 万字的文章，但不成体系：有人一年内写了 60 万字，这 60 万字是 6 本书。后者的出版机会肯定比前者的出版机会更大。

同样的出版机会，同样的选题，有写书思维的作者只需要看哪些作品适合这个选题，报上去即可。没有写书思维的作者，则在已有作品中苦苦寻找可以出书的，结果发现哪种类型的内容都不够出版一本书，只能错失机会。

现在，我的作品全部是成系列的，有出版社编辑约稿，我就给他一本，于是我一年出版了好几本书。

这就是写书思维的厉害之处，能够帮你抓住每一个机会。

那么，出版一本书，需要准备哪些内容呢？作品简介、主题概括、特点分析、受众群体分析、市场分析、作品营销方法、作者简介、图书目录、图书大纲、2 万字以上的正文。

一般来说，要申请出版一本书，必须做好这些功课。这些内容直接决定着你的选题能不能通过出版社的审核，书能不能出版。

在申报选题之前，出版社编辑会给你一个选题表，选题表大概就是填这些内容。我们必须认真对待。

选题表提交之后，出版社会开选题会，讨论你的书能不能立项。

选题通过之后，会签合同，确定交稿时间。

写完稿子，交给出版社编辑审核，三审三校，如果书稿有问题，出版社编辑会反馈给作者修改。

修改时，作者一定要好好配合出版社，修改的结果直接决定着这本书能不能正式出版。如果反复修改，还是无法达到出版标准，也会存在无法出版的情况。

三审三校，质检通过之后，就可以申请书号等，下印厂了。

这是出版一本书的全部流程。

是不是出版一本书，作者的工作就算完成了？以前，可能作者只需要写书，现在，如果你的书仅仅是出版了，你会发现没有用处，我们不仅要让书成功出版，同时要把书卖出去。

不要以为卖书是出版社的事情，一本书的爆火，是出版编辑、作者本人，还有营销编辑配合的结果。

如果仅仅是把书印出来、上架，那么，这本书多半会滞销。曾经有一个作者问我：为什么我出书之后，影响力并没有扩大？出书和没出书感觉区别不大。

这是因为她的书虽然出版了，但是没有销量，仅仅是在平台展示了而已。

如果你的第一部作品销量不佳，后续出版会变得更难。因为第一本书是试金石，如果你的书畅销，后面会有源源不断的约稿。

那么，新人作者如何配合出版社做好营销推广呢？

做好新书预售

作者在写书的同时，要做好读者维护，这样，你的新书出版之后，读者能够第一时间知道。

我们会发现，大多数知名作家都有对外的公众平台，比如莫言的公众号、庆山的微博、大冰的抖音。

他们用一个平台作为读者沉淀平台，新书上线之后，他们的读者能够在第一时间下单支持。

我是庆山的忠实读者，常年关注她的微博，她的新书出版消息一发，我就会立刻下单支持。很多读者都是这样默默陪伴自己喜欢的作家的。

不管是素人还是有影响力的作家，都要用心维护好喜欢自己的忠实读者。第一批忠实读者可能会写书评、短评等，引发二次销售。

作者在写作品的同时，可以尝试运营一两个新媒体平台的账号，前面章节中，我们详细分析了如何利用新媒体营销提升影响力，此处不再赘述。

以前，可能只要作品好，就会有人看，现在，写作者越来越多，大家的选择越来越多，所以新书出版之后，需要作者做推广。

作家推广新书的几种方法

（1）在自己的新媒体平台反复“刷屏”宣传。

（2）征集新书书评、好评。

（3）上架电子书，尽量让足够多的人看到这本书。

（4）给一些大型活动捐赠图书，让更多读者了解你的新书内容。

（5）和一些读书博主合作，约书评推广。

（6）举办共读会。

（7）直播分享、讲述图书亮点。

（8）录制视频，分享书中观点与干货内容等。

（9）做签售会，线下推广。

（10）参加大型活动，进行持续宣传。

只有你的书被更多的人看到，你的好内容才能被传播。如果你的作品收到的大多数是好评，说明你的书质量不错，值得宣传；如果新书收到了很多差评，就停止推广，继续精进，继续写作。

推广不能盲目，要根据市场反馈和读者反馈，不断调整推广方案。

配合出版社宣传

参加媒体访谈、线下签售，以及出版社组织的一些作品奖项评选，有助于扩大影响力，进而带动作品销量。

2023 年，我参加了第九届当当影响力作家评选，顺利入选小说榜当当影响力作家，和余华、莫言、刘震云、阿来在同一榜单。榜单公布那天，有多家出版社编辑加到我的微信，约我出书。

你看，参加活动不仅是为了更好地宣传作品，也是展示实力和扩大影响力的一种方式，被更多的人看到，能获得更多的机会。

第一本书出版之后，无论销量怎样，作者一定要戒骄戒躁，继续创作。

很多作者在出版第一本书之后，就失去了创作的动力，沉浸在出版了一本书的巨大喜悦之中。这样会导致自己很快失去热度，失去影响力，最后回到起点。

作者出版第一本书只是开启作家之路的第一步，想要成为作家，还有很长一段路要走，持续写书、坚持不断地创作新的作品、不断突破，直到写出畅销书、长销书。

当然，作家的使命不仅是写出畅销书，还要写出更多有价值的作品，所以生命不止，创作不停。

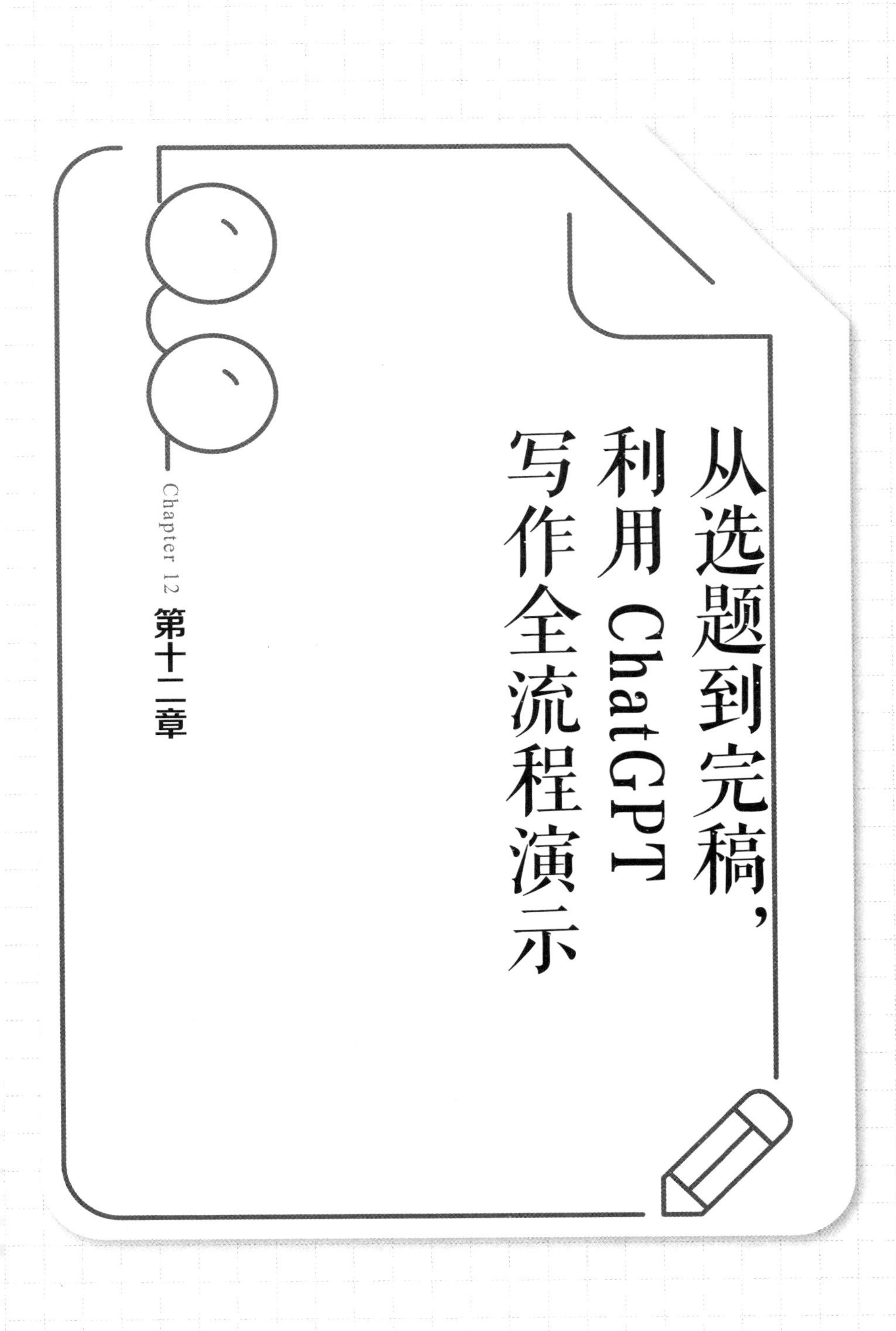

第十二章

Chapter 12

从选题到完稿，利用ChatGPT写作全流程演示

前面，我们介绍了很多使用 ChatGPT 写作的方法。本章，来用一个案例演示使用 ChatGPT 写小说的整个过程。

01 确定主题

当我们不知道自己要写什么主题，但有一个大概的想法时，可以使用 ChatGPT 找思路。

比如，最近我特别想写一本女性觉醒主题的小说，讲述女主从厌女到爱上自己的性别，再到活出自我的故事，就以写出这样一部小说为例，来介绍用 ChatGPT 写小说的过程。

先用 ChatGPT 来确定小说的主题。

提问： 我是一名小说作者，现在想要写一部女性觉醒类型的小说，关于女性觉醒主题，你可以给我一些建议吗？

ChatGPT 写一部女性觉醒类型的小说，你可以关注以下主题，来展现女性的成长、独立和自我发现。

1. 自我认知与自我接纳：女性主角可能从一个迷茫或被压抑的状态开始，通过一系列事件和挑战，逐渐认识到自己真正的价值和潜力。她学会接纳自己的过去和缺点，从而迈向更加坚强和自信的未来。
2. 拓展自我边界：女性主角可能在家庭、社会或文化的束缚下感到局限，通过某些经历或遭遇，她开始挑战这些限制，勇敢追求自己的梦想和目标，不再受限于传统性别角色或社会期望。
3. 独立与自主：女性觉醒的故事可以着重展示主角从依赖他人到独立自主的转变。她可以在事业、学业或人际关系方面寻求独立，学会依靠自己的力量生活，并且展现自己的价值和能力。
4. 对抗性别偏见：女性主角可能面对性别歧视和社会偏见，但她不再被动接受这些不公平待遇，而是积极反抗和争取平等。通过她的努力，她能够影响和改变周围人的看法，推动社会向更加包容与平等的方向发展。
5. 探索爱与关系：女性觉醒的故事不仅可以关注职业与个人成长，还可以深入探讨主角在爱情和友情中觉醒的过程。她可能面临爱情选择，学会与伴侣平等相处，或是学会在亲密关系中保持独立。
6. 团结与支持：女性觉醒的故事可以强调女性之间的团结和支持。主角可能在姐妹们的帮助下找到力量，或是她自己成为激励他人觉醒的导向者。这样的故事能够传递积极的女性价值观，或彰显友谊的重要性。
7. 打破社会桎梏：主角可以成为社会变革的代表，挑战旧有的体制和不公平的规则，争取女性权益和平等。她的故事可以激励读者思考社会问题，促进社会进步。

根据 ChatGPT 给出的建议，我们会发现在同一个大主题下，它给出的小主题非常有参考意义。我选择第一个主题，写女性的自我认知和自我接纳。

02 确定故事大纲

确定主题之后，要去梳理小说的大致内容。继续用上面的案例来演示，怎样利用 ChatGPT 写出故事大纲。

提问： 我要写一本女性觉醒主题的小说，讲述女主从厌女到爱上自己的性别，再到活出自我的故事。请你用“起承转合”的逻辑帮我写一个故事大纲。女主殷菲儿在中学时遇到了同样喜欢中性打扮和理寸发的莫卡卡和林简，三个人因为同为学校的异类而成为好友，在此后 15 年间一直陪伴彼此。她们经历了一系列事情，从愤世嫉俗的热血少女，到成为在自己的行业内做出优秀成绩的独立女性，活出了自我，接纳了自己。

ChatGPT 故事大纲如下。
起：在一个小镇的中学里，女主角殷菲儿是一个内向孤僻、具备厌恶女性气质的少女。她喜欢中性打扮和理寸发，总是觉得自己不属于传统的被束缚在框架中的女性，因此在同学眼中成为异类。然而，她意外结识了两个志同道合的女孩，莫卡卡和林简，她们也同样追求着个性和独立。三个人因为彼此理解而成为最好的朋友，一起面对学校和社会中的异样眼光。
承：随着时间的推移，三位少女一起成长。在青春期的挣扎中，她们都曾愤世嫉俗，对社会的束缚进行反抗，坚持着自己的风格和价值观。她们一同度过了青涩的中学时光，互相支持，不断探索着自己的内心世界。在这段时间里，殷菲儿逐渐打开心扉，逐渐接受了自己的性别，学会了爱上自己的女性特点，与好友约定一起迎接未知的未来。
转：然而，成长的道路并不平坦。在追求自我的过程中，她们遭遇了挫折和困境。殷菲儿一度迷失自我，对自己的选择感到犹豫，但好友莫卡卡和林简始终陪伴在她身边，鼓励她勇敢面对内心的挣扎。三人一同经历了友情的考验，也逐渐找到了自己在世界中的定位。
合：随着时间的推移，三个女孩终于走出了青春期的迷茫。她们都变得成熟自信，展现出各自独特的魅力。殷菲儿决定不再隐藏自己，她开始坚定地展现中性打扮和短发，毫不胆怯地表达自己的想法。她们在各自的领域中，都取得了优秀的成绩，成为引领潮流的女性典范。她们用自己的行动向世界证明，女性并不应局限于传统的性别角色，每个人都有权利活出真实的自我。
结局：在这段共同成长的旅程中，三个女孩不仅找到了自己，也找到了真正的友谊。她们相信，真正的友谊是对彼此无条件的支持和理解，无论彼此的选择如何，都会在对方身边守护。

从我的角度来看，这个故事非常不错，但是ChatGPT给出的故事大纲和我原来的构思有出入，我们可以补充提问，给ChatGPT提供更精准和更具体的指令，以便它继续完善这个故事。

提问：莫卡卡去了国外留学，回来后进入一所大学做老师，殷菲儿成了一名作家，而林简选择了走进婚姻，和丈夫一起做电商生意。她们的觉醒是在毕业之后的成长中。请围绕这些信息，重写小说大纲。

ChatGPT 故事大纲如下。

起：在一个小镇的中学里，女主角殷菲儿是一个内向孤僻、具备厌恶女性气质的少女。她喜欢中性打扮和理寸发，总是觉得自己不属于传统的被束缚在框架中的女性，因此在同学眼中是个异类。她意外地结识了两个志同道合的女孩，莫卡卡和林简，她们同样追求着个性和独立。三个人因为彼此理解而成为最好的朋友，一起面对学校和社会的异样眼光。

承：随着时间的推移，三位少女一起成长。在青春期的挣扎中，她们都曾愤世嫉俗，对社会的束缚进行反抗，坚持着自己的风格和价值观。她们一同度过了青涩的中学时光，互相支持，不断探索着自己的内心世界。在这段时间里，殷菲儿逐渐打开心扉，逐渐接受了自己的性别，学会了爱上自己的女性特点，和朋友约定一起迎接未知的未来。

转：中学毕业后，莫卡卡决定去国外留学，她的留学经历让她开阔了眼界，拓展了对世界的认知，最终回国后成为一名大学教授，用自己的知识启迪更多的年轻人。殷菲儿成为一名作家，她用文字表达自己的想法和情感，坚持书写关于女性觉醒和自我认知的故事，深受读者喜爱。她的小说传递着勇敢与坚韧的力量，帮助许多人寻找自我，并在生命中追求独立和自由。林简选择走进婚姻，并与丈夫一起做电商生意。尽管她选择了传统家庭生活，但她并未放弃自己的梦想。她用自己的实际行动诠释着女性可以在婚姻中与另一半平等相处，同时保持对事业的追求。

合：随着时间的推移，三个女孩终于走出了青春期的迷茫。她们都变得成熟自信，展现出各自独特的魅力。殷菲儿决定不再隐藏自己，她开始坚定地展现中性打扮和短发，毫不胆怯地表达自己的想法。她们在各自的领域中，都取得了优秀的成绩，成为引领潮流的女性典范。她们用自己的行动向世界证明了，女性并不应局限于传统的性别角色，每个人都有权利活出真实的自我。

结局：在这段共同成长的旅程中，三个女孩不仅找到了自己，也找到了真正的友谊。她们相信，真正的友谊是对彼此无条件的支持和理解，无论彼此如何选择，都会在对方身边守护。故事完整展现了女主角殷菲儿从厌女到爱上自己的性别，从迷茫到坚定的过程，她最终接纳了自己的一切，并敞开心扉面对未知的未来。三位女性都活出了真实的自我，成为彼此的榜样。每个人都在各自的领域内施展才华，过上了充实而独立的生活，共同书写着属于自己的辉煌篇章。

修改过的故事大纲基本完善，如果觉得哪里不合适，可以自己再做修改。

03 写出故事简介

概要是写给编辑和作者自己的，简介是写给读者的。有时候，作者可以写出好的小说，却写不出好的简介来吸引读者。如果对写故事简介完全没有头绪，我们可以使用 ChatGPT 来辅助写作。

提问：根据上述情节，帮我生成 10 个有悬念、有吸引力的内容简介。

ChatGPT 内容简介如下。

1.《迷失指针》。三位性格迥异的女孩，因中性风格结下深厚友情。中学毕业后，她们分别追寻着自己的梦想：莫卡卡在国外留学，殷菲儿成为备受瞩目的作家，而林简选择走进婚姻和进行电商创业。随着岁月流转，三人逐渐失去联系……故事穿梭于现在和过去，带你直面三位女孩在成长路上的迷茫，一同追寻她们的彼岸之梦。

2.《青春的碎片》。这是一段关于青春和友情的故事。莫卡卡、殷菲儿和林简在中学时是最好的朋友，但毕业后各自选择了不同道路。三人在各自的生活中面对挑战和变数，每个人都拼凑着自己的青春碎片。这是一部充满吸引力的文艺小说，让你感受青春的绚烂与复杂。

3.《梦幻追逐》。三位女孩在中学时期因为共同的中性风格结成深厚的友谊。毕业后，她们分别追寻着自己的梦想：莫卡卡去了国外留学，殷菲儿成为备受赞誉的作家，林简则选择走进婚姻和涉足电商生意。三人的成长故事交织，各自在迷途中寻找生命的意义，让你为她们的抉择感到揪心与期待。

4.《记忆之光》。这是一段充满回忆与感动的故事。莫卡卡、殷菲儿和林简，三位少女在中学时期是最好的朋友，但毕业后，她们拥有不同的命运。莫卡卡的国外留学经历、殷菲儿的作家之路、林简的婚姻选择……故事穿梭于过去和现在，带你领略人生旅途的变幻无常。

5.《追风逐梦》。三个中学时期的好友，毕业后各自走向不同的生活。莫卡卡的国外留学之旅助她追逐梦想，殷菲儿用文字书写自我，林简则选择走进婚姻和进行电商创业。她们的成长故事扑朔迷离，让你在故事中追寻她们的成长轨迹。

6.《相约星辰》。三位少女在中学时期结下友谊，毕业后却各奔东西。莫卡卡踏上国外留学之旅，殷菲儿成为备受瞩目的作家，林简选择走进婚姻和涉足电商生意，三人在时光的洪流中追寻着各自的星辰之约。她们的友情是否能够在岁月中持续燃烧？本书让你为她们的命运扼腕又期待。

7.《重回十五岁》。在中学时期，莫卡卡、殷菲儿和林简是最要好的朋友。毕业后，她们分别走上不同的道路。莫卡卡踏上国外留学之旅，殷菲儿走上作家之路，林简走进婚姻并进行电商创业。一个突如其来的时空错乱，让三人回到十五岁的时光。她们将如何面对这段意外的重返？如何挑战命运，找回那份纯真的友情？

8.《远方归航》。三个少女，毕业后各奔东西。莫卡卡完成了国外留学，殷菲儿成为著名作家，林简选择走进婚姻和涉足电商生意。在异乡、在文坛、在婚姻和事业中，她们是否能寻回那份无畏远方的勇气？这是一部感人至深、富有吸引力的文艺小说，让你欲罢不能。

9.《时光旅行者》。**莫卡卡、殷菲儿和林简，三位交好的少女随着中学毕业而逐渐疏远。莫卡卡在国外留学，殷菲儿实现了作家梦想，林简面对婚姻与事业抉择，她们各自在时光的旅途中探寻自我。在某个特殊的时刻，她们意外成为时光旅行者，穿梭于过去与未来。三人将如何面对这个不可思议的命运，重塑友谊与梦想？**

10.《星辰漫游者》。三个亲密的中学少女因为毕业后的选择不同逐渐疏远。莫卡卡到国外留学，殷菲儿追寻作家之路，林简选择走进婚姻并进行电商创业，她们在星辰漫游般的命运中努力前行。每个人都在探寻着自己的方向，三人的轨迹交织出一个追逐梦想和友情的舞台。

我非常喜欢《时光旅行者》这个的标题及其内容简介，稍加修改之后就可以使用。如果你没有在此阶段获得心仪的简介，可以继续提问，或者给出更多更具体的信息。ChatGPT 给出的信息并不能让人百分之百满意，大家可以选出初步符合预期的内容并进行修改。

04 写出人物小传

提问：可以根据以上信息帮我列出人物小传吗？可以增加配角。

ChatGPT　当然，以下是主要人物的小传及其他配角的简要介绍。

殷菲儿

性格：内向孤僻，厌恶传统女性气质，喜欢中性打扮和理寸发。

故事：在中学时期结识了莫卡卡和林简，因为同为异类而成为朋友；毕业后，她坚定追求自己的作家梦想，用文字表达自我，并成为备受瞩目的作家；在成长过程中，她经历了性别认知的觉醒和自我接纳，成为勇敢追求真我的女性典范。

莫卡卡

性格：活泼开朗，渴望自由，追求学术与知识。

故事：莫卡卡和殷菲儿、林简是中学时无话不谈的好友，毕业后，她选择了去国外留学，踏上追求学术梦想的旅程；在异国他乡，她面对新的环境和挑战，不断拓宽自己的眼界；最终，她成为一名大学教授，用自己的知识传递着勇敢与智慧。

林简

性格：坚韧果断，内心温暖，努力平衡事业和婚姻。

故事：在中学时期，林简与莫卡卡、殷菲儿结下了深厚的友情；毕业后，她选择了婚姻，并和丈夫一起涉足电商生意；她在事业和家庭中努力平衡，用坚毅的态度追求自我和幸福。

秦宁

性格：温和善良，是三位女主角的中学同学。
故事：中学时期，秦宁一直理解并支持着殷菲儿、莫卡卡和林简的选择，是她们青春时代的重要支持者；成年后，她成为一名社工，致力于帮助更多需要关爱的人。
王泽
性格：开朗幽默，是莫卡卡的留学同学。
故事：王泽是莫卡卡在国外留学时认识的朋友，他们一起经历了许多国外生活的欢乐和挑战；他是莫卡卡在异国他乡的坚实后盾。
张晨
性格：成熟稳重，是林简的丈夫。
故事：张晨是林简的大学同学，他们彼此相知相惜，最终结为连理；他是林简在事业和家庭中的重要支持者，和林简一起成长与奋斗。
李雯
性格：自信坚定，是殷菲儿的编辑、好友。
故事：李雯是殷菲儿的编辑，她对殷菲儿的作品赞赏有加；同时，她是殷菲儿毕业后最真诚的朋友；她为殷菲儿的写作提供了宝贵的意见和支持，间接推动了殷菲儿的成功。
这些角色共同构成了一个充满温暖和成长的故事，他们彼此在友情、事业和爱情中相互支持，共同演绎了女性觉醒的感人故事。

以上是 ChatGPT 给出的人物小传，是我反复生成后选出来的比较满意的版本。ChatGPT 生成的内容可能和你的预期大相径庭，但是没有关系，你可以根据它生成的模板，进行修改、填充。

05 确定开头

为了让作品更具吸引力，我们可以在写出初稿后，让 ChatGPT 帮助我们修改作品。

提问： 帮我修改以下小说开头，让它有悬念、有吸引力，同时修改错别字等。原文如下。

多年之后，我还会想起 18 岁的那个夏天，想起那两个陪伴了我整个青春的女孩，想起我离开青城的那个早晨，以及林简那句："殷菲儿，你是个骗子，你明明说过我们永远不分开，你为什么要丢下我们自己走？"

那时候，我们还不知道这样的离别是人生常态，没有谁会陪谁一辈子，每个人都有自己要走的路。

只是，此时，林简并不明白我的选择，就连莫卡卡也无法理解。在她们心中，我背弃了她们，这使她们难过、悲伤、无法接受。

那天，我们不约而同在脑海中浮现出跪在那棵百年老槐树下面结拜姐妹的情形。我们跪在槐树下，对着土地庙，一本正经地说："我莫卡卡，我殷菲儿，我林简，自愿结为异姓姐妹，同生同死，一生不弃。"讲完这句话之后，我们三个人对着土地庙，结结实实地磕了三个头。那也是像今天这样的一个夏天，太阳高高挂在天空，我们额头上有细微的汗珠，但似乎对这炙热的太阳毫无感知，你追我赶地围着老槐树奔跑。

那时候，我们以为这一生我们都会在一起，我们幻想着长大之后要一起做的事情，要在同一天结婚，一起穿上婚纱；一起创业，开一家公司；一起去远方：去布达拉宫朝圣，去丽江艳遇，去呼伦贝尔大草原放羊，去黑龙江看冰雕，去西安爬华山……我们讲这些事情的时候，对未来充满了期待。

这就是我们的青春。

ChatGPT 修改后的内容如下。

多年之后，我还会想起 18 岁的那个夏天，想起那两个陪伴了我整个青春的女孩，想起我离开青城的那个早晨，以及林简那句："殷菲儿，你是个骗子，你明明说过我们永远不分开，你为什么要丢下我们？"

那个夏天，我们像三颗流星般闪耀着，以为彼此的友情能穿越时光，永不磨灭。我们曾在槐树下，对着土地庙，庄严地宣誓结为异姓姐妹，同生同死，一生不弃。那时的我们，对未来充满憧憬，幻想着一起穿婚纱，一起开创事业，一起漫游世界，一起探寻这世上所有未知的风景。
然而，青春的宣言终究抵不过岁月的流逝。毕业后，我们走上了不同的道路，面对着各自的命运抉择。莫卡卡飞往异国，追寻学术梦想；林简在婚姻与事业中权衡选择；而我，选择用文字记录青春的旋律。
那时候的我们，从来没有想过，这样的离别是人生常态，每个人都有自己要走的路。我看着她们离我远去，心中充满了愧疚和不安。在她们心中，我或许是个背弃友情的骗子，让她们难过、悲伤、无法接受。
多年后的今天，我回忆起那段光彩夺目的青春时光，不知道她们是否还记得当初结拜姐妹的期许，是否还记得曾经许下的诺言。在那个闪耀着阳光的夏天，我们跑在老槐树下，细微的汗珠挂在额头，对未来的一切充满期待。
这就是我们的青春，理想与现实相互交织。我承认，我曾为自己的选择而犹豫，但是我们都要面对自己的成长，探寻属于自己的星辰轨迹。如今，回忆在心间荡漾，我不知道是否还能够找回曾经的姐妹情谊，是否还能在彼岸的风景中相遇。岁月的长河里，我渴望重新走进她们的生命，找回那份曾经的纯粹，再续那段未了的青春。

我们来看这段修改后的开头，虽然的确对原文做了一些梳理和优化，但并不能完全满足我的要求，所以，我需要在 ChatGPT 修改的开头的基础上再进行反复优化，直到满意。

06　解决卡文的问题

写作时，作者难免会遇到卡文的情况，或者因为缺少某一类知识，不知如何继续推进。这时，我们可以找 ChatGPT 帮忙。

比如，我在写小说的时候，写到一个情节，是林简和老公离婚之后，对方不想要儿子。怎样让剧情更合理呢？我向 ChatGPT 提问如下。

提问：什么样的情况下，男人在离婚后不想要自己的孩子？

ChatGPT 在离婚后，男人可能有多种原因不想要自己的孩子，以下是一些可能的情况。

冲突与争议：离婚通常伴随着情感上的冲突和争议，在这种情况下，一方不想要孩子是因为希望与对方保持距离，避免继续纠缠在复杂的关系中。

经济困难：孩子的抚养和教育需要经济支持，离婚可能会导致一方面临经济困难，无法承担孩子的抚养责任。

责任压力：有些男性可能在面对父亲责任时感到压力巨大，尤其是在婚姻破裂的情况下，可能不愿意继续承担作为父亲的责任。

感情疏远：离婚后，父亲与孩子可能会因为种种原因而疏远，导致他不想要孩子，或者失去了照顾孩子的动力。

新伴侣影响：有时候，男人会在离婚后重新组建家庭，新伴侣可能对原有孩子有不同的态度，导致他不愿意继续照顾自己的孩子。

不稳定的生活状况：某些男性可能由于工作或生活不稳定，无法为孩子提供良好的生活环境，从而不想要孩子。

这个回答非常好，"新伴侣影响"给了我新的思路，我可以根据这个思路，解释林简丈夫的行为。

对一些社会背景不了解时，我们也可以向 ChatGPT 提问。

提问：请问，2006 年，孩子们用的交通工具、交流软件是什么，以及当时比较流行什么？

ChatGPT 2006 年时，孩子们使用的交通工具、交流软件和流行事物主要包括以下内容。

交通工具列举如下。

自行车：自行车在 2006 年仍然是孩子们常用的交通工具之一，特别是在学校及周边地区。

步行：很多孩子在当时会选择步行作为常规的出行方式，尤其是在短距离内。

交流软件和通信方式列举如下。

QQ：在中国，2006 年的时候，QQ 作为最流行的即时通信软件，成为许多孩子沟通交流的首选；QQ 的聊天窗口、表情和签名，都成为当时的流行元素。
MSN Messenger：在全球范围内，MSN Messenger 是非常流行的即时通信软件，许多国家的孩子使用它与朋友进行交流。
短信：由于当时手机的普及程度较低，短信仍然是一种主要的通信方式，孩子们使用短信与朋友交流消息，尤其是在没有网络的情况下。
流行趋势列举如下。
音乐：流行的音乐包括流行歌曲、摇滚、嘻哈等，当时的音乐风格多样，有一些著名的乐队和歌手，如后街男孩、Britney Spears、艾薇儿、Eminem 等。
时尚：在时尚方面，牛仔裤、宽松的 T 恤、运动鞋和帆布鞋是孩子们喜欢的。
动漫：动漫文化受到孩子们的追捧，一些经典动漫作品，如《火影忍者》《死神》《海贼王》等，受到广大孩子的喜爱。
当然，这些只是 2006 年的一些流行趋势和常见事物，可能因地区和文化差异有所不同，但总体上反映了当时孩子们的生活和兴趣所在。

我们可以把这些社会背景写进小说。

如果小说情节中的时间跨度比较大，想要体现社会发展，却忘记了发生过哪些大事件，怎么办？依然可以向 ChatGPT 提问。

提问： 2006 年到 2023 年中国发生的大事件。

ChatGPT 以下是 2006 年到 2023 年中国发生的一些大事件。
2006 年，中央经济工作会议确定“五年规划”，推动经济发展和改革。
2006 年，上海合作组织首次在上海举行峰会，体现了该组织在地区合作中的重要地位。
2008 年，北京奥运会和残奥会成功举办，展示了中国的经济实力和举办大型国际赛事的能力。
2008 年，四川汶川地震，造成严重人员伤亡和财产损失。
2010 年，上海世界博览会盛大开幕，成为世界关注的焦点，吸引了全球游客。
2013 年，中国启动了“一带一路”倡议，旨在加强与沿线国家的合作和经济互联互通。
2015年，中国取消独生子女政策，实施“全面二孩”政策，以缓解人口老龄化问题。
2022年，中国举办北京冬奥会，成为首个前后举办了夏季和冬季奥运会的国家，进一步展示其举办大型国际赛事的实力。
2023年，中国成功完成嫦娥探测器任务，成功登陆月球南极，展示中国航天科技的进步。
这些事件只是中国近年来发生的一部分重要事件，中国在这段时间内经历了政治、经济、社会等多方面的变革和发展。

我们可以把举办奥运会、汶川地震、举办冬奥会、嫦娥探测器登上月球等事件作为故事背景，成为串联起整个故事的时间线。

07 分析小说卖点

提问： 请根据上述小说剧情，分析小说市场和小说卖点。

ChatGPT 根据我们之前讨论的小说剧情，这是一部以女性觉醒为主题的小说，讲述三位女主角在经历中学时期的相伴后，各自选择了不同的道路，成长为优秀的女性，活出了自我的故事。这样的题材和情节在小说市场上有着一定的潜力和吸引力。
小说市场分析如下。
女性觉醒类题材：当代社会对女性觉醒类话题非常关注，女性在社会地位和意识上的提升成为热门话题，因此，以女性觉醒为主题的小说在当下的市场上拥有一定的潜在受众群体。
友情与成长：友情和成长是永恒的主题，观众喜欢看到人物在面临各种挑战时的成长和变化，这样的情节设置能够调动读者的阅读兴趣，激发情感共鸣。

多线叙事：小说涉及三位女主角的故事，将会呈现出丰富多彩的情节和人物，让读者从不同角度体验不同人生选择和经历。
小说卖点分析如下。
情感共鸣：深入探讨女性的内心世界、人生抉择和成长历程，让读者与女主角建立情感共鸣，体会到成长、选择和自我认知的重要性。
人物形象：女主角殷菲儿、莫卡卡和林简的个性和故事情节都充满吸引力，读者会被这些丰富多样的人物所吸引，期待着她们的成长。
探讨现实议题：小说通过描写三位女主角的经历，涉及性别认知、职业选择、婚姻观念等现实议题，使读者在阅读时获得思考和启示。
积极向上：故事表达了积极向上的态度，强调自我认同和追求梦想的重要性，这样的积极能量能够吸引读者。
情节跌宕起伏：小说情节中有悬念和转折，各个阶段的起伏会吸引读者继续往下阅读，了解女主角的命运和选择。
总体来说，这部女性觉醒主题的小说将以其深刻的主题、丰富的情节和引人入胜的人物形象吸引读者，特别是吸引对女性成长和情感共鸣感兴趣的读者群体。在当今社会，关注女性成长和价值观觉醒的话题是热门的阅读选择之一，这样的小说具有一定的市场潜力和吸引力。

根据 ChatGPT 给出的卖点，我们可以加以补充、优化，最后提炼出完善的卖点。

08 为小说起名

提问： 请根据以上情节，为小说写出 6 个具有具吸引力的书名。

ChatGPT 书名如下。
《星辰觉醒》
《女子的选择》

《青春留念》
《友情长存》
《命运交汇》
《梦想的轨迹》

我们会发现，这些书名都不够有特色。我们可以继续让 ChatGPT 提供书名，甚至可以先让它生成 100 个书名，然后从中筛选。

最终，我根据 ChatGPT 提供的书名，修改后决定给这本书起名为《风巷》，寓意三位主角走过人生的各个巷口，迎风而上。我个人觉得，我起的书名比 ChatGPT 起的书名更有意境，所以，作家的核心竞争力永远不要丢，你的审美和文学基础才是你作品的灵魂。

09 修改文稿

提问：请问，如何修改一部小说？

ChatGPT 修改小说是一个重要且耗时的过程，以下是一些建议，帮助你进行修改。
放下初稿：将初稿放下，暂时不要读它，这样做可以让你在回过头来审视作品时拥有更加客观的眼光。
全面审视：在开始修改之前，全面审视小说，关注情节、人物、对话、结构、文体等各个方面，记录下你认为需要改进的地方。
分阶段修改：将修改过程分为几个阶段，每个阶段专注于不同的方面。例如，故事情节、人物塑造、语言表达等。
角色一致性：确保人物在整个故事中的性格和行为有一致性，不要让人物出现行为反差太大的情况，这会破坏读者对人物的认知。
情节逻辑：检查情节的逻辑性，确保事件发展自然、流畅，没有不合理的转折和突兀的变化。

对话真实：确保对话自然、真实，符合人物的性格和背景，不要让对话听起来生硬或不自然。
语言精练：简洁明了的语言更容易被读者接受和理解，注意去除冗长的描述和重复的词语。
引入冲突：确保故事中存在足够的冲突和紧张感，这是吸引读者的关键。
加强描写：合适的描写可以增加场景的真实感和读者的沉浸感，但要避免过度描述，以免拖慢故事进展。
读者反馈：在修改过程中，征求他人的意见和反馈是非常有帮助的，他们可以帮助你发现被你忽略的问题。
细节把控：注意对细节的把控，例如，时间线的连贯性、场景的合理性等。
修正结局：故事结局要有合理的解释，不要让读者感到突兀或不满意。
修改是一个反复进行的过程，可能需要多次尝试，才能使作品达到最佳状态。耐心和专注是修改的关键，同时，可以参考其他作家的写作技巧和经验，不断学习和提升自己的写作水平。

找到修改方法后，按照这个思路修改小说即可。

在修改小说的过程中，ChatGPT 也可以为我们提供帮助。比如，发现小说中的转场描写有些脱节时，可以让 ChatGPT 给出修改思路。

提问：请问，写有三个主人公的小说时，怎样转场，可以从一个人的故事自然过渡到另一个人的故事？

ChatGPT 在小说写作中，处理三个主人公之间的转场需要一定的技巧，以确保故事的流畅性不受影响和读者的兴趣不转移。以下是一些建议，来实现平滑的转场。
留下悬念：在一个主人公的故事情节即将到达高潮或关键时刻时，暂时中断对这个故事线的描写，留下悬念，引起读者的好奇心，与此同时，迅速切换到另一个主人公的故事线，让读者继续阅读下去，以找到答案。
时间和地点的转换：为故事设置不同的时间和地点，这样，切换主人公时会更自然。若一个主人公的故事线发生在某个城市的现代，切换到另一个主人公时，可以选择古代或不同的国家，以确保平滑过渡。
交叉事件：可以在两个或三个主人公之间设置一些事件或场景，让他们有所交集，例如，一个主人公在某个地点目睹了一个重要事件后，下一个章节切换到另一个主人公的视角，描述他们如何与之相关。

通过对话连接：在一个主人公的故事线中，让他们谈论或想到另一个主人公，然后转场到另一个主人公的故事线中，这样的对话或内心独白可以帮助读者轻松过渡到下一个故事线。

渐进：转场时，可以逐渐引入下一个主人公的视角，即在前一个主人公的故事线末，描写与下一个主人公相关的情节，渐渐过渡到下一个主人公的视角。

利用章节或标题转场：将每个主人公的故事线安排在不同的章节中，并在章节标题中明确指出主人公的名字，这样，读者阅读时就能清楚地知道当前在哪个主人公的故事中。

保持连贯性：尽量保持故事线之间的逻辑和情感上的连贯性，这是因为虽然主人公之间的故事线可以独立发展，但它们应该在整体上相互联系，构成一个更大的故事。

适时回顾：转场到新的主人公时，适度回顾上一个主人公的故事线，有助于读者重新融入新的情节，不会感到突兀。

记住，平滑的转场是一项艺术，需要不断实践和反复修改。通过试验不同的方法，你可以用最适合你的故事的方式来处理多个主人公之间的转场。

上述方法可以用来转场过渡，我最喜欢渐进这个方法，所以我在修改小说时，会在描写殷菲儿的故事结尾时有意识地提到莫卡卡，随后顺理成章地转场到莫卡卡的故事上。

我们还可以使用 ChatGPT 帮助我们梳理逻辑。

提问：故事中，殷菲儿 15 岁时，母亲突然离家出走，消失不见，只留下一句“我走了，对不起，我要去寻找丢失了的自己”。对于这个设定，如何让故事变得合理？请给出一个建议。

ChatGPT 对于这个设定，以下建议可以让故事变得合理和有说服力。

深化母亲的角色： 在故事中，适当深化母亲的角色，展现她是一个有着内心矛盾和迷茫的人，例如，可以描写母亲在殷菲儿小时候是一个负责任的母亲，但内心始终被自己丢失的过去困扰着。
揭示母亲的心理冲突：在留下的离别信中，母亲表达了自己要寻找丢失的自我的愿望，因此，可以通过她的回忆和内心独白来揭示她内心的冲突和挣扎，让读者理解她为什么要离家出走。
过去的秘密：逐步揭示母亲过去的秘密，为她突然消失的行为提供解释，秘密可以是她年轻时的遭遇、失去的梦想、家庭背景等，这些都可能导致她内心的不安和迷茫。
母女情感：通过描写殷菲儿对母亲的感情，表现出她对母亲的理解和思念，这样的情感线索可以增加读者对母亲故事的关注和共鸣。
角色成长：让殷菲儿在母亲离家后经历成长和自我探索，通过这样的描写，凸显母亲的离开对她产生的影响，以及她逐渐理解母亲的决定并成长为独立坚强的女性的过程。
重逢与理解：在故事后期，可以考虑让殷菲儿和母亲重逢，通过一段时间的分离，母亲找到了自己想要的答案，同时也能更好地理解并接受殷菲儿，这样的情节可以为故事画上一个圆满的句号。
增加如上情节，母亲的故事将更加合理且感人，读者可以更好地理解她的选择和行为，同时，故事情节将更具吸引力和情感深度。

我们会发现，ChatGPT 的建议非常好，母亲寻找自我，对于殷菲儿来说影响巨大，导致她长大之后放弃读书，开启“流浪”生活，寻找母亲，想要找到母亲离家的原因。种种经历，推动她自我觉醒，成为作家。

把“角色成长”“过去的秘密”“深化母亲的角色”这三个点放进去，能更好地解释母亲的行为，也能更好地诠释殷菲儿的性格，以及她后来的觉醒和成长。母亲的选择是她觉醒的起点，因为有这个导火线，才有了她之后的探索。同时，这一设定交代了殷菲儿的家庭背景，让读者更能理解殷菲儿的成长和选择。

以上就是修改小说的各种演示，还有一些细节修改，在前面的章节中有详细案例，读者可以直接参考。

现在，我们来汇总一下使用 ChatGPT 写出来的小说。

书名：《风卷》

简介：莫卡卡、殷菲儿和林简，三位交好的少女随着中学毕业而逐渐疏远。莫卡卡在国外留学，殷菲儿实现了作家梦想，林简面对婚姻与事业抉择，她们各自在时光的旅途中探寻自我。在某个特殊的时刻，她们意外成为时光旅行者，穿梭于过去与未来。三人将如何面对这个不可思议的命运，重塑友谊与梦想？

大纲：

在一个小镇的中学里，女主角殷菲儿是一个内向孤僻、具备厌恶女性气质的少女。她喜欢中性打扮和理寸发，总是觉得自己不属于传统的被束缚在框架中的女性，因此在同学眼中是个异类。她意外地结识了两个志同道合的女孩，莫卡卡和林简，她们同样追求着个性和独立。三个人因为彼此理解而成为最好的朋友，一起面对学校和社会的异样眼光。

随着时间的推移，三位少女一起成长。在青春期的挣扎中，她们都曾愤世嫉俗，对社会的束缚进行反抗，坚持着自己的风格和价值观。她们一同度过了青涩的中学时光，互相支持，不断探索着自己的内心世界。在这段时间里，殷菲儿逐渐打开心扉，逐渐接受了自己的性别，学会了爱上自己的女性特点，和朋友约定一起迎接未知的未来。

中学毕业后，莫卡卡决定去国外留学，她的留学经历让她开阔了眼界，拓展了对世界的认知，最终回国成为一名大学教授，用自己的知识启迪更多的年轻人。

殷菲儿成为一名作家，她用文字表达自己的想法和情感，坚持书写关于女性觉醒和自我认知的故事，深受读者喜爱。她的小说传递着勇敢与坚韧的力量，帮助许多人寻找自我，并在生命中追求独立和自由。

林简选择了走进婚姻，并与丈夫一起做电商生意。尽管她选择了传统家庭生活，但她并未放弃自己的梦想。她用自己的实际行动诠释着女性可以在婚姻中与另一半平等相处，同时保持对事业的追求。

随着时间的推移，三个女孩终于走出了青春期的迷茫。她们都变得成熟自信，展现出各自独特的魅力。殷菲儿决定不再隐藏自己，她开始坚定地展现中性打扮和短发，毫不胆怯地表达自己的想法。她们在各自的领域中，都取得了优秀的成绩，成为引领潮流的女性典范。她们用自己的行动向世界证明了，女性并不应局限于传统的性别角色，每个人都有权利活出真实的自我。

在这段共同成长的旅程中，三个女孩不仅找到了自己，也找到了真正的友谊。她们相信，真正的友谊是对彼此无条件的支持和理解，无论彼此如何选择，都会在对方身边守护。故事完整展现了女主角殷菲儿从厌女到爱上自己的性别，从迷茫到坚定的过程，她最终接纳了自己的一切，并敞开心扉面对未知的未来。三位女性都活出了真实的自我，成为彼此的榜样。每个人都在各自的领域内施展才华，过上了充实而独立的生活，共同书写着属于自己的辉煌篇章。

人物小传：

殷菲儿

性格：内向孤僻，厌恶传统女性气质，喜欢中性打扮和理寸发。

故事：在中学时期结识了莫卡卡和林简，因为同为异类而成为朋友；毕业后，她坚定追求自己的作家梦想，用文字表达自我，并成为备受瞩目的作家；在成长过程中，她经历了性别认知的觉醒和自我接纳，成为勇敢追求真我的女性典范。

莫卡卡

性格：活泼开朗，渴望自由，追求学术与知识。

故事：莫卡卡和殷菲儿、林简是中学时无话不谈的好友，毕业后，她选择了去国外留学，踏上追求学术梦想的旅程；在异国他乡，她面对新的环境和挑战，不断拓宽着自己的眼界；最终，她成为一名大学教授，用自己的知识传递着勇敢与智慧。

林简

性格：坚韧果断，内心温暖，努力平衡事业和婚姻。

故事：在中学时期，林简与莫卡卡、殷菲儿结下了深厚的友情；毕业后，她选择了婚姻，并和丈夫一起涉足电商生意；她在事业和家庭中努力平衡，用坚毅的态度追求自我和幸福。

秦宁

性格：温和善良，是三位女主角的高中同学。

故事：中学时期，秦宁一直理解并支持着殷菲儿、莫卡卡和林简的选择，是她们青春时代的重要支持者；成年后，她成为一名社工，致力于帮助更多需要关爱的人。

王泽

性格：开朗幽默，是莫卡卡的留学同学。

故事：王泽是莫卡卡在国外留学时认识的朋友，他们一起经历了许多国外生活的欢乐和挑战；他是莫卡卡在异国他乡的坚实后盾。

张晨

性格：成熟稳重，是林简的丈夫。

故事：张晨是林简的大学同学，他们彼此相知相惜，最终结为连理；他是林简在事业和家庭中的重要支持者，和林简一起成长与奋斗。

李雯

性格：自信坚定，是殷菲儿的编辑、好友。

故事：李雯是殷菲儿的编辑，她对殷菲儿的作品赞赏有加；同时，她是殷菲儿毕业后身边最真诚的朋友；她为殷菲儿的写作提供了宝贵的意见和支持，间接推动了殷菲儿的成功。

小说卖点：

情感共鸣：深入探讨女性的内心世界、人生抉择和成长历程，让读者与主角建立情感共鸣，体会到成长、选择和自我认知的重要性。

人物形象：主角殷菲儿、莫卡卡和林简的个性和故事情节都充满吸引力，读者会被这些丰富多样的人物所吸引，期待着他们的成长。

探讨现实议题：小说通过描写三位女主角的经历，涉及性别认知、职业选择、婚姻观念等现实议题，使读者在阅读时获得思考和启示。

积极向上：故事表达了积极向上的态度，强调自我认同和追求梦想的重要性，这样的积极能量能够吸引读者。

情节跌宕起伏：小说情节中有悬念和转折，各个阶段的起伏会吸引读者继续往下阅读，了解主角的命运和选择。

总体来说，这部女性觉醒主题的小说将以其深刻的主题、丰富的情节和引人入胜的人物形象吸引读者，特别是吸引对女性成长和情感共鸣感兴趣的读者群体。在当今社会，关注女性成长和价值观觉醒的话题是热门的阅读选择之一，这样的小说具有一定的市场潜力和吸引力。

小说市场分析：

女性觉醒类题材：当代社会对女性觉醒类话题非常关注，女性在社会地位和意识上的提升成为热门话题，因此，以女性觉醒为主题的小说在当下的市场上拥有一定的潜在受众群体。

友情与成长：友情和成长是永恒的主题，观众喜欢看到人物在面临各种挑战时的成长和变化，这样的情节设置能够调动读者的阅读兴趣，激发情感共鸣。

多线叙事：小说涉及三位女主角的故事，将会呈现出丰富多彩的情节和人物，让读者从不同角度体验不同人生选择和经历。

正文：

多年之后，殷菲儿还会想起 18 岁的那个夏天，想起那两个陪伴了她整个青春的女孩，会想起她离开青城的那个早晨，林简哭着对她喊："殷菲儿，你就是个骗子，明明是你先说我们永远不分开，现在为什么要丢下我们？"

那时候，她们还不知道这样的离别是人生常态，没有谁会陪谁一辈子，每个人都有自己要走的路。

在十七八岁的年纪，最是觉得非黑即白，有些事情说定了，便绝不可轻易更改。

一旦更改，便是背叛。

但殷菲儿还是走了。

车开出殷家老宅的巷口，巨大的槐树过滤掉炽热的阳光，被树叶打碎的光影斑驳，落在殷菲儿的脸上。

也落在后视镜中，两个越来越远的身影上。

渐行渐远中，她们不约而同想起多年前，在这棵百年老槐树下面“结拜”的情形。

她们跪在树下，一本正经地说：“我莫卡卡，我殷菲儿，我林简，自愿结为异姓姐妹，同生同死，一生不弃。”

那也是一个像今天这样的夏天，太阳高高挂在天空，她们额头上挂着细微的汗珠，而她们对这炙热的日光毫无感知，你追我赶地围着老槐树奔跑。

那时候，她们以为彼此必然会相伴一生，她们幻想着长大之后要一起做的事情：要在同一天结婚，一起穿上婚纱；要一起创业，开一家最大的公司；要一起去布达拉宫朝圣，去呼伦贝尔大草原放羊，去黑龙江看冰雕，去西安爬华山……

她们对未来充满了期待。

……

这是一个完整的用 ChatGPT 辅助写小说的过程，大家在写作的过程中可以直接拿来参考。在使用 ChatGPT 辅助写作的过程中，一定要坚持阅读，提高文字鉴赏能力，还要持续探索，形成自己的风格，保持独立的思考。只有这样，在未来的写作中，你才能拥有真正的核心竞争力，你的作品才能从大量用 ChatGPT 生成的千篇一律的作品中脱颖而出。

Postscript
后记
我们为什么写作？

很多人问过我：写作到底有什么用?

其实，要我说，写作好像没多大用。

写作,只不过是让我们在巨大的浮躁时代,保持一份宁静笃定的心境,从此有了饱满的勇气与力量，去对抗所有的不确定性。

写作，只不过是让我们在浩瀚无垠的宇宙中，留下作为一个人的永不磨灭的微弱痕迹。

写作，只不过是让我们感知自我的内心，向内探求，让每一个当下都达到最好的状态。那些温暖的、闪光的、苦闷的、纠结的、烦恼的、欣喜的、脆弱的、遗憾的时刻，都是我们一步步踏过的征途。

写作，就是解构自己又重构自己的过程。

这是一个充满创造性的能力,时刻打碎过去的自己,又时刻重塑自己,无时无刻不在变化。

过去、当下、未来，三个时空自由穿梭，各个时空中不同的自我交相辉映。

你在通向自我命运的途中与自我相遇，他人也在通向自我命运的途中与你相遇。

群体照见个体，个体映射群体。

相遇的每一个瞬间，都是挥手作别后，暗夜中的火炬，生生不息，浩瀚燃起。

个人的生命是短暂的，而人类的命运是永恒的。

我们可以用文字溯回千百前年的生命，那些站在岸边抑扬顿挫吟咏低唱的诗人，那些战场上大雪满弓、不避斧钺厮杀的将士，那些春日凝妆凭栏倚靠的惆怅女子……他们的生命逝于岁月,却永存于泛黄古卷中。

在 AI 出现之前,千百年来,写作者都是从心而写,一字一句反复琢磨。

现在，面对 AI 的发展，大家时常会反思：它们究竟能不能代替写作者呢？现在的一切会不会发生巨大改变?

ChatGPT 的出现掀起了 AI 浪潮，各行各业人心浮动。有人看到了机会，以它为工具，用在工作中，提高效率，优化流程；有人看到了危机，如履薄冰，胆战心惊，生怕自己的工作被取代；剩下的人，要么在观望，要么在浅试，看它究竟能发展到什么程度。

这本质上是科技革命，自古至今一直存在。18 世纪的蒸汽机冒着滚滚浓烟前行，19 世纪电力的应用点亮了世界，20 世纪各种新兴技术的突破推动世界进入新时代，而如今，AI 毫无疑问地又一次成为世界科技发展的里程碑。

太阳底下哪里有新鲜事，每一次新技术出现时，人都会分成两类：一类是利用新技术的人，一类是被新技术抛弃的人。

任何技术的发展都会带来利弊，但是从整体趋势来看，发展是不可阻挡的趋势。

我们究竟应该如何看待它呢?

不抵制，不封闭，抗拒时代发展无疑就是掩耳盗铃，终究会被洪流淹没。

人类历史长达几百万年，纵观科技发展，在这漫长的历史中，也不过一瞬而已。科技是为了让人过上更美好的生活，而不是威胁人类的安全与生活。最好的方式是学会冲浪，踏浪而行，用开放的心态，拥抱一切新生技术与力量。

AI 可以完成一部分文字工作，严谨、逻辑性强、理性。

AI 可以无限模仿和趋向人类，但绝不可能成为人类。

AI 基于算法，人心基于人性。算法与人性相比，当然是人性更有深度，更复杂、幽微。

AI 可以生成基础文案、实用性文章，但是无法创作真正的文学。因为文学是基于人类生命体验而产生的，没有生命，就没有体验，没有体验，就没有文学。

AI 是基于数据库的信息整合，人能产生思考、联想、推测，能从现象看到本质，能从表面看到深层，能从个例推及群体。AI 的能力是有边界的，边界就是数据库，而人类大脑是自由的，没有边界，拥有极致的主观能动性，可以突破创新。

再聪明的 AI 也无法真正理解人类的价值观内核和精神思想。人类的情感具有独特性、复杂性、流转性，即使是同一种感情，每个人的阐释都是不同的。AI 未曾体验，未曾经历，只能用程序生成内容，融合别人的情感。

智能工具的迅速发展，反而让我们的思考回归了本质，我们更要提升自己的逻辑、深度和高度。我们更应该学会驾驭工具的方法，让其更好地为自己所用。

工具决定下限，而上限取决于使用者。道、法、术、器四个层级，科技处于器的层面。面对同一个工具，不同的使用者会创作出不同层级的内容，关键区别在于使用者的认知、思维、技术。

——杜培培

好评如潮

一本极具娱乐性、启发性和难忘的读物。

——《自然》（*Nature*）

引人入胜……情节精彩而离奇。

——《纽约时报书评》（*The New York Times Book Review*）

迷人之作……维多利亚时代科学与宗教之争以及非洲丛林探险的生动注脚。

——《柯克斯书评》（*Kirkus Reviews*）

蒙特·雷埃尔的《在人与兽之间》包含了一部迷人的冒险故事所应具备的一切元素。不过它不仅充满扣人心弦的故事，而且十分精彩地探讨了种种揭示人类本性的观点。

——戴维·格兰（David Grann），畅销书作家

场景生动逼真，好似在上演一部电影……从危机四伏的探险到英国上流社会中的那些令人同样紧张的学术之争……我们有时简直难以相信这是一部非虚构作品。

——《圣安东尼快讯》（*San Antonio Express-News*）

保罗·迪·谢吕的成就意义重大，远非其同时代人所能理解。

——在线杂志《每日野兽》（*The Daily Beast*）

重述保罗·迪·谢吕的冒险经历，打开了一扇奇妙的窗户，既神奇又令人震惊，让我们了解他所看到的一切，并最终了解我们是谁。

——《自由兰斯星报》(*The Free Lance-Star*)

一部内涵丰富的思想史著作…… 在雷埃尔的笔下，迪·谢吕在非洲的探险经历——包括他发现俾格米人，以及他在一场天花流行中的所作所为——其精彩程度丝毫不逊色于他与许多顶尖科学家及探险家的互动。

——《出版人周刊》(*Publishers Weekly*)

扣人心弦…… 益智…… 惊险刺激。

——《沙龙》杂志(*Salon*)

非常有趣的一部著作。

——《明尼阿波利斯明星论坛报》(*Minneapolis Star Tribune*)

故事有趣而又刺激…… 具有一部优秀的历史小说所应具有的流畅叙事和引人共鸣的语言。

——《圣路易斯邮报》(*The St. Louis Post-Dispatch*)

那种扣人心弦的感觉会迫使读者不断读下去，想弄清楚究竟发生了什么事…… 太有吸引力了。

——《华盛顿邮报》(*Washington Post*)

好看得让人放不下…… 边吃爆米花边看，大受感动…… 涉及众多大话题——进化论、废除奴隶制——但它们仍然是在为叙事服务的，为丰富多彩的冲突提供语境。

——**《华尔街日报》（*Wall Street Journal*）**

那些不熟悉保罗·迪·谢吕的人最好去找一本《在人与兽之间》读读。蒙特·雷埃尔的这本新著讲述了他追捕大猩猩这一猛兽的生活与历险。

——**《书评专页》（*Book Page*）**

冒险，历史，自然，宏大的构想。有书若此，夫复何求？！

——**《图书馆杂志》（*Library Journal*）**

这部维多利亚时代的情节剧历经了从达尔文和狄更斯时代的伦敦，到从未有人探索过的非洲，再到内战肆虐的美国，你可能会期待贝拉·卢戈西（Bela Lugosi）所扮演的科学怪人或约翰尼·韦斯默勒（Johnny Weissmuller）所扮演的人猿泰山的突然出现。

——**《纽约邮报》（*New York Post*）**

对于那些喜欢史诗般探险故事的人来说，这是一本出色的书……精彩绝伦。

——**《布法罗新闻》（*The Buffalo News*）**

聪慧、机敏、研究深刻，发人深思……雷埃尔巧妙地将我们的注意力从一个大陆转移到另一个大陆，从过去转移到现在，直到各条情节的支流汇合在一起，奔向结尾。

——**克里夫兰《诚实商人报》（*The Plain Dealer*）**

博物文库·生态与文明系列

BETWEEN MAN AND BEAST

在人与兽之间

[美] 蒙特·雷埃尔 著
(Monte Reel)
梁志坚 译

北京大学出版社
PEKING UNIVERSITY PRESS

著作权合同登记号　图字：01-2020-2632

图书在版编目（CIP）数据

在人与兽之间/（美）蒙特·雷埃尔著；梁志坚译. —北京：北京大学出版社，2023.1

（博物文库·生态与文明系列）

ISBN 978-7-301-33563-5

Ⅰ. ①在… Ⅱ. ①蒙… ②梁… Ⅲ. ①人类进化-普及读物 Ⅳ. ①Q981.1-49

中国版本图书馆CIP数据核字（2022）第203699号

书　　名　在人与兽之间

ZAI REN YU SHOU ZHIJIAN

著作责任者　[美] 蒙特·雷埃尔(Monte Reel) 著　梁志坚 译

策划编辑　周志刚

责任编辑　周志刚

标准书号　ISBN 978-7-301-33563-5

出版发行　北京大学出版社

地　　址　北京市海淀区成府路 205 号　100871

网　　址　http://www.pup.cn　新浪微博：@北京大学出版社

微信公众号　通识书苑（微信号：sartspku）

电子信箱　zpup@pup.cn

电　　话　邮购部 010-62752015　发行部 010-62750672

编辑部 010-62753056

印 刷 者　北京中科印刷有限公司

经 销 者　新华书店

880 毫米 ×1230 毫米　A5　11.5 印张　280 千字

2023 年 1 月第 1 版　2023 年 1 月第 1 次印刷

定　　价　72.00 元

目录

CONTENTS

第二部分

第三部分

致读者

保罗·迪·谢吕（Paul Du Chaillu）是在19世纪50年代末和60年代步入成年的，这对他来说无疑是种运气——无论是好运还是厄运。当时，世界正摇摇欲坠地徘徊在变革的尖锐边缘。宗教对历史的阐释、人类在自然界的位置、近代种族观念——所有这些都在经历着有争议的重新评估，这些重新评估将深刻影响未来的几个世纪。迪·谢吕拥有惊人的动物标本收藏和充满秘密的过去，而且似乎是不知从哪里冒出来的，他直接陷入了这些争议的中心，帮助把每一个争议推向前所未有的激烈程度。

维多利亚时代的人可能会把他的故事贴上一个"大融合"的标签——看似不相关的主题偶然地结合起来，为每一个主题提供了新的视角。这一理念为我撰写这本书指明了方向。通过充实迪·谢吕的冒险经历，我并不是要对历史上这一极为多产的时刻提供一个明确的调查，而是试图从一个新的角度来审视这个有时人们自以为十分熟悉的时代。

这本书的叙述以大猩猩的发现为中心。大猩猩当时被认为是与人类最接近的亲缘物种，也是地球上最凶猛的野兽。我为"野性"（wildness）这一概念所吸引：野性如何塑造我们的恐惧和幻想，而这些恐惧和幻想又是如何反过来重塑野性的？但如果这个项目的主要吸引力只是概念上的，那我恐怕无法坚持下来。是人类这部戏剧吸引着我。故事讲述的是一个充满勇气的年轻人，为了从零开始构建英雄的命运，他不断崛起，偶尔也会跌倒。这是这本书的核心。

这是一部非虚构作品。每一个场景和每一句话都是根据历史文献构思而成的。所有的外观描述和场景氛围都基于事实证据——信件、书籍、照片、素描、回忆录和报纸报道。鉴于有些人士有兴趣探究书中的叙事是如何构成的，我在编辑书后的注释时已经尽可能把这些列入其中了。

在写这本书时所获得的满足感之一便是当时我整个人都沉浸在维多利亚时代狄更斯笔下巅峰时期的伦敦、处于内战濒临爆发边缘的纽约，以及极其苍翠繁茂的非洲内陆的氛围之中。我希望读者也能体验到我在为这本书收集资料时所获得的那种快乐：为一个未知的故事所震撼，并被带往意想不到的方向。

蒙特·雷埃尔

序言

几个月来，他一直在森林深处打猎，但他从未经历过这样的寂静。没有猴子在头顶上摇动树叶，没有鸟儿在鸣叫，没有昆虫在嗡嗡作响。唯一的声音似乎来自他的体内：太阳穴里跳动的脉搏和他自己艰难的呼吸。[1]

前一天，这个年轻人估计自己在筋疲力尽地躺下来睡觉之前走了大约 18 英里[①]的路。但那些崎岖小路远没有这条有挑战性——一条泥泞的山径如同缎带般地沿着草木丛生、镶嵌着松散的花岗岩和石英巨石的山坡蜿蜒而上。他的身体状况很好，只有 25 岁，但每迈出一步都要付出极大代价。他落在同伴们后面，他们的光脚抓住了光滑的岩石，比他皮靴的靴底抓得还牢靠。他的蓝色棉质衬衫和棕色裤子沾了几道泥。

很难确切地说这段旅程到底是从哪里开始的。在途中的某个地方，轻柔的沙沙声打破了笼罩着周围一切的寂静。他爬得越高，声音就越大：喘息的嘶嘶声变成了吼声。他穿过疯长中的植被，发现其他人站在一块开阔的平地上。一个他从未见过的场面突然出现在

① 1 英里 = 1.609344 千米。——译者注

他面前：一股雄伟的激流从斜坡上倾泻而下，绵延了似乎有1英里，最后注入水潭，形成一个巨大的漩涡。一片薄雾从喧嚣中升起，把一切都笼罩在薄纱之中：摇曳的蕨类植物，斜靠在水面上的圆木，环绕在岸边的树木。根据他的计算，他们所处的位置海拔大约有5000英尺[①]。

他停下脚步，从水潭里掬了一捧水喝起来。但他也只是休息了片刻。在不远的高处，一名同伴发现了几个不属于他们这行人的脚印。在泥泞里留下这些脚印的那双脚是光着的，但圆得出奇，一个大脚趾似乎与另外四个脚趾分得非常开。

当他看到这些脚印时，作为一名捕猎者他感到自己的心脏猛烈地撞击着胸腔：这正是他远道而来追求的目标！似乎终于触手可及了。

循着这脚印，他们跌跌撞撞地走进了一个似乎已被遗弃的部落村庄。几年前，这片土地被清理出来建小屋，但后来小屋倒塌了。散落的甘蔗茎从废墟中挤了出来。捕猎者折断了一根甘蔗茎，从其茎心吸取了其中带有草味的甜蜜汁液。另一个同伴注意到有些植物最近遭到了破坏——在根部被用力拗断，并被捣成浆状。

他们面面相觑，拿起捆绑在背上的来复枪。

还有好几道足迹通往山下。他们小心翼翼地踩着一根倒下来的圆木跨过一条小溪，在河的另一侧，他们遇到了一堆巨大的花岗岩巨石，有些有小房子那么大。这里的脚印甚至更为新鲜，里面灌满了浑浊的泥水，都还没来得及沉淀。

---

① 1英尺 = 0.3048米。——译者注

这名猎人绕到巨石的右边，而他的几个同伴走到左边。他从这堆挡在他们前面的花岗岩巨石边钻出来时，正好能看到四只黑色的动物迅速逃进密林。

那些身影突然出现在眼前，一转眼就消失了。这些毛茸茸的动物低着头，身体前倾，奔跑着出现在他面前，他后来记录道："就像是人在逃命。"[2]

就在几分钟前，他或许还在发誓说，山洪是他年轻时所见过的最使人望而生畏的情景。但那些身影眨眼间就消失了。这种高速运动中的身体带给他的模糊视觉把他震住了。

第一部分

第一章
命　运

西非，加蓬（十年前）

1846年末，雨季临近结束之时，一群人历经几个星期的跋涉，穿越了积水成涝的内陆之后，终于抵达了非洲大陆临近大西洋的海岸。[1]他们并没有按地图走，因为位于赤道上的这片广袤的森林在地图上根本就不存在。在外界看来，他们是从一片未知的地域——一片在世界地图册上完全未曾标注的地方——冒出来的。

但这些人一生都在这片土地上探险。[2]他们是非洲当地的商贩，被偶尔靠岸进行交易的欧洲商船吸引，定期从内陆村庄长途跋涉，历尽艰辛，前往加蓬沿海最大的聚集地。这一天，除了扛着通常的一捆捆乌木和象牙，这些商贩还带着一些非同寻常的东西：一具不知从何处鼓捣来的十分罕见的图腾，令人爱不释手。[3]

那位居住在断崖上的美国传教士难以抗拒其吸引力。

他名叫约翰·莱顿·威尔逊（John Leighton Wilson），身材高大，他的微笑常常转瞬即逝，消失在其满脸蓬松的白胡子里。许多年前，他从美国的南卡罗来纳州来到这片位于赤道的非洲海岸，专为拯救当地人的灵魂。然而，他自己的灵魂却大部分被身旁的各种奇观俘获。他会一连几个小时，或惊叹于矛蚁①精致的蚁巢，或测量蟒蛇的大小，或是试图驯服在他的小屋门边扒拉东西的豪猪。[4]尽管他向当地人布道时总是反复向他们灌输巫术、虚假的偶像以及各种部落迷信的弊害，然而他自己却总是轻易为这些具有异样风情的诱惑所影响。当他发现部落男子手里的这一奇怪的古玩时，他马上就被它迷住了，提出要把它买下来。

这是一个头盖骨。

乍看之下，这一钙化的面具似乎是一件匠心独具的艺术品，由各种锐角和阴暗的孔隙构成一幅诡异的图案。威尔逊把它拿在手里，觉得它十分的实沉，一点也不像天长日久晒得发白的旧骨头那样轻飘飘的如同浮木。它的直径无疑超过了人的头盖骨，但它又与人类的头盖骨有相似之处，这就让这具头盖骨具有令人望而生怯的威力。[5]

单单下颚就大得惊人，露出满口的牙齿似乎是在阴险地微笑着。威尔逊很快地数了一下，发现有32颗牙齿，和人类的牙齿数量一样多。但有4颗十分显眼的牙齿引起了威尔逊的注意：两对分别长在上下颚的尖牙，最大的那对长达2英寸多，状似弯刀。这两对尖牙看起来已经磨损，但究竟源自何物他就只能凭想象了。

从嘴巴开始，向上延伸至眼睛的面部骨骼向后倾斜了近45度，中间被一个豁开的圆形鼻腔打断。在那一道吓人的眉脊下，有两个黑洞，从曾经嵌着眼睛的地方向外望着。颅穹本身出奇地平坦，与头部其余部分相比就显得太小了，似乎露出了一种赤裸裸的野兽般的愚昧，给人一种危险的征兆。由于这具头盖骨上没有残留下任何

---

① 矛蚁（driver ants）：热带非洲行军蚁亚科的捕食性蚂蚁，是世界上最大的蚂蚁。——译者注

的血肉，人们无从推测出这种未知生物更完整的相貌来，但这同样使得它令人望而生畏：细节的缺失不知为何反而加剧了它的古怪，就像最生动的噩梦需要黑暗才能被人看见一样。

当地人称它为涅纳（*njena*）。[6]

多年来，威尔逊一直在编纂第一部当地方言词典，但他无法翻译这个词。不管这个生物是什么，在英语或其他任何语言中都不存在这个词。

威尔逊相信命运。每个事物——每一粒沙子，海里的鱼，空中的鸟，所有的爬行生物——以及每个人在这个世界上都有一席之地。不管某个事物一开始看起来多么可怜、凄凉可憎或绝望，它的存在本身就意味着它是神圣计划中不可缺少的一部分。在神看来，一切所造都甚好。

他的信仰使他扎根于西非。这地方在大多数和他一起在南卡罗来纳长大的种植园主眼里就是一处不适宜居住的不毛之地，根本就瞧不上。在利比里亚待了10年之后，1842年，威尔逊建立了加蓬的第一个固定的布道所。此时其他教会早已在整个非洲除加蓬之外的地方建起了布道所，然而加蓬这一横跨赤道、紧临非洲大陆西部边缘的地方却一直没有传教士踏足。几个世纪以来，欧洲船只一直行经海岸附近的海面，但海岸线附近汹涌的海浪和湍急的潮流把大多数船只吓跑了。极少数冒险上岸的人从不深入内陆，因为地形将各种各样的障碍抛在打算来这里探险的那些人面前。在一片狭窄的海岸平原之后地势便迅速隆起，先是连绵的绿色山丘，然后便是崎岖的山峰。笼罩着高地的云层给低地森林带来了雨量超过100英寸的倾盆大雨。河流被红树林堵塞了。蚊子致人于死命。有传言说，那些内陆部落是很喜欢吃人肉的。

威尔逊喜欢这个地方。他在一处通风的、俯瞰着加蓬河河口的断崖上建造了一栋有着六个房间的竹楼。这个地方叫作巴拉卡（Baraka），是“*barracoon*”一词的派生词。“*barracoon*”这个词语在当地是“奴隶集中营”的意思，直到最近这里依然还是这样。威尔逊希望通过做上帝的工作来净化这一段历史的污点。他相信自己命中注定要住在那个地方。

他的妻子简（Jane）不久便来到他身边。他们一起为姆庞圭人（Mpongwe）的孩子建立了一所新教学校。姆庞圭人是居住在沿海一连串松散村庄的族群。他努力学习他们的语言和习俗，并融入其中。他喜欢当地人，尊重他们“柔顺的性格”[7]和在他看来是天生的敏捷的头脑。根据威尔逊对《圣经》的解读，这些人是诺亚的儿子“含的后裔”[8]，他们受到了诅咒，在那场大洪水过后定居于北非。不管他们是否被诅咒，他相信，他们继续出现在这片恶劣的土地上证明了他们注定会在历史上扮演重要的角色。威尔逊试图拿起纸和笔来厘清自己的头绪：

这么长一段时间以来，这个民族在极其不利的环境下得以存续并不断繁衍生息；而其他的种族，虽被安置于更有利于其种族存续的环境，却已经从这个世界上消失，或是衰减到只有屈指可数的地步。这难道不正是一种无法合理解释的神秘天意吗？莫不成他们之所以得以存续，是为了以备未来的重要使命？[9]

1848 年的某一天，一直在寻找天意的威尔逊看到一小群姆庞圭部落的人走近他的小屋。和他们一起来的有一个身材矮小者。[10]他是个十来岁的年轻人。他看上去像一个被冲到河流上游某处泥滩上的流浪儿——根据男孩所描述的，这种猜测与事实相差不远。他说，他放弃了自己的独木舟，沿着河岸跌跌撞撞地走了四天才到达巴拉卡。他身体虚弱，饥肠辘辘，极其可怜，是一个遭遇海难、需要避风港的人。

他的名字叫保罗·迪·谢吕。威尔逊张开双臂欢迎他。

传教士相信这个男孩就像其他人一样，生来就有一个神圣的目标。帮助他发现这个神圣的目标是威尔逊的责任。

当时谁也不可能意识到这一点，但当这位17岁的少年跨进那座竹子搭盖的布道所的门槛时，他迈出了进入新生活的第一步，而抛弃了他的旧生活——这旧生活就像他说过的那只随波逐流的独木舟。在这栋竹楼里，保罗第一次听说了威尔逊一年多以前得到的那个怪异的头骨。就在这一刻，两个命运——那个男孩的命运和那只野兽的命运——迎头撞在了一起，并永远改变了方向。

保罗说他是法国人，这完全说得通。几年前加蓬刚刚被法国宣布为殖民地，威尔逊和简亲历了这个混乱的过程。[11]

1842年的一天，一艘法国商船的船长偏离航线在这里登岸，手里拿着一瓶白兰地。他派人叫来当地姆庞圭人的首领格拉斯王（King Glass）。船长先前在一个交易点见过他。两个人喝光了那瓶白兰地之后，商人摊开一张纸，要格拉斯王在上面签字。

酒喝完后，部落王告诉威尔逊，他明白这份文件只是一份通商条约，以确保法国和格拉斯王的君主国之间的贸易关系稳固。但就在第二天，一艘法国战舰向格拉斯王的城镇鸣放了一门礼炮，一名海军中校耀武扬威地上岸通知大家，他们现在正式成为法国的臣民。他手里有一份成约能证明这一点。中校告诉他们，如果有任何外来者，特别是英国外来者，试图宣称拥有他们的领土主权，他们应该毫不犹豫地向法国海军寻求援助。

当这位海军中校到达这里时，威尔逊不在家里，但简大声争辩。

“这块领土是否真的割让给了法国尚值得怀疑，”她告诉那位法国海军中校，“而且传教团不希望也不需要法国人的保护。”[12]

她的抗议虽然温和却非常勇敢，但那位法国海军中校置之不理。交易已经完成了。更重要的是，法国人在整个沿海地区都如法炮制。除了得到格拉斯王的签名外，法国商人们还从加蓬邻近地区的统治者那里取得了成约。加蓬已正式被法国殖民：法国海军获得了合法许可，可以在加蓬任何地方建造军事或商业前哨站。

从一开始，法国就是半心半意的，这是其官方立足点政策的一部分，目的是遏制其长期竞争对手英国的快速殖民扩张。早期把沿海平原变成有利可图的农业中心的希望很快破灭了，沿海堡垒的建设也被放弃了。这座才建造一半的建筑就这样在浪花的冲刷中腐烂了，如同一座纪念碑，见证了该国对其最新获得的这块殖民地的冷漠。

到 1848 年，法国在加蓬最明显的存在标志是一个贸易站——勒阿弗尔的拉莫伊斯商行。保罗告诉威尔逊，他刚从巴黎来到这个国家，来和父亲会合，巴黎正在经历一场激烈的革命。父亲是几年前搬到加蓬管理这家商行的。

威尔逊意识到自己实际上见过保罗的父亲，他在几个月前告诉过自己有关他儿子的事了。[13]这位名叫查尔斯－亚历克西斯·迪·谢吕（Charles-Alexis Du Chaillu）的商人曾试图让儿子在附近的一所法国天主教教会学校就读，但被耶稣会拒绝了。[14]后来老迪·谢吕问巴拉卡布道所是否可以接受这个男孩就读，但威尔逊没有立即给他答复。于是，最初的几个月保罗就在岸边帮做生意的父亲跑跑腿。他逆流而上，到居住在内陆几英里的部落收集货物。结果有一次他在去拉大批的乌木和象牙时，独木舟翻了，他说，他只好长途跋涉，返回威尔逊的房子。

见第一次面后，威尔逊同意接受保罗进学校就读并教他英语。而在查尔斯－亚历克西斯看来，英语这项技能对于一个积极进取的商人来说很有价值。

保罗抓住这个机会，他的生活不再是以他父亲的家庭为中心，而是以威尔逊这位传教士为中心。他成为威尔逊家的一分子，他搬进了一间四四方方的房间，紧挨着“客厅”——“客厅”很简陋，但这对夫妇用一张旧温莎椅和几幅镀金框的画使它变得高贵起来。保罗像是用亲生父亲交易到一个新的父亲，而且在这笔交易中额外还多得了一个母亲。

简·威尔逊和丈夫一样喜欢这个男孩，她非常喜欢来到他们家的这位开朗、小精灵似的男孩。他浑身上下散发着活力与乐观，时不时地说几句赞美之词——这让简很开心，她总是自豪地坚持一个美国南方美女的时尚和礼仪。每天，当她在临时的教会学校给当地居民和保罗辅导完功课后，她便连忙以她在佐治亚州的萨凡纳成长时耳濡目染来的“精致的细节”[15]打理她自己：她梳洗好自己的头发，梳成她丈夫最喜欢的发型，然后穿上一件新洗过的印花布连衣裙。多年来，她觉得似乎在加蓬只有她丈夫一人懂得欣赏她所做的这一番努力；她从未指望那些穿着方形长袍的村民们能够充分欣赏一位正统的基督教妇女的优雅。但现在，这个总是彬彬有礼的男孩就像她和丈夫从未有过的溺爱的儿子一样。像其他人一样，他们直呼他的名字——这种随和的称呼正是保罗所喜欢的，他的余生一直都鼓励各阶层的人士这样称呼他，而无视那个时代的礼节。

没过多久，他对威尔逊夫妇的感情就变得十分清楚了：他不再称呼他们为威尔逊牧师和太太，而开始称他们为“父亲”和“母亲”。[16]

在这个男孩的眼里，威尔逊是个奇迹般的人：一个不用诉诸武力或强制的手段就能在沿海各个部落中赢得普遍尊敬的白种人；一个庄严的存在，他不仅能忍受其所处的赤道环境，而且竟然以基于信仰的崇敬对待这一切。[17]这个男孩从一开始就仰望——无论是在字面意义上还是象征意义上——威尔逊。保罗身高5英尺多一点，比威尔逊矮了1英尺左右。威尔逊犹如父亲般的卓越品行为他自己在加蓬河畔赢得了声望，在权威上可与格拉斯王相媲美。

保罗从他新认的养父母那里学到的不仅仅是对英语口语的熟练掌握。不断的接触和由衷的钦佩使他特别容易接受威尔逊对周围自然世界的全面融入。

由于他的短途交易之旅使他比别人更敢于前往内陆，几个月后，保罗对当地自然生命的了解已经远远超过了大多数普通商贩。但威尔逊可能比在世的任何人都更了解西非的动植物。

多年来，这位传教士一直在整理笔记，准备出一本书，他希望这本书能记录下西非所值得了解的一切。他是第一个研究和开发沿海几个部落的部落语言书写系统的人。他孜孜不倦地抄录当地的传说，钻研当地人的各种迷信，揭开他们部落的统治体系。他绘制了该地区的河流和平原的地图，如实地记录了气候模式，并试图对他偶然发现的几乎每一种植物和动物进行分类，不管它们看起来多么微不足道。威尔逊似乎践行了《旧约》箴言书之6：6：“懒惰的人哪，你去察看蚂蚁的动作，就能得到智慧。”威尔逊的昆虫学观察简直到了痴迷的地步。他深入探究塔式的蚁丘，并挖出它们放射状的地道。他绘制出白蚁在一天中（夜间）似乎最为活跃的时段，并且还计算出一群矛蚁吃掉一头活马或活牛的速度（48 小时）。他惊叹于它们仅仅只是利用自己的身体，就在一棵植物与另一棵植物之间架起了一座拱桥，以及它们用自己的身体共同组成“木筏”一起渡河的方式。这些都不是以速记员那种职业性的冷漠所记录下来的烦琐冗长乏味的数据，而是对生命多样性的赞颂。

威尔逊的热忱显然是具有感染力的。保罗 —— 不管这种癖好是潜伏在他身上的，还是威尔逊在他身上种下的 —— 已经成为一位目光敏锐的记录者，记录了上帝为人类创造的无穷无尽的奇迹。

他特别喜欢传教士所讲的那些与当地较为奇异的动物相关的奇幻故事，比如几年前的一天，那条大蟒蛇咬了姆庞圭人的一只宠物狗。就在那条蟒蛇几乎把那条狗吞下一半时，威尔逊和几个部落里的人把狗从蛇口里抢救了出来，此时这只可怜的杂种狗的皮毛已经从头到脚都被蟒蛇涂上了一层黏糊糊的口水。

“这只狗没有受伤，”威尔逊说道，“但它身上那层蟒蛇的口水几个星期之后才去掉。”[18]

然而，在威尔逊讲述的所有故事中，没有一个比涅纳的故事更让这个男孩着迷了。这种生物被蒙上一层朦胧的神秘感，当地人说起它时就好像它是一种神秘的怪物，而不是真正的动物。涅纳是一个待解之谜。

第二章
新的痴迷

英国，伦敦

卡罗琳·欧文（Caroline Owen）非常努力地维持一个体面的家庭。[1] 宽敞的餐厅里摆着一张豪华舒适的高背沙发，书房里的皮革制品和木制品闪闪发光，客厅里华美的地毯使人毫不怀疑这家人属于英国上流阶层。然而，她为此所做的这些努力却总是徒劳无功。任凭她怎么努力，也都无法忽略房间里的那只大象。

它实在是太难闻了。

"由于屋子里有那头死去的大象的部分残骸，所以我不得不把所有的窗户都打开，尤其是天气很暖和的时候。"她在她的日记中吐露道，"我让 R. 满屋子里抽雪茄。"[2]

"R."是她的丈夫理查德·欧文（Richard Owen），伦敦科学界最有名望的学者之一。就是他把那具臭气熏天的大象残骸拖回家的。他总是把他的工作带回家，而且他的这项工作总是有办法渗透到家里的每个房间。

如果带回家的不是一头大象的尸体，那就是一头死去的长颈鹿的尸体或者一具河马的尸体，不然便是一只企鹅的尸体。

卡罗琳并没有大声抱怨，因为自从嫁给理查德的那一刻起，她就清楚自己将面临什么。作为一名博物馆管理人的女儿，她在成长过程中已经习惯了这种令人头晕目眩的尸体腐烂的气味。这对夫妇第一次见面时，理查德还只是卡罗琳父亲最有前途的门生。而今，十多年之后，这对夫妇和他们年幼的儿子一起住在皇家外科学院（Royal College of Surgeons）的一所房子里。作为英国最杰出的解剖学家，理查德在这里掌权。

这一职位带来了一定程度的声望。科学这一行业在当时可以说是一个相当新颖的行业，它激发了公众的想象力。大英帝国不断地把探险家和博物学家派到世界各地，他们在生物学上的发现几乎总是被摆在欧文的解剖台上。他喜欢为他所检验的那些稀奇的东西创造新的术语（例如，恐龙就是他创造的一个术语），而且他并不羞于从野外科学家那里攫取荣誉。在他看来，发现一个新的物种是一回事，但对这一物种进行分类并将其置于更广泛的科学背景中则是一件更为重要的事情。许多报纸报道了他的演讲，插图画家以漫画的手法描绘了他结实的下巴和鼓凸的眼球——他的眼睛瞪得大大的，仔细观察着这个世界。

他所获得的声誉为他打开了进入伦敦上流社交圈的大门。他以自己对待科学那般不可阻挡的热情冲了进来。当韦伯的一部歌剧新作在伦敦首演时，理查德被迷住了，他连续30个晚上都穿着正装去观看同一部歌剧的演出。在观看莎士比亚所创作的喜剧《皆大欢喜》（*As You Like It*）的演出时，他在后台的演员休息室遇到了查尔斯·狄更斯（Charles Dickens）。不久，这位小说家就成了欧文家的常客。维多利亚女王（Queen Victoria）和阿尔伯特亲王（Prince Albert）把欧文夫妇看作朋友，他们还请理查德教他们的孩子们生物学。丁尼生勋爵（Lord Tennyson）会到他们家来，在他们家的客厅里朗诵诗歌。

卡罗琳明白，他们的这种时尚的生活方式有赖于理查德的工作，尽管动物尸体的味道多么刺鼻，但她还是咬紧牙关忍受了丈夫的这种怪癖。他倚在沙发上，抽着一支他放在一个澳大利亚原住民头骨里的雪茄，而她则记下了他所要交代的事情。晚餐时，他可能会特别想要吃鸡腿，这样他就可以在和她一起就餐时就便检测一下这只鸡的肌肉结构。睡觉前，她可能会把他的宠物龟塞进法兰绒毯子里，然后拿出她自己的日记本，无奈与恼怒地写道，她的小儿子在房间里看着父亲解剖黑猩猩后，“他闻起来就像一个保存在朗姆酒中的标本”[3]。

1847 年 4 月的最后一个星期，就像欧文家里平常的日子一样。理查德胃痛得厉害，卡罗琳认为这是因为他斗胆吃下鸵鸟肉引起的。他把大部分时间用在看最新的动物学珍品：一只肉色的两栖动物，没有眼睛，在不断地蠕动着，它在一个罐子里盲目地蜿蜒行进着。它看上去好像是从一个没有光线的洞穴深处被拖出来的——事实上，它确实是从一个洞穴深处被拖出来的。理查德称它为变形杆菌（今天人们把它称为洞螈），他坚持不懈地想要给它喂虫子。欧文不知道这种动物在没有食物的情况下可以存活 10 年，他担心这一动物可能会饿死。但是，当他接到一封信后，他对这只蠕动着身子的生物的痴迷也就减弱下来了。这封信把这件事以及他所关注的其他一切都抛诸脑后了。

寄件人的地址是：西非加蓬河新教布道所。

这封信的署名是驻利比里亚的美国传教士托马斯·萨维奇

（Thomas Savage），他最近拜访了在加蓬的约翰·莱顿·威尔逊。

“我在这个地方发现了一种非常特别的动物，”萨维奇在给欧文的信中写道，“我有理由相信这是博物学家所不知道的一种动物。”[4]

萨维奇解释道，他在回美国的路上，他所乘坐的船只被迫在加蓬停留。在和威尔逊同住时，他看到了这个奇怪的头骨并被它迷住了。在威尔逊的帮助下，萨维奇恳求当地的商贩提供任何他们能找到的与涅纳有关的其他证据。最后，这两个人又收集了几个头骨和其他一些骨头。与此同时，刚好还有一位英国传教士的妻子来拜访威尔逊，她绘制了这些头骨的解剖图。这些草图就在欧文正在读的这封信里。

萨维奇写这封信的目的就是想要欧文将这些描述中的头骨与保存在皇家外科医学院博物馆里的其他物种的头骨进行比较。他还向欧文提到，他希望弄到一具涅纳的尸体，用酒精保存起来，不过他在信中表述得很克制，免得欧文因为他的这一打算而兴奋不已。“然而能否成功还具有很大的不确定性，这种动物非常凶猛和危险，而且只有在内陆深处才找得到。”[5]萨维奇补充道。

欧文对所有已知的黑猩猩和猩猩的种类都非常熟悉，每一种他都进行了多次的解剖。[6]但是当他看到这些素描画时，一眼便看出这个头骨和其他猿类头骨的差别。面部角度和黑猩猩不一样，鼻骨比猩猩的更突出。涅纳看起来是一种完全不同的动物。

欧文很熟悉的一位布里斯托尔①的博物学家联系了一艘商船的船长，欧文问他是否可以在下次停靠在加蓬期间设法多收集一些头骨。几个月后，这位船长带着三个头骨回到了英国，但他才回到布

① 布里斯托尔（Bristol），英国西部的港口城市。——译者注

里斯托尔就过世了，无法提供关于这种动物的其他任何信息。这并不重要；欧文手里已经有了一个真正的头骨，他立刻对它进行了彻底、全面的仔细检查。

1848 年 2 月，欧文准备向动物学会（Zoological Society）提交一篇题为“论黑猩猩的一个新种类”（On a New Species of Chimpanzee）的论文。他把自己所有能识别的细节——头骨的面部角度、牙齿结构和其他骨骼特征等——都一一加以分类编目。为了表达对引起他对这一动物产生注意的萨维奇的谢意，欧文提议以萨维奇的名字（Savage）将这个新的种类命名为“*Troglodytes savagei*”（萨维奇穴居人）。

但萨维奇回到美国之后早已把他搜集到的头骨和骨头交给了哈佛医学院的解剖学家杰弗里斯·怀曼博士（Dr. Jeffries Wyman）。由于隔着大西洋，两岸之间的科技新闻往往需要几个月的时间才能传递到对岸，欧文并不知道萨维奇和怀曼已经在《波士顿博物杂志》（*Boston Journal of Natural History*）上联合发表了有史以来第一篇描述该物种的文章。他们把它命名为“*Troglodytes gorilla*”（大猩猩）。

欧文在为这一新物种命名的竞赛中屈居第二。他认输后，撤回了自己所提出的物种名。但他却无法停止思考这一新动物。每当有什么东西激发了欧文的想象力时，无论是一部歌剧还是一种未知物种的发现，他总是很难放手的。

第三章
汉诺的航迹

加蓬

“gorilla”（大猩猩）这一命名选自一本写于公元前 5 世纪的古希腊文本《汉诺旅行记》（*The Voyage of Hanno*）。[1] 这份文件记录了航海家汉诺（Hanno）的海上旅程，他奉迦太基① 之命率领船队越过赫丘利斯之柱（Pillars of Hercules ）前往后来被称为“北非”的地区探险。

汉诺在书中写道，他驶过了鳄鱼大量出没的沿海河流，遇到了一座夜里燃着火的岛，岛上充斥着“风笛、钹、鼓和混乱的喊叫声”。他们吓得赶紧远离这座岛，继续往南行驶。他写道：

> 在驶离那座火光熊熊的岛之后，第三天，我们来到一处名为“南角”的海湾。在海湾的尽头有座岛。就像我们之前离开的那座

① 迦太基，古国名。存在于公元前 8 世纪至公元前 146 年，位于今北非突尼斯北部，临突尼斯湾，当东西地中海要冲。公元前 9 世纪末，腓尼基人在此建立殖民城邦。公元前 7 世纪，该城邦发展成为强大的奴隶制国家。首都迦太基城（今突尼斯城）。疆域包括北非西部沿海、西班牙南部、西西里岛大部以及科西嘉岛、撒丁岛和巴利阿里群岛，垄断了西地中海海运贸易。——译者注

岛一样，这座岛也有个湖，湖中还有另一个岛。岛上到处都有野蛮人，其中大部分是妇女，她们身上长满毛，我们的翻译管他们叫“Gorillae”。虽然我们去追赶那些男人，却一个也抓不到；所有的男人都从我们面前逃走了，一直逃到了悬崖边，然后就用石头自卫。不过还是有三个女人被我们抓到了；但她们用牙齿和手攻击带走她们的人，因此我们无法制服她们并将她们带走。最后我们把她们杀了，剥下了她们的皮，把她们的皮带回迦太基。我们没有继续往前行驶，我们的粮食补给已经不够了。[2]

汉诺到底看到了什么样的生物至今仍然是谜，但几乎可以肯定，它和威尔逊所获得的头骨并不是同一物种。但涅纳也许就是17世纪早期被葡萄牙人囚禁在安哥拉18年之久的英国水手安德鲁·巴特尔（Andrew Battell）所描述的那种被称为“pongo”（类人猿）的神秘的人形动物。巴特尔本人并未亲眼见过这种动物，他描述了当地一些关于这种动物的奇幻传说：

它们成群结队地出动，杀了很多穿行于树林里的黑人。很多时候，它们会向去它们地方觅食的大象发动攻击，以其棍棒般的拳头和木片击打大象，大象会被打得嗷嗷直叫并逃离它们。从来都没有人活捉到“pongo”，这是因为它们实在是太强壮了，十个人都抓不住其中的一只。[3]

另一位名为T. E.鲍迪奇（T. E. Bowditch）的旅行者在1819年沿非洲海岸旅行时写了一本游记，书中描述了一种被姆庞圭人称为*ingena*的野兽。当地人告诉他，这种动物身高大约5英尺，肩宽4英尺。“据说它的爪子大得出奇，”鲍迪奇书中写道，“一巴掌甩过来就会要了你的命。”[4]他还说，许多当地人“口径一致”地告诉过他，这种类人猿会仿建一些十分简单的竹屋并且睡在外面的屋顶上。

萨维奇和怀曼追查所有这些模糊的历史文献，而威尔逊则继续在加蓬帮助他们收集更多相关的轶事信息。当迪·谢吕在附近徘徊时，威尔逊在忙着继续撰写他那本关于西非的百科全书，他恳切地向姆庞圭的当地居民打听所有关于这种动物的一切，似乎海岸附近的人几乎都没有亲眼见过这种动物。

消息很快就传到内陆：布道所那边有人对任何与涅纳有关的东西都十分感兴趣。于是，越来越多的头骨和骨头开始陆陆续续送到这座位于悬崖之上的房子来。最后，威尔逊收集了两具完整的大猩猩骨架，一具运给在美国的怀曼，另一具运到伦敦给欧文。威尔逊甚至看到了一只最近被杀死的大猩猩，尽管它的尸体已经腐烂到无法抢救的地步。根据威尔逊自己的观察和少数几个声称看到过活着的大猩猩的猎人对这种野兽所做的描述，他大致能勾勒出这只可怕的怪物的轮廓。

“几乎不可能给出一个正确的信息，无论是其可怕的相貌，还是其所拥有的骇人的肌力。”[5]威尔逊写道。

当地人告诉他，如果这只动物在森林里遇到落单者，它一定会发起攻击的。威尔逊说他曾见过一个偶然碰到这种野兽，侥幸逃过一劫的人讲了这么一件事。这名男子的小腿被扯断，威尔逊说道，要不是他的狩猎同伴及时赶来救他，他很可能已经被完全撕扯掉了。“据说他们会从人类的手中夺过他们的火枪，用双颚将枪管咬碎。”威尔逊写道，“从他们颌部的肌肉和他们牙齿的大小来判断，这种事情是不可能发生的。”[6]

利用威尔逊帮助他们收集到的信息，萨维奇和怀曼写道，当地部落认为杀死大猩猩是勇气与技能的终极体现。姆庞主人有时会奴役住在内陆深处的其他部落的成员，他们向威尔逊讲述了一个卑微的仆人用步枪射杀了两只大猩猩的故事。“这种行为以前闻所未闻，几乎被认为是超人的行为。”萨维奇和怀曼写道，“这个人立刻获得了自由，而且声名远扬，享誉国内外，被称为猎人王子。”[7]

出于其自身的原因，保罗也在寻求解脱，他渴望找到一种从他从未与人谈及的过往中永久地挣脱出来的方法。然而，他从当地人那里听到的故事证明，即使是最卑贱、最低微的人也能成为传奇，值得尊敬。现在所需要的只是勇气和证明这一点的机会。

难道保罗必须认命，像他父亲那样成为一名沿海商人，一辈子得过且过吗？究竟他命中注定要用纯粹商业的有限视角来看待这个世界呢，还是能够观赏到这个世界千变万化的美妙景象呢？到底是什么妨碍了他拥有一个宏伟的人生？

威尔逊给保罗灌输了自我转变的梦想。作为一名在非洲的传教士，他对摩西在法老土地上的故事非常熟悉：一个在尼罗河的芦苇丛中被救出的婴儿，逃过了生就多舛的命运，注定会成为史诗里英雄的原型。当保罗从河里被救出来并遇到威尔逊时，他表现得就如同他自己的生命才刚刚开始。以前的一切都不重要。他得到了书写自己未来的机会，他渴望马上开启自己的新人生。

威尔逊全力支持他。因为这就是他所相信的传教工作的意义：让人们有机会走上其先辈未曾走过的路，希望他们在那里能找到自己的真正目标。

1852 年初，威尔逊发现纽约卡梅尔的一所神学院正在寻找能教法语的人。对一个决心抹除一切过往的年轻人来说，有着广阔前景的美国似乎是那么的美好。威尔逊寄了几封信，动用了一些关系。[8]不久之后，保罗便遇到了一位答应让他免费搭船横渡大西洋的船长。他出发了，开始了他所希望的、由他自己来创作的史诗般的传奇的第一章。

第四章
划定界线

伦敦

要想知道谁会在早上来欧文家那有点难，但猜测有人可能一大早就登门造访却错不了。理查德的一些科学界朋友有着和他一样强烈的求知热情，这使他们对各种社交规范视而不见，比如登门拜访时他们是不会在意时间是否合适的。

“达尔文先生一大早就来了，早餐时间还不到就过来了。”[1]卡罗琳在她于1847年某天的日记中这样写道。

1847年和1848年里，38岁的查尔斯·达尔文（Charles Darwin）是欧文家的常客。他们两人相识多年；达尔文把他于1831年至1836年间乘坐小猎犬号（HMS *Beagle*）前往南美洲之行期间收集到的哺乳动物化石送给了欧文。现在，达尔文正在向这位资深科学家请教，想要弄明白欧文所提出的包含人类在内的所有脊椎动物“机体都是一样”的想法。

欧文认为，不同的物种都有一个共同的、基本的蓝图——他称之为“原型”——然后各自按照预编的独特方式演变。他写道，每一种物种“都能达成其目标，动物的利益也得以提升，从而彰显了其优异的设计、智慧和远见。然而在这些设计、智慧和远见中，动物本身的判断和想法却没有被考虑在内。因此，与维吉尔①和其他用心观察自然的那些人一样，我们必须把一切归因于宇宙的统治者，我们在其中生活，在其中活动，在其中存在"[2]。

欧文关于这一主题的作品既博学却又晦涩，这就是为什么达尔文经常光顾他的家，试图更清楚地理解他的研究。1848年，当欧文准备在期刊上发表一篇文章概述这个概念时，达尔文请求他在文章中加上一些插图，这样，"像我这样的愚笨之人"就能更容易理解这些概念。[3]

达尔文热切的兴趣和谦逊使欧文感到高兴。他并不知道这位年轻的科学家正在独自研究生物发展理论，这个理论比他自己的理论更有条理，更经得起严格检验。达尔文的这个理论——由于欧文对它的抵制——最终将他们的友谊撕成了碎片。

作为英国国教圣公会的一名成员，欧文在他的书房里保存着一本空白处印有年表的《圣经》，上面说创世之日是在公元前4004年10月22日。[4]

这个年表是由17世纪的英国圣公会大主教詹姆斯·厄谢尔（James Ussher）编制的，乃是基于对《圣经》《犹太法典》以及犹太教－基督教传统中的其他神圣文献的解读而编制的。欧文并不认可这份近两百年来由詹姆斯国王（King James）钦定、由圣公会使用的《圣经》英文版中的这份大事年表。对他和他那个时代几乎其他所有的科学家来说，《圣经》不是一本照字面来读的书，而是一

① 维吉尔（Virgil），本名普布留斯·维吉留斯·马罗，古罗马诗人。其最重要的作品是史诗《埃涅阿斯纪》。——译者注

种寓意的或者说隐喻性的文本。

对 18 世纪末和 19 世纪初的科学家来说，质疑《圣经》年表的科学证据不可避免地变得明显起来，这主要归功于地质学和古生物学的发现。[5] 地球似乎比《圣经》中的记载要古老得多，而且它经历了多个地质时代。法国博物学家乔治·居维叶（Georges Cuvier）和英国地质学家威廉·史密斯（William Smith）对残遗化石和地质层进行了分析，并证明每个时代都有不同种类的动植物，其中许多似乎已经在世界上任何地方都已不复存在了。正如居维叶所指出的，人类生活的证据只出现在最近的地质沉积层中。"所有物种同时在地球上漫游"的单一创世时刻的理念，开始在博物学家中失去可信度。到 19 世纪的前二十年，大多数科学家都认为，随着时间的推移，新的物种既会出现，也会随着时间的推移而消失。

那些想要重建《圣经》中关于创世说法的人士纷纷提出了各种各样的解释。事实上，许多因为科学发现而对《圣经》提出质疑的科学家也同样在极其努力地协调，使这些科学发现与《圣经》相一致。有些科学家提出了"间隔论"①，认为从创世纪的"开始"到创造所有物种之间存在着一段没有记载的时间。另一些人则认为，《圣经》中所描述的创世六天中，每一天的时间都要比我们现在这个时代的一天 24 小时要长得多。这些科学家还不愿意去破坏他们自己虔诚信奉的宗教。

对于像居维叶这样的 19 世纪科学家来说，他不能忽视这些明

① 间隔论（the gap theory）：认为《创世纪》第一章第一节与第二节之间有一段极长的时间间隔，在此间隔中，原有的创造遭破坏，之后神才再展开地球上的创造。——译者注

显的差异，要保持这种信仰就需要重新思考什么是真正神圣的，什么不是真正神圣的。圣经中的时间表是可以阐释的。尽管有越来越多的化石证据支持“嬗变”（transmutation）—— 在当时，“演化”（evolution）一词通常被称为“嬗变”—— 这一说法，但居维叶拒绝接受这个观念。演化是一条不可逾越的界线。“所有的物种都各随其类而繁衍。”《创世纪》中写道。对居维叶来说，这是一个无可置疑的事实。提出别的说法似乎既不合逻辑也不道德。

真正时不时地让那些死心眼的基督徒大为光火的是一个物种的本质特征，尤其是人类的本质特征，可能会随着时间的推移而发生根本变化这种观念。与许多其他宗教传统不同的是，犹太 – 基督教的经文坚持主张创造是在某个时刻发生的。更重要的是，他们画了一条粗大、清晰的界线，把人类和其他动物分开来。人类是一种特殊的创造物，从一开始就完全形成了，与地球上的所有其他生物完全不同，且比它们优越。根据《圣经》，人类绝对是独一无二的，一直以来都是如此。

大多数早期的嬗变理论试图维持人是“神圣的钟表匠”的终极创造物这么一个观念。1844 年，由罗伯特·钱伯斯（Robert Chambers）撰写并匿名出版的《创世的博物学遗迹》（*Vestiges of the Natural History of Creation*）一书，概述了动物从较不完美的生物发展为更为完美的生物，而人类则是其中最完美的这么一个观念。钱伯斯写道，遵循这一渐进的发展法则，嬗变是上帝这一“全能的创造者”所绘制的蓝图的一部分。

尽管这本书试图对宗教领袖让步，却遭到英国神学和政治精英中的保守者的谴责，被视为异端。于是，在需要有人找出这本书中科学上的漏洞时，维多利亚时代的建制派①就转向了他们所认识的一个可以支持现状的人：理查德·欧文。

罗德里克·伊姆佩·默奇森（Roderick Impey Murchison）是皇家地理学会的会长，有望于一年内被维多利亚女王封为爵士，他也是欧文最要好的朋友之一。1845 年，默奇森写信给欧文，暗示他去抨击《创世的博物学遗迹》一书，因为需要“一个真正的身披盔甲的男人，如果你愿意承担这一责任，你将为真正的科学作出无限的贡献，也是真诚地帮助你的朋友们”[6]。

但是欧文拒绝了。他在书中看到了许多值得赞赏的地方，他已经慢慢转变过来，接受了物种嬗变的观点——当然是有限度地接受。从某种意义上说，他关于原型（archetypes）的观点就是建立在钱伯斯所概述的相同的原理上的。[7]欧文反对演化可能来自外部力量的观点，比如达尔文的物竞天择说。和钱伯斯一样，欧文认为这些变化是由内部引起的，源自这些生物自身。

欧文拒绝抨击《创世的博物学遗迹》一书并不意味着他要背弃建制派。他似乎试图把它推向一种妥协的立场，接受新的发现，而不完全放弃《圣经》。在接下来的十年里，欧文努力划出了一条精确的界线，界定了他认为嬗变的概念可以走多远：无论嬗变的过程多么缓慢，大自然都不可能逐渐把猿变成人。

---

① 建制派（the establishment）：指支持主流与传统、主张维护现有体制的政治势力。这里所说的“维多利亚时代的建制派”，指的是维护当时英国国教会（安立甘宗）神创信仰的人士。——译者注

第五章
美国梦

纽约，卡梅尔

卡梅尔坐落在连绵起伏的群山之间，离连接纽约市和奥尔巴尼的电报线的中点只有几英里的距离。村里有个大池塘，叫作萧氏湖，水塘清澈如镜，就像是这座有着 2300 口人的小村庄的共有草坪。在靠近湖岸的一侧，有一座狭窄的桥横跨在新近铺设的连接纽哈（纽约至哈莱姆）铁路的轨道上面。顺着这座桥继续往前走，有个访客径直跑入镇里最为雄伟的建筑物：一座由灰白色的石头和多利克柱构成的宏伟的建筑物——卡梅尔学校。[1]

这所学校是在保罗来到美国的两年前建成的，作为一所女子学校，只有十来名学生。但其新任校长决心要把这所学校变成一个与其恢弘的校舍相匹配的蓬勃发展的学府。1852 年，学校开始男、女同招，并因应不断增加的学生数而增加相应的教职工人数。其中一项当务之急的事情是聘请一位真正的法国人担任外语教师。

保罗似乎刚好符合要求。尽管他从威尔逊一家那里学了相当多的英语，但他说起英语来仍带着浓重的巴黎口音，而且，当他很难找到非常贴切的字眼时，常常用法语来填补空白。[2]一个性格比较内向的说话者也许会选择沉默，免得被人看成异类，但保罗却无所顾忌。他的口语听起来显得十分滑稽可笑，他大概就是那种诸如把“the”读成 *dzee*，把“these”读成 *dzees* 就会被粗鲁地模仿的人。在这么一座美国小镇里，只要他努力去做的话，就不会这般引人注目了。这就是为什么很少有人注意到这一略带悲剧性的讽刺：这个“小法国人”只想被认为是一个真正的美国人，并与卡梅尔这座美国小镇上的每个美国人打成一片。

他告诉学生，他鄙视法国。[3] 他说他经历过 1848 年的那场革命 —— 这一经历永远影响了他对第二帝国的看法。他告诉他们，他决心归化为美国公民，而且事实上，他去了卡梅尔的帕特南县法院并递交了申请。[4] 但他还未等到相关文件的到来就已经把这个国家当成自己的祖国了。他改掉了自己姓氏的读法 —— 他的姓在法语中读起来有点像是迪 – 谢 – 吕（*du-sha-yu*），开心地加入了一个美国人常犯的发音错误，把它变成迪 – 哈利 – 吕（*du-chally-yu*）。对他来说，他是个彻头彻尾的美国人。

尽管学生认为他是个美国公民，但这并不意味着他们接受他是他们中的一员。威尔逊在保罗身上激发出的那种显而易见的惊奇感，也让他成为学生和其他教员调侃的对象 —— 他们往往看不起古怪的人。

海伦 · 埃弗森 · 史密斯（Helen Evertson Smith）是保罗最喜欢的学生之一，她后来描述了保罗在卡梅尔中学的那段日子，说他那时少不更事，总是在不知情的情况下愉快地对朋友施以援手，却把自己的手伸进了毒蛇窝里：“迪 · 谢吕先生个子矮小，常常说非常古怪的英语，他非常善良的行为也全都公然遭到嘲笑，不仅遭到那些刚懂事的孩子们的嘲笑，还遭到其他教师的嘲笑。”[5]

他谎报自己的年龄，给自己多加了5岁。来卡梅尔时他自称有25岁，但这似乎并没有骗过那些学生，他们根本就没有像对待一位长者那样尊敬他。有一次，一群特别暴虐的男生制定了一个详细的计划，准备趁保罗在宿舍睡觉时绑架他。他们决定偷偷溜进他的房间，把他捆在一条毯子里。然后，他们就像搬运沙袋的建筑工人一样，手传手地把他往下扔，下了四段楼梯，越过一片被雪覆盖着的草坪，沿着陡峭的山坡，下到神学院山路（Seminary Hill Road），跨过大桥之后，将他丢进萧氏湖那冰冷的湖水中去。这些男孩子们在日历上标出一个日期：2月里一个相当寒冷的日子。但就在实施保罗绑架计划的前一天，这位法语老师乘着一辆四轮马车来到学校门口，上面装满了各种美食，有各种各样的糕饼、糖果、馅饼、水果，甚至还有火鸡。那一天——根本就没有任何明显的理由——保罗在学校顶层他的教室里举办了一个即兴的庆祝宴会。孩子们深感内疚，放弃了他们的计划。后来，他们这群同谋者中年纪最小的那位透露了这项计划。也有些人怀疑早已有人把这个阴谋预先告诉了保罗，于是他巧妙地举行了这场盛宴，来讨好那些男生，让他们心生内疚。其他人则认为他什么都不知道，他们认为他举办这次派对完全符合他慷慨与热情的个性。没有人真的很确定地知道内幕。

然而，可以肯定的是，如果保罗赢得了一些学生的尊敬，那么他在非洲待过一段时间的经历确实起了作用。虽然他可能希望被看成一个平常的美国人，但他学会了充分利用自己异域风情的光环来为自己加分。他向学生讲述自己在加蓬的经历，讲得越多，就越能激发他们中的一些人的热情。他谈到了大象、河马、巨蟒。似乎野兽越是狂野，就越能激起这些学生的兴趣。曾经有一小群女孩，这其中包括埃弗森·史密斯，课后往往会逗留在教室里，利用部分午餐时间听他讲那些冒险经历。他把它变成了一种练习，女孩们渐渐喜欢上了这种练习：如果她们用法语问他有关非洲的问题，他就会用英语回答。当女孩们试图更清楚地了解这位年轻教师的背景时，他与她们之间的交流有时会涉及个人问题。他虽然给她们讲了一些细节，但已足以满足她们的好奇心：他告诉她们，他出生在非洲，他的母亲在他还很小的时候就过世了，因此已经不记得她了。他说，他被送到法国上学，当他长到可以为他父亲工作的年龄时，他又回到非洲与他父亲团聚了。

在卡梅尔的时候，保罗注意到有些人对非洲很感兴趣，他就利用她们对非洲的这种兴趣主动提出要为《纽约论坛报》（*New-York Tribune*）写一系列关于非洲的文章。编辑部同意发表几篇描述海岸动物的文章。[6]

约翰·卡森（John Cassin）是《纽约论坛报》的一位读者，他注意到了这几篇文章，并找到了这位作者。卡森是费城自然科学研究院的院长，也是美国最有成就的鸟类学家之一。后来，他被许多人认为是该国第一个真正的分类学家。他一直在搜集、整理世界各地——从美国西部到日本再到智利——所发现的鸟类物种名单。卡森的兴趣让保罗兴奋不已，他也非常激动：自己居然引起了像研究院这种令人敬畏的学术机构的注意！回到非洲的想法萦绕在这个年轻人的心头，而这一次与美国人的关系更是额外给了他重要的身份。他的头脑全乱了，一次真正的加蓬探险到底可以获得多少动物珍品？他能够大量地射杀鸟类，将其制作成标本并运回费城，此举无疑将极大地扩大卡森的非洲鸟类的详细目录。当他把这个想法告诉卡森时，这位鸟类学家痛快地表示支持。如果保罗发起这样的一次远征，卡森说，费城自然科学研究院将资助他。

于是，在 1855 年 10 月 16 日这一天，卡森站在自然科学研究院的成员面前，宣布保罗即将重返非洲西部进行探险，将为他们提供标本。[7] 在这一次会议上，该机构任命了一个委员会来募集资金，资助这一趟时长不定的旅行。

保罗立刻意识到，他在美国的经历不会像他最初所希望的那样彻底改变他的生活，而只是加蓬两章书中的一个有意义的插曲。当年 10 月，他在纽约登上了一艘驶往非洲的三桅纵帆船。

卡森和其他任何人似乎都不知道，保罗的目光远不止于鸟类。他把目光投向要比鸟类重要得多的某种东西。他暗自告诉自己，除非将那只迄今更像存在于神话之中，而不是存在于现实之中的野兽捕获，否则就不回来。这一宛如魔鬼的动物，任何人——甚至是极其卑微的奴隶，只要能杀了它，都能赢得世人的尊重，就足以砸烂命运的枷锁。保罗想要一只大猩猩。

第六章
不知不觉地陷入野蛮的恶行之中

伦敦

理查德·欧文从皇家外科医学院的博物馆里拿了六件史前古物。其中三个是人类的头骨：一个来自范·迪门之地①的原住民，一个是来自中亚的蒙古人，还有一个是来自欧洲的高加索人。[1]另外三个头骨是猿类的头骨：一具是红毛猩猩的，一具是黑猩猩的，还有一具是大猩猩的。在1854年与1855年间的一整个冬天，他仔细研究了每个头骨的每个细节，决定绘制出它们的相似点和不同点。

欧洲科学家从1699年就知道黑猩猩了，当时一位英国解剖学家解剖了在西非收集到的一具标本。[2]1712年，一位去婆罗洲的英国旅行者第一次对红毛猩猩进行了描述。[3]几十年后，当卡尔·林奈（Carl Linnaeus）②制定了沿用至今的生物分类系统时，他

① 澳大利亚南太平洋外的塔斯马尼亚岛（Tasmania）号称世界的尽头。1642年荷兰航海家塔斯曼（Abel Tasman）发现该岛，为纪念当时派遣他前往探险的荷兰东印度总督安东尼·范·迪门（Anthony van Diemen）而将其命名为范·迪门之地（Van Diemen's Land）。——译者注

② 瑞典博物学家，创立了动植物双名命名法。——译者注

把人类和猿类归为灵长类。他相信人类本质上是独一无二的，他知道把人类和猿类放在一起会给人类带来麻烦。“必须把人类放在灵长类动物中去让我很不舒服。”他在1747年写给一个朋友的信中写道，“然而，人类对自己非常熟悉。我们就不要在文字上吹毛求疵、纠缠不休了。不管用什么名字，对我来说都是一样的。然而我却不顾一切地向你和全世界寻求，根据博物学的原理，在人与猿之间总体上有什么不同。我确实是一无所知。要是有人能告诉我就好了！”[4]

在之后的30年间，科学家们想出了一些办法。他们把灵长类动物分成两类：一类是四肢的（猿与猴），另一类是双手的（人类）。到19世纪初，乔治·居维叶将它们进一步区分开来，为人类创建了一个单独的目。

如今，许多科学家认为，几百万年前，类人猿和人类有着共同的祖先，之后才沿着不同的路径演化。现代遗传学证据表明，黑猩猩是现存的与人类最接近的亲缘物种，大猩猩次之。但是，当欧文比较了这些头骨的特征——眼眶的形状、鼻骨的突出、牙齿的研磨面后，他得出结论：大猩猩是所有动物中最像人类的。1855年2月，他在伦敦举行的皇家学会的一次会议上提交了他的这些发现。此后，对于任何想要将人类与其他动物进行比较的人来说，大猩猩立刻就成为一个标准的基准。

就在那次会议上，欧文似乎感到，划分人类和类人猿的那些分类线受到了某种威胁。和他同一时代的人已经在理论上确立了这些区别，但是关于嬗变的口水战却越来越多，这表明许多现代科学家对物种的稳定性持怀疑态度。欧文在皇家学会的一个讲台后面向人群发表演讲，通过赞美17世纪柏拉图主义哲学家亨利·莫尔

（Henry More）和拉尔夫·卡德沃斯（Ralph Cudworth）等学者的智慧——他们试图证明理性和宗教完全兼容——来抨击物种稳定性这一观念。

“我们这个时代，人们或许更为博学，但我们真的能自鸣得意地认为自己要比卡德沃斯更为博学、更有逻辑、更不会轻信他人吗？”[5]欧文问听众。

他告诉他们，莫尔早已预料到未来的一代可能想要模糊人与动物之间的界限。而对欧文来说，这位睿智的老圣人在这件事上的想法听起来仍然是正确的。欧文背诵了莫尔的一段文字：“事实上，卑鄙的口腹之欲和肉欲会使人的灵魂堕落和缺失辨别力，从而使得他将不仅是满足于滑入野蛮的恶行中去，而且还会因有人提出人类是真正的禽兽、是猿猴、是半人半兽、是狒狒这么一个观点而开心。”[6]

换句话说，人与大猩猩之间的相似性只会引起那些未开化到怀疑人类与纯粹动物存在本质区别的人的关注。

欧文似乎对他在演讲中没有提到的一个明显事实没有什么不安：他所认为的“文明人”中没有一个真正见过大猩猩。

第七章
尴尬归国之旅

加蓬

船长的航海图显示了一路由大大小小、深浅不一的浅滩和浅水处等障碍所构成的迷宫般的航线，从西边偶尔刮来的海风激荡着水流，海面上波涛汹涌，加剧了危险。[1]初次来到加蓬河宽阔河口的人通常会感到紧张，但保罗知道，沿着海岸继续航行下去，海浪会更加猛烈。考虑到他和其余的人在那艘狭窄的纵帆船上已经忍受了好几个星期，现在轻微地颠簸和晃动一下，就能够上到干燥的陆地，这实在是太划得来了。

这几个星期以来，保罗和7名船员一直都待在船上。4名水手和那个厨子睡在闷热的水手舱里，而保罗凭借着自己是这艘纵帆船唯一的付费乘客的地位得到了优待：在后舱船长和大副的旁边有一张铺位。就纵帆船的标准而言，这完全可以算得上奢侈了。

这趟航程应该是他这次探险之旅中最轻松的部分，但几乎没有什么舒适可言。即使是像保罗这样个子矮小的人，也不可能在那间船舱里直立，除非他正好站在那扇小小的天窗的下面。真正的家具只有铺位、地板中央的一张小桌以及一个壁挂式的橱柜，橱柜里放着咔嗒作响的盘子和餐具。用餐时，三个人坐在各自存放个人物品的箱子上。

保罗大部分时间都待在甲板上，只听那海风呼啸着穿过缆绳。要是他仔细观察，总能找到什么东西来打破海浪的单调。它可能是一条剑鱼划破水面，或是一群海豚，或是一只绝望的红腹灰雀——它看起来随时都可能因筋疲力尽而落海死去，因为这里离海岸实在是太遥远了。人们很容易同情这种鸟：所有只依靠洋流和风力跨越大西洋的航行都是一场耐力的考验。赤道无风带是赤道附近的低气压死区，耽误了他们整整一个星期的行程。

"都五天了，"保罗写道，"两只被扔到海里的空面粉桶，一直还漂留在我们的船身附近。"[2]

终于，有天下午，一场突如其来的狂风将他们推入东南信风带。这艘小船经受了一次次狂风暴雨的袭击。海水冲击着船舷墙，大有将船头吞没之势，船身猛烈地晃动着，水手们不得不把自己绑在桅杆上。

在这场暴风雨中，保罗一直在心里想着那些他从纽约出发时装进船舱的货物，这让他想起了当初他忍受这趟旅程的原因——探险与狩猎。每一声雷鸣似乎都提出了一个令人不安的问题：要是其中一道闪电不巧击中保罗装在货舱里的探险物资，那该怎么办？

"我装在船上的火药足以把船炸成碎片。"[3]他后来写道。

保罗是在1855年末抵达加蓬海岸的，在他抵达这里不久之前，威尔逊夫妇已回美国定居了。[4]促使他们回美国定居的原因是威尔逊在西非生活了二十多年之后肝病恶化。一名姆庞圭原住民告诉保罗，他们全都聚集在船边，目送这对夫妻离开这片大陆。当那个人回忆起离别的情景时，眼泪夺眶而出。当地的人们已经与威尔逊有了感情，他们很想念他。

不过这位老人的存在已然遍及整个巴拉卡。[5]保罗计划和威尔逊的继任者们一起在那里住上五个月，直到旱季来临，遍布沼泽的内陆可以通行为止。威尔逊在崖壁上种下的树苗如今已经长成了一片成荫的果树林，散发着浓郁的热带水果香味。这里的生活节奏安逸而有规律：一大早，禽舍里传来的阵阵啼鸣唤醒了清晨；随后，早餐锅在用作厨房的小屋里叮当作响了起来；接着早晨学校的钟声召唤着下面村子里的孩子们；再接下来便是稚嫩的声音在用姆庞圭语朗读祈祷文。保罗可以在这里积攒物资和规划路线，这里的氛围让他时常想到自己的老朋友与良师益友，他在这里觉得十分自在。

威尔逊的离开并不是保罗回到西非之前唯一的重大事件。大约在同一时间，保罗的父亲去世了。查尔斯－亚历克西斯·迪·谢吕被埋葬在河口附近的墓地里，墓地里树木丛生，十字架歪歪斜斜的。[6]无论这个消息在他儿子心中激起了怎样的情感，都已成为历史，因为保罗对此从没有在书面上留下片言只语，他的熟人也没任何人曾在公开场合提到他曾说过这件事。

在保罗所留下来的文字中唯一提到他父亲的是他对摆脱他父亲的记忆和影响的渴望。许多当地人认为他是回来接替他父亲当商人的，他们热情地欢迎他，急切地想看看他能带来什么生意。

“因此，我不得不告诉他们，我并没有带什么货物来卖；我曾经从他们那里听到很多精彩的故事，我回加蓬只是为了前往那些故事所发生的地方去探险，去捕猎野鸟和野兽。这时，他们感到非常失望。最初他们甚至以为我只是在开玩笑。”[7]他写道。

有些人怀疑，他的探险狩猎之旅只是一个幌子，是一种巧妙的伪装，目的是绕过姆庞主人对沿海贸易的控制。经过几个世纪葡萄牙和荷兰船只的定期造访，部落成员建立了一套严格的、符合其利益的商业体系。以格拉斯王为首的沿海的姆庞主人，会从居住在遥远内陆的其他部落那里采购许多商品：乌木、象牙、非洲红木，甚至是奴隶。举例来说吧，如果格拉斯王用象牙与葡萄牙水手交换织物，那么这根象牙很可能已经经过了其他几个部落统治者之手，每个人都从中获得了一笔佣金。在这条供应链上，格拉斯王所分得的份额总是比其他任何一个部落首领都要高。尽管有加价，但对欧洲人来说价格仍然便宜，他们从来不必冒险到远离海岸的内陆去采购各种物品来装满他们的船舱。这一体系有助于解释，为什么在经历了这么多年的零星贸易之后，从没听说过一个白人稍稍涉足一下内陆地区。这样做根本没有必要，这么做的话会被认为是一种愚蠢的冒险。这也会招致保罗现在在姆庞主人当中所面临的那种怀疑：难道他只是想用更为便宜的价格直接从内陆部落那里获得商品，从而摆脱中间商这一环节？

大部分姆庞主人并不相信他的计划，这使他的准备工作比他预料的要难。只有那些自从他与威尔逊一起生活就和他十分亲密的原住民朋友才会同意帮助他获取补给。甚至一些帮助他的人也试图劝说他放弃这个他们认为不明智、甚至无异于自杀的计划。他们说，丛林不是外国人待的地方。哪怕是姆庞主人，除非有绝对的必要，他们也不敢踏足内陆地区。即便踏足内陆地区，他们也不敢深入其中，走得过远。

但在与附近内陆部落成员有限的接触中，保罗了解到他们中的大多数都渴望与自己见面并交谈，其原因仅仅在于他是一个白人商人的儿子。在大多数内陆部落中，外来的访客是闻所未闻的新鲜事物，因而他可以充分利用这一点。仅凭他是个外人的身份，就足以让他拜会任何内陆部落的首领。要是能得到这些部落首领的支持，他在旅途中就永远不会孤立无助了。

而所有这一切在很大程度上竟然只是因为他不是非洲裔，然而这却是个他根本就无法改变的事实。保罗并不屑于利用这种肤色的差异，尽管他认为这样的差别往往看起来是多么的浅薄和令人难以信服。有时，他遇到的加蓬人对他那白皙的肤色感到十分惊奇，但保罗并没有看到这么明显的区别。他的皮肤在赤道的阳光下晒了几个星期之后，他写道："现在它其实已经晒成了深棕色。"[8]

然而在殖民初期的西非，在这样一个非黑即白、泾渭分明的世界里，这些细微的肤色变化并没有太大的关系。出于一些不足与外人道的原因，保罗似乎急于抹去自己的过去，但每个人都知道他是一个白种人的儿子。这一事实，无论是在沿海还是内陆，都远远不止是表面的东西。

在19世纪，要对非洲那些尚未绘制在地图上的区域探险的话绝对不可掉以轻心。事实上，与它们相关的大部分东西都非常棘手。

数千码的布料被捆成一捆一捆的，每捆重达70磅；一包包的玻璃珠子，每包有50多磅①重；金属线材卷成一卷一卷的，每卷有60多磅重——而这些只是为旅行者买平安的"礼物"，用来讨好探险者可能遇到的部落。[9]标准的货物甚至更加笨重：一个由枪、盾牌和剑，再加上数百磅火药组成的军械装备。一整套完整的测量仪器；帐篷，桌子和床上用品；多套厨房用具；成箱的茶叶和药品；甚至还有一套完整的木工工具以备不时之需。就在保罗人在

---

① 1磅≈453.59克。——译者注

加蓬的同时，理查德·弗朗西斯·伯顿上尉（Captain Richard Francis Burton）[①] 和约翰·汉宁·斯皮克（John Hanning Speke）[②] 从非洲的东海岸出发深入内陆寻找尼罗河源头的同时，他们所携带的物资多得惊人：380 磅的铅弹头；20000 个铜帽；2000 个鱼钩；所收藏的一些原住民的语法手册和年鉴；60 瓶白兰地；以及从软木床到雨量计等在内的其他物品。几年后，当亨利·莫顿·斯坦利（Henry Morton Stanley）[③] 开始其寻找大卫·利文斯通（David Livingstone）的传奇探险时，他估计自己的旅行装备重约 11000 磅。当穿越如此崎岖的地形时，轮式运输是不现实的，而且由于采采蝇 [④] 的贪婪，役用动物通常是无用的。因此，每一位维多利亚时代知名的探险家都有一支由当地搬运工组成的小部队同行——以斯坦利为例，这样一支搬运队伍人数在 100～160 人之间。

可惜的是，保罗并不是维多利亚时代知名的探险家。

费城的研究院并没有提供前期资金，因此他的这次探险注定是

---

① 理查德·弗朗西斯·伯顿上尉（Captain Richard Francis Burton，1821—1890）：英国军官，著名探险家、语言学家、人类学家，通晓 25 种语言和 15 种方言。出版有 43 卷探险记，30 卷译著，包括全套 16 卷本的《一千零一夜》。他是第一个发现非洲坦噶尼喀湖的欧洲人，他考察过索马里穆斯林禁地哈勒尔，还曾在以“天生的”穆斯林身份去麦加、麦地那朝觐后，写下了世界名著《走向圣城》，记载了他对东方圣地的考察，对东方知识、理论、制度、实物的描述，以及对东方经验、风俗、观念、生活方式等的研究。——译者注

② 约翰·汉宁·斯皮克（John Hanning Speke，1827—1864）：英国驻印度军队军官、探险家。他曾深入非洲大陆，寻找作为世界第一长河、古埃及文明摇篮的尼罗河的源头。结果，他在非洲腹地发现了一个水域辽阔的湖泊，他用当时英国女王的名字为这个湖泊命名。这个大湖就是世界第二大淡水湖、非洲第一大湖——维多利亚湖。——译者注

③ 亨利·莫顿·斯坦利（Henry Morton Stanley，1841—1904）：原籍英国，入美国籍后又回英国的探险家，曾深入中非，以搜索大卫·利文斯通和发现刚果河而闻名，1899 年成为英国爵士。——译者注

④ 南非的一种蝇。——译者注

能省则省。尽管如此，供给和设备上的匮乏也只能靠他的雄心壮志来弥补。他的计划是通过穆尼河（Muni River）溯流而上，到达它的源头，进入加蓬内陆。然后，他将徒步穿越水晶山脉[①]。除了希望遇到大猩猩外，他还希望核实一下刚果河的流向，据说这条河在山脉的后面是向北流的。这片地域在地图上是个空白点。他希望自己能给它上色

就在行程开始之前，保罗前往离穆尼河河口约18英里的海湾中的一座名为科里斯科（Corisco）的小岛。他在那里雇了一些当地的商贩陪同他踏上了此行的第一段，从而完成了其探险所需要的物资。这些商贩之中有个名叫姆邦戈（Mbango）的，据说先前曾溯流到过河流上游，与一位统治着穆尼河一带几个部落的伟大国王进行过以物易物的交易。如果姆邦戈能把他介绍给这位部落王，保罗相信他可以避免他所面临的最严重的危险之一：生活在森林里的那些与世隔绝的部落的敌意。

姆邦戈和他的十几个朋友同意陪伴他几个星期，并借给他一只独木舟。这只独木舟很大，是用一根宽大的树干雕成的，甚至还装了一张简陋的帆。它有35英尺长，3英尺宽，大约3.5英尺深。

保罗把他认为在这一段探险中所需要的全部东西塞满了这艘独木舟：一些箱子，里面装有长达100英寻[②]的布料，19磅珠子，几面镜子，一些打火石，一点烟草，80磅炮弹和子弹，25磅火药，

---

① 水晶山脉（Crystal Mountains）：是一组低矮的山脉（所有山峰都在1000米以下），位于大西洋内陆赤道几内亚、加蓬、刚果共和国、刚果民主共和国和安哥拉。它是加蓬沃勒－恩特姆高原的边缘。——译者注

② 是一种英美长度单位，1英寻为6英尺，约合1.8288米；不属于国际单位制。如今这个单位的使用被严格限制在海洋测量中，特别是使用准绳测量水体深度的情况下。从前英语国家的海图普遍使用“英寻”作为深度的单位，然而现在这种情况也在逐渐改变，甚至在美国也开始使用公制作为单位。——译者注

一些基本的药物，半打饼干以防胃不舒服，10 磅砷用来保存动物标本，还有他的几支步枪。

他把要带进丛林的所有东西，包括姆邦戈和其他人，都装进了这艘独木舟。

保罗和他的临时团队每人都带着一支枪，他们横渡科斯科湾，驶向现在是加蓬与其北部邻国赤道几内亚边境之一部分的穆尼河的源头。这些人只打算陪他走到那深入内陆大约 45 英里的河王村。如果保罗想要一些可以一直陪他继续往前走的团队成员，他就需要在那个村子里另雇他人了。在他独木舟上的这些人都是一些商贩，并不是探险者。甚至在他们到达穆尼河河口之前，保罗就已经清楚地意识到这一事实，他十分的痛苦。

在海湾的中央，有样东西引起了姆邦戈的注意。在水面上，另一艘船正靠近他们的船。但当那艘船上的人发现姆邦戈的独木舟时，他们改变了航向，向相反的方向驶去。但他们的行动还不够迅速。姆邦戈认出了那条船，那艘船的船主欠他的钱。姆邦戈抓住这个讨债的机会，他朝自己的人叫喊，一起去追赶那些逃跑的家伙。

“但他越是叫他们‘停下’，他们的桨就划得越有劲，”保罗写道，“现在我们这边变得兴奋起来。姆邦戈说，他要向他们开火。但这只会使他们更加害怕。”[10]

姆邦戈的独木舟很快就超过了那一艘船。保罗呼吁和平的恳求淹没在一阵愤怒的叫喊声和飞溅的水声中。当独木舟赶上去与那条船并行时，短兵相接的搏斗爆发了。

独木舟剧烈地摇晃着，大有把舟上所有人以及保罗的所有补给都甩掉之势。不过姆邦戈和他的人似乎占了上风。另一条船上有两三个人从船上落入水中，其他人被迫投降。姆邦戈把另外那艘船上的三个人作为俘虏抓过来，将他们囚禁在他自己的那艘拥挤的独木舟上。他告诉保罗，现在他们要绕道而行：这些囚犯可能会被关押在附近的一座岛上，这将有助于确保姆邦戈能够迅速地拿回他们的欠款。

“今天的收获不错。”[11]姆邦戈跟保罗说道。

这个商贩因为自己当天的好运而面有喜色，但保罗却找不到任何类似的喜悦。这不应是进入非洲这块黑暗大陆探险的开启方式。其他的非洲探险者像发号施令的将军一样对搬运工颐指气使、发号施令。相比之下，保罗实在是太软弱了。

他浑身湿漉漉地挤在新弄来的俘虏旁边，驶着独木舟往前航行。这位年轻的探险者觉得自己仿佛也是个俘虏。

独木舟不知不觉地陷入穆尼河的更深处，两侧的沼泽林地愈发逼近。风太微弱了，无力扬起帆来，于是，船员们用桨使劲地把独木舟驶往通向部落王所在村庄的满是堵塞物的支流。坚硬的红树林的树根刮擦着独木舟的两侧。从清晨到日暮。他们位于赤道以北一度的地方，在这个纬度上，暮色悄无声息地降临了：先是忽明忽暗的，倏忽间便全然暗了下来。突如其来的夜色之声充斥着整只独木舟：四处都是蚊子的嗡鸣声以及手掌拍打在暴露的皮肤上的声音。借着月光，他们继续划水，逆流而上，因为根本就没有地方停下来扎营。两侧的河岸全是污浊的淤泥。

他们到达那个村庄时，已经是晚上十点钟。从独木舟上望过去，他们看到男人、女人和孩子们在跳跃的火光中进进出出。保罗所要做的就是去见部落王，得到他的祝福，然后躺下来睡大觉。但是那个名字叫作达约科（Dayoko）的部落王却宣布他明天早晨要做的第一件事就是和保罗谈话。有人给保罗端来了一份热腾腾的大蕉饭，并给了他一张床睡觉。午夜过后不久，他用蚊帐把自己罩住，试图入睡。

达约科已经快70岁了，对于一个生活在用泥土和竹子组成的村庄里的非洲人来说，这是一个异常高龄的年纪。但除此之外，看上去似乎与部落里的其他人几乎没有什么太大的不同。他那简陋的小屋连一丝王者气派都没有。不过，多年来的日积月累，达约科倒是已经娶了许多房妻子。在方圆数英里内的每一个村庄里都有他的岳父，他们都是他可以信赖的盟友和贸易伙伴。这些关系，比其他任何东西都更能让他逐渐积聚起比其部落中任何人都多的权力和影响力。如果保罗能得到达约科的支持，他就能获得一张黄金门票，可以进入无价的、从四面八方一直延伸到森林深处的部落网络。

日出后不久，达约科就已经为他们的会面做好了准备。保罗拿出他去年冬天在纽约穿的外套送给部落王，他知道这件异国情调的衣服将会很受欢迎。但保罗并没有就此打住。他还给了达约科20码的布料、一些火药和几支燧石枪，此外还有几面镜子是送给达约科的妻子们的。

这位年轻人的礼仪给部落王留下了深刻的印象，然而他对这位年轻人的旅行计划并不赞成。保罗希望去内陆深处大约150英里的地方探险，然而当地的原住民也极少有人冒险去那里。据说凶猛的食人族战士统治着那片领土。达约科无法保证保罗的安全。

“达约科认为我的计划是不可行的。”保罗在这次会面后写道，“我将死在路上，他将会把我的死铭刻在心里——我的死似乎对他影响很大。我会被食人族杀了吃掉。河边有战争，那些部落是不会让我过去的。这个国家病了。等等。”[12]

这些不是一个懦弱者歇斯底里的规劝。在19世纪，前往非洲内陆探险是一件危险的事情，而达约科知道，他的祝福改变不了这个事实。在保罗那个时代，去非洲探险不是在玩命，而简直是在找死。在1816年到1841年间，英国向刚果河、赞比西河和尼日尔河派出了四支大型探险队，在数百名踏上这些旅程的人中，有整整60%的人没能活下来。[13]然而，仅凭统计数字并不能完全表达非洲这片大陆折磨这些冒险家的无穷无尽的创意。第一个前往刚果河探索的欧洲人蒙戈·帕克（Mungo Park）试图游到安全的地方，遭到怀有敌意的部落男子用箭对他周边的水域进行覆盖性的射击，他试图游到安全的地方，最后还是淹死了。就在保罗开始这段旅程的前后，理查德·伯顿和约翰·汉宁·斯皮克正准备冒险进入索马里。在桑给巴尔岛，他们被告知，最后一个尝试这一壮举的欧洲人是一名法国的海军军官，他很好奇，但他的运气却无法满足他的好奇心：他意外地遇到一群部落男子，他们把他绑在一棵树上，逐一砍掉他的四肢，最后砍下了他的头。[14]

但即使是那些在非洲探险中幸存下来的少数人，如伯顿和斯皮克，也常常会如同行尸走肉一样，少了以往的神采。在他们1855年到1859年的探险旅程中，伯顿的脸颊被长矛刺穿，引起发烧导致神志不清说胡话，也因为舌头肿胀而不能说话，甚至一度全身瘫痪。斯皮克的情况更糟，他莫名其妙地失明了一段时间。当他在恶劣的环境中千方百计地重见光明时，他的帐篷里挤满了小黑甲虫，其中一只钻进了他的耳道。斯皮克后来回忆道，当这只昆虫开始“在耳膜中猛烈地挖掘时”，他完全丧失了自控力。他绝望地将一把铅笔刀插入自己的耳朵，杀死了那只昆虫，但也切开了里面脆弱的耳膜。由此引起的感染最终硬化成了脓肿，使得他的脸肿胀了起来，连食物都咀嚼不了。“这一肿块使我好几个月几乎失去了听觉，并且在我的耳朵和鼻子之间穿了一个洞，因此每当我吹气时，我的耳朵就会发出很大的哨音，听到的人都笑了起来。”[15]更为糟糕的是，斯皮克的那些搬运工——他把自己的生命托付给了他们——因此非常瞧不起他。

但保罗心坚如故，既然已经来到这么深远的地方，他就不打算回头了。经过两天的恳求，他终于赢得了部落王的支持。在达约科的支持下，邻近的一个名叫穆博代莫（Mbondemo）的部落的几个成员同意做保罗的助手。此外，部落王还答应派自己的两个儿子陪他一起去。

安排好之后，姆邦戈和他的人带着独木舟返回科里斯科。保罗独自留在达约科的部落。他的命运掌握在他们手中。

穆博代莫部落的人必须完成他们应季的播种之后才能陪他一起去，所以他不得不在达约科的村子里等上整整一个月。

由于常年接触沿海的加蓬人，保罗已被告知要提防那些内陆部落。尽管他会和旅途中遇到的几乎每个部落的成员交朋友，但他对这些部落成员的看法常常会回到熟悉的成见上。这显然是恐惧的副产品：内陆那些部落是不信神的野蛮人，他们的生活毫无道德准则可言，因此是不可理喻的。

在达约科的村子里，他暂时陷入了这一思维模式。在他来到这里几个星期之后，村子里到处都流传着一个即将执行死刑的各种传闻。一个老人被指控使用巫术，对其中某位酋长施了致命的魔咒。

在保罗看来，这个人似乎并无什么伤人之力；他驼着背弯着腰，满脸的皱纹，满头白发，被固定在屋外一套粗制的枷锁里。保罗认为，他可能不过是部落里人性冷漠的受害者而已：他太老了，村子里的人都不想再照顾他了。无论如何，村民们最终投票决定杀死这个老人，因为他已经用他的邪恶咒语杀死了一个人，因此对每个人来说都是一个威胁。

“没有人愿意告诉我他们将要怎样杀掉他，”保罗后来写道，“他们建议把处决推迟到我离开的时候。说实话，我对此还挺高兴的。”[16]

但在他离开之前，他听到从河边传来凄厉的叫声。随后他看见一些双手和胳臂上沾满鲜血的人走过村庄。有人告诉他，这位老人被绑在一根木头上，被劈成了碎片。

不可能确切地知道这件事是否真的发生了，但保罗在他的文字中所给出的每一个迹象都表明他认为这件事真的发生了。就在所谓的行刑的当天晚上，村里的人都非常愉快并互相打趣——“像羔羊一样温顺。”他写道，他们仿佛什么都没有发生过一样。他们都参与了那场屠杀吗？这种可能性——他们看似没有丝毫的懊悔之意——让保罗惶恐不安。不管这是否是他的想象，他感到整个村庄都是那么的邪恶和肮脏。

星期天——也就是他即将与穆博代莫部落成员一起出发前往内陆的前一天——他打开《圣经》，希望能找到安慰。当两个村民问他在做什么时，他试图解释说他在读一本上帝赐给世界的书，上帝是统治这一切的唯一神圣的造物主。

“哦，是的，”其中一个答道，“对你来说是真的。但是白人的上帝并不是我们的上帝。”[17]

第八章
“绝交”

伦敦

约翰·爱德华·格雷（John Edward Gray）受不了理查德·欧文。[1] 他也说不出究竟是什么事情让他如此不快，他就是反感欧文所宣称的一切。

1856 年，56 岁的格雷是大英博物馆动物藏品部主管，也是伦敦动物学会的副会长。但他从未打算成为一名动物学家。年轻时，他曾想成为一名植物学家，就像他的父亲一样。[2] 但他未能实现这个梦想，其背后的经历，在很大程度上解释了他性格中深藏着的怨恨，以及他对文化精英的敌意。

和任何一个积极进取的植物学家一样，格雷在 22 岁时就努力想要成为林奈学会① 的一员。但是他的成员资格被拒绝了。据说，

① 瑞典博物学家林奈去世后，他生前收集的大量动植物标本及藏书被 J.E. 史密斯收购。1788 年，史密斯与 R.S. 古迪纳夫和 T. 马沙姆、约瑟夫·班克斯等人共同创立了林奈学会（Linnaean Society）。林奈学会是为了纪念林奈而创建的。1802 年林奈学会获英国政府授予的皇家许可证，并迁入位于伦敦皮卡迪利广场的伯灵顿宫旧址。在林奈学会 1858 年 7 月 1 日举行的一次学术会议上，达尔文和华莱士关于自然选择的联合论文被宣读，该学会由此闻名于世。林奈学会曾开展过广泛的科学活动，并集中于研究古北区的植物和动物。——译者注

原因是格雷对该学会创始人兼主席詹姆斯·爱德华·史密斯（James Edward Smith）不敬。他在一篇学术论文中引用了詹姆斯·爱德华·史密斯的研究成果，却没有提到这本书的作者并对其表示谢忱。这样的失礼行为，作为一个外行也许是可以原谅的，但对于一个想在史密斯自己的领域争得一席之地的人却是不可原谅的。而格雷所表现出的对卡尔·林奈——这位构想出动植物分类系统的18世纪瑞典植物学家——的那种毫不掩饰的蔑视无疑使这件事情变得更加糟糕。格雷和他的父亲共同撰写了一篇论文，将林奈分类系统描述为该创造者"好色的头脑"的产物，它根据植物的性器官，而不是其他的部位来界定植物的种类。[3]这一结论是不会让那些以这位瑞典人的名字冠名的学会的成员们感到高兴的。

在被林奈学会拒绝其成为会员之后，格雷将他的注意力从植物转向了动物身上。他一步一步地爬上了这个领域的顶端，在1840年成为大英博物馆动物学部的负责人①。尽管这只是维多利亚时代的科学机构，他还是声名鹊起。而他永远也不会忘记他年轻时受到的鄙视。他担任主编多年的《博物学年鉴与杂志》（*Annals and Magazine of Natural History*）在其过世时刊登了一份讣告，试图剖析他脾气暴躁的性格特征："每个人都不难理解，当年对于像格雷这样年轻而热情的博物学家来说，如此灰溜溜地被拒绝肯定令他非常失望。因此我们也就不奇怪，在这件事上，他把自己和那些他认为是敌人的人对立起来，从而养成了好斗的思维习惯，这种习惯无疑使他在以后的生活中'失去了许多朋友'。"[4]

① 这里所说的动物学部的负责人（the head of the British Museum's zoological department）即上页所说的"动物藏品部主管"（the keeper of the zoological collection at the British Museum）。——译者注

格雷与达尔文的关系充分展示出他在专业方面挑起仇恨的天赋。1848年，达尔文潜心研究藤壶，他注意到这些无脊椎动物和其他甲壳类动物之间各种很有意思的同源性。格雷一直都在支持达尔文进行研究，甚至允许他免费参观大英博物馆的藤壶收藏。但就在达尔文忙于把他所有的研究成果汇总发表时，他获悉格雷打算越过他的研究，独自发表对那些极其有趣的标本所做的描述。[5]这是令人震惊的背叛，达尔文当面与格雷交涉。“我很想知道你打算干什么。”达尔文后来在给格雷的一封信中重申道，“自然，我希望这个课题还剩下一点新奇的东西，而这也将会是对我的工作的回报。我向你保证，我每天都在竭尽全力地工作。我想你会认可这一点的。”[6]格雷做出了让步，继续支持达尔文，而达尔文客气地承诺不会怀恨在心，并为他的抗议道歉。[7]但这件事对他们两人来说都很尴尬。

格雷和欧文的关系却完全没有顾及任何情面：他们公开表示讨厌对方，也没有为此道歉。

19世纪50年代初，欧文和他的家人从他们在皇家外科医学院的房子里搬了出来，搬进了位于伦敦里士满公园中心的一处名为希恩小屋（Sheen Lodge）的房子里。周围是郁郁葱葱的花园，满是鲤鱼的池塘和漫步的鹿，这座房子正是维多利亚女王本人送的礼物。[8]来自王室的这一善举引起了科学家的关注，他们不得不和欧文竞争关注度和声望，而这其中再也没有人比格雷对欧文更为反感的了。但在1856年，欧文又得到了一份礼物，这让格雷更加愤怒：欧文被任命为大英博物馆所有博物藏品的负责人，如今他成了格雷的老板了。[9]

在此之前，格雷一直把这个部门当作自己的私人王国来管理。

他为博物馆收集了一批世界级的标本。他极力游说，争取建立一个专门研究博物学的新机构，他认为自己应该是这个机构的负责人。

无独有偶，欧文也差不多在同一时间提出了同样的想法。但与格雷不同的是，欧文与英国政府最高层的接触最终使他成功地获得了一个新的、占地 5 英亩的博物馆场所，专门用于动物学。自然，欧文认为他自己才是监管这个机构的最佳人选，而不是格雷。

从欧文接管大英博物馆的那一刻起，格雷在博物馆事务中的作用就受到了严重威胁。考虑到这位动物学家臭名昭著的易怒情绪，伦敦科学界做好了迎接一场激烈的意志冲突的准备。一位认识他们两人的观察人士——一位年轻的，名叫托马斯·亨利·赫胥黎（Thomas Henry Huxley）的生理学教授——预测，这两个人会把对方撕成碎片。赫胥黎在给一位朋友的信中写道："再过一两年，两人就像打起架来不顾死活的基尔肯尼猫①那样拼到两败俱伤，最后以各自剩下一根尾椎骨收场。"[10]

① 基尔肯尼（Kilkenny）是爱尔兰东南部的一个城市。民间传闻这里有两只猫非常好斗，相互厮杀到最后都只剩下尾巴。在 19 世纪，基尔肯尼猫（Kilkenny cats）通常用来比喻打起架来不顾死活直至两败俱伤的动物或人。——译者注

第九章
炽热的梦

加蓬

保罗最珍贵的财产之一便是他的那个药箱了。药箱虽小，却收集了不少他认为可以把他从丛林中最致命的恶魔之一——一个被简单地称为黄热病[①]的邪恶幽灵——那里拯救出来的有效药物。

这片陆地病了。从他离开海岸起就一直听到这样的一种警告，对此他深信不疑。达约科所在的村庄附近的河流很浅，当保罗费力地涉过淤泥时，它散发着令人讨厌的恶臭。可以想象一下，恶心的味道化为气雾，一阵阵地从水底渗出来，渗进鼻孔里，在鼻腔里安顿下来。谁知道它会对人的体质造成什么样的损害？这比夺命的野兽和敌对的部落更能夺走探险家的生命。

保罗那个时代的黄热病和现在仍在夺走数百万人生命的疟疾[②]是同样的一种疾病，而且它和现在一样是通过蚊子传播的。但在当

---

① 黄热病（the fever）是由黄热病毒引起，主要通过伊蚊叮咬传播的急性传染病。临床以高热、头痛、黄疸、蛋白尿、相对缓脉和出血等为主要表现。在非洲和南美洲的热带和亚热带呈地方性流行。本章标题“炽热的梦”（Fever Dreams）乃双关，指由服食预防黄热病和疟疾的药物所引发的瘾症。——译者注

② 疟疾 (malaria) 是由疟原虫引起的虫媒传染病，以周期性冷热发作为最主要特征，并引起脾肿大、贫血以及其他脏器受损的一种疾病。——译者注

时并没有人知道这一点。蚊子和疟疾之间的联系直到19世纪80年代才被发现。相反，几乎每个人都认同“瘴气理论”[1]——这一直觉使得大多数维多利亚时代的科学家认为霍乱是由受污染的水蒸气引起的，而不是被人类排泄物污染的水造成的。在保罗此次探险之后几年，一位英国旅行家冒险来到加蓬，他自信地写道，他咨询了“所有与这个问题相关的权威人士”并收集了“大量的证据”，才揭开疟疾起源的神秘面纱。他总结道：“因此，洗澡水、露水、从疟疾流行地区吹来的风、沼泽中散发出来的气体，可能还有人的呼吸，都可被看作是黄热病的直接原因。那些神经质者、发色淡者、肤色白皙者、常犯腺病者或多愁善感者最容易罹患此症。”[2]

即使潜在的病因仍为模糊的猜测所掩盖，一种对疟疾部分有效的治疗方法已经被确认：奎宁。大卫·利文斯通博士是著名的医疗传教士兼探险家，他将自己对疟疾的相对免疫力归因于在金鸡纳树树皮中发现的生物碱。迪·谢吕知道这一点，他把自己所能弄到手的奎宁都装进了药箱里。他不仅把它作为治疗发烧的用药，而且还把它用作预防该病发作的预防性药物。在19世纪中叶，每天两粒奎宁被认为是适当的预防剂量。[3]但保罗有时每天吃150粒。他常常在服用奎宁时还喝一点点白兰地，有时还会服用鸦片酊——鸦片酊是维多利亚时代医生的最爱，用于治疗从痢疾到霍乱等在内的各种疾病，每种病都会开这种药。

有时别的办法都不管用，他就临时用其他药物来凑合。“当身体系统习惯了奎宁后，这种药就不再起作用了，有时，少剂量的福勒氏砷溶液就能成功地阻止寒战。”[4]保罗写道。

偶尔，他会抱怨奎宁致使他神经紧张，但进入他身体系统的毒药可能正在以他无法理解的方式改变他的感知能力。近年来，医学研究人员已经查明，高剂量的奎宁可以显著降低一个人的血清素水平。大脑中这种化学物质的缺乏会导致抑郁症、强迫性行为乃至焦虑症。[5]人类学家、历史学家约翰尼斯·费边（Johannes Fabian）在最近的一项对19世纪在中非的比利时和德国探险家的研究中，得出了结论：奎宁、鸦片酊和酒精等药物变化无常的相互作用破坏了探险者的理性，使他们产生了扭曲的知觉状态，他称之为“摇头丸症”[6]。费边认为，他们对非洲和非洲原住民的描述非常耸人听闻，部分原因是疲惫的探险者受到了医生并不完全了解的药物的影响。

1856年8月18日，保罗出发去与达约科为他安排的那些新的护送者汇合。在此之前，他已经开始定期服用奎宁。他们吃力地穿过几英里长满树根的灌木丛，穿过摇摆不定的藤蔓和龙舌兰。当保罗到达穆博代莫部落时，他那件蓝色的有领扣的衬衫好几处都已被撕成碎片，其下面的皮肤已经被刮擦成红色的了。

穆博代莫部落住在一个欧拉口（*olako*）。这是一个部落用词，它的意思接近于“临时定居点”的意思。它有望成为一个村庄，但还没有建成。人们睡在长方形的、每个角落都由四根弯曲的树枝支撑着的茅草棚子里。保罗到达这里时，天已经黑了。这里弥漫着一种他所喜欢的浪漫丛林气氛：橘黄色的火光映照着每个家庭成员的面容，森林里的影子也因之而舞动起来。部落把他作为贵宾来招待，为他提供了一间最好的、头顶上方树叶编织得最密的房子。然而，其屋顶还是挡不住雨水。这个地方最近开始，几乎每天夜里都会下起滂沱大雨。每天早上，他醒来时浑身湿漉漉的，而且身上全是蚊子叮咬过的痕迹。

他真正需要的不是来自部落成员的安慰，而是他们的保护。他仍然不完全信任新伙伴，但随着对他们了解的深入，他的偏见开始减弱了下来。他们的部落王名叫姆贝内（Mbene），看起来很高贵。保罗不再总是把他们看作不信神的野蛮人，而是开始把他们看作值得尊敬的人。他在他的日记里透露道：

今天{8月20日}我让达约科的人回去，现在我一切都在姆贝内的股掌之中，需仰仗其鼻息。他是个非常热诚而且令人感到亲切的人，我觉得和他那些粗犷而又爽快的族人在一起很安全。我发现最好的方式就是信任同我一起走的那些人。他们似乎把这种信任当成是一种赞美，而且他们为自己身边有一个白人而感到自豪。即使有部落酋长想要杀我，在这种情况下也落不到什么好处，因为向邻近部落炫耀有白人到访其部落要比杀了我更能给他带来尊重和声望。[7]

达约科的人答应三个月后回来接保罗。这样保罗就有足够的时间去探索从营地就可以看到的水晶山脉的两道山脊了。自从他到达加蓬的那一刻起，那些若隐若现的山峰就一直是他的目标。它们像是被淡绿色的厚毛呢蒙住，显得朦朦胧胧的，但在这片翠绿之中却潜藏着一种传奇的东西。这里或许就有将敌人放在明火上烧烤的食人族出没其间，但和大猩猩相比，食人族的危害性似乎就不足为道了。他肯定能看到外面世界的人从来没有见过的东西。这些给予他希望的奇迹点燃了他狂热的想象力。

爬山是一项十分辛苦而且很容易滑倒的活动。这些天来，保罗双腿酸痛，饥肠辘辘，靴底在潮湿的石头上打滑。他的同伴们光着脚丫子涉险前行，尽管滑倒的次数没他那么多，但这对他们来说也并不容易。除了当地的猎人和向导外，部落的男性首领还指派了六名穆博代莫部落的女佣为保罗搬运东西——这种卑贱的工作没有一个男人愿意做。

他们都有幸看到超凡脱俗的壮丽景象。从位于一座一英里高的山峰一侧的悬崖上望过去，山谷显得既原始而又神秘。然而这与世隔绝的伊甸园般的意象很快便被一幕幕令人厌恶的情景打断了，他们马上就意识到大自然是不会饶过他们的。

在第一次踏进水晶山脉的行程中，保罗坐在一棵树下，发现一条巨大的蛇横跨在头顶的树枝上。他朝它开了一枪，它跌落在地上，本能地扭动了几下就死掉了。它只有13英尺长。对保罗来说，这是一种令人厌恶的生物，它使得他起了鸡皮疙瘩。但对他的同伴们来说，这可是午餐。他们剥掉蛇皮，把它放在火上烤了吃。保罗看着却吃不下。但这与几天之后猎人烧烤的白眉猴比起来，可就没那么糟糕了。那情景把保罗吓得够呛。他觉得它看起来像个烤过的婴儿。

与这些向导们相处的时间越长，他的感知就越发处于一种臆想的状态，由于受到恐惧的影响而变成超现实的生动画面，意识近乎处于迷幻状态。他对蛇的憎恶很快就蔓延到丛林中，这些可怕的蛇急切地要张开嘴把他吞下去。有一次，当他和同伴们走进一个洞穴时，他的脑海里立刻浮现出一大堆蠕动的蛇——这是一种幻想，却是那般的逼真。“凝视着黑暗，我以为我看到了两个明亮的火花或者一双如同熊熊燃烧的煤块般的眼睛，凶狠地盯着我们。”他写道，“没有考虑任何后果，我把枪对准那闪光的物体开火。刹那间枪声把我们震聋了。接着，又有一群极其可怕的蝙蝠疾速地朝我们冲过来；在我看来，似乎有上千万只这样的动物突然从四面八方的黑暗之中向我们扑来；我们的火把瞬间被扑灭了，大家惊慌失措地向洞口跑去，仿佛看到被激怒的蛇在后面躬身弹起，试图想要追上我。”[8]

然而，在他想象的最重要的地方，保罗为森林之王——大猩猩——保留了一个特殊的位置。无论他走到哪里，他都对大猩猩保持着警惕。

当保罗在一片甘蔗林——那里曾经是一个原住民村庄——的附近发现了这些奇怪的脚印时，那些陪着他在漫长而又湿滑的上山行程中艰辛地跋涉了一整天的原住民猎手们说了一个词：恩吉拉（*nguyla*）。保罗认得这个词，在穆博代莫部落的语言中，这个词的意思相当于“*njena*”，也就是“大猩猩”。

他们顺着脚印来到一片花岗岩巨石上，看到那些印迹中包括了指关节的痕迹，这说明了这些动物是用四肢行走的，似乎偶尔会停下来，咀嚼从那块地里弄来的甘蔗茎。这些人仔细检查了现场，他们数出了至少五组不同的指纹。它们看起来是刚刚留下来不久的。

当保罗和同伴们第一次短暂地瞥见大猩猩时，由于树木植被太密了，无法清晰地瞄准射击，但它们的身体一闪而过。保罗由此认为，他可能看到过四只不同的大猩猩在寻找庇护之所。那情景在他心中留下了深刻的印象。

鉴于他们从早上就开始一直在爬山，当晚回到营地时，他们应该已经筋疲力尽才对。但是他们没有睡觉。相反，他们反复回顾了当天的那幕场景，沉浸在所看见的那幅画面留给他们的印象里，并添油加醋地谈到了一些民间故事和传说。

多年来保罗已经多次听过当地人讲述大猩猩的一些传闻——它们比狮子还要强大，如何迅速而又残忍地把人杀死。围着篝火，他的几位向导把这些传闻带到了另一个层次。整个晚上他们都兴高采烈地描述这一野兽。但却与几个小时前他们匆匆一瞥所见的那几只胆小如鼠的幽灵只有一点点的相似之处而已。

其中一个人给保罗讲了一则传闻——一段真实的经历，他向保罗保证。[9]传闻是这样的：有两个来自穆博代莫部落的女子在森林深处遇到了一只巨大的大猩猩。那只野兽抓住其中一个女人，和她一起消失于黑暗之中。另一个女人歇斯底里地跑回了村子。但那个部落却无能为力，他们所能做的，就只是为受害者的死而哀悼。几天后，当那位被挟持走的妇女回来时，他们感到非常震惊。她说那只大猩猩强暴了她，但她除了受到心理上的创伤之外，并没有受到其他伤害。

“没错，”其中一个穆博代莫人告诉保罗，“那是一只被灵魂附体的大猩猩。”[10]

保罗知道，大猩猩被人类附体的传闻构成了当地的各种传说的整整一个篇章。他们说，那些被附体的大猩猩可以辨别出来，它们异常的凶狠，而且怎么也杀不死。这些人飞快地说出了他们部落中已经死去的成员的名字。据传这些人是附在大猩猩的身体中在森林里四处游荡的。

保罗并不认为这些传闻是真实的，但是当涉及不那么神奇的事情时，他又怎能把现实和荒诞的故事区分开来呢？他听到不止一个部落的人说过，众所周知，人们知道大猩猩会潜伏在树上，等着伏击从下面走过的人，用脚把受害者拉起来，然后用它们那双巨大的手悄悄掐死他们。有人说，那畜生血腥地统治着森林里的所有动物。大多数原住民部落都认为大猩猩有时会用棍棒打死大象。

这些人，无论可靠与否，都比其他任何活着的人更为了解大猩猩的习性。世界上任何地方都没有其他人像他们一样对这种动物有如此丰富的经验——即使他们是最先承认，他们总是尽量避免积累这样的经验。

但现在，经过那天的短暂相遇，保罗成了一位专家。他在大猩猩的自然栖息地瞥见了大猩猩一眼。这就足以让他成为世界上研究这种博物学年鉴中最神奇野兽的习性的最高权威。除了少数原住民部落成员，再也没人比他见得多了。现在他渴望能获得更多。

第十章
在人类与猿类之间

伦敦

T.H. 赫胥黎预言，如果约翰 · 格雷和理查德 · 欧文被迫共事的话，他们一定会互撕。这似乎真的很有可能，但前提是赫胥黎自己没先去招惹欧文。

就像维多利亚时代伦敦大多数有前途的科学家一样，赫胥黎从来没有真正喜欢过欧文。早在 1851 年，时年仅 26 岁的赫胥黎就在给一位英国昆虫学家的信中写道："令人惊讶的是，大多数与欧文同时代的人对欧文怀有极其强烈的仇恨。"虽然欧文个人并没有亏待过他，赫胥黎却认为这位老科学家傲慢自大，"（是）一个我觉得有必要时时警惕的人"。[1]

而今 —— 在 1857 年 —— 赫胥黎找到了机会，试图把欧文从其高高在上的宝座上赶下来。

这年年初，欧文在林奈学会所做的一次演讲中提出，人类的大脑与大猩猩的大脑在基本结构上有所不同，这种差异永远无法通过嬗变来弥合。确切地说，欧文援引了人类大脑结构中存在的三种结构：后叶、后角和小海马体（大脑侧脑室角上的一根刺，今天被称为禽距①）。他说这三种结构并不存在于类人猿的脑体中。欧文认为，这种结构使得人类的大脑能够变得更大更强，因此人类理所当然在分类学上拥有更高的位置。欧文认为，人类不仅应该与猿类分属不同的目（order），而且应该归为一个完全不同的亚纲（subclass）。

欧文的讨论框架不仅涉及了自然科学，而且涉及了形而上学领域。正是这些独有的把人与其他所有动物区分开来的生物学特性使得人类能够“完成其天运，成为地球以及那些低等造物的最高主宰”[2]。

由英国的医学机构所发行的《伦敦柳叶刀》（*London Lancet*）②杂志强烈支持欧文的这些关于大猩猩和人类大脑的文章。用该杂志的话说，通过系统地强调人与猿之间的区别，欧文将完全成为一位“人类尊严”的维护者。[3]

时年32岁的赫胥黎当时是英国皇家研究院的一名教授，他并不信服此种论调。他开始剖析欧文在林奈学会上演讲的讲稿，寻找其中的缺陷。

“因为这些陈述与我业已形成的观点不一致，”赫胥黎后来写道，“我着手重新调查这个问题。很快，我就满意地发现，学界所讨论的这些结构并不是人类所特有的，而是所有的高级猿类和许多低级猿类所共有的。”[4]

那么，人和猿猴的差异究竟是什么呢？这个问题从来没有像现在这样紧迫过。

---

① 禽距（calcar avis）：侧脑室后角内侧壁上的纵行隆起。位于后角球下方，为距状沟皮质向后角内褶形成。——译者注

② 原文如此。据译者检索相关资料，该杂志全称为 *The Lancet*（《柳叶刀》）而非 *London Lancet*（《伦敦柳叶刀》），创刊于1823年，是国际上公认的综合性医学四大期刊之一。该杂志的英国编辑部位于伦敦，创始人托马斯·威克利（Thomas Wakley），1991年爱思唯尔（Elsevier）出版公司获得了该刊的所有权。——译者注

第十一章
地图与传奇

非洲

保罗忽略了一切绿色的东西，将目光瞄准森林中其他的各种颜色。非洲鹦鹉的灰色和红色。食蜂鸟的猩红色。黄色的蜘蛛，紫色的仓鹭，靛蓝色的燕子。黑白相间的棕榈坚果秃鹰。

“非洲的旱季令人愉快，”保罗在他的日记中写道，“这是百花盛开、蜂鸟鸣叫的季节——它们时刻在灌木丛中飞来飞去，其流星般的飞行令人陶醉——一切都是那么的令人赏心悦目。”[1]

到1856年的年中，生活已经变得几乎很有规律。他早晨五点钟左右醒来，然后喝一杯浓咖啡。接着，他会拿起一把步枪去猎鸟，一直猎到十点。之后，他会回到营地，吃一顿由大蕉和木薯等为主食的、富含淀粉的早餐。在早上剩下的时间里，他用棉花填充新鲜的鸟类标本，并小心翼翼地用砷溶液来处理其皮肤，防止其因为昆虫而引起的腐烂。他会休息到半下午，然后再出去狩猎三个来小时。晚餐大约是在六点钟左右开始。晚上剩下的时间都用来进行比较小型的动物标本的剥制以及与部落成员聊天。

由于这样的作息安排，保罗在他所遇到的各个部落中赢得了声誉，在他们的心目中他更像是一名猎人而不是一个探险家。打猎是他生活中最引以为傲的一项技能。对他来说，打猎不仅仅是一种娱乐模式。它将为他踏入科学界的大门提供一个机会。目前他还不属于这个圈子。

今天，科学已经与狩猎分开了，但在19世纪的大部分时间里，这两个领域是不可分割的。作为一名博物学家，他往往不得不为了生存而杀戮。这种行为并不被视为粗鲁或野蛮的行为，而是被看作是进一步提高对自然界的认知水平的前提。像约翰·詹姆斯·奥杜邦（John James Audubon）这样的人，在能够磨炼其在画布上复活鸟类的天赋之前，必须练就自己作为射手的各种技能。[2]在野外摄影和长焦镜头还未出现的年代，对动物进行填充，用线捆扎，并将它们摆出栩栩如生的姿势，被视为让人们不断地反思、加深人们对自然的敬重的最佳方法。奥杜邦所画的鸟类大多是他自己射杀的——这是一种必要的妥协，激励了一代又一代人不断提高他们对自然的了解，并且在某些情况下，努力保护这些物种免于濒危。到了20世纪，这种妥协变得没有必要了。狩猎失去了它曾经宣称的科学、学术和艺术上的许可。但在19世纪中期，博物学家们几乎没有感到任何可以促使他们远离狩猎的道德压力。如果说有什么压力的话，那就是他们为科学家和学术机构对标本贪婪的需求所驱使。

没有谁比保罗在费城自然科学研究院的联系人约翰·卡森对鸟类标本表现出的渴望更为强烈的了。卡森赞助了一支携带枪械的小部队，他们的足迹踏遍世界各地，用枪把鸟儿射下来，制成标本，并漂洋过海把这些标本运到他在费城的博物馆。他已经对近200种之前人们不清楚的美国鸟类进行了分类并加以命名。[3]到19世纪中期，从其位于宾夕法尼亚州的居所开始，他以自己的方式开始周游世界，为亚洲、非洲和南美的本土鸟类建立新的分类体系。卡森已经到达了其所在领域的顶峰，并赢得了大西洋两岸的尊重。

对于一个急于成名的年轻博物学家来说，很难找到比卡森更好的榜样，于是保罗便十分勤勉地为他提供剥制标本。当他接近海岸时，他就把它们装上开往美国的船只，这些鸟背部朝下僵硬地躺着，肚子鼓鼓的，里面塞满了棉花。几个月后，卡森就站在费城自然科学研究院的其他成员面前，告诉他们这位最近刚开始其旅程的年轻冒险家已经给他发送了上千件标本。[4]

在保罗装在一只箱子里运到费城的鸟类标本中，有一种先前没有经过分类的鸟。它是一种食虫动物，善于捕食虫子，体型不大，短喙，胸部呈暗棕色，黑色翼尖。在卡森对它进行检查之后，它最终落入了德国鸟类学家费迪南德·海涅（Ferdinand Heine）手中，由他来为这只鸟命名。保罗的这只鸟被命名为卡氏灰鹟（拉丁学名 *Muscicapa cassini*，英文俗名 Cassin’s flycatcher），这一名字仍沿用至今。

显然，作为一个科学机构的局外人，保罗即使把一百万只鸟送到美国去，他也不会因此而成名。

在水晶山脉的树荫中首次瞥见一只大猩猩之后，保罗就抓住一切可能改变自己日常生活的机会，试图再找到一只大猩猩。然而，低地大猩猩通常是可遇而不可求的，很难捕捉到它们。因为它们三五成群地广泛分布，很难追踪。它们是那种你在森林中最偏远的地方蹒跚跋涉时才可能偶然遇上的动物，猎人们追捕它们实在是太不划算了。保罗和那些来自穆博代莫部落的帮手们常常连续数日，都在往东跋涉，带着他们的便携式营地进一步深入内陆。有几天时间，他们在森林里穿行，他估摸着，他们最多就走了20英里。他们很少走直线。

在其中一次一连数天的艰难跋涉中，时间在不紧不慢的脚步声中流逝。突然，他身边的一个人停下脚步，舌头咯咯作响，示意大家不要做声并停下脚步。他们顿时一动也不动，摩拳擦掌地注视着周围的森林。只听到周围树枝沙沙作响声以及茎秆被连根拔起断裂的声音。

保罗首先想到的是大猩猩。其他人脸上严肃的表情也透露出同样的预感。他们检查了各自的枪支，确保步枪的枪盘里已经装好了火药。慢慢地，他们尽可能放轻脚步穿过树下灌丛，朝声音传来的地方走去。他们走在一片寂静之中，周围的一切是那么的安静，保罗觉得，甚至连呼吸的声音都显得很响。透过浓密的枝叶，他们终于看到了动静——前方的果树林附近有什么东西在移动。突然，一阵沙哑的吼声打破了寂静。

他从来没有听到过如此令人不安的声音：一声可怕的尖叫，似乎发自其巨大的胸膛深处，随后音量逐渐加强，雷鸣般地爆发出来。[5]

这是保罗有生以来第一次清楚地看到一只大猩猩——一只背上长着一簇银毛的成年雄性大猩猩。当它看到猎人时，便直立起来，看起来几乎有6英尺高。[6]它的双臂鼓鼓的，看似充满着力量，颈部粗壮结实的肌肉支撑着其头部。这只动物肯定有将近400磅重。猎人们端起枪来，大猩猩冲上前去但没有直接发起攻击，它在离他们还有6码①远的地方停住了脚步。迪·谢吕听到一声枪响，看着那只大猩猩脸朝下倒在地上，呻吟了一声。一群人看着这只

① 码：长度单位。1码等于3英尺或0.9144米。——译者注

动物抽搐了一会儿，两只胳膊在泥土上挣扎着，然后便一动也不动了。

这些年来，保罗一直在想象着大猩猩的样子。这下他终于有机会近距离观察大猩猩，但团队里的其他人却另有打算。

保罗测得这具尸体长为5英尺8英寸。他记录下其前臂令人吃惊的粗大臂围和那双深灰色的眼睛。当他在工作时，他的那些帮手们就地生起了一堆篝火并搭建起一个简陋的遮蔽物。当保罗还在继续研究那只动物时，那些人已经开始瓜分起大猩猩身体的各个部位来。保罗阻止不了他们；他们宰了那只动物，烤了它，并撕下深红色的肉。最后，他们劈开它的头，挖出它的脑，因为穆博代莫人听说吃大猩猩的脑有两个好处：它能增强男人狩猎的能力和性功能。他们对这种珍贵的、粉红色的海绵状组织分外喜爱，因此把它平分了。

“幸运的是，就在我们开始扎营的时候，其中有个家伙射杀了一只鹿。”保罗写道，“在我的那伙帮手们吃大猩猩时我尽情地享用起鹿肉来。”[7]

这帮人如此迫不及待地要吃掉他们所捕猎到的第一只大猩猩，这表明猎杀一只大猩猩对他们而言是多么罕见的一件事情。这个部落的男子并不太会狩猎，部分原因是他们只能使用廉价的非洲制造的燧发枪进行狩猎。[8]众所周知，这种枪非常不可靠，且以无法完全校准而闻名，其薄薄的枪管容易弯曲。而且这些原住民猎人通常会把质地不纯的粉末倒进他们的枪管里，然后再填上干草充当填料。子弹通常是未经加工的旧铁块，然后又用草紧紧地塞在枪管里。这些劣质的火药爆炸后往往不能把子弹射出去——只是枪盘里刹那间闪过一道道火焰便不了了之。因此，他们通常会多装填一些。于是当步枪成功地把子弹射出去时，爆炸往往很不稳定，进而导致在此过程中的一些武器部件遭损。这种不可预测性导致许多猎人把步枪举在身前，距离肩膀有一小段距离。这种预防措施确保了人身安全，却牺牲了射击的精准度。

相比之下，保罗装备的是比较精良的步枪、火药和弹药。他还是一名十分娴熟的神枪手，他射击的精准程度常常令那些原住民猎人大为叹服。即便如此，他的同伴们肯定是夸大了他的能力，这是因为之前他们中几乎没有人使用过这种最先进的武器和火药。他们推测，他以前其实是吃过大猩猩的——要不然如何解释他作为一个猎手似乎总能打败猎物的天赋呢？

随着时间的推移，几个月之后，这些穆博代莫部落的人在用惯了他给他们配备的枪和火药之后，凭借着他们自己的实力成为强大的猎手，成为当地民间传说中的人物。随着越来越多的动物开始倒在他们的枪口下，这些猎手们很快就失去了吃自己所捕获的猎物的欲望。保罗已经不再用砷来保存鸟类的毛皮，而是用它来保存大猩猩的尸体。

那位人在费城的约翰·卡森可以得到所有他想要的鸟，而大猩猩则是保罗的。

2001 年，科学家将大猩猩分为两个不同的物种，这两个物种亲缘关系非常密切，并且有许多相同的身体和行为特征。[9] 西部大猩猩——包括保罗遇到的低地亚种——组成了其中的一个物种，它们分布在刚果河流域的赤道非洲森林中。另一个物种是 1902 年首次发现的东部大猩猩，是在维龙加（Virunga）山脉的火山斜坡和刚果民主共和国东部的森林中发现的。

保罗的西部低地大猩猩是最常见的亚种；绝大多数在动物园和研究机构圈养出生的大猩猩都属于这个亚种。但对它们的野外生存研究却最少[10]，这主要是因为它们的分布范围比山地大猩猩①要广得多，而且丛林地带通常更难进入。一只成年的雄性西部低地大猩猩的体重约是一只成年的雌性西部大猩猩的两倍，通常最重可达400磅左右。成年雄性大猩猩被称为银背大猩猩，因为它们在大约12岁之后就长出了银白色的毛发。它们通常一群7～16只生活在一起，大致类似于一个家庭。通常这样的群体里有一只银背雄性大猩猩，3～4只与这只雄性大猩猩交配的成年雌性大猩猩，以及由此繁殖的后代。野生大猩猩的寿命不尽相同，但研究人员验证过的寿命最长的大猩猩死于53岁。和黑猩猩一样，大猩猩也非常聪明。

在研究了越来越多的标本之后，保罗确证了一个现已确定的事实：在很大程度上大猩猩是草食动物。每次他剖开它们的胃检查里面的东西时，看到的只是植物性的物质——并非嗜血恶魔吃的那些东西。然而对大自然来说，具有讽刺意味的是，正是这些素食的倾向直接塑造了大猩猩令人望而生畏的霸气。其粗壮有力的前臂，肌肉发达如同人类的大腿，非常适于将粗大的植物从地里拔出来，并折断粗茎。那些可怕的牙齿和强有力的下颚对于啃咬、咬断、咀嚼那些粗壮的茎秆是必不可少的，而肌肉发达的颈部则是支撑用于咀嚼的颞部肌肉所需要的。而一个巨大的、需要处理如此庞杂的纤维性食物的消化器官则必然需要有一个硕大的身躯。

保罗记录道，只有在无毛的脸部、手和胸部才能见到其黑亮的皮肤。它的耳朵似乎是人类耳朵的微缩版。他测量了其牙齿、骨头

---

① 这里的“山地大猩猩”（mountain gorillas）即上页所说的“东部大猩猩”（eastern gorillas）。——译者注

和鼻孔。他注意到，它的皮肤有时摸上去仿佛厚如牛皮，但也没有厚到近距离的子弹无法轻易穿透的程度。这对保罗可是件幸运的事情。

保罗开始给狩猎团队中的每一个人分发优质的火药。他的旅行箱里开始装满了大猩猩的毛皮。有数十张之多。然而他对这种动物的恐惧并没有像这种动物轻易被射杀那样消除。

有一次，就在雨季快要结束时，这群猎人们走进了一片黑暗的森林，在那里，任何方向的能见度都不超过10英尺左右。据其中一个部落成员说，这里是众所周知的一处大猩猩出没的地方。

大家决定还是按惯例分头行动。有一人独自冒险进入了森林，保罗和一个名叫甘博（Gambo）的当地酋长的儿子从另一个方向进去，其他的几个猎人则走另一条路。

根据保罗后来对事件的描述，森林里响起一声枪响，然后又是一声。他和甘博朝枪响处跑去。大猩猩的吼声充斥着整片森林，虽然很快就被一片寂静取代。一番搜寻之后，他们发现有具身体躺在森林的地面上，浑身是血。保罗原以为看到的会是一只大猩猩，然而让他惊讶的是，他看到的却是一个人——那个独自冒险的猎人。他的腹部在流血，他的肠子从一个撕裂很深的伤口里流出来。他的枪就躺在他身边。枪托断了，枪管弯了。

之后两天，这个人一直痛苦地躺在他们的营地里。保罗并不再想着要通过服用奎宁来治疗自己的发烧，他尝试着用白兰地来护理那个受伤者，让其恢复健康。这是在他的药箱里，他能想到的唯一有用的东西。受伤的人时而清醒时而昏迷，他陆陆续续跟大家解释自己受伤的经过。据他说，他朝那只大猩猩开的第一枪只是擦伤了它，当他紧张地重新装弹准备开第二枪时，大猩猩向他发起了攻击，朝着他的腹部狠狠地打了一拳。枪管上的痕迹似乎是那只银背大猩猩的牙齿留下的。

第三天，这个人死了，于是这个故事进入了传说的领域。当地原住民断定，杀死他的那只大猩猩是被人附体了——“一个邪恶的人变身为那只大猩猩，”他们说，“即使是最勇敢的猎人都杀不死它。”[11]

但一天后，保罗的人带着一只雄性银背大猩猩的尸体回到营地。他猜想，这就是那个不幸的猎人所遇到的动物。但就像这个丛林里的许多事情一样，他从来都没有办法去确证。

如果美国人对他此行之前，当他的经历还局限在非洲海岸地区之时所讲述的故事感到惊叹不已的话，那么可以想象他们现在会对他作何反应了。

凶残的野兽！嘶嘶叫的蛇！赤身裸体的野蛮人！几个世纪以来，隐藏在这片森林里的各种传奇故事，数也数不清，一天比一天更离奇。而所有这一切对他来说都是唾手可得的。

第十二章
伦敦的狮子

伦敦

1858 年 2 月的一个晚上，理查德·欧文从贵宾桌后面站了起来，然后转身向聚集在共济会堂（the Freemasons' Hall）① 的 350 名听众发表演讲。他举起一杯酒向坐在他右边的人敬酒。“我们今天聚集在这里向这位杰出的旅行家致敬。”[1] 欧文说道。

此刻，大卫·利文斯通可能是英国最有名的人。这位苏格兰传教士花了数年时间探索非洲，他的回忆录讲述了他的这段经历，这其中就包括他遭遇那头狮子因此失去了左臂的可怕经历。这本回忆录是此时英国最热门的书籍。从非洲回国后，在一年时间里他获得了无数的荣誉学位，在座无虚席的讲座上被崇拜的人群团团围住，接待达官贵人们络绎不绝的来访。他的公众形象好得无以复加：利

---

① 1769 年，英国共济会决定建造一个总堂（central hall）。1775 年，他们在位于霍尔本和科文特花园之间的皇后街买了一处房产。该房产由两栋房子和一座花园构成。临街的房子改造成了共济会酒馆，花园里建了一座大厅即共济会堂（Freemasons' Hall），后面的房子则成为共济会的办公室和会议室。伦敦共济会堂是英国共济会的总部所在地，不仅是共济会会员的聚会场所，而且是伦敦各种会议和音乐会的重要场所。——译者注

文斯通是一个勇敢而谦逊的冒险家，正如欧文告诉听众的那样，他试图传播“不属于这个世界的更高的智慧”[2]。就在那天早上，利文斯通与维多利亚女王私下会面，维多利亚女王祝他这次冒险旅程——从赞比亚河进入非洲腹地的探险之旅——好运。即将到来的探险是有史以来最雄心勃勃的一次，由皇家地理学会①赞助，该学会还安排了这次高雅的宴会作为正式的送行。

欧文向听众讲述了他是如何在18年前遇见利文斯通的。当时这位年轻的传教士在第一次去非洲之前就博物学标本收集向他征求意见。从那以后，利文斯通间或会给欧文提供从恐龙骨骼到象牙等在内的各种标本。作为回报，欧文帮助他编辑了他所写的那本书，以确保其生物描述的准确无误。利文斯通的妻子和卡罗琳·欧文一起坐在女士们的旁听席上，他已经成为“这位教授”（他有时这样称呼欧文）的好朋友。多年后，利文斯通曾开玩笑说，他那只残废了的左臂应该在他死后遗赠给欧文，这只残废的手臂已经成为勇敢的象征。“这是大卫·利文斯通的遗嘱。”[3]他说道。

利文斯通可能会感激欧文，因为他赋予了传教士的作品以科学的合法性，而这又转而帮助传教士赢得了全世界学术机构的尊重。不过，或许今天晚上欧文的支持如其是为了利文斯通，不如说是为了他的好朋友、皇家地理学会的主席罗德里克·伊姆佩·默奇森（Roderick Impey Murchison）。

默奇森亲自对宴会的几乎每一个细节都做了细致的安排，从敬

① 皇家地理学会（the Royal Geographical Society）：创立于1830年，是英国久负盛名的学术团体，也是世界上最大的地理学术团体之一。其前身是1827年成立的“地理学家晚餐俱乐部”，其宗旨是促进和传播地理科学；在此基础上，1830年成立了英国伦敦地理学会（GSL），1859年后改称皇家地理学会（RGS）。它因资助大型探险活动著称于世，对英国探险的“黄金时代”起了巨大推动作用。——译者注

酒的顺序到乐队演奏的苏格兰乐曲。[4]塑造利文斯通的名望是默奇森的当务之急。在利文斯通甚至还不知道自己可能想要写一本关于冒险经历的传记之前，默奇森就已经找到了一个出版商，并达成了协议。利文斯通之所以在伦敦的大街上被人们成群围住，正是默奇森预先公关的结果。

和欧文一样，默奇森由衷地喜欢和敬重利文斯通。但他所做的那些宣传并非没有私心。

自1843年以来，默奇森三次当选为英国皇家地理学会主席。当该机构被授予皇家身份时，默奇森是其章程中唯一被提名为创始人的人士。在许多人眼中，他就是皇家地理学会。

默奇森年轻时作为一名乡绅，过着悠闲的生活。但在妻子的敦促下，他着手学她喜欢的地质学，并开始把他充裕的空闲时间用在了地质学的研究上。他继承的财富使他有财力前往苏格兰、俄罗斯和阿尔卑斯山旅行，很快他就达到了这门学科的顶峰。他对山脉的形成和地质层分类的研究是这一新兴领域中最重要的进展之一。

但到19世纪50年代末，他作为地质学家的身份已不如他作为英国皇家地理学会探险家赞助人的身份而为人所知。在经过了3个世纪的远洋探险之后，19世纪中叶已成为内陆探险的黄金时代。在这一点上，再也没有人比默奇森发挥的作用更大了。对一些人来说，他看起来像一名至高无上的国际象棋大师，在世界各地调动他的棋子，通过一次又一次的探索，不断拓展大英帝国的疆域。他的影响力在任何一本世界地图册上都可以体现出来：在六大洲上有23处地貌最终以他的名字命名，其中包括有南极洲的默奇森山、乌干达的默奇森瀑布、加拿大的默奇森岛，西澳大利亚的默奇森河，以及它的两条支流罗德里克河（Roderick）和伊姆佩河。全世界的探险家都很尊敬他，至少在荣耀降临在他们身上时是这样，因为他是他们的生命线：他可是那个把手捂在维多利亚女王钱袋子上的人。

非洲对他有特殊的吸引力。利文斯通激起了英国公众对非洲冒险故事前所未有的狂热，而默奇森让他们的渴望得到了极大的满足。他把他的非洲大陆探险家的核心团队——利文斯通、理查德·伯顿和约翰·汉宁·斯皮克等人——称为“狮子”，并给予了他们特殊的照顾。

皇家地理学会正驾驭着公众对探险的狂热，充分发挥了其价值。其会员人数暴增，每月一次的会议成了伦敦上流社会的聚会场所。

当利文斯通在1858年离开伦敦，开始他最新一次预计将持续数年的探险时，默奇森已经找到了在大英帝国中他的个人帝国持续发展和获得资金支持的关键：有着惊心动魄的故事可讲的英雄们。

第十三章
食人族

非洲

在那片森林里，就其神秘程度而言，唯一能与大猩猩相匹敌的也就只有芳部落成员（芳人）了。今天，他们是加蓬的主要族群[1]，约占全国人口的80%。①但是在19世纪中期，这个部落仍局限在这个国家的内陆地区。他们持续地向西迁移，但尚未越过水晶山脉。即便如此，芳部落在沿海地区仍是个传奇。据说这个部落的成员喜欢吃人肉。

几乎没有什么事情能像食人族的传闻这般激发欧洲和美国旅行者的想象力。食人族的传说随着全球范围新地域的不断开发而流传

① 原文如此，可能是作者笔误。据译者检索，加蓬是个多民族的国家，全国有两大种族：俾格米人和班图人。其中，俾格米人是加蓬最早的居民；班图人虽是从外地迁居来的，但早就成了加蓬的主要居民，该民族遍布全国的各个角落，分为40多个部族。班图人中，芳人占全国人口的31%，主要分布在奥果维河以北地区，由北方扩散而来，讲芳语；姆庞圭人，约占全国人口的15%，居住在沿海平原；在加蓬国家发展史上起过重要作用，讲姆庞圭语；姆贝特人，占全国人口的14%，主要分布在奥果维河上游及其支流奥卡诺河与利文多河之间；普努人，占全国人口的22%，主要分布在奥果维河中游以南地区；除此之外，还有一些小部族，如邦吉利人、科塔人、查安吉人、马卡人等。—— 译者注

开来。尽管从未有人亲眼看见过食人的行为，但这并不重要。历史仍然有着很多关于这一极端恶劣的禁忌的传说。

它始于古希腊历史学家希罗多德，他写道："食人部落的习俗乃全人类最为残暴的习俗；他们完全没有顾及正义，也不遵循任何既定的准则。"[2] 这个术语在英语中通常拼写为 anthropophagi，在克里斯托弗·哥伦布（Christopher Columbus）航行前往新世界之前，这是唯一用以描述这一吃人的行为的术语。1492 年 11 月 23 日，哥伦布在他的日记中写道，西印度群岛的原住民谈到了居住在附近一座岛屿上的食人族，他们称该族为 *caníbales*（另一种拼写是 *caribes*）。[3] 于是，这就成为哥伦布所探索的那片地域的名称——the Caribbean（加勒比海）。

哥伦布之后，食人族成为探险文学的主题，从库克船长（Captain Cook）① 到赫尔曼·梅尔维尔（Herman Melville）②，每个人都描述过食人族。[4] 由于种族中心主义的恐惧和某种征服欲望的不健康混合，这个词从一开始就被滥用了。给一个部落贴上"食人"的标签无异于说它理应被消灭。西班牙女王伊莎贝拉（Isabella）在 16 世纪颁布了一项法令：食人族是西班牙殖民者唯一可以合法奴役的原住民。[5] 如果他们吃人肉，他们就没有任何希望，不配以

① 库克船长（Captain Cook）：即詹姆斯·库克（James Cook，1728—1779），是英国皇家海军军官、航海家、探险家和制图师。他曾经三度奉命出海前往太平洋，带领船员成为首批登陆澳大利亚东岸和夏威夷群岛的欧洲人，也创下了首次有欧洲船只环绕新西兰航行的纪录。1779 年 2 月 14 日，库克和他的船员在第三次探索太平洋期间，与夏威夷岛上的岛民发生打斗，遇害身亡。——译者注

② 赫尔曼·梅尔维尔（Herman Melville，1819—1891）：美国小说家、散文家和诗人。小时家境不好，做过农夫、职员、教师、水手、海军等，后来从事小说创作。他以其海上经历为事实依据写成的寓言杰作《白鲸》，被认为是美国最伟大的小说之一，有"美国的莎士比亚"之称。——译者注

文明行为相待。也许就是因为这么一道法令，那些敌对的部落为了免遭不断的殖民而散布各种谣言，称其他部落为食人族，而这些谣言被毫不怀疑地当作事实给接受了。

但哥伦布本人倒是指出了一件颇具讽刺意味却往往容易被忽略的事情：告诉他食人族这事的那些原住民在第一次遇到这些刚从欧洲来的人时，也认为他们是食人族。

在加蓬，控制着沿海贸易的姆庞圭部落有一种与生俱来的动机去夸大芳部落成员的凶猛残暴：他们想劝阻旅行者不要直接与内陆部落打交道。海边的每个人都听说过这样的故事：四处漫游的迁徙部落芳族愿意从其他部落购买尸体，目的就是满足他们对人肉的渴望。但现在与保罗同行的穆博代莫部落成员对芳人的看法却显得较为客观理智。他们的王姆贝内与三个芳部族村落的居民偶尔会有联系，他能说他们的语言。他甚至用象牙购买了两个芳部族女子，娶她们为妻。

保罗第一次遇到芳人时，都有些猝不及防。当时他正在森林里，抬头看着树上一只喋喋不休的猴子，当他低下头时，猛然间看到一个芳部落战士和他的两个妻子静静地站在他的跟前。这名男子身高超过三英尺，肩宽有两英尺，手里拿着两支长矛和一面巨大的象皮盾牌。两个女人站在两个大编织篮旁边，在她们看见保罗之前，她们一直把篮子顶在自己头上。三人身上只裹着一张野猫的毛皮，用一根柔软的树木纤维编织成的绳子系在腰上。他们的头发，还有那名男子的胡子都编成细长的辫子，辫子的末端要么是白色的珠子，要么是金属环。一瞥见他们，保罗便感到紧张不安。不过那三个芳人似乎也被他吓到了。

几乎就在同时，一些穆博代莫人也来到了保罗的身旁，他们一起带着这三个芳人回到自己的营地。保罗给三个芳人一些珠子以示友好。他们收下了。

两天之内，保罗和姆贝内王动身去芳部落的村子里拜访。

保罗走进他们的部落时，就像一个涉水进入危险水域的人，警惕着隐藏在水面下的任何可疑的东西。村子用栅栏围了起来以保证安全，他们走近时一只狗叫了起来。一条长约800码的土路两侧是茅草屋顶的棚屋。保罗在村子边上发现了几具血淋淋的残骸，他越看那些乱七八糟的东西，就越觉得它像是人体的残骸。有名妇女从旁边走过去，手里拿着一根好像是骨头的东西——那是一根人的大腿骨吗？

这个村子的首领在集体议事的屋子里和保罗见面。他每走一步，脚踝上的铜环就叮当作响。他身上涂着红色的油漆，他的脸、胸部和背部密布着蓝色曲线纹的刺青。当这个人张开嘴要说话的时候，保罗觉得他的牙齿看上去异常锋利，仿佛被锉成了剃刀刃口上的尖头。

姆贝内王向芳部落村里与他身份对等的人打招呼，似乎立刻又长高了几腕尺①，这一切都与站在他身边的这位冒险家有关。

“姆贝内非常高兴，”保罗在那次会面后写道，“因为无论他走到哪里，他的身边都有芳部落成员围着，他们因他是白人的朋友而崇拜他。”[6]

芳人为保罗准备了一间房子。那天晚上，他用一只旅行用的箱子把门顶上，这样他睡觉时就没人能进来。当部落首领的妻子们把

① 古代长度单位，相当于前臂的长度。——译者注

煮熟的香蕉送到他住的小屋时，他一点胃口也没有；他猜想，这些香蕉可能是放在芳人用来煮人肉的同一个锅里煮出来的。

他无法把对食人族的恐惧从自己的脑子里驱除掉，尽管看上去他们这些人一点都不野蛮。如果说他们是吃人的野蛮人的话，那他们一定是一些最善良的食人野蛮人，是一个孤身迷路的人所希望遇上的野蛮人。然而他还是无法全然安下心来。

在保罗住在村子里的整个期间，他受到的待遇就好像他是盛大庆典宴会上的贵宾——而不是主菜。这位芳人村庄首领名叫恩迪阿亚伊（Ndiayai），他亲自带保罗出去猎象，并自豪地教给这位好奇的游客他所想知道的一切：部落狩猎方法、武器、农业技术和庆典仪式等。他甚至把保罗介绍给其他散落在水晶山脉其他地方的芳部落。

“今天，来自附近一个村子的几百个芳人来看我。”保罗写道，“奥科洛（Okolo）是他们中的一位伟大的部落王（a great king），他把他的刀送给我，还说它已经杀死过一个人。今晚有一个盛大的舞会来庆祝神灵（我）的到来。”[7]

当他向芳人告别时，大家看到他的离去似乎真的很难过，他们送给他礼物，并承诺对他的忠诚与爱戴。保罗始终坚信，他们是吃人肉的野人。但正如哥伦布所描述的食人族认为西班牙人就是吃人的野蛮人一样，芳人心里也充满了对于欧洲人的谬见。

他们中有个人向保罗坦言，他的部落听说过有关白人残忍的食人行为的传说。保罗的第一反应是把他当作头脑简单的傻瓜而一笑置之。然而这个传说并不是凭空捏造出来的。当保罗试图向他保证白人不吃黑人时，那个人向他提出了一个直接的挑战：要他解释他们为什么不把非洲人当作人，而是当作牛来买卖。

“你们为什么从没人知道的地方跑出来，掳走我们的男人、女人和孩子？”那人问保罗，“难道你们不是在你们遥远的国家把他们养肥了吃吗？”[8]

第十四章 送达时已死亡

1858 年 9 月 10 日，一个从加蓬寄来的包裹送达伦敦的水晶宫。那是一个朗姆酒桶。

在收到这个酒桶的第二天，欧文和一个名叫亚伯拉罕·巴特利特（Abraham Bartlett）的动物标本剥制师把它撬开了。[1] 一股难闻的臭味飘了出来，他们出于本能飞快地盖上了桶盖。他们把酒桶搬到外面，鼓起勇气，以最大的毅力克服住那股难闻的气味，再次把它打开。头发和皮肤在朗姆酒中松散地漂浮着，似乎是从一具尸体上分离下来的。

这是一只幼年大猩猩。加蓬内陆的原住民一路把它运到海岸边，有人把它的遗骸放在酒精中试图将其保存下来。在这一货物运抵伦敦之前，保罗·迪·谢吕早已收集了好几个月的标本，而这位发现大猩猩尸体或杀死这只大猩猩的不明人士并没有像保罗那样用砷来保存这具幼年大猩猩的尸体。它已经严重腐烂了。

在欧文的说服下，巴特利特在一片旷野里——意在得到新鲜空气——英勇地工作了一个星期，试图重新组装这具比正常尺寸小的标本的残骸。结果，它与活体动物相似度相差甚大，几乎提供不了什么科学价值。

在 1859 年的头几个月，欧文继续发表演讲，强调大猩猩是动物王国里与人类最接近的动物。但是有些人开始怀疑他们是否有机会好好地观察它（大猩猩）一下。

1859 年，《伦敦柳叶刀》杂志的编辑们写道："我们是否能见到一只活着的大猩猩呢？这是一个值得怀疑的问题。显然，要获得一只幼小的大猩猩供展览要比获得一只幼小的黑猩猩困难得多。要是连一只成年黑猩猩都不曾捕获过，那我们便几乎不能指望可以活捉到体型更大、身体更强壮的成年大猩猩了。据说有一个勇敢的黑人，是一支猎象探险队的头领，有人提出，如果他能带回一只活的大猩猩，就可以得到 100 美元。他回答说："哪怕你给我那边那座小山那样重的金币，我也做不到。"[2]

第十五章
被诅咒的灵魂

非洲

由于无法越过水晶山脉继续深入内陆，保罗只好退回海岸边，向南再走 200 英里左右试试运气。他乘船前往洛佩兹海角（Cape Lopez），计划在那里沿着河系的水道航行，这条河流的水系从费尔南－瓦兹潟湖（Fernan-Vaz Lagoon）延伸到内陆。然后他会徒步到他所能走到的最远的地方。

在为这次探险做准备时，他花了 50 美元在费尔南－瓦兹河岸附近建造了一栋有 5 个房间的房子。他把火药和弹药存放在一间棚屋里，而且还在禽舍里养了 100 只鸡和 12 只鸭子。他从沿海的恩科米（Nkomi）部落雇了 20 个人来陪他踏上即将到来的旅程，他们住在环绕着保罗的那座房子的十几间小屋里。

他创建了一座实质上属于他自己的村庄。带着一种温暖的满足感，他审视着从这片宅第前延伸过去的广阔草原，看着三五成群的白鹰在那一片片肆意蔓延的树林上空翱翔。一条小溪在房前潺潺作响。

“无论任何时候往上游看，”他写道，“我都能看到成群的河马在平地上翻腾。”[1]

然而邪恶的贸易也充斥着这些水路。费尔南－瓦兹河水系是奴隶贸易的温床，其中大部分是非法的。在离保罗的新家大约 12 英里的地方，他发现了葡萄牙奴隶贩子经营的两处临时关押黑人奴隶的围栏。这些奴隶禁闭营，也就是他们所谓的“奴隶工厂”，和监狱差不多，无论是男人、女人和孩子都被关在那里，然后被卖掉并装上开往美洲的船。在 19 世纪 50 年代，这些船只大多开往巴西或古巴。保罗请求那些负责这个地方的人让他进去参观一下，他们欣然同意了。

甚至在这次探险之前，他就反对奴隶制度——和约翰·莱顿·威尔逊一样，他反对束缚与禁锢任何潜在的神圣的人类灵魂。他对洛佩斯角奴隶禁闭营的观察只会强化他的观点。奴隶们在外面的围栏里转来转去，六人一组被铁链拴在一起。来自不同部落的奴隶混杂在一起，有些来自内陆深处。他们被捆绑在一起，根本就没人考虑到他们是不是来自同一个部落，语言是不是相通。如此一来，这些奴隶往往不能和拴在他身边的其他奴隶交谈。但是，举例来说，如果他想喝水，他就必须协调全组所有的奴隶一起都朝着围栏里留给他们的一大桶水移动。角落里有几口巨大的大锅，葡萄牙人监守在这里煮豆子和大米喂食这些奴隶。有些被囚禁的奴隶看上去十分的悲惨和痛苦。其他人看上去出奇地平静，貌似他们已经认命了。

当他参观第二家“工厂”时——和第一家“工厂”差不多——他看到了一名 14 岁的男孩被以一桶 20 加仑①朗姆酒、几英

① 加仑是一种容（体）积单位，分为英制加仑和美制加仑，两者表示的大小不一样。1 加仑（美）= 3.785412 升，1 加仑（英）= 4.546092 升。这里很难看出是英制加仑还是美制加仑。——译者注

寻的布料和一些珠子的售价卖掉。但这只是那天数十宗买卖中的第一宗，因为一艘巴西的贩奴船就在海岸附近停泊。保罗观察了两个小时，600名奴隶每六人一组被铁链锁在一起，从工厂走向海岸边。男男女女鱼贯进入巨大的独木舟，这些巨大的独木舟每艘至少有26把桨用来划动船只，然后被装进纵帆船狭窄的货舱。

"他们似乎被吓得魂不附体。就连那些我在'工厂'里曾见过的感到满足和快乐的人此刻脸上也带着一种极度的恐惧表情四处张望着，这种恐惧是一个人在生活中不常见到、也不常感受到的。"[2]保罗写道。

他很快就发现了离他家极近的这一片宁静的小树林里藏着一些黑暗的秘密。在捕鸟的时候，他听到了一阵叮叮当当的脚步声，是一行十几个被铁链拴在一起的奴隶，他们抬着另一个奴隶的尸体。一个葡萄牙监守走在后头，手里拿着一根鞭子。保罗跟在他们的后面来到那片小树林的边缘。他们把那具尸体扔在空地上，然后朝"工厂"的方向走去。

一直等到他们离开，他才前去调查。那里已经引起了盘旋在上空的秃鹫的注意。当他朝尸体走去时，他注意到地上到处散落着那些久经风吹日晒的枯骨。

"那地方已经用了多年，奴隶禁闭营的死亡率有时高得可怕。"他写道，"多年以前，洛佩斯角是非洲西海岸最大的奴隶市场之一，这里的奴隶禁闭营比现在要多得多，那些可怜人死后一个个就被扔到这个地方，腐烂的骨头竟然堆积成山，如同这罪恶贸易的纪念碑。"[3]

贩卖奴隶这一无可逃避的现实无处不在，甚至充斥在保罗为他的远征所雇用的自由人之间的关系之中。他知道，他在美国的许多熟人把所有土生土长的非洲人都归为同一个低级的社会阶层，他们很难理解非洲社会等级制度的微妙之处。例如，大多数沿海部落认为自己比内陆部落优越得多，而内陆部落通常被他们当作奴隶。[4]他在洛佩斯角的手下告诉他，奴隶制这种见不得人的事是一件很难撼动的事情。例如，如果一个自由人和一个奴隶生了一个孩子，这个孩子就被认为是自由的，因为这是一个父权社会。然而孩子的自由是一个技术性的细节问题。他的社会地位永远受到其母亲地位卑贱的影响。他发现，“即使是在这个未开化的洛佩斯角地区，奴隶母亲所生的孩子是一种耻辱，而且会让这个不幸的人失去他和他天天在一起的同伴们所享有的尊重和威信”[5]。

保罗回到了他所创建的村庄，这里仿佛位于一处与所有这一切相隔开来的地方。在他的这片世界里，过去不能影响一个人，一个人所无法控制的亲缘关系不能决定他的地位，一个人的血统不能决定其命运，过往的一切都可以重新开始。他的村庄是一个全新的、自我创造的世界的首都，在这里保罗能够重新定义他自己。在这里，他可以是一个美国人，一个勇敢的探险者，一个野兽屠宰者。在他自己所创造的这个世界里，他发现自己想成为什么就可以成为什么。

他把自己的这个村庄命名为华盛顿。

探险就像战争一样，通常是一长串并不起眼的时刻，其间突然插入数次短暂的瞬间行动。这些瞬间虽然并不能代表什么，却往往定义了整个的体验。当保罗和他的手下最终再次向内陆挺进时，他们在杂草丛生的森林中历经了数月的艰辛跋涉。然而，由于发生了几件非同寻常的事件，这一苦不堪言而又平淡无奇的历程却又因为这几个耀眼的时刻而变得可以忍受了。

1857年5月4日，保罗手下的猎人们给了他一份礼物：他们活捉了一只幼小的大猩猩。

它（It）的年龄在2～3岁之间，估摸有2英尺6英寸高。他们是在森林里发现他（him）①的，当时他正坐在地上吃浆果。几英尺远的地方坐着他的母亲，也在吃水果。这些猎人朝这只成年雌性大猩猩开枪，当即将其杀死。“这只幼小的大猩猩听到枪响，朝他的母亲跑过去，紧抱着她，将自己脸埋进母亲的怀里并紧紧地抱着她。”保罗后来详细地解释道。当猎人们走近时，这只幼年大猩猩松开了她的身体，冲上了一棵树；他们把树砍倒，将一块布扔过去，罩住幼年大猩猩的头，把他抓住。尽管如此，大猩猩还是咬了其中的两个人，他们颇费了一番力气才紧紧地抓住他。“他不断地冲撞他们，”保罗写道，“所以他们不得不拿着一根叉状的棍子，叉住他的脖子，这样他既不能逃脱，又能保持一定的安全距离。这只幼年大猩猩就是以这么一种很不舒服的方式被带进了村子。”[6]

这只动物被捕获的悲惨故事并没有使保罗感到不安，他为自己的手能触摸到一个活体标本而激动不已。他把这一刻描述为他一生中最幸福的时刻之一。“在那一刻，我在非洲所经历的所有艰辛都得到了回报。”[7]他写道。

保罗给这只大猩猩取名为乔（Joe）。不到两小时，他和手下就搭建了一个竹笼，把小小的乔安置在里面。他仔细检查了这只动物，并把他所看到的一切都详细记录了下来：乔的脸和手是乌黑色的；头上的头发呈红褐色；短而粗的毛发覆盖着上唇；淡淡的眉毛，有四分之三英寸长；肛门周围的毛发则是白色的；手腕的毛发

① 原文如此。保罗把大猩猩看作是与人一样的生命体，因此他的叙述中经常用“he”（他）和“She”（她）来代替“it”（它）。—— 译者注

一直垂到手指的第二个指关节；大腿上灰色的毛发在接近脚踝的地方变深了。

乔被关在笼子里很不高兴，保罗很想驯服他。他开始以一种友好的方式和他说话，渐渐地往笼子靠过去，但乔却冲向他，一把抓住他的裤腿。保罗想要走开，结果两条裤脚都被他撕烂了。“他坐在角落里，他那双灰色的眼睛凶狠地瞪着，我从来没有见过一张比这只幼小的野兽更阴郁、更暴躁的脸。”[8]他写道。

第二天，乔的态度变得更坏了。只要保罗试图靠近笼侧，乔便作势要发起攻击。在他被关在笼子的第四天，乔撬开笼子的两条竹条逃了出来。几个人追了过去，保罗则跑回房子去拿枪。没想到的是，就在他从敞开的房门跑进去时，他惊讶地看到乔已先于他跑进了他的房子寻找躲避的地方。保罗飞快地关上窗门，其他人则守着门。最后，他们用一张大网抓住了这只狂躁的幼年大猩猩，并再次把他关进一个重新加固过的笼子里。乔比以前更为疯狂了。

保罗想要驯服这只动物的努力最终不了了之。乔只吃在他原先生活的那片原始森林里才能找到的水果和树叶，这些都是难以采集到的。保罗试图让他习惯那些“文明的”食物，但这只幼年大猩猩根本就不愿碰它们。两个星期以来，乔一直闷闷不乐的，拒不接受保罗想要讲和的企图。他又在囚禁他的那个笼子上咬出了一个洞，企图逃跑，结果又被抓了回来。最终保罗知道用笼子根本就关不住他，就改用铁链把他拴住。他似乎更接受这一种处理方式，也就表现得要温顺一些，而且开始吃下更多他所喜欢的野生食物。然而，就在拴着铁链的十天之后，他突然病了。两天后，乔死了。

在此几个月之后，保罗又捕获了一只活的大猩猩——这次这一只年纪更小。在一次徒步旅行中，他和那些手下发现了一只雄性大猩猩幼崽，正趴在他母亲的胸前吸奶。其中一人开了枪，那只成年大猩猩应声瘫倒在地上。那只大猩猩幼崽紧抱着她，绝望地号啕大哭着，似乎想要引起母亲的注意。保罗向他走去，那只未成年的大猩猩把头埋进他死去的母亲的怀里。

保罗把那只大猩猩幼崽抱在怀里，其他人则把大猩猩妈妈的尸体捆在一根杆子上，并抬回营地。到了营地之后，他们就把她的尸体搁在地上，保罗也把大猩猩幼崽放下来，就放在旁边。“他一看到自己的妈妈，马上就爬到她身边，扑到她的胸前。”保罗写道，“他没有找到他惯有的营养品，我看得出来，他觉察到自己之前吃过的食物有点不对劲。他爬到她的身上，嗅着她的身体，不时地嘟哝着，最终发出‘呜呜、呜呜、呜呜’的哀嚎，这声音触动了我的心。”[9]

由于没奶可喝，那只大猩猩幼崽在第三天就死了。保罗把尸体装在一桶朗姆酒里保存起来。

与大猩猩相处的时间越长，保罗的内心就越感到不安。

这些野兽看起来熟悉得令人十分不安。

大猩猩直立起来用两条腿奔跑，让他想起了人类的冲刺。每次他们咆哮的时候，他总觉得自己能在其声音里听到人类的声音。有时他觉得自己并不是猎人，而是个杀人犯。

“虽然这种动物和人类之间有很多不同之处，”他写道，“我每猎杀一只大猩猩，都会不免有种令人恶心的感受，这种野兽长得实在太像人类了。”这种相似之处实在是最怪诞不过的了——“一定是一个被诅咒的灵魂。”[10]他想道。

到他 1859 年离开非洲回到美国时，保罗已经收集了二十多张大猩猩的毛皮，制成标本保存了起来。每具标本都与人类的形态极为相似，这就使得他们在每个看过他们的人的眼中有着一种令人不安的力量。

早在二十年前，极其善于分析的青年达尔文在记叙其在英国皇家海军小猎犬号的旅行见闻中就记录到当一个人在大自然中遇到与自己极为相似的生物时所产生的令人不安的效果。在南美洲，当达尔文在与蛇四目相对时，他打心里感到厌恶。达尔文并不满足于让自己的这种不舒服的感觉不经核实便消失。“我猜想，蛇的这种相貌之所以令人感到厌恶，是因为其五官位置的配置比例与人脸的五官位置的配置比例大致相同；我们因此也就觉得其可怕了。”[11] 达尔文在他的《小猎犬号航海记》（*The Voyage of the Beagle*）一书中写道。

在相似程度如此之高的情况下，保罗的大猩猩自然也就无比吓人了。

“虽然我所猎杀的是某种怪物，然而在它的身上却有着一些人类的东西。”保罗写道，“唉，尽管我知道自己的这种感觉是错的，但我还是忍不住会有这种感觉。”[12]

他并不知道，就在他收拾那些大猩猩皮毛，准备离开非洲回到纽约的同时，达尔文正在对另一本书进行最后的润色，这本书中将讨论到保罗的这种感觉或许并非完全是错的。

第十六章
物种起源

伦敦

一些现代作家认为，达尔文的《物种起源》（*On the Origin of Species*）在1859年末刚一发行便当即脱销，被英国和世界其他地方的普通民众抢购一空。2009年，在达尔文诞辰200周年之际，杂志和报纸纷纷报道这本书"大受欢迎，获得了巨大的成功，其第一版在发行的第一天便销售一空"[1]。尽管要夸大这本书对科学和文化广泛进程的最终影响并不容易，但要对维多利亚时代的公众所产生的直接影响加以夸大却并不难。

出版商约翰·默里（John Murray）最初印刷了大约1200本《物种起源》。[2]但当这本书的发行日期到来时，默里已经从书商那里得到了大约1500册的征订单。今天，当人们说达尔文的书在发行的第一天就卖光了，他们只是在专业术语上是正确的：卖光了的是指都售卖给了书商，而不是给了读者。这些书要到普通民众手中，还需要花更长的时间。

早期的读者大多是与世无争的学界精英和那些绅士科学家们（gentleman scientists）。虽然这一时期号称是查尔斯·狄更斯的全盛时期和通俗小说兴起的时期，但在1859年的英国，文化普及的时代还没有完全到来。英国的普通市民不会去读一本像《物种起源》这样的书，许多人甚至连随便读一本什么书都还很费劲。19世纪中期，英国近一半的适婚年龄的成年人甚至不会写自己的名字。[3] 达尔文在他的书出版后的几个月里无疑激起了一小部分受过高等教育的读者的极大兴趣，但在那些于酒吧、街角和教堂长凳上交谈的人中间，这一火势蔓延可是需要更长的时间。

在这本书中，达尔文甚至没有提到人是从猿进化而来的见解，但却暗示了这一点。在《物种起源》一书中，他总结道："也许所有曾经在这个地球上生活过的有机物都是从某种原始形态——生命最初诞生于其中的那种形态——演化而来的。"[4] 在达尔文看来，人类也不能例外。根据他的理论，人类不仅与类人猿是近亲物种，而且几乎与一切物种——从狗到紫梢花——都是沾亲带故的。

在这本书出版之前，达尔文给理查德·欧文寄了一份书稿副本，并随后给他写了一封信。"若是不高度重视你的科学见解的话，那我就太傻了。"达尔文写道，"如果我的观点大体上是正确的，那么无论它们在推动科学方面有什么价值，现在都将不再取决于我，而是取决于杰出的科学界人士的裁决。相信我，您非常忠诚的C.达尔文。"[5]

欧文并不喜欢他在这本书里所读到的东西。虽然他在一定程度上接受了演化的思想，但他显然对达尔文理论的更广泛的含义感到不安。在颇具影响力的《爱丁堡评论》（*Edinburgh Review*）上的一篇匿名书评中，欧文抨击了达尔文的直线演化论。欧文诘问道：如果人类已知的所有生命形式都是在同一时间由同一种物质产生的，那我们怎么仍然能找到像原生动物这种简单的生物体呢？难道它们不会“演化”成别的生物吗？[6]欧文还指出，在化石记录中并没有明确的过渡物种，或者说“缺失的环节”的明显例子，而这是达尔文自己也承认的一个理论漏洞。

欧文认为，所有的生命并不是在某一次突现的创造（flash of creation）中一下子全冒出来的，而是经过无数次突现的创造而产生的。欧文认为，这些独立的创造行为可能会产生出原型，这些原型遵循它们自己的演化过程，最终成为由神圣的造物主的旨意所指定的造物。欧文推测，现代科学家在显微镜下观察到的单细胞生物代表了一个相对较近的“突现”，而最终演化成人类的原生生物在更早之前，在远古的过去就已经开始了演化之旅。欧文还认为，突变（sudden mutations）——不是达尔文所说的缓慢渐进的变化——可能会引导一个物种的发展。有别于达尔文的理论，欧文的演化论被许多神职人员解读为保存了具有《圣经》意义的观念，即人类是独立于其他动物而发展起来的独特造物。

在评论中，欧文匿名指出，这本书中有价值的观察报告“其实很少而且相差甚远”。他还说：“达尔文先生的大多数陈述，由于含糊其词或不完整，避开了对自然史事实的检验。”在评论中，他不止一次地以赞赏的口吻提到另一位博物学家——“欧文教授”，这位博物学家不像达尔文那样容易受到胡乱猜测的影响。

另一篇发表在伦敦的《泰晤士报》（*Times*）上关于《物种起源》的匿名评论迥然有别于欧文的匿名评论。

“达尔文先生憎恶单纯的推测，就像自然界厌恶真空一样。”该评论写道，“他和任何一位宪法律师一样，不断地大量收集各种案例和判例，他制定的所有法则都是能够通过观察和实验加以检验的。他吩咐我们走的绝不是一条由想象的蛛丝编织出来的虚幻的道路，而是一座由事实所建造的可靠而且宽阔的桥梁。”[7]

这篇书评的作者是T.H.赫胥黎。

和欧文一样，达尔文在《物种起源》这本书出版前也给了T.H.赫胥黎一份书稿副本。1859年11月23日——在达尔文的这本书上市的前一天——赫胥黎给达尔文写了一封信，承诺无论发生什么事情都要捍卫他的理论。“如果必要的话，我愿意上火刑柱。”[8]赫胥黎说。

预计到达尔文会遭受批评者的攻击，赫胥黎发誓要像猛禽一样凶猛地扑向他们。他在给达尔文的信中写道：“我在磨尖我的爪子和喙，随时都可以扑过去。”[9]

当欧文是《爱丁堡评论》上那篇文章的匿名作者的消息在伦敦科学界传开后，赫胥黎把他当成了自己准备攻击的对象。[10]

第十七章
神奇的城市

纽约

1859年底，保罗在完成了他的非洲探险之后回到了纽约，此时这座城市正被拉向两个不同的方向。[1]但在12月19日这一天的晚上7点，曼哈顿最大的歌剧院里座无虚席，数千人涌入这座剧院，试图把这座城市推向他们喜欢的一个方向：南方。[2]

这次集会在位于十四街和欧文广场的拐角处的音乐学院举行，是一星期前由民主党的政要人物组织的，并且得到了该市一些最有权势的商业领袖的支持。他们宣称这次集会是对弗吉尼亚“哈珀斯渡口惨案”①的直接回应，废奴主义者约翰·布朗（John Brown）曾试图在那里发动武装奴隶起义。布朗已在几天前被处以绞刑，这使他很快成为北方那些反对奴隶制者中的殉道者。但对于签署请愿书

① 哈珀斯渡口（Harpers Ferry）：也有译作“哈泊斯费里”，是美国西弗吉尼亚州杰斐逊县的一个镇，位于波多马克河和谢南多厄河交汇处，也是马里兰州、弗吉尼亚州、西弗吉尼亚州接壤处。1859年10月16日夜晚，约翰·布朗率领21名白人和黑人在哈帕斯渡口起义，并逮捕了一些种植园主，解放了许多奴隶，把废奴运动推向高潮。起义最后被镇压，约翰·布朗遭到逮捕并于12月2日被杀害，这就是美国历史上的“哈帕斯渡口惨案”。——译者注

支持这次集会的两万人来说，他并不是英雄。这份联署名单上的人包括了该市大约三分之一的合格选民，他们代表了哥谭市①商业精英中的名人。

他们对南方的支持与金钱有关。在这座美国最大的城市，海港推动了当地经济的发展，而棉花贸易则有助于促进海港的发展。南方各州将收获的棉花运往纽约，然后再由纽约运往世界各地。如果北方和南方分裂，就如哈珀斯渡口事件后越来越多的人所预测的那样，纽约港可能会在其关键的一部分业务上输给像查尔斯顿和新奥尔良这样的竞争港口。纽约很脆弱。许多把自己的财富与棉花贸易联系在一起的人支持奴隶制，他们认为如果废除了奴隶制，这个行业可能会崩溃。他们认为，如果这一行业崩溃了，或者如果他们无法获得南方种植园的棉花收成，那么他们的利润可能将不复存在。

那天晚上，当歌剧院敞开大门时，大约有6000人涌进来抢占观众席的座位。报道该事件的报纸估计，还有多达1.4万人聚集在外面的篝火旁，燃放烟花并唱着爱国歌曲。[3]

“我们当中有成千上万的人在谴责南方，抨击他们在危害我们的和平，让我们祈祷上帝，商业的纽带将我们联系在一起。”活动的组织者之一、前纽约州众议院议员詹姆斯·布鲁克斯（James Brooks）对集会的人群说道，“让我们向南方表明，有成千上万，甚至数十万的人，愿意遵守宪法和法律。”[4]

一连串的演说者一个接一个地走上台去，迎合和鼓动那些挥舞着拳头、斗劲十足的听众。许多人借助神圣不可侵犯的宪法轻而易举地赢得了掌声，美国宪法确实保证对蓄奴的南方人提供保护。有些人用宗教来支持他们的说辞，宣称亚伯拉罕、以撒、雅各，甚

① 哥谭市（Gotham）乃美国纽约市的别称。——译者注

至耶稣基督本人都生活在蓄奴帝国中——而且《圣经》从未明确地谴责这种做法。前纽约联邦检察官查尔斯·奥康纳（Charles O'Conor）甚至认为，南方温带各州的奴隶制对黑人是一种恩赐，这反映了对“黑人与生俱来的状况”的考量。[5]

“经验表明，除非是在温暖的气候下，他们这些人是不可能健康成长的。”奥康纳在谈到黑人时说道，这引起了一片认同的喝彩。“在寒冷甚至只是在微冷的气候中，他们很快就活不了。”[6]

但是就在那天晚上，在纽约的街道上，在12月寒冷的空气中，成千上万的获得自由的奴隶证明奥康纳错了。

在离这一集会地点大约1.5英里的一个名为“五个点”（Five Points）的街区[7]，铁壶下的火光让街道变得闪烁与摇曳不定。“五个点”建在一个干涸的池塘的沼泽床上，是美国最臭名昭著的贫民窟，住在这里的大多是最近从欧洲来的最贫穷的移民。那些不习惯于从恶臭的地基上散发出来的恶臭的人会把浸过樟脑的手帕捂在脸上才敢走上街。扒手们在酒吧、舞厅和赌场里进进出出。其狭窄拥挤的街道让它获得了“贼窝”“凶手巷”“地狱之门”等绰号，进一步加重了这里不祥的悲惨氛围。

“荒淫已经让这些房子过早地老化了。”1843年，查尔斯·狄更斯在两名警察的陪同下造访了这片街区，他写道，“瞧，那已经腐烂的房梁正在倒塌，还有那些修补过的破碎的窗户似乎在茫然地怒视着，就像在酒醉后的厮打中受伤的眼睛……那些丑恶的公寓以抢劫与凶杀而得名；一切令人厌恶的、颓废的、腐朽的东西都在这里。”[8]

一项对该市第六区（该区的主体就是“五个点”）所做的调查显示，该区有3435户爱尔兰人家庭、416户意大利人家庭、167户美国当地人家庭和73户英格兰人家庭。其他多为黑人，他们是纽约市2万名左右获得自由的奴隶中的一部分。很少有警察在这一地区巡逻，因此，像“高帽小丑”① 和“死兔子”这样的黑帮——大多是爱尔兰人——就在这里实施其本土版的简易审判。在人们的想象中，“五个点”自然而然就是个赤贫的地方了。

当时的社会评论家们在谈论融合（种族融合）时，常常会拿“五个点”做负面例子。在像阿尔马克（Almack）舞厅这样的地方，爱尔兰吉格舞和非洲曳步舞融合在一起创造了一种新的舞蹈形式：踢踏舞。这么一些意想不到的组合让“五个点”成为19世纪60年代初美国最活跃、最有活力的地方之一——一个沸腾的文化大熔炉中最炙热的角落。但这样的混合物在许多白人看来不过是粗俗的下流之物。

威廉·博博（William Bobo）是一位来自南卡罗来纳州的记者，他前往“五个点”报道白人文化和黑人文化混合的危险。不过，后来他认为，他的读者将无法接受他发回去的报道。“对‘五个点’地区所作的正确的、批判性的描述只会让你感到厌恶，对你没有好处。”[9] 他写道。

早在19世纪40年代，“五个点”就成为一处对白人改革者颇具吸引力的地方。传教士们纷纷前来这里设立传教点。教会领袖们想要清除罪恶，净化这一地区的罪恶。他们中最具理想主义精神的人士将自己的工作视为对这座城市未来的使命，在这些人士看来，这座城市正在尽心竭力地为其未来将是座什么样的城市而努力着。

---

① “高帽小丑”（Plug Uglies）是一个美国本土的街头犯罪团伙，有时被松散地称为一个政治俱乐部，于1854年至1865年在马里兰州巴尔的摩市西部活动。Plug Uglies得名于巨大的高帽。当他们参加帮派战斗时，他们用羊毛和皮革填充高帽，把它们拉下来盖在耳朵上作为原始的头盔来保护头部。——译者注

其中一个机构是长老会布道所，设在中心街23号，是一栋位于社区边缘、有9个房间的建筑。约翰·莱顿·威尔逊因肝病从加蓬的传教岗位上退休后，最终就是回到这些办公室里工作的。1859年末，保罗·迪·谢吕结束了他的非洲探险回到美国时，威尔逊——最近搬回到南卡罗来纳的家中照顾生病的亲戚——安排保罗把布道所当作他的大本营使用。于是，保罗在布道所住了下来。

在这里，在世界上最无情地沸腾着的大熔炉中间，在每个美国人似乎都在辩论未来的道路的时候，保罗在这里落脚打造自己的未来。

多年后，一位熟人回忆说，1859年末和1860年在曼哈顿下城区街道上看到他的人，很可能会把他误认为“一个失业的鞋店店员，刚从寄宿的公寓里被撵出来”[10]。作为一名移民，在某些方面，保罗和他在“五个点”社区所看到的其他人并没有什么不同。但与他们不同的是，他的布道联络人让他走出了那些沮丧的圈子，以一种特权的视角来审视这座城市。纽约为他提供了诱人的机会，也提供了恼人的问题。

当他向别人介绍自己时，他是否应该强调他和美国的关系呢？有时他要告诉人们他出生在哪里吗？或者他应该宣称与法国或非洲有亲缘关系？带着一个装满这里的人们从未见过的珍奇动物的储物箱，他是应该扮演一名科学家呢，还是做一个玩杂耍的表演者来吸引人们的注意呢？他的未来在哪个方向？他怎么能调和所有混合在他体内的不同元素呢？

在接下来的一年里，保罗在一座未来似乎和他自己一样不确定的城市的破旧的中心寻找着他自己的答案。

一开始，他试图把事情说清楚。他把自己的未来寄托在科学上，寄托在那些尊重任何一位合作者的学术团体上。就是在约翰·卡森和费城自然科学研究院的支持下他才去了非洲——费城自然科学研究院可是当时所能找到的最有声望的机构。但当他回到美国后，他开始意识到一个令人不安的事实：不知什么原因，研究院的某些成员表现得好像从没听说过他似的。[11]

当然，他们很了解他。从1855年开始，他们集会时就一直在谈论他的探险，他的名字散布在这些集会的官方记录中。卡森是保罗的联络人，他在第一次向研究院的成员介绍保罗时，这样描述这名年轻人："作为一位探险家，他具有独特的优势。他在这个国家生活了很长时间，完全适应这里的环境，能说两种语言，完全理解黑人的性格。他提议，在从一个部落前往下一个部落时需要由当地人护送。"[12]换句话说，保罗的探险队肯定不需要太多的费用，因而研究院同意支持他——这是卡森在多封信里向他许下的承诺。因此，保罗定期将动物制成标本并从加蓬托运至费城。但承诺支付的款项却没有兑现过。突然间，研究院开始不理睬他的询问函了。

1859年12月底，保罗再次写信提醒研究院成员他已经回到美国了。他还提到了1857年卡森给他的信，信中授权他继续他的探险，并表示他报销的部分款项将立即寄给约翰·莱顿·威尔逊，请他代收。但钱却一直没有到账。

保罗的信无人理睬。几个星期后，他又寄了一封信，接下来又寄了一封。1860年1月，他给他们寄去了一份详细的费用报告，并附上了他从研究院收到的所有承诺付款的信函的摘录：

基于本事项中的具体情况，敬请支付如下款项：

·已认可应付的余款（贵研究院收取的鸟类标本）	261.5 美元
·科莫河探险的费用：	500 美元
·遗失的鸟类标本，数量：30 件	90 美元
·陆地贝壳（箱装），数量：30 箱，种类：11 种	15 美元
总计	866.5 美元

卡森先生告诉我，自从我回到这个国家，他没有和我商量就把 47 只鸟类标本送到了布伦纳那里（他给了我一份目录）。

我不知道究竟是根据哪些条款这些鸟类标本可以被送离研究院大厅的，我还希望知道这些鸟类标本的价值是怎么估价的，其中又有多少应该属于我。

应研究院成员的要求，我留下了一些四足动物的标本在大厅里，祈盼贵院能欣然告诉我他们的决定。

此致

保罗·迪·谢吕[13]

大概就在他费劲地争取来自费城方面的确认的同时，他也在与其他著名的研究机构联系。1860 年 1 月 5 日，他在纽约为美国地质和统计学会做演讲。他们介绍说，他“是一位和利文斯通博士一样深入非洲大陆深处的法国旅行家”[14]。保罗在一张大地图上回顾了他的探险之旅的路线，并展示了一些支撑材料，其中包括一具大猩猩的头骨。他解释说，作为一名猎人，他的策略是等到那些狂躁地拍着胸脯的大猩猩走近时他才开火。

“他们一下子便死翘翘了。”[15]他说道。这似乎是一种令人钦佩的勇敢表现，因此赢得了大家一轮热烈的掌声。

他还去了波士顿，与给大猩猩命名的哈佛大学解剖学家杰弗里斯·怀曼（Jeffries Wyman）会面。威尔逊也认识此人。保罗给了他几张大猩猩的毛皮和几具大猩猩的骨骼，还有一具浸泡在酒精里，适于解剖用的幼年大猩猩尸体。随后，怀曼邀请保罗为波士顿博物学会①的会员们做演讲，怀曼正是该学会的会长。[16]尽管他的演讲让该学会的会员们大感兴趣——因此后来他们选他为该学会的荣誉会员——参加这次活动的人很少。

当他想要渗透到崇高的科学领域和学术团体的努力毫无成效时，保罗尝试了一种新的方法。在教堂西边两个街区的地方，有一条色彩缤纷的大道，那里已经成为任何希望在这部美国故事中扮演主角的人的首选目的地。

他带着他的大猩猩前往百老汇。

1860年初，《纽约论坛报》上刊登了如下这则广告：

迪·谢吕的非洲收藏品

百老汇大街635号，沿布利克街往下走，经过四扇门，有一只巨大的大猩猩，还有许多其他博物学标本以及当地的奇珍异宝。昼夜开放。

门票：25美分[17]

这栋位于百老汇635号的建筑物是在五年前建造的。它的正面是大理石贴面，其意大利风格的圆柱正对着街道。[18]在一间又长又窄的房间里，保罗卸下了他从非洲带回来的所有箱子。

① 波士顿博物学会（Boston Society of Natural History）成立于1830年。1864年博物学会开办了新英格兰自然博物馆（New England Museum of Natural History），它是波士顿科学博物馆（Museum of Science, Boston）的前身。——译者注

安放在底座上的鱼类标本、伸展着翅膀（用细铁丝固定着）的鸟类标本。一张贴有“库拉－坎巴”（koola-kamba）标签的黑猩猩的毛皮、一只豹子、他从当地原住民那里收集来的长矛和棍棒。一只被他掏空的河马（原先他把它用作“保险柜”，里面装了几十个带回来的标本）。当然了，还有一只大猩猩标本，这是几十年来在美国展示的最重要的博物学标本。

“有着四五个辅音开头的怪异名称的可怕怪物，还有一些诸如叫作奥戈白河（O-go-bai river）这样稀奇古怪地名的领地，都引起了人们的注意。”《纽约邮报》（*New York Post*）记者参观了这一新开的展馆后写道，“粗野的、发展缓慢的生命形态让观看者不快……但这个地方的守护神是大猩猩，或者说人猴——穴居人部落中的一员。”[19]

保罗的展馆似乎拥有一切：一个真正有新闻价值的几乎难以想象的新奇标本，位于美国最热闹的街道中央的绝佳位置，还有一位不怕上台发言的标本所有人，他用第一手资料来讲述野兽在这一片不可思议的浪漫之地上的生活，让所有愿意聆听的人兴奋不已。

他现在可是万事俱备只欠观众。但在一个被各种纷扰撕裂的城市，这绝非易事。

毫无疑问，有一个人注意到了保罗的展品，这个人就是P.T.巴纳姆（P.T.Barnum）。巴纳姆是世界上首屈一指的表演家，他通过向美国介绍真实的和虚构的奇珍异物而大赚了一笔；而巴纳姆位于百老汇的美国博物馆则是一座为刺激而建造的大教堂。在1860年的头几个星期，他的广告以包括一只有大理石般色彩纹理的海豹和两只袋鼠在内的罕见的博物学展品吸引了公众。[20]但现在，一个新来者斗胆带着被新闻界称为“人猴”的东西闯入了百老汇。

保罗的大猩猩大有可能抢走巴纳姆的风头，更不用说公众为了进这两个门而要花多少钱了。

巴纳姆陷入了困境。也就是说，如果他遵守广告的真实准则，那么就纯粹的新奇性而言，他根本就没指望得到任何能与大猩猩相媲美的东西。但当涉及争夺公众的注意力时，巴纳姆除了遵守自己的规则外，很少遵守别人的规则。

自从约翰·布朗起事之后，巴纳姆一直试图利用这次让纽约为之紧张不安的种族紧张局势。在1月份，他就已经开始展示一尊约翰·布朗的蜡像，一封这位废奴主义者亲笔签名的信函，以及巴纳姆声称在哈珀斯镇起事时使用过的两支长矛。与此同时，巴纳姆在他的演讲室里上演了一部名为“八分之一混血儿”（*The Octoroon*）的戏剧，这是一部发生在美国南部乡村的爱情悲剧，讲述了一个女子的故事，她的父亲是个白人种植园主，母亲是混血女奴隶。

在这部由爱尔兰裔美国南方人迪翁·鲍西考尔特（Dion Boucicault）创作的戏剧中，种植园主的侄子爱上了一个名叫佐伊（Zoe）的女孩。但她那“黑色的、致命的印记”注定会让他们心碎。在第一幕中，佐伊解释道：在滋养我心脏的血液中，每八滴血中就有一滴血是黑色的——尽管和其余的七滴一样的鲜红，可是那一滴血却毒害了在我体内奔流的所有的血液……那一滴黑色的血液让我绝望，因为我是不洁之物——为法律所禁止——我是个有着八分之一黑人血统的混血儿！

这出戏触动了辩论奴隶制的双方观众的神经。废奴主义者认为它是一篇种族主义的长篇大论，而南方的捍卫者则怀疑这出戏几乎是在不加掩饰地鼓动废奴主义。“如果佐伊这个人真的存在，她的头脑和她血液里的肮脏的东西就会在她和白人之间制造出一道比两极还要宽的鸿沟。”纽约发行的《时代精神》(*Spirit of the Times*)这份报纸写道，该报在是否废奴的辩论中为南方辩护。这部戏剧“是建立在种族平等的错误观念之上的，这种观念是荒谬的、有悖自然的，是对神的不敬”。[21]

鲍西考尔特宣称自己不偏不倚：他是个南方的民主党人，向往阳光灿烂的南方，他在刊登于新奥尔良的《时代花絮报》(*Times-Picayune*)上的一封信中写道，但他并不想让他的戏剧与政治扯上关系。[22]然而这是不可避免的。攻击这部戏剧和为这部戏剧辩护的争论在大众媒体上你来我往地好不热闹，而巴纳姆则陶醉于这场论战之中。

然而当保罗在同一条街上举办展览时，巴纳姆知道，他需要更具煽动性的火力来吸引观众，并将对手打得落花流水。同一年的2月，他在《论坛报》上刊登了一则广告，占据了大幅报纸的整个版面——即使按照巴纳姆自己的标准来看，这也是一次非常大的自我推销。它有2000多字，比保罗在同一份报纸上所作的广告体量要大50倍。更重要的是，巴纳姆的很多词都是大写的，并且加上了感叹号，把人们关注的目光吸引到他这一边。

那只刚从非洲荒野来的

奇特生物……

到底是什么呢?

是不是比人类低一阶？或者

比猴子的进化高一层？抑或是

二者的结合？

这可是一样

前所未见的东西！

过去六天中不少于

25000 人

看过它，所有的人都一致认为它是

现存的最奇异生物。

它是什么？它是什么？

它是什么？它是什么？

巴纳姆声称，这只日夜都可在美国博物馆看到的神秘生物是在“非洲内陆的冈比亚河边缘地带，被一群寻找著名的大猩猩的人所捕获的”。

纽约的报界蜂拥而至，前往参观展览。巴纳姆以精湛的手段操纵着媒体。在展览首次亮相的几天之后，巴纳姆得以再刊这种大多数推销商梦寐以求的新闻炒作。纽约所有的主要报纸都对这一奇异的展品大加赞赏。《星期日时报》（*Sunday Times*）称：“这家博物馆里新增的这件珍品似乎提供了人类和猴子之间的真正联系。”[23]《纽约时报》则进一步评论道：“它（It）看起来像一只顽皮的小猫，又像猴子一样善于模仿。他（him）的奇特之处在于——这里之所以用‘他’字，是因为他显然是一个雄性物种——他能发自内心地开怀大笑，偶尔还喃喃地说几句不知所云的话……很难找到一处只需花 25 美分就能看到更多东西的地方。”

这些媒体帮忙隐藏了一个真相，那就是，这个“不可名状”的生物是一个患有小头畸形症的黑人，这是一种发育障碍，导致头骨异常小，从前额向后变细。[24]许多小头症患者患有严重的智障，他们的运动技能经常受损，导致一些人行走困难。巴纳姆在1860年4月所写的一封信中坦陈，他是在费城买下这个人的，是从“圣路易斯某个博物馆的所有者那里买的”[25]。1860年初拍摄的这个人的照片显示，巴纳姆给他的胳膊和腿套上了黑毛（基本上是猴子装的一半），给他剃了个头，只留下头顶上的一小簇，让他头骨显得更为倾斜。当巴纳姆的经纪人向观众描述这只动物如何艰难地直立行走时，那人就会以《纽约商业广告报》（*New-York Commercial Adrertiser*）所描述的那样，以一种极其笨拙的步伐走过舞台。当他弯下腰，把手放在大腿上时，播音员就会告诉观众，这个手势代表着“它再次渴望使用所有的四肢”。

巴纳姆开始将这只“它是什么？”加入《八分之一混血儿》一剧的演出中去，在这出戏的幕间把那个人带到舞台上去。他们一起成了百老汇最最热门的吸引人的事物。

与此同时，保罗和他真正的大猩猩在几个街区外默默无闻，毫无生气，彻底被一个活生生的恶作剧抢了风头。

第十八章
论　战

英国，牛津

以天空总是灰蒙蒙而著称的英格兰放晴了，牛津大学的领导们兴奋地看到阳光照射在校园里最新落成的那座建筑物——牛津博物馆上。[1]这座新建成的新哥特式建筑是座由宏伟的柱子、高耸的拱门和宽敞的大厅所组成的自然科学的神圣殿堂。1860年6月，英国科学促进会（the British Association for the Advancement of Science）的会议给了该所大学第一次展示它的机会。

该促进会的主席约翰·罗茨利勋爵（Lord John Wrottesley）首先用冗长的客套话欢迎与会者，这让赞助人和大学老师无奈地直点头。在接下来的演讲中，他还费力地罗列了在其有生之年里英国在科学上所取得的各项重要进展，大家不竟昏昏欲睡。然而，这一回顾却完全忽略了达尔文的著作。这一遗漏看起来也许并不是特别明显，因为《物种起源》这本书虽然在科学界引起了很大关注，但并没有人认为这本书会在与会人员中引起极大的争议。引起争议的是《随笔与评论集》（*Essays and Reviews*），这是一本由七篇关于当代基督教和科学之间的关系的文章组成的文集，于三个月前出版。

这本《随笔和评论》是由英格兰国教会里的自由派牧师撰写的，它要教会给予科学更多的自由来深入研究传统主义者所认为的神圣不可侵犯的主题。这些文章力劝大家别再按照字面意思来解释《圣经》了。不符合自然规律的信仰——诸如神迹——应该被认为是神话。该书在其出版之后的20个月里销售的册数超过《物种起源》在出版头20年的销售的册数。[2]其中有两名作者将失去在教会的工作，并被指控为异端。

这些文章引发了神职人员和科学家们的兴趣，罗莢利毋庸置疑地受此兴趣的影响，他向与会者保证，他们的工作永远不会玷污上帝的荣耀。

“无论是什么时候，我们都要严肃地致力于这项工作。”罗莢利说道，“我们深信，我们越是这样锻炼，越是通过锻炼提高我们的智能，我们就越有价值，就越适合接近我们的上帝。”[3]

看着台下的听众，罗莢利可能会注意到塞缪尔·威尔伯福斯（Samuel Wilberforce），他或许是这次会议的参会者中最引人注目的。威尔伯福斯是牛津教区的大主教，他个人对自然科学也很感兴趣。在会议召开前的几个月里，他经常与理查德·欧文会面。在这位解剖生理学家的帮助下，威尔伯福斯甚至匿名对达尔文的那本书写了一篇评论，发表在《评论季刊》（*Quarterly Review*）上。科学家欧文正在帮助这位神职人员展开辩论，他们俩都希望能够推翻“科学会削弱宗教权威”的观点。第二天早晨，英国科学促进会的会议正式开始，这也将是让他们俩接受考验的开始。

这次会议的第一个议程谈及了达尔文的理论，最后以一场关于大猩猩的辩论而结束。这个主题原来并不在会议议程之内。

一开始很单纯。植物学家查尔斯·多贝尼（Charles Daubeny）提交了一篇题为“论植物性征的最终原因，特别提及达尔文先生的著作”（On The Final cause of The Sexuality in Plants, with Particular Reference to Mr. Darwin’s Work）的论文，详细引述了达尔文先生的研究成果。达尔文本人并没有出席这次会议。他一直饱受其所谓的“焦虑症及随之而来的疾病”的困扰；在夏初的几个星期里，他从公众的视线中消失了。[4]但是赫胥黎和欧文却还坐在观众席上听着。多贝尼刚读完他的论文，主持讨论的人就问已经被认为是达尔文最积极支持者的赫胥黎，他是否想增加更多的细节来捍卫达尔文理论的核心部分。赫胥黎拒绝了这一提议。他解释说，这不是讨论这个问题的合适的地方，而且多贝尼的论文并没有真正提出任何需要辩护的观点。

这时其他人也打破沉默，纷纷加入讨论。讨论偏离了主题，进入了从植物繁殖到灵长类动物行为等一大堆不太相关的话题。有人提到了大猩猩。欧文对这个问题颇有发言权，他起身发言。

“欧文教授希望本着哲学家的精神来探讨这个问题，并表示，公众可以通过一些事实来判断达尔文先生的理论是否正确。”[5]在随后一周出版的《雅典娜神殿》（*Athenaeum*）杂志刊载了一位出席这场会议的目击者的评论，“虽然他对达尔文先生提出理论的勇气大加赞扬，但他同时也觉得这个理论必须用事实来检验。”

欧文想把这个理论延伸到人类起源的问题上来加以评价。他想到的测试相当简单：对人类和最近发现的类人猿进行解剖学比较，他认为类人猿是最接近人类的亲缘物种。欧文认为，小海马体——也就是今天被人们称为禽距的马刺状物——是人类与动物之间的一个决定性的差异，他说，人类有禽距而大猩猩没有禽距。在他看来，人类大脑中小海马体的曲度是人类和猿类大脑发育存在巨大差异的关键标志。他们之间的大脑大小相差太大。他暗示说，自然选择的缓慢运作不可能把大猩猩的大脑变成人类的大脑。

赫胥黎再也忍不住了。他以前从欧文那里听到过这种说法，但他仍然持怀疑态度。他阅读过多位解剖学家的论文，这些论文认为，猿类的大脑，尤其是猩猩的大脑，确实有小海马体，虽然只是一个雏形。据《雅典娜神殿》的报道，赫胥黎“完全否认以欧文教授为代表的大猩猩和人类大脑之间存在如此巨大的差异”。赫胥黎坚持认为，“人类与最高级的猴子之间的差别并不像最高级的猴子与最低级的猴子之间的差别那么大”。[6]

之后不久，这场会议便波澜不兴地结束了。但两天之后，当威尔伯福斯遇到赫胥黎时，这一有礼貌的争论分歧又重新开始了。

在20世纪的大部分时间里，历史把威尔伯福斯和赫胥黎之间的这场言语冲突视为早期关于达尔文演化论的争论的一个关键事件——如果不是最关键事件的话。但正如几位近代历史学家后来指出的那样，那个时期最可靠的证据，包括所有目击者的描述和当时参与者所写的信件，讲述了一个不同的故事。[7]

星期六上午的会议以又一场波澜不兴的讲座开始，这是一场关于欧洲学术风气的讲座。其间又一次提到了达尔文。讲座结束之后，这场会议的主持人请威尔伯福斯分享他的想法。《雅典娜神殿》对他的评论做了极其详细的描述：威尔伯福斯认为，科学所能提供的所有具体事实——从埃及发现的木乃伊到杂交物种如骡子的不育症——表明，“有组织的生物具有不可改变的特性，这是自然界不可抗拒的趋势”[8]。威尔伯福斯说，达尔文的书只是提出了一个假设，而不是一个理论。

主教的演讲结束后，赫胥黎站起来为达尔文的观点辩护。他承认，该理论中并非所有要素都得到了证实；但他坚持认为，这仍然是迄今为止关于物种起源的最好的理论。达尔文的书中充满了新的实例和观察结果，所有这些都证实了这个理论。

尽管《雅典娜神殿》和其他报道这次会议的期刊都认为这件事不够重要，不值得一提，威尔伯福斯还是引用了两天前赫胥黎的评论。当时赫胥黎说，他认为人类与猿类的关系要比猿类与低等猴子的关系更密切。威尔伯福斯戏谑地问赫胥黎，他自己究竟是由母亲一方的猿类还是父亲一方的猿类演化而来的。“这给了赫胥黎一个机会，他说他宁愿说自己和猿类有亲缘关系，也不愿与主教这样的人有亲缘关系。在他看来，主教如此滥用自己雄辩的口才，以一种权威的姿态，试图制止人们自由地讨论什么是真理，什么不是真理。”[9] 目睹了这次交锋的动物学家阿尔弗雷德·牛顿（Alfred Newton）在会议后一个月所写的一封信中写道。

在后来的传说中，赫胥黎直言不讳的反驳如同一记沉重的打击，以无可辩驳的真理之力使这位主教哑口无言。然而对这场决定性胜利的描述是在这一事件发生的几十年后的回忆录中才开始出现的。而当时的报道呈现出来的是：这场辩论绝非一边倒。

赫胥黎认为他赢得了这场辩论，但其他人很少这么认为。就在辩论结束一个星期后所写的一封信中，丘园天文台（Kew Observatory）的台长说威尔伯福斯是胜利者：“我认为主教占了上风。”[10] 就连达尔文和赫胥黎的好朋友，自然选择理论的捍卫者约瑟夫·道尔顿·胡克（Joseph Dalton Hooker）也认为，在主教那满是“丑陋、无知和宗教偏见”的发言之后，赫胥黎的驳斥虽然是合理的，但不够果断。“赫胥黎的应战令人钦佩并扭转了局面。但面对这么多听众，他无法大声说话，也驾驭不了听众。”[11]威尔伯福斯在一周之后所写的一封信中这样评价自己与赫胥黎的辩论：“我想我彻底击败了他。”[12]

时隔一个半世纪之后，我们可以看得出，在这场辩论中，双方都没有取得决定性的、永久性的胜利。新一代的科学家花了几十年的时间，在化石记录的进展和遗传理论的新证据的帮助下形成了新达尔文主义，这是大多数科学家现在都能接受的演化论版本。

这次会议在这一主题上没有任何决定性的结论，反而只是加剧了达尔文学说的争论。在牛津会议之后的几个月里，赫胥黎和理查德·欧文都比以往更加努力地工作，他们都想证明自己才是对的。

欧文投入了前所未有的精力致力于所谓的大猩猩问题。在他看来，他真正需要的是有更多的标本来证明他的论点。

在会后的数月之内，他收到了一封信，信的开头是：“尊敬的阁下，请允许我送给您一张大猩猩的毛皮。”这封信的结尾是“此致，保罗·迪·谢吕”。[13]

第十九章
梦碎大道

纽约

正当《八分之一混血儿》和“它是什么？”展览最受欢迎的时候，亚伯拉罕·林肯住进了位于巴纳姆的剧院街对面的阿斯特旅馆。[1] 对于2月底来说，天气异常暖和。林肯穿着一套新的黑色西装，决定和一些年轻的共和党人一起散步，他们热切地希望带他看看这座城市。

1860年初，纽约人还认不出林肯这张脸。如果他引起了任何注意的话，那也更有可能是由于他的身高，而不是他的名气。林肯和他那一小群朋友，最多也就三四个人，在一个星期一的下午向北走了一英里多。他们经过保罗办展览的博物馆，但我们不知道他们是否停步往里看过一眼。林肯的目的地就在往前走三个门的地方，在百老汇街和布利克街的拐角处。

林肯大步走进一家被称为“百老汇瓦尔哈拉”的照相馆。[2] 如果有人想要拍照，就会来这里。从现任美国总统詹姆斯·布坎南（James Buchanan）到“它是什么”这头怪物，每一个都曾站在店主马修·布雷迪（Mathew Brady）的照相机镜头前。就连保罗自己也忍不住穿上他那套最好的三扣西装短外套和马甲，在布雷迪照相馆豪华的背景前摆出了一个姿势。

布雷迪的照相馆和保罗的展馆一样，是一间又深又窄的房间，目的在于给人们留下深刻印象。墙上贴满了翠绿色的墙纸，长毛绒地毯和带扣的皮沙发都是绿色和金色的。头顶上方的玻璃天窗使墙壁沐浴在自然光之中。数以百计的肖像挂在镀金的镜框里，大多数是名人的面孔，有些用油画原料或蜡笔涂上了颜色。在一个角落里，林肯发现了一张斯蒂芬·A. 道格拉斯（Stephen A. Douglas）的近照，这个人是他前一年在伊利诺伊州竞选美国参议院席位时的对手。林肯所在的共和党在伊利诺伊州赢得了更多的选民票，但民主党在立法机构里赢得了更多的席位，这使他们有权选择道格拉斯作为州参议员。

这次竞选让林肯受到了全美的注目，共和党人开始把他作为 11 月份总统大选的潜在候选人来谈论。但是，林肯在纽约这座可能成就或者破坏政治命运的城市里仍然默默无闻。几乎 2.5% 的美国人口居住在这座城市 —— 比美国 34 个州中除了 12 个州以外的所有州的人口都要多。如果林肯想要给选民留下印象，他需要在公众面前露面。在 1860 年，这意味着他需要一幅马修·布雷迪拍摄的照片。

布雷迪把林肯迎进他的工作室，并迅速开始像人类学家一样，精确地打量起这位时年 51 岁、胡子刮得精光的律师。他把相机往后移，将镜头从林肯身上移开，把重点从面部细节转移到林肯高大的身材上。为了让他狭窄的胸部显得更宽阔，布雷迪让他解开黑色长外套，露出他的黑色马甲和白色的 V 领衬衫。接着他又在他的身旁摆了一些道具，其中包括一根假的柱子和一张堆满书的桌子，让林肯把左手放在桌面那堆书的上面。

布雷迪继续仔细地打量着他，他发现还是有些地方不太对劲。摄影师建议林肯拉起衣领。“啊，”林肯说，“我明白，你是想让我的脖子显得短一些。”[3]

“就是这样。”布雷迪说道。

林肯以锐利的眼睛和紧绷着的下巴注视着镜头。布雷迪如变魔术般塑造出来的形象让人联想到力量、学识和决心。

当天晚上晚些时候，林肯在库珀联盟学院①发表演讲，他在演讲中直接挑战了之前在音乐学院发表的观点。第二天早上，各大报纸以大量篇幅来报道这件事。《论坛报》的报道最后称：“从来没有一个人第一次亮相就给纽约观众留下如此深刻的印象。”[4]

布雷迪为他拍摄的这张照片很快就被复制，传遍全美各地，而且成为柯里尔与艾夫斯（Currier & Ives）的招贴画的基础，为数百万人所见到。在短短几个月里，随着南北关系紧张的加剧，林肯的名声和形象已经广为传播，从而使他赢得了共和党总统候选人的提名。“布雷迪和库珀联盟让我当上了总统。”[5]据说林肯后来这样打趣道。

一个出生卑微的人却能跻身最高权力中心，这让保罗大受鼓舞。1860 年经林肯授权的竞选传记报道说，他的祖先被笼罩在“不确定和绝对的黑暗之中”[6]。当别人问起他的过去时，保罗这样越来越善于置之不理。对于像他这样的人而言，林肯完美地代表了美国精英政治的浪漫理想。1860 年大选之后，对政治的兴趣一直不浓的保

---

① 库珀联盟（Cooper Union），全称是库珀高等科学艺术联盟学院（The Cooper Union for the Advancement of Science and Art），是一所位于美国纽约州纽约市曼哈顿地区的著名私立学院。——译者注

罗声称自己直到生命的最后都是一个自豪而忠诚的共和党人。但是，随着林肯成长为一个人有望主宰自己命运的象征，保罗的经历悄悄地证明了被刻意掩盖的过去会如何以意想不到的方式回来困扰一个人。

偶尔会有媒体注意到保罗的百老汇展示的收藏品，但这些报道往往都很冷淡或十分不屑。《纽约邮报》得出的结论是，保罗的冒险并没有激发人们对遥远国度的种种奥秘的好奇，反而凸显了受庇护的地区的种种好处。“在观看了这些怪物之后，”这些报纸的报道这么写道，“在非洲大陆定居的想法受到了冷遇，参观者当即也就可以体会到狄更斯《荒凉山庄》(*Bleak House*) 中那位卡迪·杰里比 (Caddy Jellyby)，因被迫接下承担非洲慈善计划书 (Borrioboola-Gha) 的重责而抓狂地哭喊道：‘我讨厌非洲！’”[7]

与此同时，他也在继续努力让费城自然科学研究院偿付相关的费用，却吃了闭门羹。在2月，研究院终于将这件事呈报给其管理层处理。根据研究院的内部文件，研究院的管理层在1860年初裁定，保罗的索款要求与“研究院毫无关系”[8]——这个决定他们都懒得告诉保罗。在他继续询问报销费用的情况之后，研究院的一些成员要求管理层列出他们作出裁定所依据的事实，这也许是为了一劳永逸地解决这件事。

令人费解的是，这些管理者们拒绝给出具体原因，而是说“这些事实不宜告知”[9]。

在给保罗的信中，研究院并没有提到管理层不可思议的回应。相反，该机构的成员创造了一种模棱两可的技术性手段，以此摆脱对保罗的所有债务。信中解释说，所有与保罗签的协议都是研究院个别成员签的——而不是研究院签的。因此，研究院根本就不欠他什么：

> 经仔细核查记录，费城自然科学研究院从未聘请迪·谢吕先生探索科莫河（Camma）① 或其他任何国家；研究院也没有跟他订立契约，要他为研究院提供博物学标本；研究院也从未通过决议或其他方式授权其任何官员或成员与迪·谢吕先生订立任何类型或种类的契约或合同……令人遗憾的是，迪·谢吕先生竟然错误地认为他是在本研究院的资助下，在西非进行探险和标本收集工作的。[10]

对保罗来说，这一拒绝似乎来得十分意外，而且显得很不公平，但在它的背后还流传着种种的流言蜚语。难道他没怀疑到这些“不适宜的”事实与他的背景有关吗？自从他被威尔逊夫妇收养，认他们为父母以来，他一直把这些细节隐瞒得很好。如果保罗有过这样的怀疑，说出来只会让人们注意到他的过往。他放弃了这件事，放弃了对这笔866.50美元——比当时工厂工人平均年薪的三倍还多——的索要。[11]

他一直指望的钱被剥夺了，只有一家经营惨淡的展馆可以支撑他，他开始转向给杂志投稿，把这作为一项可能的收入来源。他在造访波士顿博物学会时遇到了一位名叫塞缪尔·尼兰（Samuel Kneeland）的医生、博物学家。尼兰在为科学杂志撰稿方面有着丰富的经验，在保罗准备演讲时，他已经帮助保罗修改了许多有瑕疵的英语表达。眼下，尼兰帮他将其探险期间所写的大量的日记变成一本生动的旅行故事。[12] 保罗拼命地写啊写，到1860年末，

① 这里的Camma是保罗对科莫河（Rio Komo）的音译。科莫河是非洲的河流，发源自赤道几内亚和加蓬，河道全长230千米，是加蓬第三大河流。——译者注

他已整理出近500页手稿。纽约的哈珀兄弟出版公司（Harper and Brothers）同意将他的故事印成书。

但在这之前，保罗收到了伦敦的理查德·欧文的邀请，而这将改变他的人生。哈佛大学的解剖学家怀曼在早些时候曾写信给自己的英国同行欧文，怂恿他与这位年轻人见个面，并看看其标本。[13]

在被心不在焉的美国忽视了几个月后，保罗——还有他的那些大猩猩——在一个可以给予他一心一意的关注的国家获得了新生。

第二部分

第二十章
内部圈子

1861年初，理查德·欧文将保罗接到了伦敦。是时，伦敦这座城市正洋溢着一种舍我其谁的自信。这里的居民深信，这里的一切——30平方英里浓雾弥漫的土地，嘶嘶作响的煤气灯，还有2803921个灵魂[1]——代表了人类文明的顶峰。任何一个刚到伦敦的人，如果对伦敦在人们眼中的卓越地位有丝毫怀疑的话，只要看看《伦敦及其郊区大众指南》（*The Popular Guide to London and Its Suburbs*）的第一段就知道了：

伦敦是世界的政治、道德、体育、知识、艺术、文学、商业和社会中心……多条铁路在这里交会，科学、艺术、发现和发明都把它作为自己的真正归宿。这座城市的商人们是王子，其金融家们所做的决定左右着帝国的兴亡，而且影响各个国家的命运。[2]

对于一个想在这个世界上有所成就的年轻人来说，再也找不到比这里更好的去处了。然而，尽管伦敦是一座占主导地位的城市，但这并不意味着它的权力就可以授予任何一个人，比如伦敦的那些肮乱的下层阶级——拾荒者、叫卖小贩、夜间淘粪的工人、清沟挖泥工人、擦鞋匠、点燃街灯的灯夫、街头变戏法的表演者——每天都在默默地见证着这一点。为了踏进这座城市的权力中心，一个初来乍到的人需要人脉，需要有人引导他越过无形的阶级和社会等级障碍。换句话说，他需要某个独自爬上成功阶梯的人，需要一个拥有身居高位的朋友，并且有心把这些朋友介绍给他的人。

理查德·欧文刚好就像是这么一个人。

他一路走来不断地往上攀爬，跻身上层社会。但即使约翰·爱德华·格雷和其他竞争对手认为他是一个被宠坏的特权子弟，欧文都认为自己是一个白手起家的人。[3]他出生在兰开斯特，是一个社会地位比这个国家的贵族精英低几级的商人的儿子。早在孩提时代，欧文就对解剖学产生了兴趣，他收集了他能找到的任何东西——狗、猫、老鼠、鹿等的头骨。作为一名十多岁的青少年，他曾师从一名外科医生和一名药剂师，这就让他有了一份在市监狱和医院照顾囚犯——活着的和刚去世的囚犯——的工作。工作还不满六个月，他得到了一本《人种的多样性》(*Varieties of the Human Race*)，该书探讨了种族间的解剖学差异。就在同一天，一名黑人在医院死亡。欧文头上戴着一个纸袋子，没有任何道德上的不安，他下定决心要收集这具头骨，并渴望测量其面部角度、耳朵和牙齿之间的距离、骨组织的亮度——所有这些细节都是当时的科学家们认为区别黑人和白人的辨别点。他偷偷地溜进医院的停尸间，偷了那具头骨就逃跑了。

欧文后来在爱丁堡学医，并在皇家外科医学院（Royal College of Surgeons）以一名天才解剖学家的身份脱颖而出。在那里，他受命为学院博物馆的藏品——漂浮在浸泡酒精中未解剖的标本——

进行编目。这些藏品都是由包括约瑟夫·班克斯和库克船长等在内的那些英国最著名的探险家所收集的。学院最杰出的外科医生约翰·阿伯内西（John Abernethy）将欧文纳入其羽翼之下，并帮他爬上了英国医学界的顶峰。这种提携正是欧文的母亲早就建议他的：如果有人慷慨相助的话，一定要好好把握住机会。欧文的母亲在给她儿子的一封信中写道，那些大人物都有一个奠定其成功的共同秘诀。“在其财力和权力允许的范围内，设法成为某个已经颇具声望者的门生。”她向自己的儿子解释道，“通过这样的预备课程，他们达成了两个伟大的目标：扎实的专业知识，以及结识导师的所有朋友和关系密切的人士的机会。”[4]

这一建议对欧文起作用了。通过阿伯内西，他结识了许多著名的科学家，包括世界上最著名的解剖学家居维叶。一位身居高位的朋友引来另一位身居高位的朋友。他工作努力，并且他在解剖学方面的天赋给整个欧洲的科学家们留下了深刻的印象。最终，他成为所有人中地位最高的那一个。

保罗一出现在欧文的生活中，两人便一见如故。这主要是因为保罗的 21 具大猩猩标本，这可是欧文梦寐以求的藏品啊！他们组成了一对奇特的组合：一个五十多岁，另一个二十多岁；一个身材高大，一副学者派头；另一个矮小精干，神经兮兮的但又精力充沛；一个在英国统治阶层中盘根错节，根深蒂固，另一个则对上流社会完全陌生。这个年轻人以前从未到过英国，这没有关系。他有一个朋友。

欧文又有点像是当年的威尔逊：保罗扮演儿子的角色，欧文则充当父亲。欧文发展这段关系的动机非常明确，但他可以安慰自己，他对保罗的关心不是完全自私的。通过拔擢这位年轻人，欧文相当于是在回报当年阿伯内西在他寻求在学术界立足时给予他的帮助："结识导师的所有朋友和关系密切的人士的机会。"

这个年轻的大猩猩猎人很快成为位于希恩小屋的欧文家的常客。[5]保罗在那里见到的人不仅掌握着英国科学机构最核心房间的钥匙，而且还掌握着通往维多利亚时代文化本身的钥匙。

刚刚过去的一年是罗德里克·默奇森在皇家地理学会过得最有成效的一年。该组织在1860年增加了233名成员[6]，这是学会有史以来年度增长最大的一年。其每个月的例会比以往任何时候都更受欢迎。当欧文认识了这么一个声称他去过白人从未踏足过的部分非洲地方、他所见过的东西也从未有人描述过的年轻人时，默奇森立刻抓住这个机会欢迎他加入这个圈子。

默奇森看到了一个机会，可以像他之前对待大卫·利文斯通那样，创造一个可以让伦敦人对皇家地理学会津津乐道的名人。保罗到达伦敦没几个星期，默奇森就在皇家地理学会的每月例会上做好了一切准备，宣布下个月例会的特邀演讲嘉宾将是最近去过非洲探险的一位不知名冒险家，而且他会带着他的大猩猩一起来参加会议。

在活动前几天，一位最近才获选成为皇家地理学会会员，经营着一家西印度群岛贸易公司的威廉·桑德巴赫上尉（Captain William Sandbach）[7]邀请保罗住在他位于繁华的梅菲尔区（Mayfair district）蒙特大街129号的家中。他搬进去不久，就有一封信寄到了这里。这封信来自默奇森最初鼓励利文斯通写书时所联系的那位出版商约翰·默里（John Murray），此人已经拿到了保罗在美国时卖给哈珀兄弟公司的那份手稿的副本。

尊敬的迪·谢吕先生：

我对您的探险经历的第一印象随着进一步的了解而得到证实和

增强。您的手稿是地理学和博物学方面最有趣和最有价值的探索和发现的记录，这将给你带来极大的荣誉。

我将为这本书的出版感到自豪和高兴，并将尽一切努力促使其成功并扩大您的名声。

我曾经成功地出版利文斯通、麦克林托克（McClintock）等人的游记，我所提出的出版条件令他们非常满意。现在我愿意令您享受同样的对待。那就是：我将承担出版（包括插图等在内）的全部费用和风险。

无论出版时间定在什么时候，我都建议立即开始印刷——亟盼您的答复。同时我想将您大作的印刷件（printed sheets）寄一份给您，希望您再提出一些修改意见。

致礼

您的伙伴　忠实的约翰·默里[8]

默里不仅是默奇森和欧文的朋友，还是伦敦最有影响力的文学风尚引领者，他的家位于阿尔伯马尔街 50 号，家中画室被认为是 19 世纪文学的核心。当默里的父亲创办了家族出版企业时，拜伦勋爵召集了一个文学界人士组成的圈子，在这里喝下午茶，这个团体被称为“四点朋友”[9]。在随后的几年里，默里的出版公司出版了简·奥斯汀（Jane Austen）和赫尔曼·梅尔维尔（Herman Melville）的小说，以及从马尔萨斯（Malthus）到达尔文等在内的专业人士的签名著作。它还以一种新的体裁获得了商业上的成功，默里喜欢称之为“旅行者故事”，其中包括约翰·富兰克林爵士（Sir John Franklin）的探险故事和利文斯通的非洲冒险故事。当默里承诺为保罗和他的书做宣传时，这并不是空谈。正如 19 世纪匈牙利作家和旅行家阿明·范伯瑞（Ármin Vámbéry）所言，默里的家是“精英们的文学论坛”，任何与他打交道的人都会自然而然地“把作家提升到绅士的地位”。[10]

保罗毫不犹豫地与默里约好拜访他的时间。就在他收到信件的同一天，他就给默里写了回信，以其最好的书法认真地写道：

尊敬的先生：

您今天的信收悉。我只想这么回复您：我接受您在信中提出的那些给予最受欢迎的作者们的条件。

我当然更愿意让您而不是其他任何人作为我作品的出版人。因为我知道您的声誉，您是一个非常正直诚信的人，我感觉我把自己托付给了一个不会亏待我的人。

听说您对我的作品感兴趣，我非常的高兴。如果通过我的绵薄之力，能让我们对一个迄今为止未探索过的地区——无论是在地理学方面还是博物学方面——有所了解，那么我就会觉得自己所忍受的一切艰辛都是值得的……

至于出版的时间，可以在我们见面的时候再做安排；美国有个出版商原本打算在今年春天出版我的作品。

我想要见您一面，明天下午两点我会去您的办公室拜访您。如果您届时不在的话，请给我留张便条。

致礼

P. B. 迪·谢吕敬上[11]

尽管保罗与美国的哈珀兄弟出版公司达成了协议，默里还是迅速地出版了这本书，从而确保它先在英国出版。

甚至在保罗第一次在伦敦与默奇森一起在皇家地理学会首次公开亮相之前，这座城市的坊间就有传闻说城里新来了个冒险家，他的故事不容错过。

第二十一章
首次亮相

打破了窗户、刮散了瓦片的暴风雨终于离开，只留下潮湿无风的寒冷。慢慢地，城里各家各户的大门开始打开，那些在家里蜷缩了好几天的人们走出了家门，看看天气如何。街上的马匹从鼻孔呼出热气，但这样的寒冷还是可以忍受的——没有什么是一件厚重的披肩或几条衬裙对付不了的。煤气灯发出淡黄色的光，在湿漉漉的鹅卵石街面上投下长长的影子。[1]傍晚时分，成千上万的人如同飞蛾扑火般地被吸引到这座城市的社交漩涡中去。

在拥挤的公共马车上，戴着帽子的妇女们伴随着低沉的马蹄声的节奏相互碰撞着肩膀。穿着围裙的仆人驾驭着手推车在车流中穿行。人们跌跌撞撞地走出了圣詹姆斯大街上烟雾缭绕的私人俱乐部，加入人流中去，他们似乎都朝一个方向行进：皮卡迪利广场——位于连接摄政街与皮卡迪利大街的热闹的环形交叉路口。

这里是伦敦西区跳动的心脏，在1861年2月25日这个星期一的晚上，但凡一个人有幸在口袋里有几个先令在叮当作响，这里就可以为他提供某些东西。在特鲁利巷以北两个街区的地方，查尔斯·基恩（Charles Kean）—— 当今最著名的舞台演员之一，同时也是维多利亚女王个人最喜欢的演员之一 —— 正准备上台扮演哈姆雷特（Hamlet）。往西一个街区，世界上最伟大的小提琴家、比利时人亨利·维厄当（Henri Vieuxtemps）正要演奏莫扎特的降 B 大调小提琴协奏曲。在埃及音乐厅，女演员兼歌手艾玛·斯坦利（Emma Stanley）正准备为一场单人音乐盛宴揭开序幕，这场盛宴要求她至少更换 37 套服装。

但这些都是一些穿插的即兴表演而已，真的。最重要的活动 —— 这座城市最热门的门票 —— 就要从伯灵顿宫这座宏伟的、傲立于皮卡迪利广场上的帕拉迪奥风格的大厦开始。

今天晚上，从这座建筑宏伟的砖门前停下的那些私人马车上下来的都是非常特殊的一类伦敦人。[2] 他们的衣服设计不仅是为了御寒，更是为了让人观赏。女人们穿着用硬挺的西部细布和丝绸缝制成的那种蓬松的晚礼服。男人们穿着有着天鹅绒领和时髦的宽翻领的黑色礼服外套。许多人是从那些环格林公园而建的石砌的豪宅出发，径直来到皮卡迪利广场。这些人都是伦敦的佼佼者：贵族与夫人、行业巨头、国际政治家以及那些站在科学前沿的知识分子。

但在今晚，他们心甘情愿地满足于做个观众，隐于人群之中，等待着大开眼界。

在伯灵顿宫的西厢，保罗噼啪噼啪地走过大理石地板，朝庄严宏伟的大厅走去。橡木镶板墙上高挂着将英国推向“宇宙的象征中心”的那些人的巨幅肖像，他们眼睛一眨不眨地、严肃地俯视着下方。[3]这些名流豪杰都有一双锐利的眼睛。克里斯托弗·雷恩（Christopher Wren）、艾萨克·牛顿（Issac Newton），约瑟夫·班克斯——这些巨人以智慧和发现的力量将英国文化抬升到前所未有的高度。他们每个人都曾在不同时期主持过一个支撑着伦敦学术生活的学术团体。其中一些机构——英国皇家学会、林奈学会和皇家地理学会——现在都把他们的基地安在这里，就在这座大厦里。从墙上往下看的人是传奇人物，伯灵顿宫是他们留下的遗产。

这栋建筑的一切，从刻有凹槽纹的科林斯式柱子到华丽的枝形吊灯，都散发出一种帝王般的自信，每个涌进这栋大厦的大厅里的人，在那种氛围中感觉就像在自己家里一样自在。

每个人都是如此，除了保罗。

令他尴尬的是，他不熟悉维多利亚时代严苛的礼仪。他的英语不仅夹杂着法语的词形变化，还夹杂着大量的美国俚语。他在人群中穿行，看上去很像个刚从河里洗完澡上岸的少年。尽管年已29岁，但他的身高却只有5英尺3英寸左右，体重也才刚刚超过100磅。[4]被英国精英们冰冷的肤色包围着，他的脸看起来就像一个在沙滩上玩得太久而被太阳晒黑的孩子的脸。他那双黑色的眼睛在不停地转动着，陶醉于所有的细节，闪烁着一种熟人都认为是“孩子般惊奇的神情”。在伦敦，几乎无论他走到哪里，他都像一个身处成人之中的男孩，在伯灵顿宫这里更是如此。

他站在大厅前面的一个凸起的小讲台上望向观众。这里可容纳一千人，现在它已被挤满。观众中有很多“饱学之士”——这些维多利亚时代的杰出人物提出了种种疯狂的观点，对西方社会赖以建立的基本假设发起挑战。他们正处于成为传奇人物的过程之中，他们必将在那挂着不朽人物肖像的橡木镶板墙上占有一席之地。他们一起在为整个世界创造一种新的语言。创造了“恐龙”这个词的欧文坐在大厅前面。赫胥黎则因发明了“不可知论者”这个词而有资格紧挨欧文而坐。坐在这附近的还有提出优生学概念的弗朗西斯·高尔顿（Francis Galton）。[5]后来四次担任英国首相的威廉·格莱斯顿（William Gladstone）在那天晚上说，当他凝视着这群参会者的时候，感觉自己就像“学校里成绩最差的那个学生”[6]。

保罗努力控制着自己紧张的神经。在听到有人叫他的名字后，他朝讲台的中央走过去。

他开始说话，但结结巴巴的。他腼腆地向观众承认，他感到有点不知所措。他说，作为一个纽约人，他不由自主地感到不自在。他知道这是一群非常杰出的人，但他唯一能认出来的人只有乔治·米夫林·达拉斯（George Mifflin Dallas），他曾是波尔克①担任美国总统期间的美国副总统，现在是驻伦敦大使。“我相信他会保护我的。”[7]保罗对观众来了点小幽默。

他谦卑地承认自己的不安，从而取悦了听众。随着他继续讲下去，他的一些拘谨开始渐渐消失。生动的手势让他的表述越来越流畅起来。[8]他滔滔不绝地讲开了，就像是一个与生俱来的说书人。

保罗精力旺盛，即使没有焦虑感的助推，也经常让人觉得他马上就要兴奋得沸腾起来。他的手很少保持静止，他的眼睛也从来没有静止过。年轻人都喜欢他，因为他们在他的身上看到了一些有趣

① 即詹姆斯·诺克斯·波尔克（James Knox Polk，1795—1849），政治家，美国第 11 任总统，也是唯一担任过众议院议长的美国总统。——译者注

的、能引起共鸣的东西。当他造访位于希恩小屋的欧文的家时，他的孩子们一拥而上，簇拥在他身边。而默里的孩子们会央求“猴人”给他们讲丛林里的故事。[9]他总是满足他们的要求，讲到悬念处时故意低语，当他们的期待达到最高点，听得凝神屏气的时候，突然来一下凶狠的手势。爱德华·克洛德（Edward Clodd）是保罗在伦敦的一位朋友，他记得保罗第一次在野外遇到大猩猩的生动故事让他的孩子们听得入迷。“我的孩子们永远不会忘记他告诉他们的故事。”克洛德回忆道，“他惟妙惟肖地模仿着那只动物在用巨大的拳头捶打自己的胸膛时所发出的可怕的吼声，模仿着它脸朝下扑倒在地时所发出的可怕的人类一样的呻吟声，把他们吓得尖叫起来。这实在是太逼真了。”[10]与大多数成年人不同，保罗似乎缺少将内心情感与外在表达分开的面纱。其脆弱和不屈不挠的乐观精神的结合，即使是最硬的心也会被吸引。任何天生倾向于支持弱者的人总能从他身上感觉到某种难以言喻的吸引力。

在伯灵顿宫，他又向听众散发了这种具有感染力的魅力。他以古怪的口音，描述了自己所面临的危险，锐气中不经意地带着虚假的单纯：似乎遇到未知的野兽和致命的蛇是他选择的生活中在所难免的障碍，因此没有理由抱怨。他年轻的外表和矮小的身材使他那些令人毛骨悚然的故事显得更加引人注目。他时不时地自我嘲讽一下，引得观众报以笑声和掌声。用一家杂志的话说，他“乍看过去几乎不可能被认为是个伟大的探险家、勇于冒险的旅行家和成就非凡的博物学家”[11]。

在他于英国的第一次演讲中，他在讲台上所用的道具便凸显了他坚强的冒险精神和脆弱的身体之间惊人的脱节。

工作人员已经把道具拖进了这座大楼，那是用粗糙的厚毯包裹着的两个笨重的包裹。他们最终在保罗身后凸起的讲台上将那两个包裹打开，它们就像从尘土飞扬的坟墓中发现的脆弱的木乃伊一样。在这些粗糙的织物层下，包裹里露出了两具由胳膊、腿、牙齿和皮毛等构成的怪异的集合体。

它们是两具大猩猩标本，是两只发育完全的成年大猩猩，摆出一副恶魔般的威胁姿态。观众中从来没有人见过任何类似于它们这样的东西，它们不仅仅吸引了大家的注意力，而且还把他们完全镇住了。与在他们面前演讲的那个顽童般的小个子男人相比，它们似乎证明了噩梦中的怪物确实存在。

当保罗描述他是怎么遇到野兽并杀死它们时，观众被他说的每一句话吸引住了。[12]虽然这些大猩猩以前在美国展出过，但这并不重要。在伯灵顿宫的讲座是这一动物真正的揭幕——它的初次登台。

给保罗的掌声刚一平息，理查德·欧文就走到讲台上，确保大厅里的人都没有错过他们刚刚目睹的事物的意义——“这是野兽中最奇特最怪异的动物。”[13]

在那天晚上之前，大猩猩在很大程度上还是一个谜，它的本性只能猜测。但现在，欧文说，这个年轻人在这再恰当不过的时候，适时地让这个世界睁开了眼睛，看到自然界的一个奇迹。

“在博物学中，随着我们不断地对各种不同的生命形式进行对比，我们必然很快就会明白它们之间的关联度，而且随着我们的对比不断地向上延伸，兴趣也会越来越大。”欧文解释道，并提到了演化论，“但是，当我们逐步接近我们自己所属的种类，并把我们自己与这种没有尾巴的类人猿进行比较时，这种兴趣真的会让人感到兴奋。”[14]

观众们继续盯着大猩猩看，但如果他们仔细观察的话，他们可能会注意到少了什么东西，这也说明了在面对如此令人敬畏的观众时保罗的犹疑不决。演讲大厅里有几十位女士[15]——这在那个时代可是相当不寻常的，但也说明了默奇森和欧文已经激发了公众的兴趣——而她们的出席引起了这位年轻演讲者的不安。

由于担心有所冒犯，他修改了自己的展品，使之符合他所认为的维多利亚时代英国的展品陈列的规范。

他把它们阉割了。[16]

第二天，当保罗和他的朋友们查看媒体对这场演讲的报道时，他们发现这个事件几乎完全被忽视了。伦敦的纪实报纸《泰晤士报》两天后才用寥寥数语略微提及此事。

几天之后，一位自称是“皇家地理学会最资深的会员之一”的匿名读者在《泰晤士报》上发了一封长信，籍以弥补这一疏忽。他写道，他从未参加过比这更让人感兴趣的会议，这位“纽约公民”应该得到大西洋两岸的重视。[17]

这封信虽然初衷是好的，但事实证明并没有必要。其他一些人正更为直接地恳请该报予以关注。在保罗演讲之后的那天夜里，《泰晤士报》的编辑约翰·撒迪厄斯·德莱恩（John Thadeus Delane）收到了罗德里克·默奇森的晚宴邀请。[18]

当德莱恩来到默奇森位于梅菲尔区的家中时，他发现餐桌边坐满了名人。惠灵顿公爵也在座。欧文也在那里。约瑟夫·道尔顿·胡克碰巧是查尔斯·达尔文最好的朋友，同时也是一位杰出的植物学家，他也来了。默奇森想让他们见面的贵宾就是保罗。

德莱恩以保守秘密而闻名，在公共场合很少透露他对某件事或某个人的看法，只愿意让他的报纸替他说话。报纸的声音就是他的声音，而且具有无可辩驳的权威性。安东尼·特罗洛普（Anthony Trollope）① 在他的总名为“巴塞特郡纪事”（Barsetshire novels）的小说中以德莱恩为原型塑造了一个反复出现的角色：《朱庇特报》（*Jupiter*）的编辑汤姆·托尔斯（Tom Towers）。根据特罗洛普的描述，德莱恩就像奥林匹斯山上的神一样坐在其办公室里。“在那里，汤姆·托尔斯用神奇的化学反应合成出雷电，在全世界除恶扬善。”他的观点难以预测、不可预知，却是整个大英帝国唯一真正起作用的。特罗洛普写道，政客们渴望得到他的认可，教会惧怕他，将军们所制定的战略不是基于他们的敌人，而是基于编辑怎么对他们进行报道。特罗洛普写道：“很可能汤姆·托尔斯自认为是欧洲最有权势的人；他就这样日复一日往前走，刻意努力做到让自己看起来是一个人，但他在内心深处知道自己是神。”[19]

在这次晚餐之后，德莱恩并没有透露他自己对保罗的看法。但随着默里急于要出版这位冒险家的书，德莱恩的报纸将有机会公开评价这位曾和这么多重要人物共进晚餐的默默无闻的年轻人。

不出几个星期，保罗就将成为一个比当时坐在餐桌旁的任何一个人都要出名的名人。

① 安东尼·特罗洛普（Anthony Trollope，1815—1882），英国文学史上最高产的小说家，共创作长篇小说 47 部，还有大量短篇小说、游记、传记及一部自传。前期发表的一组六部总名为“巴塞特郡纪事”的小说为他奠定了基础。后期小说中也有一组六部作品名为“巴里塞小说”，属于政治小说或称议会小说，其中以《首相》最出色，写当时英国上层政治家的相互斗争。一般认为，特罗洛普最好的作品是包括《巴彻斯特养老院》《巴彻斯特大教堂》《索恩医生》《弗莱姆利教区》《阿林顿小屋》《巴塞特的最后纪事》六部长篇小说在内的“巴塞特郡纪事”系列。晚年还有两部优秀作品《如今世道》和《斯卡包鲁一家》。他的写实手法揭露、讥讽英国维多利亚女王时代中上层社会，并自觉灌注道德教育意图。他的小说情节发展自然流畅，文笔犀利幽默，人物形象生动，心理刻画逼真深刻。——译者注

第二十二章
伟大的白人猎人

在春天的一个早晨，在布鲁姆斯伯里①，送货人着手把几个沉重的箱子拖进查尔斯·穆迪（Charles Mudie）的收费图书馆。

他们气喘吁吁地爬上铁楼梯，在这里他们可以俯视这座图书馆豪华的大厅，鸟瞰全城最热闹的商业区之一。男男女女摩肩接踵走过那道通往新牛津街的大门。几十人在书架上搜寻新书，而其他人则围在前台吵吵嚷嚷的。每每一到周六，大厅里就是这么一种情形。也就是说，这里是个喧闹的地方。[1]

查尔斯·穆迪时年42岁，书生气十足，为人低调却不怒自威，在这一领域说一不二。穆迪的父亲靠卖杂志和二手书谋生，人们原本以为穆迪会步其后尘，做一个传统的报刊经销商。但他在23岁的时候创建了一个收费图书馆，在未来几十年里引领着维多利亚时代大众的阅读习惯，彻底改变了家族企业以及整个出版界。如果你

① 布鲁姆斯伯里（Bloomsbury）坐落于伦敦黄金地段，被菲茨罗维亚、霍尔本、英皇十字区等富人区包围，坐拥大英博物馆、大英图书馆及参议院图书馆，是布鲁姆斯伯里出版社所在地，同时也是著名的大学区。除了这些标志性的地名，布鲁姆斯伯里还是狄更斯、达尔文等文化名人的居住地。——译者注

在伦敦问某人“谁是出版界最有影响力的人”，你可能会得到以下两种回答：懂文学的人会说是约翰·默里；懂商业的人会说是查尔斯·穆迪。

穆迪的创意看似简单，但对于那些发现书的价格高得让人望而却步的人来说，却是绝对无法抗拒的。只要交一基尼的订阅费——也就是一英镑多一点——每一个人就可以在一年内无限量借书，但每个人一次只能借一本。这种商业模式需要藏书量大和客流稳定。穆迪在这两方面都取得了巨大成功。1860 年，随着业务的蓬勃发展，他在曼彻斯特、约克、伯明翰和其他几个英国城市开设了新的分馆。

在其位于新牛津街的旗舰店，矗立于主厅里的爱奥尼克式圆柱仅仅是装饰而已；真正支撑这个地方的是书，它们倚墙摆放，在每一面都顶到天花板，藏书量不少于 80 万册。轻便的铁制踏梯让前来借阅图书的读者可以上去浏览书架高层的那些书。近门处的长柜台上挤满了前来还书和借书的订阅者。平均每天有 3000 册图书在这个柜台上换手。那些遭受太大磨损和撕裂的书被扔在一堆，准备送往现场“医务室”，在这里破损的书脊得以修复，撕破的书皮得到替换。那些无望修复的书就被放逐到“停尸房”，被磨成浆，混入肥料中去。

在维多利亚时代的伦敦，除了那些富人，几乎所有人都在这里借书。这家图书馆在市场上的主导地位意味着出版商要迎合穆迪的需求，而他则利用了这种力量。那些他预测会大受欢迎的书，他会一下子就购买几百册，因此穆迪有能力凭一己之力决定一本书的印数。

当穆迪意识到公众对长篇小说的需求日益增长时，他要求出版商将一部长篇小说分成几册，这样可以加快他的周转速度，从而满足更多订户的需求。就这样，穆迪发明了“维多利亚时代一本书分成三册”的做法。他深深地影响了一直以来许多最具影响力的小说家的故事结构、情节和节奏。他还强迫出版商人为地向公众收取高价——一项只有穆迪可以例外的计划。公众购买这样一套分成三册的书，平均要花 30 先令以上；而穆迪只需花 15 先令。

出版商们只能配合他，因为只有这样，他们的书才有可能在穆迪广而告之的“流通中的重磅新书与精选图书”书单上找到一席之地。这可谓是维多利亚时代的畅销书排行榜，它是由大众的需求和穆迪自己对什么书值得一读的看法决定的。如果他认为一本书淫秽或有什么不妥，他就不让它上这份书单。

自从穆迪 1842 年开设收费图书馆以来，有几本书取得了显著的成功，吸引了穆迪和他的忠实用户的注意。第一本是麦考利（Macaulay）的《英国史》（*The History of England*），出版于 1849 年。为了满足读者的需求，仅穆迪一人就购买了 2500 本，比大多数书的总销量还要多。1858 年，利文斯通的《南部非洲传教之旅和研究报告》（*Missionary Travels and Researches in South Africa*）取而代之，穆迪最终从默里那里购买了 3250 本，估计在大约 3 万名读者间流通。

这个周六的早上，被拖到楼上穆迪库房的那些箱子里装满了《在赤道非洲的探险与冒险》（*Explorations and Adventures in Equatorial Africa*）一书。之前在旅行故事方面运气不错的穆迪本身对这些故事也很感兴趣，第一次就订购了非常大的量：500 本。他立即腾出空间，把这些书陈列在一个显眼的书架上。[2]

一长溜的新书错落有致地排列过去，一直延伸到大厅的中间。

随着越来越多的男男女女伸手去拿这本书，穆迪看着这一长溜的长度在不断地缩短。周一，他给默里发了封信，通知他想再订购 250 本。在这份订单完成之后，穆迪周三又要求追订 500 本。周五，他又订购了 250 本。

这本书出来还不到一个星期，每个涌入穆迪收费图书馆的用户似乎都有着同样的要求："迪·谢吕的大猩猩书"。它一炮走红，一下子便蹿到了穆迪广而告之的书单的首位。[3]

它不仅仅是该图书馆本季度最受欢迎的书。很快，它就成为穆迪图书馆历史上最受欢迎的图书之一。

第一批评论这本书的出版物中有伦敦的约翰·撒迪厄斯·德莱恩的《泰晤士报》。这篇三千多字、措辞华丽的文章，把德莱恩对保罗冒险活动的神秘看法清晰地展现出来了。

"我们必须追溯到拉·彼鲁兹（Le Perouse）和库克船长的航行，甚至几乎可以追溯到跟随哥伦布足迹的那个充满奇迹的时代，因为这些新奇事物的重要意义并不亚于他们那个时代的发现。"《泰晤士报》评论道，"迪·谢吕先生已经深入非洲大陆的中心，揭开了西部热带地区河流、沼泽和森林的面纱。"[4]

这篇文章总结了他的非洲之旅并大量引用了书中的原文。它对保罗遭遇食人族感到惊奇。它惊叹于保罗与食人族的相遇，特别是惊叹于保罗与眼下已经把公众牢牢地抓在手里的这一"有趣的怪物"的遭遇。文章提议，这位远道而来讲述这些令人难以置信的故事的人表现出了一种罕见的勇气，值得特别庆祝。

"这位具有法国血统、瘦小而结实的美国绅士所做的这些壮举，他的质朴谦逊和诚实守信使他赢得了英国社会几乎所有见到他的人的交口称赞。”这份报纸上的文章最后总结道，“仅凭这些就足以解释为什么人们都渴望阅读他的故事，而不只是因为书中千变万化的内容而被迅速吸引住。”

其他报纸杂志也竞相对这本书给予类似的褒奖。《星期六评论》（*The Saturday Review*）的结语是：“迪·谢吕先生所讲述的故事绝不会辜负人们对它的期待。”[5]《观察者》（*The Spectator*）杂志则报道说，这本书“满足了人们所有的期待”。许多评论长达数千字，摘录了保罗书中不少段落，而后为自己的篇幅有限而深感遗憾。《评论》（*The Critic*）的书评撰稿人这样表达自己的窘境：“引用本书中所有有趣的内容，无异于重印一整本书。”

最初在英国出版的《在赤道非洲的探险与冒险》一书长达479页，其中包括73张素描和一张粗略绘制的保罗探险路线的地图。卷首是一幅8.5英寸 ×11英寸的插页，画的是右脚踩着一块岩石、身体直立站着的一只大猩猩。它刻意摆出一副人类的姿势。画这幅画的艺术家确信，一根随意放置的树枝就像众所周知的那片亚当的无花果树叶一样起到了遮羞布的作用，巧妙地遮住了大猩猩的腹股沟。

这本书严格按时间先后顺序重构保罗1855年至1859年在非洲的经历。除了少数几个非洲部落的成员外，保罗是第一个在野外遇到大猩猩的人，他很清楚，他这本书的成功靠的是他对这种动物的描述。他很少浪费撩拨的机会。他的大猩猩是一种“噩梦般的生物”，通过恫吓就完全足以统治整个丛林。

正如书名所暗示的那样，这本书有着竞争性的目标：有时它读起来像一份关于探险的分析性文本，有时则把叙事方式转换成一种为异国情调刺激所吸引的男孩子的探险活动。这本书精神分裂般地想要两者兼而有之的渴望有时不免会威胁到叙事的完整性，但这种紧张感也为它提供了一种推动力，使它异常受欢迎。

保罗到底是在谴责他所遇到的残忍、恐怖的自然界是个需要加以教化的地方呢，还是在颂扬它呢？他是相信大猩猩和人类惊人地相似，还是它代表了人类的对立面呢？他并没给出这些问题的答案，由此产生的不确定性动摇了维多利亚时代读者的立足之地，给他们带来了一种不可抗拒的、一路走来充满着刺激的震撼。这个世界已进入了一个不确定的时代，而保罗自相矛盾的视角为之提供了一面既令人神往又令人迷惑的哈哈镜。

他把自己描述成一个渴望挑战并幸存下来的年轻人。

在前言中，他对自己的行程做了如下的总结：

我的行程大约有8000英里，一直都是步行，而且没有其他白种人与我同行。我射杀了2000多只鸟，把它们制成标本并带回来；其中有60多种是新发现的种类，我杀了1000多只四足动物，其中200只制成标本带回来，此外还有80多具骨骼。这些四足动物中至少有20种是迄今为止科学界所未知的物种。我患了50次的黄热病，为了治好我的病，我服用的奎宁不止14盎司。至于饱受饥饿，长期持续暴露在热带暴雨下，遭受凶猛的蚂蚁和有毒的苍蝇的攻击，这些都不值得一说。[6]

书中充满了对大猩猩耸人听闻的描述，一英里外都能听到这种动物胸腔跳动的声音，它可怕的吼声让树木颤抖。[7]尽管保罗明确表示自己并没有亲眼看见这一事件，但大猩猩用嘴将当地猎人的枪管咬弯的故事在它所有可怕的辉煌成就中显得尤为突出。他用铅笔勾勒出这么一幅想象出来的场景，从这一奇闻中榨出每一滴耸人听闻的情节来。

但在本书接近尾声时，耸人听闻的叙事语调戛然而止，代之以“健康剂量”的严肃分析。尽管大家都传说大猩猩猎杀人类，但保罗却称说大猩猩胆子很小，而且是“绝对的素食者”。他写道：“我检查了我有幸杀死的每一只大猩猩的胃，除了浆果、菠萝叶和其他植物性食物的残渣外，再也没有发现其他任何食物的残渣。”接下来，他又写道：

遗憾的是，我就要消除这么一些令人愉快的错觉。大猩猩不会潜伏在路边的树上，用它的爪子拖走毫无戒心的路人，然后用它那像钳子一样的爪子把他们掐死；它不会攻击大象，也不会用棍子把大象打死；它不会从原住民村庄带走妇女；它甚至不会在森林中用树叶和小树枝为自己建造一座房子并栖息于屋顶之上。一切全然不似人们所信誓旦旦地说的那样。它们甚至并不是群居动物；而许多关于它们成群结队发起大规模的攻击之类的传说也没有一点是真实的。[8]

这种在吸引眼球的夸张和冷静地揭穿真相之间的突然转变，是这本书人格分裂的缩影。当保罗纠结于一个核心问题时，这种分裂最为明显：大猩猩与人类是不是有极大的亲缘关系呢？

作为一个受过传教士教育的人，正如预料的那样，他深感宗教传统对他有着一种强烈的吸引力。他所受的教育是：人类和动物王国是绝对分开的。他一再表示自己坚信这一观点。在这本书即将出版之前他添加了一段话，字里行间他对比了人类头骨和猿类头骨的颅容量。保罗声称，头骨之间的明显差异提供了无可辩驳的证据，证明了“人类在智力生活中占据了巨大的优势，甚至在人类家族的较低阶层也是如此……最高等级的类人猿与最低等级的人在大脑大小或颅容量上的差异，比最高等级的类人猿和最低等级的类人猿之间的差异要大得多”[9]。这段添加进来的东西到处都是理查德·欧文的指纹。听起来好像是从解剖学家的某个讲座中直接抄过来的。

尽管这本书恭敬地向传统点头致意，但很难从文本中确定保罗是否真的相信它。在他看来，大猩猩代表了“一种可怕秩序的存在，半人半兽，我们可以在一些老艺术家所描绘的地狱的画作中找到这种生物”。他写道：

> 我抗议说，当我第一次看到大猩猩时，我感觉自己几乎像个杀人犯。当它们在奔跑时——用后腿奔跑的时候，它们看上去颇像一个浑身多毛的人。它们低着头，身体往前倾斜，整个样子就好像一个人在奔跑逃命。就拿它们那种可怕的叫声来说吧，虽然听起来十分凶猛，完全就是那种动物发出的声音，但还是有一些不协调的声音，有点像是人类发出的声音，故而你就不会再怀疑当地人会对这些“森林里的野人”极其疯狂地迷信了。[10]

《在赤道非洲的探险与冒险》一书不仅仅是保罗追寻“发现非常想要射杀的野兽的巢穴的经历”[11]，也是一部编年史，记录了这一个充满矛盾的人，试图抑制一个可怕的猜疑：他所追逐的那种野兽似乎类似于他自己，这令他十分的不安。

在皇家地理学会演讲的几个星期之后，保罗在皇家研究院学会发表了一个演讲，他再次面对了一个“人满为患”的学术报告厅。[12]

在观众席中，欧文坐在他妻子卡罗琳的旁边。她在日记里描述了这件事：迪·谢吕对他的非洲之旅，还有他和大猩猩的相遇，做了一个非常离奇有趣、清晰、很有意思的描述。[13]头顶上有一排可怕的怪物，几具头骨就摆在演讲者的跟前，他边做演讲，边在一幅巨大的地图上追溯他的那趟行程。

随着他继续在伦敦演讲，保罗会对观众进行调查，预判他们想听什么样的故事，然后讲给他们听。任何经常参加这种会议的人听腻了各种学术讲座，但由一个具有科学权威的人讲述的精彩故事，相对来说还是比较新奇的。他的观众需要具有娱乐性的内容。

“射杀一头狮子，”他若无其事地对皇家学会的观众说道，“只不过是射杀一头巨兽。杀死一只类人猿可是件比这更为可怕的事。它们的死亡过程十分的可怕，而且一旦你和它对打起来，你就会感觉到，在面对这一怪物时，一旦你露出什么破绽，那它绝对可以把握住这个机会把你干掉的。”[14]

他不仅仅是在可信度与虚张声势之间的细线上行走；他在那上面跳舞。不管他是否意识到这一点，他正在把自己变成一幅可笑的模样——一个无畏的探险家，曾面对大自然最黑暗的秘密并活下来讲述这件事。这个形象注定要超越他自己。保罗正从多方面创造出一个怪物。

第二十三章
卷入风暴

伦敦的5月标志着一个周期的开始，这个周期就被简称为季节。灰蒙蒙的天空渐渐地散开，迎接那太阳的到来。随着大批贵族的涌入，这座城市的人口在不断地增加。每年春天，他们都会搬出他们在乡村的庄园，搬进他们在梅菲尔区和格林公园的市区宅邸。

早上，女士们撑着遮阳伞在拱廊街购物；下午3点～6点之间，她们会去拜访朋友，到她们家里小坐15～30分钟。正是上议院的会期，议员们用在处理私人商业交易上的时间几乎和他们起草立法的时间一样多。他们晚上则消磨在私人舞会和晚会上。演出季开始进入全速状态。

为了利用这一社交人潮涌入的机会，皇家地理学会敞开了其位于白厅广场（Whitehall Place）15号的总部大门，邀请公众参观保罗展出的一只大猩猩。从下午3点～5点，游客可以站在这头双臂张开、摆出可怕的攻击姿势的野兽跟前。这只动物的嘴唇向后拉，以便更好地露出牙齿——据一位记者报道，从它们的大小来看，大可把它们称为獠牙。[1]标本的标签上只写着一个词:“国王”。

保罗没有回美国，而是选择留在皇家地理学会会员桑德巴赫位于梅菲尔区的那座府邸里。保罗偶尔也会去看看自己的展览，对世界上最富有的一些人对他的吹捧感到惊讶。他与勋爵和勋爵夫人、公爵和公爵夫人共进晚餐。他的名字似乎挂在每个人的嘴边。

如果保罗自己不是这一季节最受欢迎之人的话，那么这个冠军应该属于他引起全世界注意的那只动物。然而这其中的差别几乎微乎其微。在大众眼里，他这个人已经与那个野兽不可分割地联系在一起了。

空前绝后，没有任何动物像大猩猩这样迅速地成为一种文化现象，占据着公共话语的每一个层面——无论是自诩博学的最高层阶的知识分子，还是浅薄无知的最底层的市井百姓。

在 19 世纪 40 年代之前，"卡通"（cartoon）这个词与幽默或者漫画并无联系。"卡通画"只不过是艺术家们所谓的初步草图罢了，用作绘画、壁画或挂毯的辅助线而已。

但是在 1843 年，伦敦的《潘趣》（*Punch*）杂志以一幅"卡通画"来取笑议会[2]，这幅画有可能会被悬挂在威斯敏斯特宫，参加即将举行的由国家来举办的艺术比赛。在这之后，"卡通画（漫画）"这个词就成为一个标签，贴在那些诸如《潘趣》杂志开始每周出版的幽默简笔画一样的画上。

在 1861 年的春季，该杂志的一幅卡通画画了一只直立的大猩猩，拿着一根拐杖，脖子上挂着一块牌子，上面写着："我是个人，是个兄弟吗？"（Am I a Man and a Brother?）[3]每个读过《潘趣》杂志的人就会立刻明白这个笑话。在 1833 年英国废除奴隶制之前，禁止奴隶贸易协会的标志便是一幅奴隶的肖像，被锁链锁住，跪在地上，摆出一副恳求的姿势，上面写着："我不是一个人，不是个兄弟吗？"

《潘趣》杂志给这幅漫画取了名字"猴子语录"（Monkeyana），并配了一首长诗作为说明文字。署名是一位名叫"大猩猩"的作者，这首诗占了整个页面的四分之三：

我是半人半羊的怪物还是人？
请问谁可以告诉我，
并请解决我悬而未决的位置。
一个形似猿的人，
一只类似于人的猿，
或者一只少了尾巴的猴子？

《痕迹学》告诉我们，
这一切都源于虚无
通过所谓"渐进的"演化；
那些昆虫和蠕虫
通过无休无止的改造
呈现出更高的形态。
然后达尔文
在一本很有价值的书中提出了
"天择"的重要性；
生命的物竞天择
是值得称赞的斗争，
从而导致了"物种的分化"。

让鸽子和白鸽选择它们各自的所爱，
赐予它们千百万年的时间，
那么毫无疑问，你会发现
它们已经改变了自己的种类，
变成了先知和圣贤。

这首诗继续接着写了几节，然后提到："猿不能直立，/除非是为了显示斗志，/要与那位勇武的骑士迪·谢吕干仗！"

多年后，有消息透露，《猴子语录》的作者是菲利普·埃格顿爵士（Sir Philip Egerton），是一位训练有素的地质学家。[4]它已经成为早期达尔文论战中经常被引用的例证。它并不是因《物种起源》的出版引起的，而是由保罗和他的大猩猩造成的轰动引起的。

他成了媒体的宠儿——一个"个人力量微不足道的人"[5]。据《纽约时报》报道，他成功地杀死了一只以前从未有人敢面对的野兽。一个不知如何把脚插进门里的局外人，如今受到了英国精英阶层的盛情款待。记者们非常喜欢他所营造出来的那种另类的氛围。

据一篇报道说，塞缪尔·威尔伯福斯——依然沉浸在自以为在与赫胥黎的辩论取得了胜利的喜悦中——邀请保罗共进早餐，与大约十位全国顶尖的科学家（或者至少得到了这位主教认可的十位科学家）会面。约定的时间到了，所有受邀者全都聚在餐桌前共进早餐，只有保罗没来。

第二天，威尔伯福斯在街上找到了保罗，很想知道他为什么没有出席为他举办的活动。一头雾水的保罗解释说，他并没有收到威尔伯福斯的请柬。威尔伯福斯是个非常有名的人，整个伦敦都称他为主教（the Bishop）。

“我可是亲自把请柬放在你门口的。”[6] 威尔伯福斯一口咬定道。

“一定是送错地方了。”保罗回答说，“除了一份毕肖先生（Mr. Bishop）① 的邀请，我没见到过其他人的早餐邀请。而我肯定是不会接受我不认识的人的邀请的。”

室内音乐和舞蹈已经成为伦敦最受欢迎的消遣方式之一。一个人坐在钢琴前弹奏，四对舞伴则是站成一个方阵，每对舞伴站在想象中的四边形的一个单独的角落。钢琴手开始演奏，于是舞会——所谓的四对方舞——开始了。每对舞伴都会轮流在方阵的中央跳舞，有时还会交换舞伴。

出版公司利用这一热潮，销售适合这种舞蹈的活页乐谱。这些歌曲本身成为广泛认可的流行歌曲。1861 年，卖乐谱的摊位上摆上了一首由马里奥特（C. H. R. Marriott）所写的新歌，歌名叫作“大猩猩四对方舞曲”。

封面上是一幅画，画中的大猩猩穿着燕尾服，打着领结，在指挥一支管弦乐队，背景中有几对舞伴在跳舞。音乐本身的节拍是那种远古的节奏跳动。

歌词轻快而质朴：

我的名字叫大猩猩，这一点你已十分清楚

我生来就是个黑家伙，但你抓不到我。

① 显然，保罗把 Bishop（主教）一词误认成“姓”了。——译者注

我笑——啊，啊！
我唱——嘟哒，啊，啊！
嘟哒，啊，啊！
我是你听说过但从没见过的伟大的大—猩—猩。[7]

在《潘趣》杂志发表《猴子语录》的一个星期之后，该杂志刊出了另一幅描绘伦敦最受欢迎的外来物种的漫画。这幅出现在报摊的漫画的标题是“这个季节的狮子”[8]。这幅画描绘了一个身着制服的惊慌失措的男管家——眼睛睁得大大的，头发都竖起来了——在一次季节性聚会上通报一位客人的到来：一只穿着燕尾服、戴着白手套的大猩猩。说明文字写着那位受到惊吓的仆人的介绍词:“大—大—大—猩—猩—猩猩先生！”

随着伦敦为保罗的大猩猩所迷住，一个名叫西奥多·伦特（Theodore Lent）的人决定去访问这座位于泰晤士河上的城市。

伦特的妻子朱莉娅·帕斯特拉纳（Julia Pastrana）在一年前（1860年）的3月份过世。[9]她在过世的前几年是个演员，而伦特则是她的经纪人。他们一起去过德国、奥地利、波兰、英国和俄罗斯等国演出。帕斯特拉纳出生在墨西哥，患有一种如今被称作“终末期多毛症”（hypertrichosis terminalis）的罕见疾病，也就是说她的脸上和身上都覆盖着大量的黑色直发。伦特其实是在墨西哥旅行时从一个据信是她母亲的女人那里购买了帕斯特拉纳的。他把她打扮成一个西班牙舞娘，并让她在舞台上扮演“长胡子且多毛的女士”。

伦特与帕斯特拉纳生育有一孩，但在妊娠期间她出现了多种并发症。当他们在莫斯科巡演时，她生下了一个儿子，这个男孩患有和他母亲一样的疾病。两天后，这个孩子便夭折了，帕斯特拉纳在这个孩子夭折后三天也过世了。

然而，伦特还不打算就此放弃他的营生。他将自己的妻子和儿子的尸体都保存了下来。

1861 年，伦特带着其妻子和孩子的遗体来到了伦敦。他把遗体放在玻璃柜子里，呈僵硬、直立的姿势摆放。

“这具身体，”《柳叶刀》杂志在描述帕斯特拉纳的遗体时写道，“穿着她自己做的衣服，立在我们面前，没有丝毫气味，也没有丝毫的变化，没有一点腐烂的迹象。那个孩子以同样的方式得到了很好的保存。”[10]

《柳叶刀》那篇文章的作者补充说，帕斯特拉纳的脸看起来就“像是大猩猩的翻版”。

查尔斯·狄更斯在一边匆匆写出《远大前程》（*Great Expectations*）最后几章的同时，一边继续编辑他的周刊《一年四季》（*All the Year Round*）。除了连载他新创作的小说外，他也发表了一些让大众和文学爱好者感兴趣的文章。这是一项费时费力的工作，因为狄更斯认为杂志上的每一个字都应该被视为他自己的作品。[11]

在 1861 年的春夏两季，这位小说家屡屡沉溺于对大猩猩的迷恋之中。狄更斯后来在给理查德·欧文的信中写道：“如果你知道这唤起了我多少兴趣，又让我思考了多少次，你会认为我是比这个世界上任何一只大猩猩都更忘恩负义的野兽。但你不知道，而我也不打算告诉你。”[12]

在《一年四季》杂志上，狄更斯公开表达了自己对大猩猩的痴迷。他写了两篇关于大猩猩的文章，其中的第一篇既对保罗的书进行了赞赏性的总结，又对人类与动物之间的区别进行了思考。在狄更斯看来，这种差异似乎是品德形成的问题。[13]

据这篇文章阐述，把大猩猩变成人的神奇转变，也许是能想象到的最伟大的奇迹。根据该杂志的说法，因为人类拥有智慧、道德和灵魂，所以人类和类人猿是完全不同的。

“愚蠢而软弱的野蛮人仍然会把更愚蠢但强壮得多的大猩猩作为捕猎的对象，因为前者可以运用自己的理智，而后者只能依赖自己的本能。”[14]这篇文章阐述道。

就在他纠结于《远大前程》的结局时，狄更斯确信其笔下人物的命运是由他们的智力、道德情感和灵魂决定的。他给他的这部小说写了两种结局：第一种结局是主角（皮普）和他所爱的女孩被分开，他们的爱情没有得到回报；第二种结局则是，故事的最后他们手牵手离开了，大概会永远在一起。

狄更斯选择了幸福的结局。一些评论家会出于多愁善感的理由谴责他所做出的决定，但作者立场坚定，根本就不理会那些愤世嫉俗者。

这位小说家相信，他确切地知道这些悲观主义者——把每句话和每件事都说得很糟糕的英国人[15]——该到哪里去：他们应该被扔到保罗·迪·谢吕在加蓬遇到的那些致命的毒蛇、凶残的野蛮人和凶恶的野兽中去。

“这种性格的绅士将在大猩猩的国度里心满意足地享受生活，”狄更斯认为，“因此他能做的最好的事情就是去那里，并一直待在那里。”[16]

罗伯特·迈克尔·巴兰坦（Robert Michael Ballantyne）因《珊瑚岛》（*The Coral Island*）一书的出版而成为世界上最受欢迎的男

孩读物作家——这本书讲述了三个英国青少年在波利尼西亚岛上遭遇海难的冒险故事。[17]不过到了1861年，虽然这本书才出版4年，它的成功却已成为一段渐渐被人淡忘的记忆。之后，巴兰坦又写了三本书，但没有一本卖得这么好。因此他决定为那部使他成名的故事写一部续集。

他把这部新的小说的故事背景设在男孩们现在做梦都想被困在其中的地方：赤道非洲，而不是另一个遥远的岛屿。

在书中，男孩们遇到了大象、河马、咬人的蚂蚁和奴隶贩子。他们听到了不少关于“人们在噩梦缠绕时看到的那些非常可怕的生物”[18]的奇幻传说。最终，这几位年轻的主角们遇到了这些野兽，其中有一只“折断了杰克的步枪，把枪管扭来扭去，仿佛它只是一根铁丝”。

男孩们最终获胜了，在当地人中赢得了“有史以来最伟大的猎人”的声望。

《珊瑚岛》的这部续集于1861年匆忙付梓，书名是“猎杀大猩猩的人”（*The Gorilla Hunter*）。

和他的竞争对手查尔斯·狄更斯一样，小说家威廉·梅克皮斯·萨克雷（William Makepeace Thackeray）也编辑过一本文学期刊——《康希尔杂志》（*Cornhill Magazine*）。1861年，这本杂志连载了几章他最新创作的小说。

萨克雷这位讽刺作家的小说包括《名利场》（*Vanity Fair*）和《巴里·林登的运气》（*The Luck of Barry Lyndon*）。他看了刊在《潘趣》杂志中的那幅标题为“我是个人，是个兄弟吗？”的漫画，将其解读为对自己杂志的含蓄攻击。[19]“关于大猩猩，”他在给他这本杂志的共同创办人的一封信中写道，“你是怎么看的?《潘趣》杂志那幅画肯定是针对我们的。”[20]

萨克雷依据的是他的直觉，然而他的这一直觉几乎肯定是错误的，因为他的直觉是基于他最近连载的一部小说，小说中描述了一个“有着一茶匙黑色血液”的人物。萨克雷曾写道，这个角色在美国可能会受到粗鲁的对待，但在英国他会被视为“是个人，是个兄弟”。莫名其妙地，萨克雷认为《潘趣》杂志的编辑们是在暗示他是一只类人猿——用他在《康希尔》杂志上发表的一篇讽刺文章中做出回应时的话说就是：一只“精通文学的大猩猩”。[21]

这可能是一个文学妄想症的例子，但萨克雷的怀疑表明了一件事：将人比作大猩猩已经成为1861年最时髦和最具煽动性的侮辱。

伦敦的治安法庭挤满了这座城市的失业者、运气不好的人和绝望的人。[22]

1861年年中的一天，一位年轻女子被带到法庭的一位法官面前。她被指控殴打她的弟弟。

她的辩护是法庭从未听说过的。她对自己的殴打行为进行辩护，解释说她之所以打她弟弟是因为她弟弟叫她“大猩猩”。[23]

在伦敦西区的兰心大戏院（the Lyceum Theatre），一位名叫拜伦（H. J. Byron）的人看着坐无虚席的舞台厢房里挤满了近两千人。男男女女都穿上了极其华丽的晚礼服，兴高采烈的。拜伦和野蛮人俱乐部（The Savage Club）的其他成员——这是一个主要由记者、剧作家和演员组成的放荡不羁的社交圈子——正准备登台。

今天的这个场合至少据官方说是一次为孤儿寡妇募捐的活动。但私下里，这是一个可以看到伦敦一些最著名的讽刺作家在引人发笑、充满双关语和时事笑话的滑稽讽刺剧中展示他们的才智和诙谐的机会。

当拜伦大步走上舞台介绍演出的时候，他戴着大礼帽，穿着长尾的正式外套，里面则是厚厚的毛皮服装。活像《潘趣》杂志上的那只大猩猩先生走了出来，走上了兰心大剧院的舞台。

“看我这里！”拜伦向观众们宣布，“‘这个季节的狮子’大猩猩先生！”[24]

拜伦用押韵的对句解释说，后台入口的管理人员还没有正式介绍他——因为那人已被迪·谢吕先生的那只邪恶的生物给吓跑了。

你们说，“我不是野蛮人，而是兄弟吗？”
在这种特殊情况下，我不承担责任。
和人类何其相似？
那就让我带着无可厚非的虚荣心，怀着希望，
来证明我们与你们的人性之间的连接。
简单地说——我肯定不需要再踌躇——
出于你的善意，让我把爪子伸进去吧；
我求你，不要吝啬你的钱袋或你的手掌，
演员们亟待你伸出手来，缺乏父爱的孩子们需要你的捐赠。[25]

来自野蛮人俱乐部的演员们在选材上并不是特别有创意。在6月份的每一天，在伦敦的摄政街上，演员们在义卖大会和音乐节上表演《戈伦巴和小比利》(*Gorumba and Little Billy*)，它讲的是一只从非洲荒野捕获的“大猩猩怪兽”被带到英国。[26]

就在这部戏结束演出的第二天，另一部名为“大猩猩先生”的戏在有着1500个座位的伦敦阿德尔菲费剧场（Adelphi Theatre）上

演。海报上宣传保罗·J. 贝德福德（Paul J. Bedford）将领衔主演保罗·格兰迪（Paul Grandy）[27]，然而这位扮演"非洲绅士"的演员在这部戏里其实只是第二主角而已。

眼见约翰·默里在《在赤道非洲的探险与冒险》的出版上取得了成功，哈珀兄弟出版了该书的美国版。尽管当时美国正处于内战之中，这本书还是大张旗鼓地出版了。根据某些统计，它是1861年美国最畅销的书。[28]

一位美国评论家在《国家评论季刊》（*National Quarterly Review*）上斥责他的同胞们在保罗还在他们中间时无视他。他写道，一年前这个年轻人还在纽约时，"他们白白浪费了大好机会"。

"而我们却近乎视若无睹地让这个人从我们身边擦肩而过。"这位评论家不无遗憾地感叹道，"在地理学会的会议厅里度过一两个有趣的夜晚，偶尔两三次应邀去私人府邸，在百老汇一幢破旧的建筑里举办了一场几乎无人光顾的展览，《哈珀周刊》（*Harper's Weekly*）上寥寥数篇的短文摘要，这就是我们对这位让整个欧洲科学界一而再再而三地讨论其发现的人的所有的欢迎。"[29]

大猩猩在国际上引起了轰动，象征着一个新的、有时令人恐惧的发现时代的到来。而保罗也凭借自己的努力成为这场文化旋风中的一个偶像，不过很快又被这场文化旋风席卷而去。

第二十四章
三个伺机而动的人

即使是“大象堡酒店”（The Elephant & Castle）[1] 里最睡眼惺忪的顾客从烟斗的烟雾和啤酒的臭气中跌跌撞撞地走到街上，也不禁注意到伦敦这个肮脏的角落正经历着急剧转变的阵痛。

泰晤士河畔的萨里郡是这座城市所有公共交通线路的起点，也是伦敦南部最繁忙的火车站之一，多年来一直是流浪汉们的聚集地。这个街区的标志性建筑一直是家酒店——它一开始只是个小酒馆，但现在已是这座城市最为臭名昭著的豪华大酒店之一。经常有道德斗士在外面，手里拿着禁酒小册子。但在 1861 年的上半年，就在这家酒店时髦活跃的绿色大门隔着街道的正对面，一座新建筑拔地而起。这座宏伟的灰色石头大厦慢慢地成了街区的主宰。它被称为大都市礼拜堂（the Metropolitan Tabernacle），是专门为一位名叫查尔斯·哈顿·司布真（Charles Haddon Spurgeon）的年轻的浸信会传教士的追随者们而建的。

这是一种新的教堂，为一种新的宗教专门建造的。大门之前矗立着六根石柱。这座希腊风格建筑，其外观看起来一点也不像一座传统的教堂。教堂内部也没有一排排靠背长凳，取而代之的是带铁艺栏杆的分层阶梯，可以容纳大约五千个座位，而站席部分可以容纳一千多人。椭圆形的大讲台上没有讲坛——只有一张桌子、几把椅子和一张长沙发。它看起来更像一个音乐厅，而不像一个礼拜堂。如果它建在一个半世纪以后，人们可能会称它为巨型教堂。

传统主义者都惊呆了。他们不能相信每次入场司布真要收 5 个先令，好像他是一个能歌善舞的人似的。入场顺序严格按照买票的先后顺序。

“就像其他各种怪物一样，这一处怪物般的礼拜场所，其做法十分令人生疑。”社会评论家菲利普·凯特（Philip Cater）评论道，“真的，不应该让怪物继续存在……那些身无分文的人，请不要进来；因为，按照事物的新秩序，福音不再是免费的、不用付出代价的了。没有买票是无法进去的，因为警察会驻守在那里，阻止所有没资格的罪人进入其中。”[2]

司布真一点都不在乎。他觉得收取入场费不仅为他的传教事工筹集了资金，而且使人们更加重视他的布道。他了解供求关系的动态变化，并不顾忌将其应用于宗教信仰的宣传。

“有些人，你知道的，如果他们能很轻易就去到某个地方，他们就不会去。”他向他的追随者解释道，“但如果你告诉他们没有票就不能进去，他们会去的。”[3]

他的信众显然是劳工阶层，他们的“社会地位介于技工与成功的但尚未跻身上流社会的商人之间”[4]，一位早期观察家认为。从 1861 年 3 月开张的那一星期起，司布真几乎总是吸引了满满一礼拜堂的信众。

司布真在大都市礼拜堂的台上信步走动，像个职业拳击手一样，他也赢得了一些与之相匹配的绰号：传教王子、灵魂赢家、雷霆之子等。[5]

他从小便不同凡响，当他还只是男孩子时便成为一名传教士，在英国乡村传播复兴福音，抚养他长大的父亲和祖父本身也是传教士。在他十几岁的时候，他就有了自己的教堂——他成为新公园街教堂的牧师。他是一个得到认可的杰出人才——为新福音发声。

“我听说，而且我相信，在伦敦的农业大厅——一个被描述为广阔空间的地方——他向12000人清晰地展示了他的声音。”威廉·克利弗·威尔金森（William Cleaver Wilkinson）说道。他与司布真是同时代的人，曾为司布真的第一部传记写过序。“甚至可以肯定地说，在西德纳姆的水晶宫里，他向两万名听众发表演说，到处都能听到他的声音。”[6]

在麦克风出现之前的那些日子里，司布真像歌剧演员一样小心翼翼地保护自己的嗓子。在礼拜堂的后台，他抿了一小口加了水的辣椒醋，而且他在茶里“加了尽可能多的胡椒”[7]，以让他的声带保持正常。

“让我们以献上一段祷文来开始今天的礼拜吧！”[8]说完这些话，他便开始了他的主日礼拜。在长达31年的时间里，每个主日礼拜他差不多都能吸引来5000人。

就在查尔斯·司布真成为英格兰第一位超级福音传道者的同时，他得到了一本保罗的书。

他如饥似渴地把它读完，夜以继日地从头读到尾。[9]作为一名传统的基督徒，他认为演化论是异端邪说。出于职业习惯，书中描述的那种据说与人类亲缘关系最接近的动物让他产生了兴趣。但在司布真看来，最突出的那几段文字是保罗在异教徒部落中展现了一个杰出的基督徒的榜样。司布真特别记下了对这位来到非洲原住民中的冒险家所作的那些描述：

> 12月19日我记得是一个星期天。我坐在我的小屋里读《圣经》，一大群人围过来用惊奇的目光看着我。我向他们解释说，当我读着它的时候，就好像上帝在和我说话。然后，为了满足他们，我大声念了出来，这之后又试着向他们解释基督的某些教诲。[10]

司布真认为保罗不只是一个探险家和猎人，而且是一个把上帝之光带到非洲这块黑暗大陆的火炬手。

在读完保罗的书后不久，司布真教会的一位教友建议，既然整个英国似乎都对大猩猩着迷，牧师您为什么不在礼拜堂里讲讲这个话题呢？这个人是位画家，他主动提出为司布真提供其可能需要的任何视觉道具。

"让我来画一套有关大猩猩的幻灯片，再由您来给我们讲一讲。"[11]他告诉司布真。

"很好，"司布真说道，"我来给你们讲一讲。"

他知道，一名神职人员在上帝的圣殿里谈论大猩猩，最起码持传统观念的人会觉得这很不合适。但司布真知道，这个话题会把很多人吸引到他的礼拜堂门口。

在伦敦往北大约150英里的地方有一座乔治王朝时期的宅邸，叫作沃尔顿大厅（Walton Hall），它坐落在湖心的一个小岛上。这里住着一个全英国最古怪的人，据称这个国家根本不缺这种人。

要到达沃尔顿大厅的正门，游客们先要经过一座铸铁桥，然后沿着一条石头小径走过去。[12]两个模压成人脸形状的巨大青铜门环在门上往外瞪着眼：一个露出微笑，另一个则痛苦地扭曲着脸。这两具分别代表着欢乐和痛苦的面孔让来访者有机会根据自己的喜好作出选择。如果来客伸手去抓那张微笑的脸的话，他要使劲一会儿，然后才意识到这是在跟他开玩笑：这个扣环是焊住的。于是，除了痛苦，来客便别无选择。

对于不知情者来说，进入前厅就像跌跌撞撞地进入了一场噩梦。头顶上有一座杂种睡魔的雕塑斜眼看着——一只怪模怪样的野兽，长着一张人的脸，却长有魔鬼的犄角、野猪的獠牙、大象的耳朵和蝙蝠的翅膀。一条腿的末端是偶蹄，另一条腿的末端却是爪子，那爪子抓住了一条倒霉的蛇。雕像上的拉丁文铭文写的是：*Assidens praecordiis pavore somnos auferam*，意思是："坐在心脏部位，我因恐惧而无法入眠。"

越往房间里头迈进一步，这个地方就显得越发诡异。

穿过餐厅的入口，赫然显现一道巨大的梯形展示架，通向一个梦幻般的动物园，上面摆着许多死掉的动物做成的标本，大致呈现它们活着时的形态。在展示架的最底下摆放着一样东西，上面贴着个标签，标签上写有"*lusus naturae*"字样，意思是"畸形儿"；它看起来像一个羊的头，但它的角从耳朵里伸出来。展示架的每一层都可以看到一种完全不同的奇特之物：来自巴西的色彩斑斓的鸟儿、来自非洲的巨型蜥蜴，还有一条体型巨大的蟒蛇。梯形展示架的顶部是一只凯门鳄——原产于中美洲和南美洲的一种鳄鱼——其长度从口鼻部量起到尾巴有十多英尺长。传说这座房子的主人曾在南美洲的丛林里和它搏斗，将它杀死。[13]

但那是在他年轻得多的时候。

而今，1861年的夏天，他79岁了。但其古怪的性格一点也不减少年时代。他名叫查尔斯·沃特顿（Charles Waterton），但几乎每个人都只知道他叫"乡绅"（the Squire）。不少朋友都绞尽脑汁想找个词来形容他的外貌，最终所能想到的是"一个刚从监狱里释放出来的人"[14]，或者更形象点的是"一只经过了漫长冬季的蜘蛛"[15]。他穿着一件绷得很紧的带黄铜纽扣的燕尾服，小了几个尺码，而且款式也落伍了几十年，这更加突出了他的"蜘蛛"形象。他看上去显得十分的瘦小干瘪，一副疲惫的样子——但一点也不虚弱，他很喜欢证明这一点。他会用右脚趾挠后脑勺，他会在客厅玩这个小把戏来逗那些来访的客人；他还会盘腿站在地板上，然后不用把手撑在地上就能站起来。有时，和朋友们沿着湖畔散步时，他还会单脚跳，纯粹就是因为好玩。

但这位乡绅一直为一种特别讨厌的身体疾病——肺淤血——所困扰。每天，他都会在凌晨三点半起床，进行一场例行公事来减轻其症状。

他总是从光溜溜的木地板上爬起来——他通常就睡在木地板上，一块山毛榉木当作枕头。他走到一张椅子跟前坐下，把一只碗放在膝盖上。他把一根细绳叼在嘴边，用牙齿咬住这根绳子的一端，然后用一只手把绳子绕在他赤裸的手臂上。他把绳子紧紧地捆扎在自己青筋暴起的二头肌上。他肘弯的内侧隆起了一根血管。褪色的疤痕组织在皱褶的皮肤上泛光。然后，他把柳叶刀那闪闪发光的刀刃压在静脉上。

他坐直身子，向后仰着头，深吸了几口气，暗红色的血液开始缓缓地流到碗里。随着血液从他的身体里流出，有时有1品脱①，他

① 1品脱=568.26125毫升。——译者注

的呼吸似乎顺畅多了。只有在这个他称之为“让红葡萄酒流出来”的例行公事之后，他才准备开始新的一天。[16] 在 1861 年的夏天，他每天都在近乎迷狂地关注那位成为全伦敦人谈资的青年冒险家。

在很久以前，这位“乡绅”作为英国最勇敢的丛林冒险家获得了许多媒体的关注——保罗现在似乎也获得了同样的头衔。然而，沃特顿并不能轻易容忍竞争对手。这个新近风头正旺的小屁孩使他怒火中烧，而且并不是只有沃特顿一人有这种想法。

约翰·爱德华·格雷没有参加保罗在皇家地理学会的讲座[17]，但他不想错过在白厅广场 15 号陈列室里参观大猩猩的机会。

这座城市的其他人可能被这些所谓的伟大标本蒙蔽了双眼，但格雷却像一个曾多次上当受骗的珠宝商一样审视着它们。他的直觉告诉他，这些都是赝品，只要看上一眼，而犯不着再去思考，它们就会失去其光彩。

在这些大猩猩展出之前，并没有人咨询过格雷担任主席的动物学会的意见，这简直是一种侮辱。更为糟糕的是，格雷不禁注意到英国精英们——那些对他不予理睬、令他怨恨不已的人——对这位以前毫无科学资历的年轻冒险家的吹捧。迪·谢吕的成功有赖于后面有人支持，而支持他的正是位列格雷“绝交”名单之前茅的两位：欧文和默奇森。

保罗被捧到一个非常崇高的位置上。格雷忍不住想把他击倒。

第二十五章
大猩猩之战

在格雷参观了白厅广场15号的陈列室后，他拿到了一本保罗的书，并对书中的内容进行了细致的审视，而这正是他最擅长的：极尽挑剔之能事，详尽无遗，绝不宽容。

他对保罗所开的第一枪是对《雅典娜神殿》杂志上发表的一篇广受欢迎的书评的回应。格雷在信的开头宣称："公众似乎是被蒙蔽了。"接着他又直陈其事，发泄自己的满腔怒火：

不久前，有消息称，又来了一位去过非洲的人。他在皇家地理学会宣读了他所写的那些东西。但人们很快就发现，作为一个旅行者，他的资历实在是太微不足道了。然而，有些人似乎被他所讲的大猩猩和其他动物的故事迷住了，他们允许他把他们的一间房间弄成一个博物馆，因此他的劳动也就取得了很大的成就。这当然不是因为他在地理上的发现，因为他作品中所附的地图是我多年来所见过的地图中最原始的一种。如果皇家地理学会把它的动物学研究笔记和他所收集的那些标本转给动物学会的话，人们就会看出他的博物学家资历其实极其低浅，而且他几乎没给我们现有的知识添加什么新的东西。[1]

格雷的弦外之音就是，保罗可能从非洲大陆沿岸的原住民部落那里收集标本，根本就没有进入内陆地区。“旅行者”（在格雷的观点中，这是一个嘲讽的标签，排名在“探险家”之下，更比科学家低了好多）所使用的动物标本剥制方法表明：“它们保存在文明人的居所或附近，而不是在‘几乎见不到阳光’的‘森林’里。”[2]格雷说，即使这些大猩猩的毛皮得以妥善保存下来，它们仍然不值得人们如此关注，因为欧洲大约 5 年前就收到了第一具大猩猩的骨骼。他嘲笑保罗“那些未必真实的故事”，并特别指出书中收录的一些插图似乎是从其他地方抄袭来的，而且没有注明出处。为了强调保罗是多么不值得受到英国人的尊敬，格雷陈述说，在那些冠以“新的和未界定的”标本中，有一种被保罗称为“白额猪”的有蹄四足动物，格雷认为它就是目前在伦敦动物园展出的一种非洲猪。

“太多无用的同物异名让我们疲于应付。”格雷总结道，“如果不及时揭露，博物学可能会因那些旅行者们的故事而变成传奇而不是科学。”

格雷对这本书中粗糙的地图的抨击很容易就得到了反驳。保罗在演讲中也坦承自己缺乏正规的科学测量工具，并承认他的制图有缺陷。

但令人尴尬的是，其他的那些谴责委实让保罗难以反驳。他书中收录的那些插图是由美国的艺术家们准备的[3]，保罗最初与哈珀兄弟公司签订出版协议时雇了这些艺术家。当中有少数插图，包括书的卷首折页上那幅大猩猩画，是美国艺术家从欧洲的学术期刊上复制过来的。这一类型的剽窃行为并不违法，因为当时美国和欧洲之间还没有版权协议。然而，剽窃的指控刺痛了保罗，他之前声称大多数插图都是根据他自己的草图绘制的。

至于他的那些“新的和未界定的”标本，保罗坚称他这样做是出于善意。在格雷提出谴责4天之后，《泰晤士报》刊登了保罗的一封信，信中他写道：

我希望，无论是在我的书中，还是在我的讲座中，我都没有假装自己是一个不会犯错误的博物学家、艺术家或旅行者；但我坚持认为，我在赤道非洲发现了在我这本书的末尾的列表中所列出的这些新的哺乳动物和鸟类。所有这一切都在美国两个最严谨的学会（这两个学会格雷先生应该是熟悉的）所出版的期刊上描述过，其中一些鸟类的描述可以追溯到1855年，因此我要反驳他，在此之前任何一家欧洲博物馆都不会收藏这些标本的。

他嗤之以鼻的那张地图只是我的一张草图，但它是真的，是用指南针在现场进行观察时精心绘制的，我可以保证它大体上是准确的。

我的那些插图正像他所说的，并不是在英国绘制的，而是在美国准备的。总共有74幅插图，除了4～5幅外，要么是根据我自己所绘的草图，要么就是根据实物绘制的。

在含沙射影地诽谤我从未去过我所描述的那些国家，我的那些博物学标本也不是在那些国家收集的之前，格雷先生是不是应先询问一下我在书中提到名字的那些科里斯科岛和加蓬的朋友呢？这样是不是更公平一些？格雷先生假装与那些地区的传教士和商人有联系，他的这个做法很显然就是想借此开脱自己在诽谤他人的骂名。

您忠实的仆人

P. B. 迪·谢吕[4]

保罗另一封写给《雅典娜神殿》的信更有说服力。

他把格雷描绘成一个养尊处优的学者，他的工作依赖于其他足够勇敢的人去他不敢涉足的地方。

“至少可以肯定的是，”他写道，“这位在家里工作、安全舒适地住在博物馆里的博物学家，现在通过我的非洲森林之旅，有机会了解这些物种。而格雷博士给我的回报却让我想起那只咧着嘴、对着刚把美味佳肴递给它的那只手恶狠狠地咆哮的类人猿。”[5]

格雷不打算让保罗强辩到底。他又给《泰晤士报》写了一封信，里面有更多的罪证。格雷说，保罗在他的书和展览中称为“筑巢猿”（a nest-building “nshiego-mbouvé”）的猿类动物是一种常见的黑猩猩。事实上，保罗弄错了。他错误地把它列为一个不同的物种，因为它的头顶没有头发，住在建于树上的掩蔽处里。事实上，所有的黑猩猩亚种都会秃顶，而且都能筑巢。这个错误因为他的那些插画师的剽窃行为而露出了端倪。很明显，他们所画的那幅筑巢猿的插画是根据巴黎植物园里所养的一只普通的黑猩猩的照片画的。

格雷让保罗手足无措。他知道，那个年轻人唯一的辩护就是宣称自己并不知情。

“如果迪·谢吕先生出版的作品是《大猩猩杀手冒险记》，我恐怕就不会去理睬它，这种作品只不过是要去迎合某些读者的口味。”格雷写道，“也只有一个以科学旅行家和博物学家自居者的作品，我才会冒昧地对它发表意见。”[6]

另一种让格雷产生怀疑的新物种是一种类似于水獭的动物，保罗将其命名为巨水鼩鼱（*Potamogale velox*）。根据保罗收集到的部分动物标本，格雷声称，冒险家对这种动物的分类充满了错误。他建议废除保罗所进行的属和种分类。格雷在新闻界的盟友提出了一个替代方案：神话鼩鼱（*Mythomys velox*），以体现其发现者编造神话的倾向。[7]

就这样，不信任毁坏了保罗的信誉。他书中所陈述的每一个事实到现在都容易受到质疑。

著名的德国探险家海因里希·巴斯（Heinrich Barth）的旅行促进了北非大部分地区地图的绘制，扩大了格雷对保罗那份绘制粗糙的地图的攻击。在德国最负盛名的地理杂志上发表的一篇措辞严厉的评论文章中，巴斯说保罗旅行时没带任何科学仪器，因此他不配称作“探险家”。更重要的是，书中列出的几个日期似乎自相矛盾：刊于费城自然科学研究院的信件显示保罗当时是在大西洋沿岸地区，但他在书中却声称自己当时在内陆。巴斯的结论是，保罗“故意伪造材料”，而且“至少大部分的行程是杜撰出来的”。[8] 巴斯暗示说，这个年轻人并没有冒险离开海岸几英里远，他描述的河流和山脉在地理上也是不可信的。这个德国人抨击了许多人所认为的保罗最重要的地理学贡献：保罗得出结论说，奥果维河（Ogowé River）是一个含有多条重要支流的大水系的一部分，这其中就包括有恩古尼河（Ngounie River），而他是第一个详细记录该河流的人。巴斯认为，这些“发现”毫无价值；事实上，他怀疑保罗是否见过那些河流。

在巴斯得出这些确凿的结论之后，德国出版了一份新的赤道非洲地图[9]，地理学家们列出了保罗声称去过的几个内陆村庄的名字，不过把它们标在了濒临大西洋沿岸的地区。

保罗在其书的开头，写了他如何凭借自己可靠的枪法给当地人留下深刻印象。“当我们懒洋洋地沿着海岸航行时，我看见两只鹰正栖息在大约80码外的高树上。”他写道，“为了让同伴们领略一下我的本事，我让他们注意那两只鸟，然后我用我的那把双管霰弹枪把它们都打了下来。”[10]但在格雷的信刊在媒体上之后不久，就有谣言开始流传——首先是口耳相传，而后又是媒体报道——有人发现保罗在温布尔顿公地，那里是国家步枪协会的射击场。据描述，有人拿着一把远程“弹丸球”步枪要跟他换着用一下，保罗不得不尴尬地回答说，他从未使用过这种枪。[11]听说这个故事之后，吹毛求疵者断定保罗在非洲使用的一定是普通的“鸟枪”。那种枪的精确射程大约在20码之内。从这个角度来看，保罗所讲的把栖息于高枝上的老鹰打下来的经历听起来很可笑。

然而，流言中有一个极大的缺陷：保罗从未踏足过温布尔顿公地。此外，他确实是个射击技术十分精湛的步枪手。但这并没有阻止流言蜚语进一步损害他的信誉。保罗突然间声名狼藉，他成了一个现代孟乔森①，一个只会编故事的人。

他和他的那些大猩猩曾令人惊奇地把伦敦团结在一起，但现在，他们在迫使人们在这场媒体所谓的“大猩猩之战”中选边站。

---

① 孟乔森（Munchausen）是18世纪德国汉诺威地区的庄园主，出身于名门望族。他又是个军人，在俄国服过兵役，和土耳其人打过仗，喜爱打猎。孟乔森擅长言谈，生性幽默，慷慨大方，深得朋友敬重。他退伍回到德国不久，就被人们公认为杰出的故事家。他编了许多离奇古怪、异想天开的冒险故事讲给人们听。例如，孟乔森男爵的马怎样挂到房顶上，他怎样用猪油、小铁条、缝鞋的大长针打猎，怎样骑炮弹飞行，怎样到月亮上去旅行……这些离奇古怪的故事，反映了当时德国贵族阶层爱吹牛、编瞎话的恶习。孟乔森也成了喜好吹牛撒谎、爱把事情无限夸张因而毫不可信的代名词。——译者注

自从罗德里克·默奇森在共济会堂成功地为大卫·利文斯通举办了告别宴会后，他就会经常预订这个场地，这样他就可以在既有气派又宽敞的场地宣传皇家地理学会。1861 年，为了庆祝该组织成立的周年纪念日，他选择在共济会酒馆（the Freemasons' Favern）① 举行了周一晚上的晚宴，晚宴预计将持续到周二凌晨。[12]

对默奇森来说，这已经是漫长的一天了。那天下午，他在伯灵顿宫主持了该组织的周年纪念会议。他将创始人奖章颁发给了约翰·汉宁·斯毕克。他在与合作探险者理查德·伯顿分手后，最近发现了维多利亚湖，据信这是人们长期寻找的尼罗河的源头。但是默奇森在那次会议上花了很多时间来澄清他和他的组织在这场大猩猩之战中的立场。保罗坐在伯灵顿宫的观众席上，尽管受到公众的嘲笑，但他还是表现出一副无畏的样子。他看上去似乎还是一如既往地乐观——不断受到围攻，但又像一个葫芦不断地从汹涌的水中冒出来。

他一直在忙着为他的那本书的修订版重写一个前言，他相信这将平息那些对他极其苛刻的抨击。他告诉人们，他发现了一个以前没有注意到的日期印错；然而，这并不是他年表自相矛盾的理由。在第一版中他说，他把他在加蓬河以北地区的探险活动分成连续的几个章节。事实上，那些往北的探险活动被其他几趟前往南方地区的行程打断了，这些行程在书中同样也被归并在一起。在这之前，利文斯通也同样是根据地理来组织自己书中的叙述，以便能减少读者的困惑。保罗在他的修订版的前言中承认，他本应该在他最初的

① 共济会酒馆（the Freemasons' Favern）建于 1775 年，位于伦敦西区皇后街 61—65 号，与共济会堂毗邻。从 18 世纪起，它一直是各种著名组织的会议场所，直到 1909 年被拆除，为康诺特厅让路。——译者注

前言中明确地说明他使用了这种技巧。为了弥补这一错误，他在修订版中插入了他的旅行年表，把他前往书中所描述的每个地方的具体日期列出来了。

他的努力让他在皇家地理学会的朋友们感到心安。在下午的周年纪念会议上，默奇森想让他知道，在他身边的都是他的朋友。站在讲台上，默奇森宣称，保罗的探险不仅值得信赖，而且是“人类有史以来最大胆的冒险之一”[13]。听众爆发出一阵掌声。

“他的描述非常吸引人，非常精彩，这些描述给人一种真实可靠的印象。”默奇森继续说道，“这一点，凡是认识迪·谢吕先生、望着他那张坦率的脸、见过他那双明亮锐利的眼睛的人，都不会有片刻的怀疑。”[14]

要是保罗会因默奇森的这番讲话而安心的话，那么后来在那天晚上他一定会在共济会酒馆里欣喜若狂。这次聚会与其说是一场周年庆典，不如说是大家齐心协力，一起来为这位深陷困境而焦头烂额的年轻探险家鼓气。

主桌旁坐着骑士，英国的公爵、伯爵及上议院议员，其他欧洲国家的伯爵，市议会议员，伦敦市长，当然还有理查德·欧文。在大家都大快朵颐之后，欧文站起来举起酒杯，提议为保罗·迪·谢吕的健康干杯。

欧文试图当场逐一反驳格雷的论点。格雷检查过的那些大猩猩毛皮显然是在它们被杀的地方附近——而不是在海岸边——用砷处理的。保罗所忍受的困苦是难以想象的，危险是可怕的，他的劳动成果是科学的一大福音。

“我们评判迪·谢吕先生，不管是通过其个人谈话，还是通过他所提供的那些物证，或者是通过他看上去好像见过他所描述的那些动物的生活习性——我们可以根据对它们的结构的了解来检验这些描述的真实性——或通过他叙述的事件和风格，他给人的印象是，他是一个诚实、勇敢、正直的人，是一个绅士。”欧文说着，向全场举起酒杯，“我很高兴地祝他身体健康。”[15]

一轮热烈的“说得好！说得好！”在大厅里回荡，有人喊保罗说几句话。

他走到大厅前面，享受着热情奔涌的善意。

“你们对我的赞美简直让我受宠若惊，”他开口说道，“尤其是在我最近饱受恶毒攻击的情况下——我不知道为什么他们会如此猛烈地攻击我——但凭借我所写的那些真实的东西，我知道在这个高尚的国度，有人会公正地对待我的。”[16]

听众们大声欢呼，但保罗还有更多的话要说。

“如果我是在我自己的国家，这些攻击会被朋友们反驳，他们从我的童年时代就认识我，他们知道我不可能是一个骗子。”

带着在伦敦吸引了那么多人的不可动摇的愉快心情，他坚称自己对格雷没有个人恩怨。他说，真相最终会占上风。

“我只是个孩子。”他说，“我与这个国家以及其他国家的伟人接触得越多，我就越相信，他们不会看到我被压垮的。”

格雷仍未作罢，关于共济会堂宴会的报道似乎更坚定了他揭露保罗是个骗子的决心。

酒馆聚会之后大约过了18个小时，格雷大步走进动物学会的一个会议室。他准备把他的攻击提升到一个新的高度。现在格雷不再把保罗说成一个纯粹的旅行者，而是把他斥为“一个没有受过教育的动物毛皮收藏贩卖者和一个在纽约百老汇展出动物毛皮的人”[17]。这一描述里其实隐晦地对欧文进行了挖苦，欧文在未经格雷同意的情况下答应代表大英博物馆购买一些兽皮，并准备在那里展出。

当保罗为自己辩护而猛烈抨击格雷，把格雷描绘成一个足不出户、夸夸其谈的博物学家时，他点燃了这位博物馆管理者的本能。格雷简直气疯了，他恨不得要保罗的命。

他告发说，他的一位“朋友”仔细检查了在白厅广场展出的毛皮和骨骼，没有找到可见的弹孔。“他说，它们似乎是在撤退时而不是进攻时受伤的。”[18]格雷说。

格雷随后拜访了一位动物标本剥制者，他制作了其中一副即将在大英博物馆展出的兽皮。那是一只巨大的雄性大猩猩，就像保罗描述的那一只大猩猩，它向他冲过来，然后他朝它的胸部开枪射击。“当时我询问那位动物标本剥制师是否在胸部发现过什么弹孔，他说没有，但指给我看颈背上的两个洞（现在已经填满了油灰）。”格雷解释道，“同是这一张毛皮，在其位于后脑勺较薄的部位也有两个大洞。子弹洞穿了整块骨头，足以造成大猩猩的死亡。”[19]

尽管格雷以权威的口吻发表了他的观点，但它们并不是决定性的。著名运动员菲利普·埃格顿爵士（他也是《潘趣》杂志中那首《猴子语录》的匿名作者）在格雷提到的那一大猩猩制成标本之前曾仔细检查过它。埃格顿坚称，证据与正面射击一致。[20]其他专家的结论是，大猩猩头骨后面的洞不可能像格雷暗示的那样是子弹造成的。这部分骨头像纸一样薄——其厚度只有大约三分之二毫米。这些洞很可能是动物死后出现的，因粗暴装卸所致。

尽管欧文和赫胥黎还在为大猩猩在生命演化中的地位争论不休，但人们对保罗的攻击更多是针对个人的。至少在这个特定的例子中，格雷的论据与其说是基于可证实的证据，不如说是基于怨恨。这场争论正在演变成一场长期的战争，这场战争的持续时间和范围都远远超出了保罗的预期。

第二十六章
乡绅的策略

查尔斯·沃特顿读到有关保罗的遭遇时，难免会有一种似曾相识之感。多年前，在一场极其相似，而且与这位乡绅自己在丛林中的冒险有关的公众争议中，这位乡绅的诚信也受到了质疑。

22岁时，沃特顿第一次到位于南美洲北部边缘的英属圭亚那去监管一位叔叔的财产。没过多久，他就出发进入了荒野，向南进入面积覆盖了大陆北部三分之一的森林。在将近12年的时间里，他继续探索南美丛林，一直往南到达了巴西。他通常是徒步旅行，经常不穿鞋。他对该地区的动植物做了大量的记录，把他自己转变成一名能干的、观察力敏锐的博物学家。1825年，他出版了一本名为“南美漫游”（*Wandering in South American*）的书。

这是一个意想不到的成功。下一代热爱漫游的博物学家——查尔斯·达尔文和阿尔弗雷德·拉塞尔·华莱士等也在其中——后来引用这本书，将其作为激发他们自己对博物学和探险产生兴趣的几本书之一。但吹毛求疵的人嗅到了夸张的味道。

沃特顿在他的书中写道，他一直在寻找像鳄鱼一样的凯门鳄，希望为他的收藏添加一个完美无缺的标本。他会蹚水进入这种据说会食人的爬行动物出没的沼泽地带，但他却空手而归。最后，和一小群当地人一起，他想出了一个捕获凯门鳄的计划。他们在一根长绳的末端系上一个锋利的、带肉的钩子，在夜间把它抛进河里。第二天早上，他们发现他们钓到了一条。

沃特顿写道，受惊吓的印第安人想用箭射杀凯门鳄，但他求他们放下武器。他写道，他蹚进水里，亲自把它往岸上拽，像骑着马一样把这只扭动的动物骑到陆地上。

“我立即抓住它的前腿，”沃特顿写道，“用了很大的力气把它的两条前腿扭到其背上；就这样两条前腿被我当缰绳用了。”[1]可笑的是，这本书的插图忠实于他的描述，描绘了他平静地跨在这只浑身布满鳞片的野生动物上。

那些非常了解他的人知道，涉水去把一条凯门鳄弄到岸上来完全和他那有点精神错乱的勇猛形象相一致：他们忘不了，他曾经自制了一对翅膀，绑在胳膊上，然后从屋顶上跳了下来，因为他确信自己能飞（事实上他不能）。[2]但那些不熟悉他为了效果而惯于对故事添枝加叶这一怪癖的人，指责他凭空捏造了这一情节。

围绕这本书的争议改变了沃特顿，但他没有同情后辈的冒险家，而是本能地对任何挑战其“在世最著名的珍奇标本收藏家”地位的人产生敌意。沃特顿把自己塑造成第一个勇敢、无畏地在怕得直发抖的原住民中间大步行走的白皮肤骑士，一个博学多艺的博物学家，同时也是一个实干家。专业学会里那些见识狭隘的科学家——沃特顿轻蔑地称他们为“自满自大而又吹毛求疵的无赖”[3]——根本不配得到他的称赞。在他的晚年，沃特顿似乎一心要保护自己作为荒野冒险家之王的地位。

沃特顿形象的核心是他的罗马天主教信仰（他声称自己的先祖中至少有 8 位被封为圣人）。沃特顿认为，上帝赋予人类统治自然的权力，所以任何惧怕自然的人在精神上都是弱者。他保护自己无畏地与怪兽摔跤的形象，因为这将让他凌驾于他所热爱的自然世界之上而不是身处其中。

但现在，在沃特顿的书出版几十年之后，保罗就要取代他的位置成为一个猎杀野兽的冒险家的典范。那个带枪的大猩猩猎人，而不是赤手空拳的乡绅，已经成为惯于寻求刺激的人的榜样，他几乎每次都能把他打算征服的大型猎物沦为战利品。这种模式化人物后来在流行词汇中被称为“伟大的白人猎人”。这一标签所隐含的嘲笑尚未形成，整个英国都还在欲罢不能地谈论着保罗。

沃特顿没有见过保罗的标本，没有读过他的书，也没有听过他的演讲。[4]但这并没有阻止他匿名写出了攻击保罗之可信度的第一篇文章。实际上，在他之后不久，格雷才发表了那些更受公众关注的文章。随着格雷在公开场合损坏保罗的名声，沃特顿也开始不再匿名行事了。

他在《园丁纪事报》（*Gardeners Chronicle*）上发表了几篇批评性文章，并在格雷的指控之后加入了一些新的指控。沃特顿认为所有的猿类或多或少有些相似，他确信大猩猩应该就像他极其熟悉的那些新大陆的猴子一样栖息于树上。大猩猩不应该出现在保罗遇到它们的地面上。他还怀疑大猩猩是否会直立，从四足着地变成两条腿站立。沃特顿引用了保罗的一次演讲的新闻报道，在演讲中，他描述大猩猩拍打自己胸部的动作，对此沃特顿嘲笑道：“它一定只用后腿站立；对于战斗中的一只猿来说，这是一种极其费劲而且极不稳定的姿势！”[5]

沃特顿在 1861 年夏天连续发表的文章中反复强调，他无法相信大猩猩或其他任何猿类会主动攻击人类。他提到他自己曾多次遇到猿类，但没有任何猿类是他驯服不了的。“我们一些夸夸其谈的博物学家也许会囫囵吞枣地把这样的外来食物吞下去并赞美它的味道；而我会轻蔑地把它从嘴里吐出来，因为它不适合我吃。”[6]

沃特顿随后不经意地提到了一件事，目的是一劳永逸地摧毁保罗的信誉：乡绅曾经养过一只活的大猩猩，多年来一直把它当作顽皮、驯服的宠物养着。这句话的言下之意很清楚：保罗不仅没有如实叙述他的行程和他所遇到的那一只让他得以扬名的动物的本性，而且他甚至不应拥有把最好的动物标本带到英国的声誉。沃特顿才是值得称赞的。

在保罗出现之前，沃特顿对大猩猩并不感兴趣。但到了那个夏天，他不仅确信自己比保罗早一年见过大猩猩，而且自己眼下拥有一只大猩猩标本，并把它陈列在自己的房子里。

沃特顿的爱好之一是制作拟人化的标本：他制作动物标本时会给它们穿上衣服，并把它们作为静物演员定位在精致的戏剧立体模型中。这些陈列照例嘲笑所有敢于挑战他深爱的天主教会的人。1861 年夏天，在沃尔顿大厅玻璃罩下的一个场景中，他安排各种爬行动物围绕着一个标着“真正的教堂”的东西，进入攻击位置。有只癞蛤蟆上标着“马丁·路德”（Martin Luther），一条蛇身上标着“约翰·加尔文”（John Calvin）。

但最奇怪的立体模型却是“堕落之后的马丁·路德”。它的中心是一个小小的类人猿标本，它的处境给人一种羞辱性的荒谬感，因为在这个生物的头顶上装了一副驴耳朵。沃特顿原来一直以为这只动物是一只年幼的黑猩猩。但现在他开始重新考虑这个设想。动物标本剥制师亚伯拉罕·巴特利特在1861年造访了这座豪宅，他曾试图抢救几年前寄给欧文的那张浸过朗姆酒的大猩猩皮。巴特利特立刻认出了这只动物：一只幼年大猩猩。

这只名叫珍妮（Jenny）的幼小动物在刚果河附近被当地人捕获，并于1855年作为一个叫作“伍姆韦尔夫人（Mrs. Wombwell）流动动物园”的巡回演出的一部分被带到欧洲。[7]沃特顿被这只小动物迷住了，他说服伍姆韦尔夫人让他在四个不同的场合和珍妮玩。据沃特顿说，他们最后一次见面充满了甜蜜的悲伤。“珍妮登上通往她房间的台阶，以便我可以向她告别。珍妮搂着我的脖子；她‘伤感地地望着我’，然后我们俩相互轻轻地吻了一下。这显然让周围所有的人感到诧异和好笑。”沃特顿写道，“‘别了，可怜的小囚犯！’我说道，‘唯恐我们这种寒冷与阴郁的气氛会使白天变短。’珍妮摇了摇头，似乎在说：‘这里没有适合我的东西。小房间太热了，他们强迫我穿的衣服真是难以忍受，而他们给我的食物和我过去在家乡的树林里健康自由的时候吃的不一样。’就这样，我们分别了——或许永远分别了。”[8]

他的预感是对的。几个月后，珍妮死了。“她随着伍姆韦尔夫人精美的野生动物园继续旅行，从一个地方到另一个地方，直到他们到达兰开夏郡的沃灵顿镇。”沃特顿写道，“在那里，珍妮病倒了，没有任何衰变的症状，最后断了气。”但乡绅已经和该演出的看管人——一位名叫布莱特小姐（Miss Blight）的女子做了安排，如果发生不幸，她会把这只类人猿的遗骸交给他。“布莱特小姐用亚麻布作为裹尸布把她裹了起来，放进一只小箱子里，并于1856

年的2月底体贴地将她送到沃尔顿厅。”[9]

沃特顿将因她的死亡带来的心痛放在一边，对珍妮进行了解剖，并把她制成标本，为她在自己的古玩博物馆里扮演主角做准备。虽然他从未去过中非，但他认为那里的灵长类动物与他在南美洲观察到的灵长类动物类似。根据这条逻辑链，尽管它很薄弱，他还是认定自己非常有资格就非洲猿类在野外的习性发表权威的见解。

他记得珍妮喜欢四足爬行，沃特顿认为这是一种痛苦的移动方式，是被囚禁的结果。如果让这只动物在树顶上待上一段时间，这在南美洲的猴子中是很自然的事，他认为珍妮的动作会显得更优雅。他总结道，大猩猩天生就要在树上荡来荡去，而不是在陆地上行走。[10]对沃特顿来说，保罗几乎总是描述自己在地面上发现了大猩猩，这就明显看得出作者是在欺诈。另一个线索是保罗对大猩猩对他发起攻击的描述：珍妮是一个温和的玩伴，而不像保罗描述的那些吓人的野兽。她从不攻击任何人。

初夏，沃特顿前往伦敦，希望能证明保罗编造了野性难驯的大猩猩的故事。他说，没有任何动物是人类无法控制的。

沃特顿想要通过一场表演来证明自己的观点，而且他很清楚该怎么做。几年前，他参观了伦敦动物园，观察过一只红毛猩猩。他平安无事地进入了动物的笼子里，但几乎就在他离开的时候，那只红毛猩猩就在地板上撒尿。沃特顿写道，他“对这种明显缺乏良好教养的行为感到无比震惊”，他认为这是第一手证据，证明“所有的猴子都远低于我们——哎，的确是远远低于我们”。[11]现在，沃特顿打算进入红毛猩猩的窝巢里去。既然认定大猩猩和红毛猩猩差不多，因此他希望自己当众与猿一对一相遇能够破坏保罗的声誉。

沃特顿的朋友理查德·霍布森（Richard Hobson）在沃特顿死后不

久就写了一本奉承他的传记，不过行文中常常为他辩护。他把这位乡绅描绘成一个盖世英雄，用“沉着勇敢”证明了他对猿类的精通：

> 我指的是1861年发生在伦敦的动物园里的一件事，在沃特顿先生多次恳求之后，他得到了当时的园长米切尔先生（[Mitchell]现已故去）的许可，去看一只来自婆罗洲的巨大猩猩。人们都认为这只猩猩非常凶猛。事实上，所有的饲养员都说，如果黑猩猩进了他自己的窝，“他一定会让乡绅担心的，并且很快就能搞定乡绅”，尤其是这时候他刚刚被几个淘气的孩子戏弄了一番，脾气坏得很。即使到了最后，米切尔先生还是极不情愿地答应了沃特顿先生的迫切请求。对于饲养员的这些嘲弄，乡绅丝毫没有气馁。令众多观众大为吃惊的是，他带着一颗轻松愉快的心走进了用栅栏围起来的场地。这两位名人的会面显然是一件“一见钟情”的例子，素不相识的他们极其深情地相互拥抱在一起。不仅如此，他们还正面拥抱对方，他们显然无法控制各自的喜悦，彼此亲吻了对方很多次，让众多的围观者觉得十分有趣。[12]

沃特顿确信，他已经揭露了保罗在观察大自然方面的无能。7月14日，他给一位朋友写了一封信，预言像欧文和默奇森这样的“专家”——几十年前批评过沃特顿书的同一批科学家——将会后悔支持这个年轻人。

“迪·谢吕可真是个聪明的家伙，他得到了我们那些博学的动物学家们的大力支持。”沃特顿写道，“但我相信，无论是谁，但凡读过我那几篇发表在《园丁纪事报》上讨论他的那只大猩猩的信，都会认为：那些先生们在采取行动之前应该仔细检查危险的地方。”[13]

第二十七章
讲台上的大猩猩

查理斯·司布真密切关注着围绕保罗的论战，但根据他对《在赤道非洲的探险与冒险》一书的理解，这个年轻人是一个虔诚的基督徒，他是这场不当的怒火的受害者。

“问题只不过出在插图上。”他自语道，并特别提出这些插图对作者可信度的威胁似乎比实际文本大得多，“这些插图把这本书给毁了。”[1]

当这位牧师准备向他的教众谈论大猩猩时，他寻找了一些要比那些纯粹的插图更引人注目的视觉道具。他想要一只保罗的大猩猩，还有保罗本人。

10月1日星期二晚上，大都市礼拜堂的侧门一打开，人们就开始疯狂地争抢座位。查尔斯·司布真的专题讲座——“大猩猩和他栖息的那片土地”[2]——的入场券被售票处超卖了。数百人被拒之门外，尽管其中一些人提前几天就预定好了座位。

一小群引座员带领着观众穿过过道，确保没有一个座位或站立空间是空着的。与此同时，司布真在后台的法衣室里候着。他心情很好，和周围的人握手打招呼。他身高大约 5 英尺 6 英寸，但他那粗壮的身躯使他显得很有分量。他那长满胡须的面颊显得很饱满，他的双手因痛风而肿胀起来。当他微笑时，他那对眼皮松弛的眼睛眯成了一条细缝。

这天晚上，当六个人抬着一个用粗麻布裹着的大包裹时，他有充分的理由微笑。他们在舞台的前面开始打开包裹。他们把那只野兽的一只手固定在环绕舞台的铁栏杆上，另一只手举过头顶，指向观众席。会众们认出了这个手势，放声大笑起来：这只大猩猩似乎在进行一场充满激情的布道——就像司布真一样。

过了几分钟，代表礼拜堂所在的伦敦南部地区的国会议员奥斯汀·莱亚德（Austen Layard）走到舞台中央。保罗坐在圣坛[①]一侧司布真身边的一把带天鹅绒衬里的椅子上。

“我不知道自己为什么会在这里。”莱亚德告诉他们。考虑到司布真给了他不可抗拒的、在数千人面前露面的机会，而且其中一些人几乎可以肯定是符合条件的选民，这是一种难以置信的坦白。“这肯定不是为了介绍那位令人尊敬的演讲者，他肯定为你们所有人，或者是你们当中大部分人所认识——哪怕不认识他本人，在这片土地上，无论贫富、地位高低，几乎没有人不熟悉他的名字。”

莱亚德看了看他的右边，大猩猩站在那里，摆出一副僵硬的、自以为是的样子。“我们现在要欣赏司布真先生关于大猩猩的演讲，”他说，“但在以后的岁月里，按照‘进化理论’（the ‘developement theory’），毫无疑问，我们将会有一只大猩猩来给我们讲解司布真先生！”

① 圣坛（altar）：教堂东部供神职人员主持崇拜仪式的场地。——译者注

为了赢得那些具有宗教信仰的选民的支持，这位政客嘲笑了科学家们。莱亚德发现，这种策略非常有效：人群中爆发出一阵笑声。仿佛受到了暗示，身材肥胖的牧师站了起来，并走到“剧场”中央。

“主席先生，还有我的好朋友们，我很高兴在这里见到你们，尽管你们让我大吃一惊。”司布真说道，“我本打算与适量的会众度过一个安静的夜晚，但是你们把这所大房子挤满了，我很遗憾地说，有很多人被拒之门外。我们注定要失望，但对于这样的情况，我们可以心平气和地忍受。”

他状态很好。他以观众的笑声为动力，并鼓励他们，向他们保证，放声大笑一两声并没有什么坏处。他认为，基督徒需要一个娱乐的出口，那么还有什么地方比教堂更好找到它的呢？他告诉他们，大都市礼拜堂不应局限于枯燥无味的神学论述。娱乐、科学、政治——他的教堂什么东西都放得下。

说着，司布真转向保罗。

“那么，迪·谢吕先生的书是真的还是假的？”司布真反问道，“你们可以亲眼来一睹他的真容了。”

成千上万的人打量着站在“剧场”边上的这位不起眼的冒险家。

“当你看着他的时候，你很难想象他能够射杀一只大猩猩，或者带回多达22只大猩猩。”

成千上万的人哄堂大笑。

“说一千道一万，我确实认为迪·谢吕先生的书是实事求是的。它不像一个科学家写得那么仔细，也不太有条理。要是作者重写的话，再用7年时间来做这件事情，那肯定可以做到一丝不苟的。然而，我相信这本书所写的都是真的。作为现代最伟大的发现者之一，他本人值得我们称赞——他比同时代大多数人为科学作出的贡献要大得多，也比同时代的大多数人更敢于为科学作贡献；而且，我想我还要补充一点，对于宗教的未来传播，他也比同时代的大多数人都更有贡献。”

司布真很快又转身面对大猩猩。

“他是一只巨大的猿，据信是最接近人类的动物。”他说，“他离人类有多近，我留给你们自己来判断。”

司布真把谈话引向了演化论。他想确保他的会众知道他支持那场辩论的哪一方。

“我们承认这位先生是我们的堂兄弟，”司布真宣布，转身离开大猩猩，转向观众，“但有个达尔文先生，他曾经准备证明，我们的祖辈的祖辈——回溯到一两千年前——是一只豚鼠，而我们自己当初就是牡蛎、海藻或海星的后裔！”

他讲得十分激动，观众则报以掌声。“说正经的，我们不妨来看看人们为了诋毁上帝之书会堕落到什么地步。我们很难相信上帝是按照自己的形象造人的；然而，说人是按照野兽的形象造出来的，是‘进化法则’（law of development）的产物确实是颇有哲理的。哦，简直是对神的亵渎！”

就在大猩猩成为两个小时布道的主题时，迪·谢吕一直默默地听着，最终这场布道以司布真强调在非洲传道的重要性而结束。

司布真最后说道：“我很高兴地说，我的朋友迪·谢吕先生——如果他允许我这么称呼他的话——无论他到过哪里，他都在努力为传教事业开辟道路，并且和每个地方的传教士成为朋友。”

事实上，保罗在他的行程中完全没有做过任何为传教工作铺路的事。他本可以骄傲地接受司布真似乎急于授予他的头衔——旅行中的宗教十字军——但保罗没有。他感谢司布真为他的书的普遍真实性作辩护，并出于善意强调书中的瑕疵。

“我只能说，如果我再次旅行，我会努力做得更好。”保罗说，“在过去的五六个月里，我学到了很多智慧，我将在以后的旅行中把这些智慧付诸实践。”[3]

司布真宣布，当晚活动的所有收入将全部捐给青少年戒酒会联盟，一个提倡完全戒酒的组织。他之所以如此行事，是因为保罗在书中驳斥了该会的奋斗目标，声称每天喝喝葡萄酒、白兰地或麦芽酒对于在非洲旅行的人保持身体平衡是“绝对必要的”[4]。最后，当晚的布道在儿童唱诗班的歌声中结束，全场观众在福音赞美诗的歌声中从礼拜堂鱼贯而出。据一位参加这场活动的作家描述，保罗对整个场面的反应是“一脸的茫然”。

如果保罗不确定如何理解他在圣坛上目睹的一切，伦敦的文化评论家们知道如何评价司布真的演讲：一个理应受到嘲讽的笑话。

司布真以前也被批评过，但从来没有像这次这样。媒体说，通过深入研究大猩猩这个主题，这位福音传道者正在模糊神学与戏剧、神圣与世俗之间的界限。他邀请莱亚德这个政客来到台上这件事情表明了一种令人不安的新趋势。据一位评论家说，似乎民选官员现在需要通过迎合像司布真这样牢牢地抓住了选民的心和钱包的人来“忍气吞声地讨好选民”[5]。

“毋庸置疑，这样的展览是伦敦的耻辱。”《文学通览》(*Literary Budget*)的一篇文章宣称，“在我们最大的大厅里居然坐满了人，他们准备听一个人讲话，而那人唯一值得注意的地方，就是他愿意表演所有滑稽表演中最简单、最邪恶的一种，即拿《圣经》开玩笑，对其灌输真理的方式进行滑稽模仿。这实在是一种可悲的耻辱。然而，从他的这些世俗化的越轨行为中，我们可以发现一个非常轻微而又间接的好处。他们已经把业余讲道的做法彻底通俗化了。既然司布真已经开始讲道了，每一个喜欢它的年轻绅士就必须放弃它。他赶时髦并把它毁掉了。"

其他评论也同样令人震惊。司布真对这种反应感到困惑。多年来，他一直在为自己的布道注入情感和戏剧性，但他从未成为如此多的公众所嘲笑的对象。在这次演讲之后的几个星期里，他病倒了，但辱骂仍在继续，有增无减。在这次演讲结束两周之后，司布真病得无法进行周日的布道，其所属教会领导层一致通过了如下决议：

本教会的成员常常为他们所敬爱的牧师的福音宣教而振奋，也非常感谢他所做的关于世俗和社会主题的演讲，但我们也注意到公共媒体上报道的那些流言蜚语使他名声扫地，对此我们感到非常遗憾并由衷地同情他。谨此向他表达我们最诚挚的信任，强烈希望能与他一同忍受他所遭受的一切耻辱，并下定决心，在上帝的帮助下，在祷告中把他常记在心上。[6]

这种支持让司布真振作了起来。一个星期之后，他写信给一位朋友说，那些针对他的大猩猩展览的愤怒只会使他坚信：对文化批评家做出任何让步都是不可原谅的。

"我的机构所从事的是服事神的工作；演讲是计划中必不可少的一部分，其效果不错。我受到召唤来从事这一工作，因此，所有这些异议都是鞭策，只会增加我从事这项工作的热情。"[7]他说。

在这次演讲之后的几十年里，司布真将这股热情倾注到一场世界范围的反对对《圣经》进行放松的自由解读的论战中去。[8]他的演讲和布道在美国广为流传，成为美国新福音派运动的典范。像德怀特·穆迪（Dwight Moody）——其诉诸情感的信仰复兴运动帮助领导了美国的反演化论大论战——这样的传教士认为司布真是一位先驱英雄，因为他决心与那些质疑创世纪之神圣性的人较量。在演化论辩论模糊了人与动物之间的界限之前，许多人像欧文一样，认为对《圣经》的隐喻性解读是与信仰生活相一致的。现在，越来越多的福音派信徒否认任何偏离严格字面意义的解释。

“不可能有任何的妥协。”[9]司布真写道。他总结了自己对那些对《圣经》进行自由解读之人的激烈抵制，在他看来，这些对《圣经》的自由解读为演化论等异端邪说提供了空间。这是一场滑坡，因而他并不想参与其中。

“不管怎么样，我们必须选一条路走。”他写道，“现在该是我们做出选择的时候。当我们选择了自己的道路时，我们也就不能与选走另一条路的那些人为伴。”

在司布真关于大猩猩的演讲中，一种崭新的受欢迎的福音派教义深信科学与宗教水火不容，而且它永远不会在辩论中对科学让步。

保罗似乎对参加这场论战不感兴趣。相较于司布真的坚持己见，这位冒险家开始把更多的时间用在了与一群喧闹好斗的人在一起，他们致力于破坏这位福音传道者所公开标榜的那种虔诚的态度。

第二十八章
格伦迪夫人和食人族俱乐部

莱斯特广场不是一个审慎、虔诚的人天黑后常去的地方。[1]这个社区是一处曾一度非常新潮的地方，但到了19世纪60年代，它已经有点老了。太阳落山后，整个街道才活了起来，到处都是那些给台球房揽客、浑身散发着廉价雪茄恶臭的马仔，以及那些名声不佳、身上散发着廉价香水味道的女人。贝托里尼是一家专营意大利菜和法国菜的饭店，就位于这一切的中间。其店主是个无精打采的老头，他有时自称乔瓦尼·多米尼科·贝托里尼（Giovanni Dominice Bertolini），有时又自称约翰·多米尼科·贝托里尼（John Dominique Bertolini），这要根据炉子上放的是什么菜而定。这家餐厅他已经经营了五十多年。食物很便宜，但还过得去，而餐厅肮脏的魅力吸引了喜欢时常光顾这里的波希米亚人。丁尼生亲切地称它为“脏托里尼饭店”（Dirtolini's）。

如果一个虔诚的维多利亚女王时代的人，由于命运的捉弄，在一个周二的晚上跌跌撞撞地走进了饭店宴会厅紧闭的大门，他那脆弱的情感瞬间就会为那里面所展现出来的那种亵渎神明的诱惑所粉碎。一小群自称食人族俱乐部的文化斗士在这里自嗨，接受崇拜者的崇拜。[2]他们都是些学识渊博的通达之人，执意藐视清教徒式的礼仪规则，在他们看来，这些清教徒的礼仪规则扼杀了维多利亚时代英国的生活。食人族俱乐部的成员们赞美一切被英国上流社会视为禁忌的事情。各种攻击性的想法——不论是否涉及种族、宗教或性别——都以不受约束的知性探索的名义传播开去，一点歉意也没有。这家俱乐部之所以不是英国最臭名昭著的俱乐部，唯一的原因在于，除了俱乐部成员之外，几乎没有人知道它的存在。

当有人用一根精雕细琢的木棒——上面雕刻着一个非洲原住民在啃咬一根人的大腿骨——敲打桌子时，会议就开始了。然后，在这一群体开始讨论从比如说女性割礼到色情鞭打的人类学历史等话题之前，会有一名成员背诵这个俱乐部的模拟宗教祈祷——一种对圣餐的亵渎式嘲讽，叫作“食人族教义问答”[3]，它把神圣的基督教圣礼描绘成一种食人仪式：

你是太阳之主，是天空之主
保护我们免受敌人的伤害
你的饮食便是馅饼里的肉
以及碗里的血！
你的仁慈是多么的甜美，该死的眼睛
该死的灵魂！

这些诗是年轻的阿尔杰农·斯温伯恩（Algernom Swinburne）写的，他既是放荡不羁的诗人也是食人族俱乐部的骨干，他宣称自己的愿望是让英国社会的茶壶“沸腾而愤怒”。俱乐部的其他成员包括：查尔斯·布拉德洛（Charles Bradlaugh），他是下议院中第一个公开承认自己是无神论者的议员；亨利·斯宾塞·阿什比（Henry Spencer Ashbee）和理查德·蒙克顿·米尔恩斯（Richard Monckton Milnes），他们分别是英国最大的两个色情物品收藏家；还有理查德·弗朗西斯·伯顿，他是个探险家，而且多才多艺，情趣广泛，他的文学译本最终把《印度爱经》（*Kama Sutra*）① 和未删节版的《天方夜谭》（*Arabian Nights*）引进到大部分讲英语的国家。他们吃喝玩乐，他们的言语完全随心所欲。相传，在酒喝光之后，伯顿（体格健壮，仪表堂堂）偶尔不得不夹着斯温伯恩（脆弱，像小精灵一样）走出饭店。

共同的对格伦迪夫人（Mrs. Grundy）的憎恨把俱乐部的成员们汇集在一起。格伦迪夫人是一个融不苟言笑、假正经等这个时代典型特征于一体的虚构人物。格伦迪夫人这个名字来自托马斯·莫顿（Thomas Morton）的一部戏剧[4]；她是其中的一个角色，每每担心那些自命不凡的邻居会怎么看她，非常痛苦。“格伦迪夫人会怎么说呢？”这句话成了流行语，因为英国到处都是格伦迪夫人。她们不一定是女性；食人族俱乐部会员认为，查尔斯·司布真牧师是典型的格伦迪夫人，尤其是当他投身于戒酒运动时。“压制恶习协会”（Society for The Suppression of Vice）的积极成员也是如此，他们公开反对任何他们认为有损道德的文学，从而导致了1857年《淫秽出版物法》（the Obscene Publications Act）的出台。当伯顿在译注《天方夜谭》一书时，一位评论家谴责这本书“绝对不适合19世纪的基督徒”[5]，伯顿的反应极好地总结了食人族俱乐部无视道德约束的行事作风：“格伦迪夫人已经开始吼叫；我已经听到她的怒火了。我知道她是个十足的下贱女人，你就这么告诉她，我根

---

① 一部关于性欲及其他主题的印度古书。——译者注

本就不在乎她。”[6]

在 1861 年的春夏，食人族俱乐部的核心成员第一次建立紧密联系，而保罗也被拉进了他们的圈子。他所建立的友谊将持续多年，并在他的人生和职业生涯中发挥关键作用。

因为维多利亚时代的伦敦有足够多的空间容纳那些表面上虔诚却暗中起破坏作用的人，保罗不需要像要杂技一样扭曲身体，一只脚踩在司布真的圣坛上，另一只脚踩在英国最臭名昭著的文化反叛者的圣坛上。他所需要的只是他的同化才能以及被人及时引荐给伯顿认识的机会。

1861 年，40 岁的伯顿正处在一个十字路口。[7]在这年的 1 月份，他娶了出生贵族的伊莎贝尔·阿伦德尔（Isabel Arundell），一位虔诚的天主教徒。阿伦德尔迅速动用她那些地位显赫的亲戚的关系，为丈夫在英国外交部谋到了一个职位。伯顿如果是其他人的话，那么下一步自是顺理成章地转变为传统意义上的体面人士。但他对传统的完全漠视已经成了传奇。在他结婚后的几个月里，他似乎下了双倍的决心要宣布自己将从传统中独立出来。

他之所以赢得了特立独行的名声，在很大程度上要归功于他前往伊斯兰圣城的秘密之旅。1851 年，他乔装成一名波斯的苦行僧到麦加和麦地那朝圣。3 年后，他潜入有城墙环绕的哈拉城，也就是现在的埃塞俄比亚。这两个城市都被认为是禁止非信仰者进入的。在这些旅程中，他的成功不仅仅源于表面模仿的天赋。他博学多才，对细节有一种孜孜不倦的关注。他不仅会说二十多种语言，而且还说得很好。几乎没有什么能逃过他的注意，逃过他的笔记本。他那不可思议的深入渗透外国文化的能力，以及不加掩饰的深入渗透外国文化的热忱，使得他在一些不太欣赏他的同时代的人中赢得了“白人黑鬼”的绰号。伯顿自己则更为喜欢另一个绰号：“业余野蛮人”。

他把两次被禁止的旅行都写成书，于是一举成名。但这些也引起了一些人的怀疑，他们认为他对伊斯兰教所作的宽容友善描述在无意中流露了其基督教信仰的缺失。他拒绝故意无视任何事情，哪怕它在社会上是一种耻辱，而这又助长了关于他品德的流言。

最具破坏性的是有关他性取向的传言。作为一名驻扎在现在的巴基斯坦的年轻军官，伯顿是他所在部队中唯一会说信德语[①]的人。结果，他被派去就妓院的存在写一份报告，据说这些妓院让英国军队堕落。伯顿的报告周密彻底和明确详细地描述了其所提供的各种服务，甚至包括那些由太监和异装癖者所提供的服务。这份报告显然令伯顿的上司很满意，他下令摧毁这些妓院，并继续重用伯顿。但两年后，当这位指挥官被调到伦敦时，他留下了伯顿的报告，或者说从报告中摘录的笔记。一个新来的指挥官发现了它并心生反感，显然他以为如此大量的细节只有通过直接观察或参与才能获得。他把报告交给了在孟买的上级，并建议革除伯顿的军籍。伯顿虽然没有被解职（毕竟他只是奉命行事），但他的名誉受到了玷污。在伯顿余下的职业生涯中，有关他性变态的传闻一直困扰着他。升职的机会不断地与他擦肩而过，但他说出令人不快真相的决心却越来越坚定。

在 19 世纪 50 年代，伯顿离开了英国军队，转投皇家地理学

---

① 信德语是南亚巴基斯坦信德人的语言，属印欧语系－印度语族。能说信德语的人在巴基斯坦境内大约有 1700 万，在印度也有 280 万。两个国家都承认信德语为法定语言。——译者注

会。但到了1861年初，他与皇家地理学会之间的关系也岌岌可危。这些问题源于1856年他带领的一次探索尼罗河源头的远征。伯顿的下属是约翰·汉宁·斯毕克。伯顿对高傲自大、出身名门、一种非洲语言都不会说的斯毕克的尊重从来都不是太强烈。但到1858年远征结束时，这种不多的尊重几乎变成了憎恶。斯毕克发现维多利亚湖是在伯顿因病无暇他顾的时候，于是他宣布自己发现了尼罗河的源头，尽管他没有证据支持这一结论。伯顿说，在作出这样的声明之前，需要进行更详细的观察。两人同意结束这次探险，各自返回英国，然后共同向皇家地理学会提交他们的研究结果。

但斯毕克比伯顿早几个星期回到了英国，他向皇家地理学会宣布自己解开了尼罗河之谜。在后来的几年里，斯毕克的名声虽然会被这种赤裸裸的野心和凭空臆测破坏，但是，至少在短期内，他确实是做到了名利双收。等到伯顿回到英国的时候，斯毕克已经从皇家地理学会获得了资助，对该地区进行第二次考察以确认这一发现。他还对任何愿意听的人说伯顿的坏话，旧事重提，拿伯顿有道德败坏之嫌疑说事，并暗示他对王室的忠诚不太可靠。伯顿是一位英国军官的儿子，年轻时大部分时间都在法国和意大利度过，斯毕克认为这淡化了他的英国性。当伯顿最终回到英国并表达了他对斯毕克不可避免的不满时，这位雄心勃勃的年轻下属开始为自己辩护。谈到伯顿在欧洲大陆的成长经历，斯毕克对一位编辑说，他宁可“死一百次”，也不让“一个外国人从英国获得发现的荣誉”。

新婚不久，伯顿的名誉再度遭到诋毁。他面临着一个不确定的未来。1861年，他最好的朋友蒙克顿·米尔恩斯在3月的一次聚会上把他介绍给了斯温伯恩。（根据米尔恩斯的说法，伯顿反过来让斯温伯恩认识了酒精，并引发了一场毁灭性的“恋情”，让他强烈爱上了酒瓶。）到了仲夏时节，伯顿和六七个食人族俱乐部的核心成员结成了一个小集团。几个星期之后，伯顿把与米尔恩斯已有社交往来的保罗拉进了他们的圈子。[8]

保罗的传教士背景肯定不会给伯顿留下深刻印象，他认为原住民的“基督教化”通常导致了其文化的消亡。而伯顿被他吸引另有其他种种原因。3月份，在他妻子的恳求下，外交部终于给了伯顿一份工作：任驻费尔南多波岛的英国领事，这是一座臭名昭著的西班牙岛屿，被英国海军用来监视西非海岸附近的奴隶贸易。这是政府官员中最低阶的领事职位，外交部打赏他的这个毫无吸引力的职位也折射出他的声誉已经堕落到何种地步。伯顿告诉米尔恩斯，他接受“政府的面包屑”只是为了有朝一日能得到“政府提供的一条面包”。[9]伯顿在非洲的经历几乎超过了任何一个英国人，但他所去过的地方仅限于非洲的东部和中部地区。从4月到8月，在他出发之前他只有4个多月的时间去尽可能多地了解西非。这一时间段正好与保罗颇受争议性地进入伦敦社交圈相吻合。

这位年轻的冒险家在伦敦的学术团体中是个局外人，这一点对伯顿很有吸引力。伯顿最近在皇家地理学会的经历使他对那些“纸上谈兵的地理学家们”感到失望。那些人待在英国国内参加各种会议，而真正的实干家却在冒着生命危险。皇家地理学会的一些官员几乎不掩饰他们对那些田野科学家（field scientist）的蔑视，认为他们只不过是些不用动脑的机器人，被派出去收集数据，供国内的专家进行分析。正如伯顿在他那本关于尼罗河的书的序言中所言，他反感那些认为探险家“只是去看而不用动脑”的看法。

在 1861 年，伯顿对这一见解的厌恶达到了前所未有的程度，这主要是由于他最近与皇家地理学会的一位杰出的会员库利（W. D. Cooley）之间的争论。库利在 1852 年写了一本书，扬扬得意地取名为“非洲内陆畅通无阻”（*Inner Africa Laid Open*）。他声称非洲大陆是他的专业领域，尽管他从未踏足过那里。伯顿在非洲探险归国后，揭露了库利书中的几处致命伤，并以其一贯的嘲讽风格，挖苦库利的一篇文章是“一篇非常出色的论文，除了还需要精确数据作为扎实的基础外其他的什么都不需要了”[10]。作为回应，库利出版了一本小册子，声明伯顿在尼罗河探险期间得出的结论是不可信的，因为他不懂得当地的语言。小册子声称，伯顿在其非洲探险时说斯瓦希里语的事显然是撒谎，因为根据库利的说法，斯瓦希里语在非洲海岸以外的地方并不为人所知。他的指控虽言之凿凿，却全然错误。

很少离开伦敦的傲慢的吹毛求疵者对保罗的攻击似乎对伯顿同样不公平。与沃特顿不同的是，伯顿试图为保罗辩护，使其免遭冷嘲热讽。在一个“绅士和玩家”[11]的世界里，保罗看起来像伯顿一样，也是个玩家。

5 月，保罗应伯顿和伦敦的人种学学会会长詹姆斯·亨特（James Hunter）之邀在该学会的一次会议上发表演讲。在听完保罗描述他在非洲沿海地区和内陆遇到的那些部落后，伯顿宣称，基于他在非洲东部和中部的经历，这些描述听起来是真实的。两个月后，伯顿准备了一场题为“关于迪·谢吕先生《在赤道非洲的探险与冒险》的人种学说明”的演讲。他邀请保罗去听他在人种学学会的这场演讲。

伯顿赞扬了保罗的这部作品，他对这本书唯一的直接批评是这本书在转录那些当地语言时不够精确——当然，这充其量是“稍有疏漏”，伯顿说道。

“我相信，这篇文章会使那些最爱发牢骚的人满意，因为迪·谢吕先生已经对他所探讨的那些新奇的种族进行了详尽的研究。”伯顿总结道，“就我自己而言，我必须向他表示最衷心的感谢；这本书的每一页在我脑海里产生的效果就如同在文明社会的马车里待了一两年之后，那号角声之于卸甲的战马所产生的效果。在此我冒昧地表达一个希望，在将来的某一天，我不仅仅是对这本内容丰富多彩、在大西洋两岸都引起轰动的书与实际相符提供类比证言，而是作为一个目击证人获准出席人种学学会。”[12]

当保罗站起来致谢时，出席这场会议的人报之以掌声欢迎。但他才开始演讲，有个爱发牢骚的批评家显然没有为伯顿所表现出来的支持所说服。那人开始威吓保罗。

保罗已经忍受了几个月的嘲笑和公众的辱骂。他的品格在世界上最广泛阅读的某些出版物上遭到了抨击。现在，在这一庄严的集会中，保罗第一次失去了镇静。他内心的野蛮情绪爆发了。

那个男人不停地用嘘声和嘲笑打断保罗。

此人是托马斯·马龙（Thomas Malone），38岁，是名化验师，在伦敦研究所（London Institution）的实验室工作，但他更广为人知的身份却是摄影这个新兴领域的一名专家。伦敦最早的那些摄影工作室中就有一家是他和一位合伙人开的，而且他还帮助建立了皇家理工学院的摄影学院。马龙也经常出席各个科学学会的会议，推广摄影，称其为几乎所有的科学工作者——从地理学家到人种学家——都可以使用的工具。[13]

马龙对保罗有关大猩猩或原住民部落的描述不太感兴趣。他没有读过《在赤道非洲的探险与冒险》一书，但他在《伦敦评论》（*London Review*）上看过一篇关于它的文章，知道保罗描述过芳人使用的一种叫作欧姆比（ombi）的弦乐器。[14] 保罗把这种乐器比作吉他或竖琴，他写道，其琴弦是由树根提取的长纤维制成的。马龙不相信这样的琴弦能发出乐声，并在众目睽睽之下向参会的每一个人表明他的怀疑。保罗并不同意马龙的说法，解释说他亲眼看到这种乐器并亲耳听过这种乐器的演奏，马龙听了反而变本加厉了。他开始大声嚷嚷地叫喊着质问道：

> 你亲眼看到书中描述的一切了吗？
> 这本书真的是你自己写的吗？
> 公众是不是被误导了？[15]

"当然，迪·谢吕先生和他的朋友们都不喜欢我说的这些话，他们请我继续讨论伯顿先生的文章。"马龙事后披露道，"不过，我还是告诉了迪·谢吕先生，权威说几句话就是证据的时代已经一去不复返了。任何一位科学工作者，不管他多么杰出，只要他向我们提出了新奇的见解，就肯定会受到质疑。"[16]

马龙自诩为诚实的探究在其他目击者（包括伯顿和詹姆斯·亨特）看来却是令人难以接受的欺辱行为，。"然后他站了起来，"伯顿谈到马龙时说道，"接着，他像是先谈到了他的脾气是多么暴躁，然后采取了一种即使是脾气最冷静的人听了都会勃然大怒的声调和谈吐方式。"[17]

受到羞辱的保罗愤而离开了讲台。当观众开始散去时，他在人群中寻找马龙，跨过几张椅子和长凳来到他跟前。亨特回忆道：

“主席离开会议后不久，我看见迪·谢吕先生激愤地朝马龙先生所坐的那个位置走过去。我尾随其后，但还没走到那个地方就听到马龙先生大声喊叫道：‘有没有人可以保护我呢？’”[18]

几个目击者听到保罗冲着马龙喊道：“懦夫！懦夫！”[19]

在《环球报》（*Globe*）报道了这件事情的一个版本后，马龙试图澄清这一时间发生的确切顺序：“我正准备离开，这时，我惊讶地看到我跟前站着一个人，小个子，他的双眼和双手是那么的黝黑吓人。正是迪·谢吕先生。我没有听到也没有留心他说些什么，因为我立刻就遭受了《环球报》的报道中所描述的那种暴行。”[20]

保罗的行为是如此难以用言语来表达，以至于马龙甚至无法让他自己把它们说出来。但是，用《环球报》的话说，这种暴行包括了“吐痰这一野蛮的惩处行为”。换句话说，保罗朝马龙的脸上吐口水。这是一种令人吃惊的粗俗行为，让在场的一些有教养的人目瞪口呆。

伯顿并不像其他人那样觉得自己受到了冒犯。他认为，人种学学会根本就不需要这礼节那礼节的，组织的“体面”让他和亨特感到窒息。[21]他和亨特不久就脱离该会并成立了一个新的团体：伦敦人类学学会。这个新的社团将成为食人族俱乐部所有成员的半官方避难所，其宗旨是要把格伦迪夫人驱逐到永恒的地狱之火中去。

两年后，这个新的团体正式宣布成立，保罗被任命为名誉秘书长。保罗和马龙之间的事震惊了公众，但他却赢得了伯顿一生的友谊。

“我很奇怪，迪·谢吕先生居然克制了这么长时间。”[22]伯顿打趣道。

但也有人大声问道，保罗到底是谁？他是在哪里学的那些礼节？

“我们担心迪·谢吕先生和大猩猩混得太久了。”一家报纸报道说，“我们深感遗憾，如此杰出的一位旅行家和作家竟如此不光彩地忘乎所以，并且英国公众觉得，他的高卢血统中自大的性格是不是因为他入籍博伊刀①的国度以及在大猩猩之乡逗留而变本加厉并自甘堕落呢……我们不喜欢这些外来的礼节。迪·谢吕先生如果不希望出庭受审的话，他最好抛弃那些举止，不管那些举止是法国人的、非洲人的或是美国人的。”[23]

保罗到底是从哪里来的？他从不谈论自己的青少年时期。他的沉默助长了人们对他背景的猜测，这种猜测已经开始在大西洋两岸蔓延，而他自己却毫不知情。

① 博伊刀（bowie knife）：19世纪20年代美国边境英雄吉姆·博伊（Jim Bowie）所发明的野战工具。为单刃长刀，有剃刀般锋利的回形刀尖和黄铜护手，极具攻击性和杀伤力。——译者注

第二十九章
来历不明的证据

查尔斯·沃特顿先前就曾妒火熊熊地摆出架势，要与被他视为对手的那些博物学家们较量一番，但没有任何一次较量能比他之前试图抹黑约翰·詹姆斯·奥杜邦的行为更能说明他对保罗的愤怒。

沃特顿一向为自己善于观鸟而自豪。如果说鸟类学领域有谁值得他崇拜的话，这人非亚历山大·威尔逊（Alexander Wilson）莫属。这位苏格兰人的《美国鸟类学》（*American Ornithology*）对沃特顿来说不啻于一部圣书。[1]这本书促使沃特顿在《南美漫游》（*Wandering in South American*）一书出版之后不久就去了北美，他在那里与乔治·奥德（George Ord）一见如故。乔治·奥德是费城的一位动物学家，曾为威尔逊写过一本传记。奥德和沃特顿因对威尔逊的崇敬和对奥杜邦的敌意而迅速建立起友谊——奥杜邦当时正在威胁要把乔治·奥德从美国最重要的鸟类学专家的位置上踢下来。

沃特顿1826年在纽约见过奥杜邦一次。与血统高贵的英国乡绅相比，这位年轻的法裔美国捕鸟猎人是一个粗暴的自命不凡之人，一个留着长发、穿着鹿皮大衣、特立独行的人。奥杜邦很喜欢谈论自由自在的美国风光所具有的那种不可驯服的本性并以其精湛的步枪射击技能而自豪。有时，在他的演讲和伴随其画作的文字描述中，他似乎将他的动物拟人化，赋予它们以最粗俗的人类特征。例如，当他描述白头海雕时，他暗示这一猛禽以折磨猎物为乐：

到那时，你就会看到这个带羽毛的种类是种灵魂何其残酷的可怕的敌人……他用自己强健有力的双脚使劲地踩下去，其锋利的爪子比以往更深地刺进天鹅的心脏。当他感觉到他的猎物最后一次抽搐时，他高兴地尖叫起来，因为他的猎物已经在他为了让死亡变得尽可能痛苦而不断加大力度下失去了希望。[2]

沃特顿认为，奥杜邦是一个假行家，他错误地认为动物具有人类的特征，从而抬高了动物的地位——他只要活着，就会看到保罗重蹈这一罪过。沃特顿和奥德一起进行了一场跨大西洋的抹黑运动，旨在剥夺奥杜邦所拥有的科学可信度。他们只是无的放矢地胡乱抨击一气，却不巧击中了目标。他们准确无误地指出，奥杜邦声称发现了一种他命名为华盛顿海鹰的新物种，而实际上它只不过是一只未发育完全的白头海雕。[3]但他们经常让近乎偏执的怨恨蒙蔽了自己的判断力，从而批评过头了。

19世纪30年代，奥杜邦画了一只嘲鸫，将一条响尾蛇放在树上。沃特顿和奥德坚称，这幅画至少有两处错误：响尾蛇不会爬树，而且它们的毒牙总是像镰刀一样向内弯曲，完全不可能像奥杜邦所画的那样微微地折回原来的方向。在这两点上，沃特顿和奥德都错了。响尾蛇会爬树，有时它们的毒牙会像奥杜邦所描述的那样弯曲。

通过攻击奥杜邦对蛇所做的描述，沃特顿看来像是在玩火。在《南美漫游》一书中，乡绅描述了自己是怎么击退蛇的攻击的：他把自己的拳头放在帽子里，然后把它塞进蛇的喉咙里，用最原始的勇气制服了那条长达10英尺长的蛇。对一些人来说，沃特顿竟然还有勇气指责别人任意歪曲对一条野外的蛇所作的描述。“奥杜邦因为一则‘蛇的故事’而遭到了粗暴的抨击。”约翰·巴赫曼牧师（Reverend John Bachman）说道，他与这位艺术家合作写了一本关于美国四足动物的书。“但沃特顿给我们讲了几个故事，让我们感到惊奇和沮丧。”[4]

沃特顿和奥德对奥杜邦的厌恶可能既与科学上的分歧有关，也与阶级势利有关。奥杜邦在世时身世不明，他是个私生子，出生于现在的海地。这是一个他严守的秘密。他甚至因此放弃了对其父亲遗产的继承权，以确保自己的私生子身份不被公开。[5]他有一本伪造的护照，上面写着他出生在新奥尔良，他还谎称自己曾在颇具影响力的法国画家雅克-路易斯·大卫（Jacques-Louis David）的指导下学习艺术。在某种程度上，奥杜邦是在扮演一个受过良好教育的贵族子弟，从而获得看重这些品质的科学界的认可。奥德和沃特顿都是豪门望族之后，他们嗅出了前后不一致的地方，决心揭露他是一个强行闯入与其阶层身份不相符之领域的人。

1826年奥杜邦访问英国时受到了英国科学界一些领军人物的热烈欢迎。沃特顿被激怒了。“奥杜邦先生在美国并不是什么著名的博物学家，然而他来英国却马上被我们当作重量级的鸟类学泰斗。”沃特顿生气道，“奇怪的是，他本来在他自己所在的大西洋西岸那边一直被笼罩在一片浓密的阴云之下，但当他接近我们所在的大西洋东面的岛屿时，却突然迸发出耀眼的光芒。”[6]

他和奥德加大了进攻力度。奥德在信中预言:“许多资助过这个卑鄙的骗子的人,一想到他们曾经认识他就会脸红。”[7]多年来,他们两人对奥杜邦的声誉发起了一场战争,但这并没有阻止他成为有史以来最著名的鸟类学家。

1861年,沃特顿一定经历过一种不安的似曾相识的剧痛。他立刻写信给奥德,说自己又发现了一个擅自闯入的妄求者,此人似乎在乞求自己予以当头棒喝,以正视听。

他写道:“与迪·谢吕相比,奥杜邦是完美的。”[8]

保罗和奥杜邦完全一样,甚至更甚:他夸大了自然的不可驯服状态,而且他在没有像样的血统的情况下登上了舞台,向英国的一些最著名的文化仲裁者示好。沃特顿知道,奥德会对揭露所谓的美国人是冒牌货的斗争很感兴趣。

“我已在最近的《园丁纪事报》(一共有五六期之多)上开始找他的麻烦了。”沃特顿告诉奥德,“我在心里深信,迪·谢吕在大猩猩国度里的那些历险不过是一些厚颜无耻的谎言而已。他声称自己总是在地上遇到大猩猩。事实上,它应该栖息在树上。我强烈怀疑这个旅行者只不过是非洲西海岸的一个商贩而已;他有可能是在那里绑架黑人,并从非洲内陆的黑人商人那里买的毛皮。”[9]

在保罗和非法奴隶交易之间生造出毫无根据的联系,想必是为了取悦奥德而炮制出的“珍闻”。但当奥德开始向费城自然科学研究院的朋友们打听有关保罗的信息时,他偶然发现了一个爆炸性的想法:如果这个伟大的白人猎人不是真正的白人呢?

流言蜚语传遍了整个费城,说保罗可能有一半的黑人血统。奥德认为,这个秘密或许可以解释他与其曾经的费城赞助商关系恶化的原因。奥德告诉沃特顿，研究院的一些成员已经注意到了“他的头部形状和面部特征”，并已发现了一份“伪造的出生证明”。

“如果他是个杂种或就如西印度群岛所称的混血儿的话，”奥德在给沃特顿的信中写道，“那么我们就可以解释他的那些令人惊奇的叙事手法了；因为我已经注意到，黑人种族及其混种天生就喜欢渲染和夸张。”[10]

这一歪曲，保罗可能已经预料到了，但他却无力阻止。在非洲的森林里，他掌握了自己的命运，杀死了一头从来没有人见过的野兽，有效地将自己的人生重塑为一个英雄的神话。但他的过往却在消耗他冒着生命危险创造出来的身份。事实证明，它比大猩猩更难猎杀。

第三十章
往事的阴影

保罗早期的履历是一个他自己刻意系起来的错综复杂的结。在他的一生中，他很少提及他的法国父亲——在加蓬海岸的商人查尔斯－亚历克西斯·迪·谢吕，也从来没有公开提到他的母亲。有时他会暗示他的祖先中有胡格诺教徒（受迫害的法国新教徒，他们被迫离开法国）。[1]其他时候，他会含糊地提到克里奥尔人血统。这个词让人联想到密西西比河三角洲潮湿的河口，当人们认为保罗来自新奥尔良时，他并没有纠正他们。他的父亲在19世纪50年代中期去世后，他开始使用保罗·贝洛尼·迪·谢吕（Paul Belloni Du Chaillu）这个名字。人们自然而然就以为，具有意大利色彩的贝洛尼来自他母亲的家族。[2]这样的说法讲得通。地中海南部的血统可能解释了他为何具有黑眼睛和橄榄色皮肤。

如果有人问保罗在美国和英国的朋友，他们认为他是在哪里出生的，各种各样的答案就会暴露保罗的造假。很多人会说他的出生地是巴黎。回答“美国”的人可能会对是在哪个州有不同的看法：

一些人会发誓说他是在路易斯安那州长大的，一些人会选择纽约，其他人会选择南卡罗来纳州。

但在所有这些相互矛盾的出生地的说法中，有一个说法特别引人注目。根据历史记载，他只告诉了一个人。

在伦敦，保罗结交了一位名叫爱德华·克洛德（Edward Clodd）的人，他是一位杰出的银行家，偶尔为科学杂志和文学杂志写点文章。克洛德欢迎保罗加入他的社交圈，其中包括一些英国最著名的文人。[3] 保罗还经常造访克洛德家，和他的妻子一起吃饭，并用自己的冒险故事来逗孩子们开心。

在某个时刻，保罗向克洛德坦言，他既不是法国人，也不是美国人。他说他实际上出生在法国控制的非洲海岸外的一座岛屿上。保罗的父亲的确出生在法国，但他的母亲是当地人。

克洛德意识到，这一信息可能会毁了保罗的声誉。他严格保守这一秘密。

留尼旺岛（1793 年以前被称为波旁岛）位于印度洋上，靠近非洲海岸，位于马达加斯加以东。法国人在 17 世纪晚期殖民了这块以前无人居住的领土，他们从马达加斯加和非洲大陆带来了奴隶。整个 18 世纪，岛上的人口大约一半是白人，一半是黑人。但在 18 世纪后期，奴隶贸易急剧发展，黑人已占了绝大多数。到 18 世纪末，岛上居住着 61300 人，其中 85% 是黑人。这些黑人中的大多数是奴隶，但大约有 1200 人被称为“自由家仆”或“自由有色人种”，他们为白人地主工作，并不被视为他们的财产。两种文化——法国文化和非洲文化——在整个 19 世纪日益融合，而该岛也因此成为一个种族融合的大熔炉。一种明显的克里奥尔文化①——不是白人的，也不是黑人的，而是独一无二的——在此扎下了根。[4]

与美国不同的是，留尼旺岛上一个白人男人和一个黑人女人所生的孩子通常会成为这个男人家庭的一部分。[5]这使得岛上许多混血儿童得以逃脱奴隶身份的束缚，虽然他们在父亲家里的地位往往很低。

现存的档案记录提供了对保罗可能的童年的零星一瞥。证据表明，反复无常的父亲与被忽视的儿子之间关系紧张，其后果就是对儿子来说，“家”永远是一个不断变化的概念。

在1831年，也就是保罗出生的那一年，查尔斯-亚历克西斯·迪·谢吕渐渐赢得了“危险人物”的名声。[6]自他从法国东部移居留尼旺岛起，这位30岁的商贩便在不断地沿着这座岛的社会阶梯努力攀爬。即使他是岛上的少数白人，他也只能升这么高了，因为他不是当地被称为“糖贵族”的种植园主中的一位。这些种植园主制定了岛上的规则，确保其他人只能待在他们该待的地方。

大约在1830年左右，查尔斯-亚历克西斯和一群志趣相投的白人中产阶级商人支持一项提议：建立一个经由选举产生的代表大会。种植园主们对此十分反感。一直以来他们能够对被任命为该岛的总督施加影响，因此他们害怕现状发生任何变化。他们认为，那

---

① 克里奥尔人（Creole people）原指16—18世纪时出生于美洲而双亲是西班牙人的白种人，以区别于生于西班牙而迁往美洲的移民。此后，这个名称就用于各种意义，因地区不同而有所不同甚或矛盾。在非洲，克里奥尔一词指的是在欧洲殖民时期形成的任何民族，其中混合了非洲人和白种人的种族或文化遗产。克里奥尔社区分布在非洲的大部分岛屿，以及非洲原住民与欧洲人最初接触的沿海地区。由于这些接触，形成了“克里奥尔文化”（Creole culture），即白人文化与黑人文化在殖民地的融合或混合。——译者注

些吵吵嚷嚷要求经由选举产生议会的暴发户是些麻烦制造者，而且这些人似乎一天比一天顽强。

1830年夏天，法国国王查理十世（Charles X）在一场被称为“七月革命”的政变中被推翻。留尼旺岛的总督保护了精英们的甘蔗种植园主的利益，是国王任命的一个忠诚的官员。查尔斯－亚历克西斯将国王查理十世的死视为一个可能让他推翻当地政府的机会。

总督知道自己很脆弱，他试图维护其统治的有效性。他没收了所有的报纸和寄过来的邮件，让岛上所有的居民对欧洲发生的事件一无所知。但是，不可避免的事发生了：一名乘船抵达这里的乘客偷偷溜过了码头检查员的检查，他的行李里有一份《杜阿弗尔日报》（*Journal du Havre*），于是查尔斯－亚历克西斯开始传播这个消息。不久之后，一艘法国船停靠在圣德尼港，船上悬挂着一面红、白、蓝三色条纹的新国旗。人们熟悉的查理十世的鸢尾花旗也不见了，取而代之的是新国王路易·菲利普（Louis Philippe）的三色旗。对查尔斯－亚历克西斯来说，这象征着一个新的开始。

他和成百上千的人一起跑到港口去看。有人建议在当地的一艘军舰上悬挂新国旗——这是一个戏剧性的姿态，充满了爆炸性的象征意义。码头上的警察试图制止这一计划。但无法阻止查尔斯－亚历克西斯和另外三个人。

拿着国旗，他们跳上了军舰，查尔斯－亚历克西斯开始爬上高高的桅杆，扯下鸢尾花旗，挂上路易·菲利普国王的旗帜。“法兰西万岁！”和“自由万岁！”的叫喊声响彻水面。站在港口的高处，俯视着欢呼的人群，此时此刻查尔斯－亚历克西斯或许觉得，他终于爬到了留尼旺岛社会阶层的顶端。但这只是一个短暂的高光时刻。爬到高高的桅杆上，他成了一个易于遭受攻击的对象——一个不愿放弃的政治阶层所容易辨认的敌人。

在接下来的几个月里，岛上的保守派精英和国王路易·菲利普支持者之间的关系日益紧张。1831 年 5 月 1 日——恰好是保罗出生前 3 个月，一个与糖业大亨结盟的团体与改革派发生了冲突。大约在同一时间，一艘登记在查尔斯－亚历克西斯名下的船只被当局扣留。[7] 在船上发现了一些未经登记的黑人，或许是奴隶。总督还没有被新国王换掉，他看到了一个除掉岛上最顽固的煽动者的机会。他将查尔斯－亚历克西斯从圣坦尼（Saint-Denis）放逐出去一年时间，并把他置于警察的监视之下。查尔斯－亚历克西斯选择被驱逐回法国。

政府的档案显示，1831 年夏天，他乘船前往法国西部的港口城市南特。这说明他在 7 月 31 日儿子出生之前就离开了这座岛。在这之后的几年里，查尔斯－亚历克西斯从岛上的档案中消失了。但他在 1840 年的十年人口普查中再次出现。

在他被流放和回到留尼旺岛期间，查尔斯－亚历克西斯娶了一个名叫玛丽－朱莉·布雷恩（Marie-Julie Bréon）的女人，她出生于圣坦尼，但她并不是保罗的母亲。到 1843 年，他们的家庭成员兴旺了起来。两个孩子——两个女儿——都在人口普查部门登记，此外还有 7 个奴隶。保罗并没有被视为这个家庭的正式成员。

虽然岛上的传统会让保罗由他的父亲来监护，但在保罗出生的头几年，查尔斯－亚历克西斯被流放，这样的安排也就做不到了。不过在他父亲回到留尼旺岛之后，尽管他的名字没有出现在官方登记里，但他还是有可能加入查尔斯－亚历克西斯和布雷恩组成的这个家庭中去。历史学家亨利·布赫（Henry Bucher）在 20 世纪 70

年代找到了许多与这个家庭有关的记录，他报告说，非婚生子女住在这个家庭里仍未登记的情况并不罕见。

生下保罗的那个女人仍然笼罩在神秘之中，但还是有一些线索存在。加蓬历史学家安妮·梅尔莱特（Annie Merlet）在2007年咨询了圣坦尼的文化服务部，确认了“贝洛尼”是生活在留尼旺岛的“自由有色人种”所使用的名字之一。她还发现，查尔斯－亚历克西斯因为与黑人或混血血统的女人调情而被指控“行为伤风败俗”。梅尔莱特推测，保罗可能是由母亲抚养长大的，直到19世纪40年代母亲过世。这时，保罗找到了他的父亲。其时，他的父亲已迁居加蓬，打理着勒阿弗尔（Le Havre）贸易公司的拉莫伊斯商行。

保罗第一次到达加蓬是在1848年，但他在生活于留尼旺岛与到达加蓬之间可能在巴黎待过一段时间。他在纽约卡梅尔学校的一名学生回忆说，保罗说起1848年法国大革命时，就好像他本人就在那里一样。那场革命废黜了路易·菲利普国王。这位学生还记得，保罗显然对路易·菲利普十分敬重，并且对他遭到暴力推翻感到震惊。“他对这个发生诸如此类的事情的国家十分反感。”[8]她说道，认为这正是他如此满腔热情地把美国当作自己故乡的主要原因。我们不可能知道保罗1848年是否在法国，但我们也没有理由相信那一年他不在法国。对于一个在留尼旺岛上长大的男孩来说，他对被废黜的国王的忠诚是完全说得通的，在那座岛上路易·菲利普受到保罗父亲那一代改革派的敬重。

当十几岁的保罗来到加蓬的时候，查尔斯－亚历克西斯负责这块法国殖民地的所有的物资供应以及在加蓬的海军设施。[9]1850年，加蓬行政当局将保罗列为当地贸易仓库的一名“非常年轻”的助理，这表明他可能曾被他的父亲正式雇用过一段时间。但保罗热切地拥抱威尔逊夫妇一家，将其作为自己的另一个家，这意味着他和亲身父亲之间的关系并非传统的父子关系，他们之间的关系十分疏远，而且很可能十分紧张。

在他 1852 年来到美国后，保罗能够在他的许多熟人中保持一种他出生在美国的假象，因为出国旅行并不需要护照。根据纽约州帕特南县的记录，他确实在 1855 年申请加入美国国籍成为美国公民。[10]但他的请求没有得到批准。被拒的原因迄今仍不清楚，但可以肯定的是，所有申请人都需要亲子身份（无论是父亲的还是母亲的）的证明。

就在关于保罗作为一位博物学家和探险家的资历引起激烈争论的同时，关于他混血血统的传闻也在私下里流传着。这些流言蜚语很可能削弱了他在费城的地位，也可能助长了查尔斯·沃特顿的一些抨击，但那些关注媒体上的这些论战的公众仍然不知道这些隐秘的阴谋诡计。

大多数见过他的人都不会想到保罗不是欧洲人。在其现存的照片中，其过早地稀疏的头发，虽然通常修剪得很短，但看起来更像是直发而不是卷发。保罗自己也于《在赤道非洲的探险与冒险》一书中提到了自己“深褐色”也就是“近乎黑色”的肤色，但他总是将其归因于过度的日晒，而不是遗传。新闻记者们偶尔会在报纸上称他为“深色的”或“黝黑的”，但他们从不直接质疑他的血统。“迪·谢吕先生是一个秃顶、皮肤晒成古铜色、身材矮小干瘪的人，他的样子看起来像是赤道非洲吸走了他生命的血液。”[11]有家报纸是这么描述他的。另一位记者——《纽约时报》驻伦敦的记者——在 1861 年夏天，在一篇关于保罗的文章结尾添加了以下内容作为一种具有煽动性的事后思考："顺便说一下，关于他的政治观点，这似乎是另一个有争议的问题。作为一名美国公民，他在许多方面都有同情黑人的嫌疑。"[12]

身份曝光的威胁从来就不曾远离，有时甚至就萦绕在比保罗所能意识到的更近的地方。多年之后，在19世纪80年代，成为西非女探险家先驱的玛丽·金斯利（Mary Kingsley）在一封迄今尚未对外公开的写给克洛德的信中披露，她曾经拥有一部保罗传记的手稿，是"他的一个宿敌写的，寄给我寻求出版，这部书稿足以把伦敦的任何一个出版商的房子掀翻——不过我并没有把它拿给任何人看"[13]。金斯利于1900年过世。这本传记从未面世。

如果有人透露，他的母亲有一半的黑人血统，那么保罗就会被称为一个有着四分之一黑人血统的混血儿。在维多利亚时代的伦敦，这个标签将会把他拒之于最高的专业圈子之外，那些让他得以一夜成名的人脉关系——欧文、默奇森、默里等人——都会消失。那些支持他的人都是些臭名昭著的、不能容忍非白种人的精英阶层的成员。甚至包括赫胥黎在内的一些坚决反对奴隶制的最自由的思想家们也认为非洲人和澳大利亚原住民代表了人类发展的较低阶段。皇家地理学会不容许有少数种群的存在。将他们排斥在外根本就没什么可争论的。这是理所当然的。

《八分之一混血儿》——保罗在纽约时在百老汇上演的那出戏——的主角绝望地认为，只要有一滴非洲人的血，她就会变成"不洁之物"。在这么一个偏宠白人的群体中，保罗也会受到类似的非难。在维多利亚时代的英国，有些女士竟然吃纯黏土，认为这样可以让她们的肤色变浅；还有一些人为了达到同样的效果，在皮肤上涂擦含有剧毒砒霜的"肤色饼"。1856年，在两次访问英国之后，拉尔夫·沃尔多·爱默生（Ralph Waldo Emerson）注意到当时的英国人有高估种族地位的明显倾向。“人们乐于听到血统或种族的力量。”他在一本名为“英国人的性格”（*English Traits*）的书中写道，“每个人都喜欢知道，他的优点并不能归因于空气、土壤、海洋或当地的富庶，如矿藏和采石场，也不能归因于法律、传统或运气，而是归因于卓越的头脑，因为这让赞美对他来说更为个人化。”[14]

保罗对与大猩猩同处一片森林的非洲原住民的描述无意中使这一特征更加明显。即使他的秘密一直成功地瞒着大多数人，保罗发现自己正在穿越一个新世界，在那里一个人的祖先似乎比以往任何时候都重要。

第三十一章 黑人与白人

与他那个时代的大多数探险者相比，保罗在其《在赤道非洲的探险与冒险》一书中对非洲原住民的描绘要友好得多。尽管如此，他有时还是采用了维多利亚时代探险叙事中必不可少的家长式语气——白人征服者漫步在那些倒霉的野蛮人之中——但同样是这一话题，他有时又会在不知不觉间转变成一个地位低下的角色。在一页中，他把非洲人的性格定义为在本质上是诡诈的，但再过几页，他又开始赞扬他在旅程中交往的那些“善良的黑人”。

他写道：“在我旅行的每个地方，我都遇到了诚实、善良、理应受到尊重和信任的男男女女；一个白人可以独自一人到处走，单枪匹马，没有任何强大的后盾，行走在这片蛮荒的土地上而不被骚扰和抢劫，这一事实就足以证明黑人种族的天性并非冷酷无情。”[1]他叙述说，在穆博代莫部落中，在他成为“姆贝内的白人”的过程中，他已臣服于那位部落首领的权力之下。“（姆贝内的白人）这个头衔让他感到舒适和安全。”保罗写道。他扮演的是部落王的臣民的角色，而不是最高统治者的角色。很难想象那个时期其他著名的非洲探险家，如伯顿、斯坦利和斯毕克等，会做出这样的让步。保罗的描述不免带有一些纡尊降贵之嫌，但与同一时代的其他探险者相比，显然少了许多敌意。[2]

在他对芳部落的描绘中，他的视角显然十分复杂。其中的每一个耸人听闻的细节——从芳人如剃刀般锋利的牙齿，到他们在战争前涂在脸上、身上的那些异常艳丽的颜料，再到他担心他们“可能非常想尝尝我的味道”——凡此种种都在支持着一种观点：越是冒险深入非洲黑暗的腹地，当地人就越野蛮。但是保罗直截了当地反驳了一个普遍持有的假设，即一个部落的野蛮程度与其“黑色”程度是相对应的。他写道，芳人不仅是你能想象到的最可怕的食人族，而且比他遇到的任何其他部落都要白。

那些支持演化论之雏形的人常常想当然地认为黑人比白人“进化的程度更低”[3]。生物学和遗传学的进步后来消除了这一观念，但在19世纪60年代，当时一些最著名的科学家就是在这种假设下工作的。这一信念暗示了黑人与类人猿的关系比白人与类人猿的关系更密切。有时在叙述中，保罗似乎急于改变这种观点。当他写到杀死一只黑猩猩时，他叙述说，当地的猎人注意到了黑猩猩脸部的皮肤是浅色的。“他们放声大笑。”他在书中描述了当地人在观察这些黑猩猩看似白种人的外表时的反应，“瞧！他有一头直发，就和你一样。看看你那个来自丛林里的表弟的白脸！他离你比大猩猩离我们更近！”[4]

保罗对种族问题的独特视角和他对非洲人相对同情的描述并没有平息许多读者内心深处沸腾的偏执情绪。他向世人展示的那只动物已经成为他隐藏在内心深处的那种仇恨的一个有力的象征。

保罗在伦敦皇家地理学会首次发表演讲的一周后，亚伯拉罕·林肯就任美国总统。到了夏末，内战已经全面展开。《哈珀周刊》是一本大受欢迎的通俗杂志，保罗那部书的美国版也是由这家杂志所在的公司出版。这家杂志开始在其战争报道中插入种种关于英国大猩猩热的文章。

历史铭记着埃德温·斯坦顿（Edwin Stanton），他是亚伯拉罕·林肯的战争部部长①，因为在林肯遇刺后他发表了有史以来最有说服力的墓志铭之一："现在他属于这个时代。"[5]但就在四年前，斯坦顿还在直言不讳地批评总统，他给林肯取了个绰号："原始的大猩猩"。在对林肯的肆意抨击中他总是津津乐道地补充说："迪·谢吕真是个傻瓜，他一路流浪到非洲去寻找他在伊利诺伊州伊普林菲尔德很容易就能找到的东西。"[6]

这个绰号从此就叫开了，尤其是在新成立的南部邦联。"由于南方人习惯称林肯先生为大猩猩，我们注意到有些报纸刊出这种动物的精细速写。"1861年8月的《怀特克劳德堪萨斯酋长报》（*White Cloud Kansas Chief*）的一篇社论写道，"所以叛徒的粗鄙言行还是有好处的——它在让人们了解动物界中一种了不起的非凡物种的历史。"[7]

保罗及其所激发的这场大猩猩热无意中给了北方联邦和南方邦联中那些在意识形态上原则性并不太强的参战者的大量材料，让

① 战争部部长（Secretary of War）：是美国战争部的首长，1789年至1947年间为美国总统内阁成员。1947年，战争部部长被美国陆军部部长和美国空军部部长取代，与美国海军部长一同成为美国国防部部长（Secretary of Defense）下的非内阁级职位。——译者注

他们为了达到自己的目的而加以扭曲。在整个美国，“大猩猩”这个词变成了极端地不把黑人当成人看待的称呼。在报道发生于底特律的两起黑人男性与白人女性之间的性丑闻时（在1861年，这种丑闻肯定会在全美范围内加以报道），《克利夫兰诚实商人报》（*Cleveland Plain Dealer*）引用保罗的书来丑化各方。“我们确实认为，如果我们身边有大量的非洲大猩猩，像许多卑微的黑人一样‘四处随意乱躺’，他们可以毫不费力地与我们中的某一些女性缔结‘有利可图的家庭联盟’！”[8]当国会第一次讨论正式解放奴隶的问题时，印第安纳州众议员约翰·劳（John Law）预言，结束奴隶制将有力地赋予“这些人类大猩猩谋杀主人”并强奸其妻女的权力。[9]

大猩猩很快就被用以为蓄奴辩护。来自弗吉尼亚州的T. W. 麦克马洪（T. W. MacMahon）是位广受欢迎的随笔作家。他在1862年写了一本名为“原因与对比”（*Cause and Contrast*）的书，在发行的第一个星期就卖出了5000多册。作者的主要目的是系统地证明黑人背负着一个“退化到无望的智力组织”[10]，因此白人不必为把他们视为下等人而道歉。麦克马洪引用了大量来源可疑的“科学事实”，其中包括一位荷兰医生的证词，那位荷兰医生宣称：“男性黑人的骨盆在其物质的强度和密度，以及组成它的骨骼等方面，类似于野兽的骨盆。”麦克马洪也引用保罗的观点来强化自己的论述，特别提出了这位冒险家发现在大猩猩与人类之间存在着“惊人的相似性”。麦克马洪显然认为，这一观察结果的意义重大——前提是这些人是黑人，比如南非的霍屯督人（Hottentots），麦克马洪认为这些人特别野蛮。“就生理器官的分级而言，黑人本身当然不像大猩猩那么低。”麦克马洪承认道，“然而，显而易见，他（尤其是霍屯督人）在其身体结构上确实近似于猴子和类人猿。”

自此之后，情况变得愈发糟糕。南部邦联作家马文·T.惠特（Marvin T.Wheat）出版了一本595页的书，认为黑人应该被归入《圣经》中的“活物”或“地上的野兽”一类——而不是人类。《创世纪》说，上帝“按照自己的样子”创造了人类。根据惠特的说法，黑人没有资格被列入这一类别，因为上帝的样子不能既是黑色的又是白色的。在一个极具代表性的句子里，惠特进行了一番令人十分烦躁的逻辑推演：

> 在这一点上，似乎有一个显而易见的矛盾，因为它与自然哲学不可调和。姑且假设一下，两种在性质和组织上截然不同的颜色，可能是根据某一种生物的形象创造出来的，故而这一生物必有颜色以及其他的自然特征，否则就不会有这么一种生物的存在。因此我们可以推断，从技术、哲学和骨相学上来说，人类中只有某种人种是按照造物主的形象创造出来的，而其他所有的人种的创造都从属于他，填补他与那些较低层次的动物之间的中间位置。[11]

基于这样的“自然演进法则”条款，惠特宣称，因此，蓄奴制是个“神圣的制度”，是上帝命令白人遵循的。这些事实的正确性得到了那些非洲探险者的证实，惠特解释说，因为他们揭示了黑人是无可救药的原始人。惠特认为，通过让美洲和欧洲向非洲扩展，探险者们其实是在履行白人拥有绝对统治权的职责。

如果P. T. 巴纳姆曾经被迫为“每分钟都有傻瓜诞生”这一观点辩护，惠特或许是一个令人信服的证据。惠特由衷地相信巴纳姆的“它是什么？”——患有小头畸形症的黑人——是一种新的未被发现的灵长类物种。惠特写道：“它是什么？”也许是把大猩猩和黑人联系在一起的纽带，黑人应该和类人猿归为一类。

保罗的著作影响了这样一些作品，然而这并不是他的错。为了达到他们的目的，这些作品的作者们的变态推理几乎可以扭曲一切。但到了1861年下半年，保罗显然对自己在无意中模糊了人类和动物世界之间的界限感到不安。他越来越明确地告诉受众，他相信大猩猩从根本上不同于所有种族的人类，这与欧文的结论相呼应。保罗认为，任何利用大猩猩和人类之间的所谓联系来提出与演化或与种族政治有关的论点的人，都是被严重误导了。

就在保罗在英国声名狼藉的同时，一位名叫约翰·罗兰兹（John Rowlands）的年轻威尔士人正在美国努力地为自己开创新生活。罗兰兹开始告诉别人他出生在路易斯安那州，尽管他是个私生子，年轻时大部分时间都在济贫院照顾可怜的孤儿。内战爆发前不久，他把自己的名字改成了亨利·莫顿·斯坦利。

二十年后，斯坦利在公众的心目中成了保罗目前所扮演的角色——最伟大的非洲探险家。对两人来说，对探险的渴望并一头扎进冒险中去与他们超越出生环境的渴望有着错综复杂的联系。斯坦利的传记作家蒂姆·吉尔（Tim Jeal）写道，斯坦利的冒险是“一种尼采式的对抗，是其生命中不可缺少的东西，是从他所熟悉但无法忍受的日常自我中解脱出来，变成一个他可以逃避过去之耻辱的角色，并在否认自己的死亡中，拓展人类处境的界限”[12]。斯坦利在自传中支持这一理论，他写道，在探索非洲的过程中，他能够找到“独立的精神”。斯坦利写道，只有在那里，他才能达到一种变革性的存在状态，“既不会因恐惧而压抑，也不会因嘲笑和侮辱而消沉……而现在（我）却沾沾自喜，自由自在、无拘无束地翱翔；这种自由，对于一个头脑灵活的人来说，不知不觉地改变了整个人”。[13]

然而，激发斯坦利前往非洲探险的这些不可为外人道的动机却远没有保罗的威胁性大。私生子是一回事，但在维多利亚当权者们看来，私生子且有部分黑人血统的身份要严重得多。对白人纯洁性的热衷往往意味着混血血统的人在社会地位上甚至比黑人还要低。理查德·F. 伯顿在描写黑白混血儿“非鱼非禽不伦不类”，且“被两个种族的祖先鄙视”时就利用了这种情绪。[14]

斯坦利自己也证明了保罗的祖先可能存在的邪恶。在桑给巴尔岛（Zanzibar）这座与留尼旺岛一样已经成为黑人和白人文化大熔炉的地方，斯坦利猛烈抨击了这种混血的后代。

“对于这些混血儿，我非常鄙视。”斯坦利写道，“他们既非黑也非白，既非好也非坏，既不值得羡慕，也不值得憎恨 …… 我总是觉得（混血儿）谄媚而虚伪，怯懦而卑鄙，奸诈而残忍 …… 当他最是信誓旦旦的时候，你可以肯定他撒的谎也最多，然而在桑给巴尔岛上繁衍得最快最多的恰是这一品种。”[15]

这就是非洲探险在英、美通常激起的观点，对此保罗只能默默地忍受着。

然而，多年之后，他的血统仍然不为人知，《辛辛那提每日询问报》（*Cincinnati Daily Enquirer*）报道说，保罗在一次公开露面时直接谈到了种族混合。根据这份报纸的报道，保罗认为这“导致了优等种族的退化，却没有永久性地提升劣等的种族”。文章最后总结道，“迪·谢吕先生显然并不太信奉黑人的平等”。[16]

第三十二章
冒牌货

曾经是那么友好的新闻界现在却把保罗的名誉撕成碎片。他需要品德证人，而不仅仅是像伯顿这样的伦敦新交。他最好的支持者将是那些在加蓬就认识他并能为他的信誉担保的人。他写信给那些传教士，请求他们写信给伦敦各大报纸为他辩护。保罗向欧文和他在皇家地理学会的朋友们承诺，这些人从一开始就支持他，“真相终将大白于天下”[1]。

几个月过去了，但一封信也没来。

至少威尔逊应该回信。保罗已经写信给纽约的长老会布道所[2]，以为它可以把他的请求转给在南卡罗来纳州的威尔逊。然而由于正在进行的内战，南北之间正常的邮件服务已经暂停。因此，尽管保罗在焦急地等待一个可能比在世的任何人都更了解加蓬的人士的支持，威尔逊在饱受战争蹂躏的南方邦联四处颠沛流离，不知道保罗已经告诉了他在伦敦的朋友和新闻界人士：威尔逊的确认将证明他的旅行并不是凭空捏造的。

初秋的时候，保罗到乡下一些身居高位的朋友的庄园里暂避风头。在其中的一次躲避中，他得到了一本《雅典娜神殿》，他在其中一个名为“每周闲话”的专栏里看到了自己的名字。这篇文章提醒读者，保罗曾坚持认为加蓬的传教士们会捍卫他的人格，并证实他的诚实。报纸报道说，现在有传言说，时隔这么久伦敦总算是收到了首批的回应。

“从加蓬寄来的这些信件是在刚刚过去的这个星期三抵达伦敦的。”这份报纸报道，“有一位绅士显然是迪·谢吕先生自己提名的证人，他就这个问题写信给他在伦敦的朋友。迪·谢吕先生会出示这封信吗？我们希望他会。”[3]

信终于来了，他想。保罗认为，如果这封信是从非洲“显然是他所提名的某个证人”寄来的，那么它一定是威廉·沃克（William Walker）牧师寄来的。在约翰·莱顿·威尔逊离开这个国家后，威廉·沃克牧师接任了巴拉卡布道所的负责人之位。保罗从1848年就认识沃克，在他几次前往非洲内陆探险旅行之间，他曾几次和沃克一起在布道所待过。保罗一直对沃克很友好，沃克肯定会支持他的。

但《雅典娜神殿》的这则报道令人十分费解。[4]如果那封信是寄给保罗的，他本应该得到通知的，但他迄今根本没听说这事。他是那位“在伦敦的朋友”吗，还是那封信是寄给了别人？

“一切都会好起来的。”保罗在看到报纸上的这篇报道的第二天给他的出版商约翰·默里写了信，“那些试图抹黑我的人格和无缘无故地恨我的人才是骗子。”[5]

第二天，默里寄来的一大包信件让一切平静的希望都破灭了。加蓬寄来的信并不是写给保罗的。事实上，它恰恰就印在《广告晨报》（*Morning Advertiser*）上。默里告诉保罗，这封信的署名者是沃克，但里面充满了令人震惊的指责。

保罗简直不敢相信自己读到的东西。据默里说，沃克的信嘲笑了保罗对非洲当地语言的了解，而且沃克还直截了当地说，他的那些经历完全是他自己编造出来的。“我和大多数人一样，怀疑迪·谢吕先生曾经杀死或协同他人杀死过大猩猩，”沃克写道，“同样也对他的‘旅行’的范围持怀疑态度。”[6]

保罗惊呆了。沃克牧师怎么会这样指控他呢？他完全不敢相信这是自己所认识的那个人。这根本就说不通。

除非这封信其实不是沃克写的。[7]

他猛然意识到：他在加蓬遇到过另一个也叫沃克的人，那人与传教士一点关系都没有。

他是一位出生于英国的商人，大本营在遥远的南方，他的名字叫罗伯特·布鲁斯·拿破仑·沃克（Robort Bruce Napoleon Walker）——在加蓬人们通常叫他 R.B.N. 沃克或者只是布鲁斯。他和保罗年龄相仿。1851 年，他从英国东南部的萨塞克斯搬到了非洲的加蓬。[8]他的哥哥在一艘停靠在巴拉卡以南大约 200 英里的海岸边的船上经营着一个“小贸易站”。1857 年，保罗在非洲内陆地区探险时，沃克在海滨村庄赛特卡马（Sette Cama）附近的陆上开了一个小贸易站，在那里为一家利物浦贸易公司做代理商。

当保罗前往费尔南－瓦兹地区为南部丛林探险之旅建立基地时，他与沃克见过几次面。他告诉了沃克自己的探险经历，他与大猩猩的遭遇，在那些从未有人探险过的地域旅行以及他与当地部落的互动。当保罗无意中说他希望有一天去英国展示自己的博物学标本时，沃克主动提出要帮忙。他给了保罗几个在伦敦可能提供帮助的朋友和亲戚的名字。沃克是一个友好的人 —— 至少保罗是这么认为的。

当他发现《雅典娜神殿》上里提到的沃克不是传教士时，保罗匆忙写了一封信给默里解释了这一困惑。不过还是不太对劲。为什么 R. B. N. 沃克要抹黑自己？他和此人的交往一向都挺友好的。

“我的敌人不会让我消停的。”他写信给默里，向他要一份完整的沃克的信。“我很惊讶，沃克竟然写了一些不利于我的东西。”[9]

第二天，保罗所要的那份《广告晨报》送来了。情况简直糟得不可能更糟了。信中的每句话都朝着保罗的诚信猛捅刀子。

“我与迪·谢吕先生相识多年，关于他的身世，我从可靠的来源得到了极其确切的资料；而且对他假装描述的许多地方和人，我都有所了解。此外，我还希望能在贵刊上刊登如下的一些评论。”[10]

谢天谢地，沃克并没有提供关于保罗“身世”的细节，但他暗示这个年轻的冒险家隐瞒了一些关于他真实身份的令人震惊的东西。沃克暗示，如果巴黎某贸易公司的一些成员得知这个自称姓“迪·谢吕”的年轻人实际上“与 M. 保罗·贝洛尼（M.Paul Belloni）一模一样”，那么他们就可以为高度敏感的个人信息提供验证。

这封信像病毒一样传遍了伦敦。《雅典娜神殿》在下一周再次刊登了沃克的信，不过编辑们“为了对迪·谢吕先生客气一点”[11]，删去了对他母亲名字拐弯抹角的暗示。这一行为表明编辑们非常清楚保罗的种族背景只是一个谣言，因此在没有确切证据的情况下就去暗示这么一个秘密，其风险实在太大了。至于《泰晤士报》，甚至拒绝刊登沃克这封信的节选。[12]约翰·格雷没有采取同样的克制。他在自己的月刊《博物学编年史》（*Annals of Natural History*）上重印了这封信，并对保罗的“身世”充满了怀疑。

这封信让人们对保罗所讲的几乎每一个经历都产生了怀疑。沃克写道，对于食人族芳人的描述即使不是完全虚构的，也被大大夸大了。他坚称大猩猩幼崽并非不能驯服，并补充说，他曾在海岸边养了一只，活了几个月。他嘲笑保罗对当地语言的了解"微不足道"。他指责那个所谓的猎杀大猩猩者是在海岸边准备了一些毛皮，而不是在丛林里。而且保罗还淡化了其他白人在加蓬的存在，以使他自己有限的旅行看起来更不寻常。

"我想我已经充分证明迪·谢吕先生做了许多不正确的陈述；事实上，他的作品中几乎每一个段落都有错误和不准确之处。"沃克最后总结道。

保罗在加蓬海岸遇到的那个友好的 R. B. N. 沃克究竟怎么了？难道之前友好的那个人只是一个幻觉吗？

有助于解释这次背叛的细节终于浮出水面。

R. B. N. 沃克在加蓬遇到保罗之后，于 1858 年和 1859 年给他在英国的一个姐夫写了信。在这两封信中，沃克都称赞保罗是一个令人钦佩的年轻人。

在 1858 年 11 月 4 日的那封信中，沃克写道，保罗希望带着他在加蓬所收集的标本去往英国，因此沃克鼓动他的姐夫帮助保罗与当地的专业团体取得联系。"保罗·迪·谢吕（一名法国人）是一位我认识的有进取心的博物学家，不久将带着一批珍禽异兽去英国，其中许多都是他自己发现的。"沃克写道，"我会尽力让他去拜访你。他去过白人从未涉足过的地方。"[13] 在最初的这封信寄出 6 个月后，沃克又写了一封信，更进一步赞扬了这位冒险家。他把保罗比作宁录（Nimrod）—— 宁录是《圣经》中诺亚的曾孙，也是一位伟大的猎人。根据19世纪流行的对《旧约》的一些解读，宁录是黑人的祖先。[14]沃克写道：

保罗·迪·谢吕先生这位西非的宁录即将离开这里的海岸前往美国，然后再从那里前往伦敦。我将给他写一封介绍信给您，并建议他在出版他的日记前请您修改一下。同时我也希望您能帮忙，看看能否让他的标本卖个好价钱，因为他的辛苦付出理应得到丰厚的报酬。我猜，他大概是唯一一个看到野生状态下的涅纳也就是大猩猩，然后亲手杀死它的欧洲人……因为迪·谢吕先生在某种程度上也算是个小有名气的人，你能帮他引荐一下，并帮他吹捧一下也不失为一件值得骄傲的事。我可能会给他美言一两句，牵一下线将他介绍给其他的一两个人；但我认为你极有可能对他有用。他是一个非常可爱的年轻人，他会给你讲一些除了他自己之外从来没有别的白人见过的部落和原住民，逗你开心。由于几个月后你就会看到他，因此我也就不抢在他前面把他在这里的冒险经历告诉你了。他不是一个自吹自擂的人，我相信他向我讲述的一切，我认为他所讲述的都是可信的。[15]

最初，保罗怀疑，嫉妒可能是沃克彻底反转的原因。

“我无法对你表达我在读这封信时有多么的伤心。我曾把他当作我的朋友，他写了几封信将我介绍给他的家人，他恳求他的朋友把我介绍给英国的社交圈，他还在一封信中对我大加赞赏。”保罗看了《广告晨报》上这封沃克的信后马上就给默里写了封信，“也许他是在为我在书中没有提到他的名字而生气。”[16]

很快，人们又找到了另一种解释：沃克本人希望利用英国对大猩猩的狂热来赚钱。

没过几个月，R. B. N. 沃克带着几只保存完好的大猩猩标本登上了开往利物浦的轮船。[17] 他已安排在博物馆展出这些标本，还组织了自己的巡回演讲。

在他的余生中，沃克不仅把自己描绘成一个商人，而且还是一个非洲探险家。19 世纪 60 年代到 70 年代，他一直为英国的博物馆提供动物标本，成为英国皇家地理学会会员，多次尝试对奥果维河进行探险，但以失败而告终。他经常谈到自己想写一本关于西非的书。他似乎只想把自己变成另一个保罗·迪·谢吕。

沃克从未完全放弃过破坏他想要步其后尘的这个人的名声。

“我要为《雅典娜神殿》写几句话，驳斥迪·谢吕的所谓的血统。”在伦敦定居之后，沃克在给利物浦博物馆馆长的一封信中写道。不过，哪怕他写了这样一个揭露其身世之谜的材料，也从来没有刊发出来。据推测，尽管从未得到证实，沃克所写的小传就是那本玛丽·金斯利后来声称一旦出版，“会炸掉伦敦任何一家出版社的屋顶”的作品。[18]

令人难以置信的是，沃克十分热情地提出要与保罗合作前往奥果维河联合探险，而且他还试图让皇家地理学会资助这次探险。不足为奇的是，这一合作从来没有发生过。

第三十三章
成名之捷径

沃克的信引发了公众的轩然大波。全世界的报纸都公开指责保罗在书中所写的一切都是杜撰出来的——他的旅行路线，他与大猩猩的相遇，甚至他自己的身份。

"看来贝洛尼才是这名旅行者的真名，而不是迪·谢吕。如果能知道他使用化名的原因那就太好了，这本身就很可疑。"《格拉斯哥观察家报》(*Glasgow Examiner*)报道，"除非迪·谢吕先生驳倒他自己所引用的证据，否则他最好的朋友们很难为他洗脱污名，因为他们认为，他试图把虚构的冒险故事当成一部真实的旅行记录，而事实上他根本就没完成这些旅行。"[1]

在沃克的信发表后，保罗第一次公开露面是在格拉斯哥市。他大步走到市政大楼内的演讲台上。在讲台两侧放着两只大猩猩标本，他坚称自己去过他描述的每一个地方。他说，任何一个胆敢质疑说他没有将立在台上他身边的那头可怕的野兽制服的人都必须有勇气去证实他们的指控。

"我只是把我所看到的告诉大家。"他对观众说道，"如果有人不相信我的话，他们最好自己去看看。”[2]

观众们笑了起来，没有意识到伦敦一位有魄力的作家正准备这么做。

温伍德·里德（Winwood Reade）在23岁之前已经出版了三本书——如果不是因为这三部作品遭到了全英国的文学评论家毫无保留的抨击，这将是一个令人钦佩的成就。《雅典娜神殿》斥责其第一部小说《夏洛特和米拉》（*Charlotte and Myra*）为“愚蠢”。他的第二部小说《牛津郡的自由大厅》（*Liberty Hall, Oxon*）以大学为背景，则被《不列颠季评》（*British Quarterly Review*）讽刺为“尽管自称是部写实作品，却是我们所读过的最不真实的一个故事”。《观察家》（*Spectator*）称这本书“令人作呕”，认为书中“充满了各种各样在写出来的时刻要是被擦掉反而更好的东西”。1861年初，里德出版了《伊希斯的面纱》（*The Veil of Isis*）一书，《观察家》认为这本书“品位差得不成样子”。[3]

现在里德正面临着职业绝望的危机。年轻的他家境优渥，过着自由自在的生活，可惜缺乏文学灵感。然而，围绕保罗展开的争议使他嗅到了机会。正如里德自己后来所言，他相信自己在迪·谢吕事件中发现了一条“成名之捷径”[4]。

里德认为，这场论战需要一名裁判。必须有个人来厘清真假。里德决意由自己来担任这项工作。

1861年秋，他开始计划去加蓬旅行。在那里他将沿着保罗的足迹行走，猎杀大猩猩，并对这位冒险家及其对那些邪恶的野兽的描述做出最终的裁决。

“以我作为证据搜集者的卑微身份，”里德解释说，“我没有什么独到的见解，只求得出真相。”[5]

平安夜，里德在利物浦登上了一艘轮船。51 天后，他踏上了加蓬的土地。

他在利比里亚短暂停留期间雇了 5 个人（“他们都是相当熟练的小偷”[6]），在加蓬巴拉卡附近的一个贸易站度过了他的第一个晚上。第二天早上他醒来时，一个叫沃克的人正等着见他。这个沃克不是他在伦敦读到过的 R. N. B. 沃克，而是那位难以找到的威廉·沃克牧师本人。这个人认识保罗有十多年了，他在保罗探险期间为他提供了一个基地。

沃克看了里德一眼[7]——他睡在成堆的补给品旁边，虎视眈眈地护卫着它们，唯恐被抢劫——于是决定给他一个住处。这与其说是一种慷慨之举，不如说是一种方便之举：沃克确信没有经验的里德会遇到问题，很可能会与当地人发生冲突；并且，同样作为白人，沃克应该是帮助他摆脱困境的人。让里德待在自己眼前，要介入也比较容易些。

沃克没有告诉里德这些。“由于你以前没有去过炎热的国家，你肯定会发烧得十分严重。”沃克说，“我在家里接待你要比在这里接待方便得多。”[8]

里德立刻就喜欢上了沃克，而沃克反过来把里德的单纯和难以抑制的温文尔雅视为温和娱乐的来源。“他很喜欢社交，虽然他每年的收入有 7 万美元，但他喜欢我们朴素的生活方式。”几天后，沃克写信给一位朋友，对里德透露的信息无动于衷。“然而再高的收入也阻挡不了发烧，也烹饪不了一只家禽。所以他也就跟我们所有的人是一样；差别仅仅是，只要他想回国，随时都可以回去。”[9]

沃克是一个低调的人，自从他的妻子在19世纪40年代初去世后，便郁郁寡欢的再也没有开颜过。卷入像保罗那样的论战不是他的风格。他在伦敦媒体上的沉默其实不过是他坚决不管闲事的反映，而不是出于他对保罗的不满。沃克对里德说了许多他在1848年遇到的这个年轻人的好话。但他告诉里德，他无法核实保罗在书中所写的一切，因为他没有陪着保罗一起去探险。话虽如此，沃克告诉里德，自己真诚地相信保罗做了他的批评者声称他没有做的事情：他狩猎过大猩猩，在野外观察过它们，而且亲手射杀了它们。

在科里斯科岛和巴拉卡的其他传教士也告诉里德同样的事情。他们还告诉他，保罗是个神枪手，一名知识渊博的博物学家，而且他非常勇敢，在其旅行中默默地忍受了比他在书中提到的还要多得多的艰难险阻。

里德花了几个星期的时间沿穆尼河逆流而上，然后向南前往费尔南－瓦兹地区，据说保罗与大猩猩的相遇大都发生在那里。令人恼火的是，似乎没有一个当地人当即就愿意带里德去捕猎大猩猩。里德本希望通过重复保罗的壮举来证实或反驳他的说法。

日子一天天过去了，里德不仅没能射杀到自己想要射杀的大猩猩，他甚至连一只大猩猩都没有见到。4月20日，他写信给沃克牧师，表示他感到压力巨大，难以向伦敦提交一份初步进展报告，他担心他的这次行程会以失败而告终。

“我必须射杀一只大猩猩，并且写些关于食人族的事情。”他写道。[10]

在费尔南－瓦兹地区，里德幸运地遇到了一位名叫蒙吉隆巴（Mongilomba）的年轻翻译，他告诉里德，他和保罗一起旅行了一段时间。当里德问他关于猎杀大猩猩的事时，蒙吉隆巴看出了里德的急切心情：几个月前 R. B. N. 沃克曾经问过他这个问题。蒙吉隆巴告诉里德：他曾对沃克说过，保罗开枪打死两只大猩猩的时候，他就在保罗的旁边。但现在这位年轻的翻译告诉里德，他对沃克撒了谎。他承认，自己从未亲眼见过这些杀戮。

这件事便让里德警戒了起来。几天后，他遇到了当地部落的首领昆格萨王（King Quengueza），保罗于《在赤道非洲的探险与冒险》一书中称赞他聪明、睿智、勇敢。里德通过翻译问他是否相信保罗真的猎杀过大猩猩。老部落王毫不犹疑地称是。

“他的回答非常精确。”里德后来写道，“他和保罗（他这样称呼迪·谢吕先生）早就习惯于在丛林里一起射杀大猩猩。”[11]

但是第二天，里德遇到了另一个酋长（chieftain）的妻子。不像昆格萨，她说英语。虽然她没有见过保罗，但她并没有听说他射杀过大猩猩。

“他只打过几只小鸟。”[12]她告诉里德。

里德很感兴趣。在他看来，这个女人似乎长着“一张聪明的脸”。她看起来比昆格萨的人更值得信赖。他把他们的黑皮肤描述为“疾病的颜色”，他们是一个退化的种族，“像猿猴模仿黑人一样地模仿白人”。当里德告诉她，昆格萨声称曾和保罗一起射杀过大猩猩时，她迅速地将之一语带过。

“啊，你千万别相信这些人告诉你的。”她说，“他们不说真话。”

昆格萨正好站在附近。他和那个女人开始用他们的母语交谈。

“他在说什么？”里德问他的翻译，不知道发生了什么事。

“他说，保罗和他走了很长一段路进了灌木丛。”

里德决定直接向昆格萨求助，消除译员的过滤，设法澄清这一种困惑。里德伸出双臂，试图模仿拿着步枪的动作，他说出了当地人用来称呼大猩猩的那个词："涅纳？"

部落王左右摇着头，好像在说不是。

里德认为这是一种坦白。里德断定，这位老人从未和保罗一起狩猎过。

后来，当里德让其他村民确认是否像保罗在他的演讲和书中描述的那样，大猩猩用手拍打自己的胸部时，这些人笑了。他们说，这只是昆格萨告诉保罗的一个可笑的故事而已。

9月7日，里德给《雅典娜神殿》写了一封信，宣布他已经完成了他的旅程。这封信打开来一看，就像是一篇生动有趣地揭露谎言的新闻调查。他透露，他的助手蒙吉隆巴在和保罗在一起的时候还只是一个小男孩，根本就不是一个捕猎大猩猩的猎人。里德于是给出了明确的结论。

"在大猩猩的国度活跃了5个月后，"里德写道，"我可以声明迪·谢吕先生既没有射杀过豹子、水牛，也没有射杀过大猩猩；大猩猩不会像敲鼓一样捶打自己的胸部；……圈养的幼年大猩猩并不野蛮；还有迪·谢吕先生自称在科莫河流域（1859年6月1日）时是'一个发高烧的可怜人'，然而在当时他的身体其实壮得很呢。"[13]

在信的结尾，里德承认许多当地人都很尊重保罗，而且书中的一些描述——包括对食人族芳人的描述——"非常好"，只是偶尔有些夸张。但也只是略微地褒扬了一下而已。里德已经把这本书的大部分内容归为一次进入梦幻王国的旅程。

在驳斥保罗对大猩猩的描述时，里德把注意力集中在这种动物在受到威胁时据说有拍打胸口的倾向的描述上。里德报告说，昆格萨是这个错误信息的来源。保罗从未亲眼见过。

“就这样，在一个偏僻的非洲村庄，一个上了年纪的野蛮人撒了个谎，这个谎言如今已经传遍了整个欧洲。”[14]里德最后总结道。

第三十四章
打　赌

保罗读到里德的报告时被激怒了。这是可以理解的，因为这份报告的内容有失公允。

一个只在加蓬待了几个月的人，一个甚至从没有见过一眼大猩猩的人，怎么能自信地宣称比他更了解这种动物呢？

他抓起一支笔，飞快地给编辑写了一封充满怒气的信。

“五个月的时间就能踏遍我所到过的这片广袤的国土并进行探索？就能溯水而上若干条河流，登上若干座山峰？就能与众多部落关系密切，学会他们的各种方言？又能一连多少天与他们待在一起不断交流？这种交流可是赢得他们的信任并将你引荐给其他部落所必需的。那么，一个经验如此有限的人怎么敢反驳像我这样经验丰富的人呢？”[1]

里德认为，他自己猎杀大猩猩的失败证明了这件事情的难度，因此也就更加怀疑保罗的说法。但在保罗看来，里德的失败很容易解释：他没有赢得当地人的信任，这种信任可不是那么容易得到的。他也不会说他们的语言。事实上，他公然藐视他们，把他们当成不可靠的傻瓜。

“除非对你的勇气和技巧有信心，否则的话那些非洲老猎人是不会带你去大猩猩出没的地方的。”保罗写道，“但里德先生并没有给他们足够的时间让他们对他有信心，哪怕他的勇气和本领可以让那些人对他有信心。”[2]

所谓来自蒙吉隆巴的揭露——里德得意扬扬地说那位年轻的翻译“根本就不是当地的猎人”——正是里德歪曲真相的一个很好的例子。保罗曾临时雇佣当时年仅 14 岁的蒙吉隆巴在一座营地里帮工，这在书中他提到过。保罗从来没有暗示过这个男孩是一个猎人，或者曾经陪他到森林里去打猎。

然而，里德却是基于这类证据，厚颜无耻地宣称保罗从未射杀过大猩猩或其他任何大型动物。

在束手无策之际，保罗向那些认为他在书中编造各种谎言的人发起了挑战：他和他们打赌说，他能重复这一壮举。他欢迎他们和自己一起重返加蓬，在那里他们可以直接观察他与当地部落互动、猎杀大猩猩以及保存标本。如果事实证明他是对的，他们所要做的就是帮着支付这趟行程的费用。他写信给《泰晤士报》：

我将用简单的方法，像猎杀这些动物一样猎杀其他动物，从而验证我是如何得到我的标本的。但这需要一些特定的条件，这当中包括一个公平的赌注。如果格雷博士和他的那些朋友能筹到 2000 英镑存入银行，我也会存入 1000 英镑。我将前往大猩猩的故乡，如果我在两年内不杀死五六只大猩猩的话（我之所以要求有这么长的时间是考虑到有可能出现发烧或其他意外），并把它们的毛皮和骸骨用这些先生们给我准备的材料保存好带回国（当然了，前提是确保这些材料适合于该目的），那我愿意受罚，输给他们1000英镑。反过来，如果我做到了，我要拿走他们的2000英镑，用于偿付我这趟非洲之行的花销，而且我很高兴能和他们当中最勇敢的人一起冒险。[3]

他们中没有人接受他的赌约，但他们的拒绝并没有恢复保罗在公众中的信誉。由于拒绝了他的提议，他们剥夺了保罗唯一能自证清白的方法。

绝望之下，保罗卖掉了他仅有的真正有价值的财产：大猩猩和其他那些使他出名的剥制标本。面对批评，欧文继续支持保罗，他安排大英博物馆花了500英镑买下其中的一些标本。其余的那些收藏品则被带到位于考文特花园的一家拍卖行。兽皮和骸骨被逐一公开招标。最受欢迎的是一张成年雄性大猩猩的皮，售价为110英镑——“这一数目远远低于它的主人对它的估价。”据《泰晤士报》报道。其他的兽皮和骸骨每一件只卖4～20英镑。“这些鸟类标本的成交价低得实在难以入目。”据该报报道。[4]

自从保罗首次冒着生命危险追捕那一只从来没有人遇见过的野兽以来，已经有八年时间了。这是一场风险极大的赌局，目的是将来人们能根据他自身的功绩而不是他的血统来评判他。他一直保守着自己身世的秘密，散布各种善意的谎言，努力吸引尽可能多的观众——所有这一切都是为了保护其未来的可能性。①但现在公众认为他是个骗子。他的决心被视为华而不实、虚张声势的东西而不被理会。

① 意指人们将根据他在未来岁月中的功绩而不是他的血统来评判他的人生。——译者注

保罗很快变得声名狼藉，这一点远非他所能控制。他书中的一些描述的确带有一些想象的色彩。他也的确因为缺乏专业知识且太急于成名而犯了一些错误。和里德一样，保罗也以为自己找到了通往荣耀的捷径。但他向他的朋友们发誓，这条道路本身并不是一个幻想的梦。他确实去过他说他去过的地方，而且他还信誓旦旦地坚持自己对野外大猩猩的描述是真的。但如果他不能证明这一点，那么他实际上也就满盘皆输了。

大约在 1863 年年中，他数了数出售那些标本所得的钱款。并没有像他原先预期的那么多——只相当于今天的 8 万美元。

他决定把所有这些钱全下注在他认为他自己能重新掌控的唯一的东西上：他自己。

第三部分

第三十五章
重　塑

保罗决定重返非洲。他并没有打算通过杀死更多的大猩猩并把它们带回来来证明自己，而是希望通过仔细收集那种无可辩驳的证据以及他上一趟非洲之行所缺的数据来证明自己，正是因为这些证据和数据的缺失使得他的整个探险之旅备受质疑。这一次，他会在精确绘制的地图上标出他的路线，记录下天量的数据，并将每一步都按时间顺序记录下来。他不想满足于冒险家的角色，而是想把自己转变成一名真正的探险家——这是他的批评者坚持认为他不配得到的称号。在 1863 年的大部分时间里，他为这次远征做了一个自我完善的训练计划。

一个没有任何科学或地理训练的人怎么可能成为一个受人尊敬的维多利亚时代的探险家呢？在 19 世纪中期，一个完整的文学亚流派应运而生，有助于回答这个问题。英国皇家地理学会不仅在其图书馆中收藏了许多有关探险技巧的书，而且还赞助了其中几本的出版。

19 世纪 50 年代，皇家地理学会出版了一本名为“旅行者提示”

（*Hints to travelers*）的野外手册，其中收集了许多由去过极其遥远的地方的旅行者所提供的各种建议。这本手册是“写给一个平生第一次打算去探索一片荒野的人。他往往会问：‘我应该带些什么天文仪器、制图仪器和其他科学装备呢？我所主要依靠的经度和纬度的观测值是多少呢？’为此，我们列出了完整而详尽的仪器、书和文具清单，以便有意旅行的人可以立即订购”[1]。

一年后，该组织的秘书弗朗西斯·高尔顿（Francis Galton）凭借着《旅行的艺术：在荒野中行进与可行的办法》（*The Art of Travel; or, Shifts and Contrivances Available in Wild Countries*）扩展了这一主题。瞥一眼索引就能看出这本书的抱负之广（例如“骨头作为燃料”和“管理野蛮人”这些条目）。[2]其他探索指南包括了皇家地理学会的另一位前秘书朱利安·R. 杰克逊上校（Colonel Julian R. Jackson）所著的《观察什么：旅行者注意事项》（*What to Observe; or, The Traveller's Remembrancer*）。杰克逊的这本书在1861年刚刚发行了新的版本。

“有这么一本书在手，”伦道夫·巴恩斯·马西（Randolph Barnes Marcy）写道，他是一位美国军官，其所著的《草原旅行者》（*Prairie Traveler*）是大西洋两岸旅行的必读书目，“[读者]会觉得自己在穿越荒野时是个主宰者，而不是大自然或命运为考验自己的技巧和勇力而赋予的每一种新的环境组合的受害者。”[3]

所有这些书都强调了详细、系统观察的重要性。除了关于涉水和组织露营地的建议外，读者还得到了详细的指导，包括地质测量和定向、设备清单，以及在判断原住民的身体和道德健康时应该注意哪些方面的建议。理查德·伯顿就是读者之一，他在旅行时很少不带这类书的。[4]他甚至编辑了英国版的《草原旅行者》，在马西的这本书里加上了他自己的观察所得。正是伯顿的影响力让皇家地理学会在其部分成员似乎已经放弃保罗之时没有疏远保罗；即使是默奇森这位最积极的支持者之一，也在最近的争论中一反常态地保持沉默。

在伯顿前往西非担任领事职务后不久，他组织了一次前往加蓬寻找大猩猩的旅行。这当然不是传统的领事活动，但伯顿绝不是一个因循守旧者。最初，他的这趟前往加蓬的寻找大猩猩之旅与里德的非洲之行差不多是在同一时间进行的，似乎更使人们对保罗的经历产生了怀疑。R. B. N. 沃克投书《泰晤士报》，说伯顿曾亲自写信给他，说他发现保罗的描述中有“重大错误”[5]。但伯顿在看到沃克在报纸上的陈述之后，也致函该报的编辑，说沃克扭曲了他的结论。

“我要简要地陈述，我在加蓬居住了大约三个星期，其间我步行到洛佩斯角①并探索了这条河流的东南支流中以前从没有任何旅行者到达过的河段。在访问这一片大猩猩之地之后，我对迪·谢吕先生的那本书的评价比先前更高了。”伯顿写道，“姆庞圭原住民不称呼保罗为保罗，而是称他‘Mpolo’，意思就是‘大男人’，只有最优秀的猎手才配得上这样的称谓。除了嫉妒的欧洲人外，没有人怀疑他射杀过体型庞大的类人猿（请注意，我并不相信他是因为身陷险境才射杀大猩猩的）。”[6]

伯顿的信任票没有改变许多批评保罗的人士的想法，但它在伦敦的学者们中保持了足够的可信度，使这位想要成为探险家的人在

---

① 洛佩斯角（Cape Lopez）：加蓬大西洋沿岸陆岬。在奥果维河口一个岛的北端，为几内亚湾南界。北部为油轮码头，东南部为让蒂尔港。是几内亚湾最深海湾，地势低洼，多红树林沼泽，蕴藏石油、鸟粪层。——译者注

竭力自证清白的过程中得到了他们的支持。在他们的鼓励下，保罗阅读了一些入门手册。但他不仅仅是阅读了这些书；而且在皇家地理学会的支持下，他找到了这些书的作者和编辑，寻求直接的、当面的指导。

66 岁的英国海军中将乔治·巴克爵士（Sir George Back）正忙着修订《旅行者提示》一书，准备在 1864 年出版新的版本。[7] 巴克年轻时曾在约翰·富兰克林爵士麾下，多次参与其穿越加拿大西北地区的开拓性探险。后来，巴克带领他自己的探险队多次对北极地区进行勘探考察。因此，他是一名老练的航海家，能熟练使用各种最先进的仪器来确定自己在地球上的精确位置。保罗很快便和巴克建立了恒久的友谊，巴克传授给他许多地理科学的基础知识。[8]

《在赤道非洲的探险与冒险》一书中，保罗声称登上了一座他称之为安德勒山（Mount Andele）的山峰，而里德却说那时的保罗其实正在大西洋沿岸过着优哉游哉的日子。他写道，这座山位于许多批评者声称他从未去过的某地区的中心。“我们花了两天时间才爬上那座山。”保罗写道，“花了这么长时间，实在是乏味，而且还一无所获，当我到达山顶时，我发现它被云、雾和森林包围着，什么也看不见。”[9] 由于缺少具体的细节，人们怀疑这件事是他捏造的。为什么他没有提供对山峰和周围山脉的高度测量，以便地理学家验证他的路线？因为当时他既没有这种专门技能，也没有测量这些数据的仪器。

保罗发誓这次他要把事情做好。巴克教他如何使用各种仪器，诸如无液气压计，来确定他在任何特定时间的准确高度。他们一起拜访了伦敦最好的钟表匠和气象技术人员，巴克推荐保罗随身携带定制的仪器。为了保护它们的敏感度校准，他甚至给保罗提供了他在北极使用过的那种防水皮革手提箱。

在跟随巴克学习的同时，保罗还学习了天文学的高级课程[10]，这是精确测量地理坐标的必要条件。他说服了位于特威克纳姆的皇家天文台的负责人亲自指导他。为了确保他能够使用这些坐标绘制出精确的地图而免受批评，他还向皇家地理学会的地图负责人学习制图技术。这位皇家地理学会的地图负责人可是《旅行者提示》中地图和定向部分的作者。

为了消除人们对他所描述的野生大猩猩的怀疑，保罗有了另一个计划：他要给它们拍照。摄影专家托马斯·马龙在人种学学会的会议上曾不胜其烦地对保罗提出一个不合理的苛刻要求，即要求他拿出照片作为证据。在19世纪50年代中期，几乎没有任何一位探险家在野外拍过照。照相机、化学药品和玻璃板都太过笨重且易碎，经不起陆上旅行的长途颠簸，而且很少有探险家拥有使用它们所必需的专业知识。但自从保罗第一次接触大猩猩以来，这些年摄影技术已经有了相当大的进步，因此他决心成为一名探险摄影专家。

保罗没有跟马龙学习，马龙已经成为伦敦最负盛名的摄影教练之一，但他找到了另一位资历无人能超越的老师：安托万·克劳德特（Antoine Claudet）。这位法国出生的摄影师在19世纪30年代就从达盖尔（Daguerre）那里学到了银版照相技术，他甚至拥有这种技术的部分专利。摄影师随后的发明（包括暗室红滤光灯等）帮助完善了这一新兴的艺术形式。他甚至被任命为维多利亚女王的御用摄影师。在其位于伦敦摄政街的工作室里，这位65岁的摄影大师教给了保罗在丛林中拍摄照片所需知道的一切——前提是他的拍摄对象要处于静止状态。保罗学会了如何混合化学药品，如何处理棘手的户外曝光，以及在显影期间如何正确处理玻璃板（当时胶片还没有发明）。

随着他掌握的技术越来越多，他发现自己需要的设备也越来越多，而所有这些设备都必须运往海外。这一后勤方面的挑战是他第一次探险时未曾遇到过的。大型商船定期往返于利物浦和加蓬河口之间，但在第一阶段的航程之后，保罗还是得把他的东西搬到往南大约 200 英里的费尔南 - 瓦兹潟湖。足够大的船只很少沿着这条路线航行。所以他只能自己租一艘船。

1863 年 8 月 6 日，一艘名为“门托”的 100 吨级中型纵帆船停泊在伦敦的圣凯瑟琳码头。[11] 保罗在码头上来回走了好几个小时，看着一个又一个的铁箱子被拖上船。他用出售标本所得购买的每样东西几乎都装在这些箱子里。

有些箱子里塞满了几十双巴尔莫勒尔系带登山靴、亚麻野营拖鞋、浅色的法兰绒衬衫、工装夹克、厚棉布裤子和紧身弹力裤。[12] 他有几百磅火药，几十支步枪和左轮手枪，数千颗子弹，几加仑蓖麻油，几夸脱①鸦片酊，还有足够治疗一支小部队的奎宁。他还带了大量的砒霜、手表、手表上弦钥匙、六分仪、双筒望远镜、一架天文望远镜、一个日晷、黄铜无液气压计、棱镜和袋装指南针、绘图笔、量角器、温度计、提灯、蜡烛、放大镜、雨量计、历书、日记本、轮廓图、火柴和打火石。他在一个石头瓶子里装了 7 磅水银，用来制造人工水平仪②，测量星星的反射角。他准备了接

① 夸脱是个容量单位，主要在英国、美国及爱尔兰使用。1 夸脱在英国和美国代表的是不同的容量，而美国更有两种夸脱：干量夸脱及湿量夸脱。此处应该是英制夸脱。1 英制夸脱 = 40 液盎司 = 1136.5225 毫升。——译者注

② 人工水平仪（artificial horizon）是指示水平面的装置，如气泡水准仪、陀螺仪等。——译者注

下来的四年的航海天文历。他还带了一台电磁设备，配有一条90英尺长的传导线、用以收集各种昆虫和蠕虫的玻璃管和罐子。他带了足以制作2000张照片的感光化学药品和设备，仅此就装满了10个箱子。他总共有57个大箱子的设备，加上50包“非常大包的各种各样的物品”，无所不有，从几千磅重的用于交易的玻璃珠，到几个可能用来给当地人留下印象的日内瓦音乐盒。

在保罗离开伦敦之前，约翰·默里给了他50英镑，让他为费尔南－瓦兹地区当地的酋长们买礼物。“请放心，我会把这笔钱用在购买在我看来肯定让他们觉得满意的礼物上，而且我想你也同样会觉得满意的。”[13]收到这笔钱后保罗给默里写了信。于是他又疯狂地大肆采购，买了许多高筒窄边男用丝绒帽、大衣、雨伞和丝绸服饰等，足以装满一个大行李箱。[14]

沿欧洲和非洲的西海岸向南航行，整个旅程漫长而平静。1863年10月8日，在阿克拉和拉各斯停留之后，保罗在费尔南－瓦兹潟湖附近看到了草木葱茏的海岸。

在那里，越过棕榈树和红树林，他希望带着他闪亮的新装备前往内陆。他不知道这趟非洲之行他究竟要走多远，也不知道这次探险要持续多久。用他自己的话来说，这次的目的是：“以科学的准确性确定我已经发现的地方的地理位置，并通过新的观察和获得更多的标本来证明我所发表的关于该国的人种学和博物学的评论是正确的。”[15]

他所寻找的不仅仅是大猩猩，他也是在寻求认可。不达目的，他决不回伦敦。

第三十六章
破损的货物

“门托”号在加蓬海岸附近徘徊了好几天，无法靠近海岸。[1] 海浪太凶猛了。保罗心急火燎的，他坐上了一只独木舟，划着桨穿过波浪，观察费尔南－瓦兹潟湖的河口，试图找到一个相对平静的地方上岸。但不断翻滚的白浪，再加上变幻莫测的沙坝，对“门托”号来说风险太大了。如果发生这种情况，船将不得不留在海上直到海浪平静下来。保罗不愿意等下去，于是便向当地人寻求帮助。他决定把所有的装备都搬到他们的独木舟上，交由这些加蓬的桨手们划着桨径直穿过碎浪区，一直划到沙滩上。

船员们花了好几个小时才把他的货物转移到上下颠簸的独木舟上。当每只新板条箱被小心地放进独木舟里时，独木舟又往水里沉了一点。一只独木舟装满了枪，另一只装满了弹药。他把给当地头领们买的礼物扔进另一只独木舟里，一同扔进这条独木舟里的还有几箱衣服和鞋子。

他把最贵重的货物装到了最后那只与“门托”号接驳在一起的独木舟。装在这只独木舟上的有六分仪、航海经线仪、三棱镜罗盘仪和药品。为了确保这些物品的安全，保罗和执掌“门托”号的瓦登（Vardon）船长将和几个当地的桨手一同乘坐这条独木舟。

其他的独木舟先离开，驶离这艘大船，朝海滩驶去。保罗看着那些人划着桨从他身边离开，独木舟在波浪中摇摆不定，时起时伏，时现时隐，时而颠簸，时而溅起水花。

保罗在他的浅色外套底下穿了一件软木做的救生衣。他小心翼翼地和瓦登一起登上这最后一只独木舟。他们在箱子和板条箱中间安顿了下来，桨手驾驭着木船冲进海浪，海浪似乎正在他们身后积聚力量。

他们的策略是像冲浪者一样上岸；快速地让独木舟冲到汹涌的浪尖之上，然后让浪头将他们送上海岸。保罗朝着自己的身后看去，他看到一股强劲的浪涌正在逼近。他们的目光越过他们的肩膀偷偷地快速瞥了一眼，观察它的进展，然后更加用力地划水——但他们划水的速度不够快。海浪哗啦一声打在独木舟上，把保罗抛进了突然沉寂下来的水中。他挣扎着调整自己的姿态，猛地一蹬回到翻滚的水面上。然而无情的海浪不断地朝他袭来，不断地把他推回到水下，他只能在这一连串海浪袭来的间隙里抓紧时间喘口气。软木背心不能完全抵消其湿透的衣服下沉的拉力。当他和瓦登都挣扎着把头伸出水面时，一些桨手伸出手去帮助他们。他们把保罗的外衣扯下来，“费了好大的劲才让我没有沉下去”[2]。

一群站在岸边的围观者看到他们在水里挣扎，就派来了救援的独木舟。但强劲的海浪阻挡住了那些划桨者。水里的人都已是筋疲力尽。当波浪终于平息时，一只救援独木舟赶到了，船上的人把他们从水中拉了出来。保罗和其他人都累得喘不过气来，好在已经安全了。

独木舟上的那些珍贵的货物结果就不太好了。

一些木箱掉到海里，随着海浪在海面上漂浮，被当地人捞起。其他一些随后被冲上岸。小部分设备完好无损，但大部分都被毁了。此刻，保罗这次远征的主要目的也同样被毁了。

保罗垂头丧气地把那些浸满了水的仪器弄干，其精密的仪表所显示的读数却毫无意义。他把它们包起来，沿海岸线用小船把它们运到巴拉卡，再经由巴拉卡运回他在英国购买它们的那些商店。他写信请求店主修理，甚至更换遭损毁的货物。

大多数店主都答应帮助他，但保罗现在所能做的只能是等这些替换的仪器的到来，而这些物资要整整9个月之后才能运抵。不过这段时间保罗并没有白白浪费掉。

每多等一天，他就多增加一天的花费。为了帮助支付费用，保罗想出了一个计划：他帮瓦登船长给“门托”号的船舱装满了货物，运回英国售卖。[3]这个过程花了大约4个月的时间，但很值得。保罗利用他与当地贸易商打交道的经验来帮助瓦登获得乌木、棕榈油和非洲红木。作为回报，瓦登减免了保罗因租船而欠他的部分债务。保罗也从那些部落首领那里赢得了深厚的友情，他们因为保罗给他们带来这些生意而非常感激他。

这意外的停顿也迫使保罗以一种轻松的节奏，好整以暇地摆弄一些幸存下来的相机和天文仪器。由于能清楚地看到地平线和精确绘制的坐标，海岸成了试验他的六分仪的最佳地点。“我喜欢在海边的时候进行练习，”在这段耽搁期间他写信给默里，“因为我知道我的确切经度，然后就能知道我是否正确。”[4]

他从容不迫的态度似乎使居住在这片海岸上的恩科米部落感到

轻松自在。他拜访了几年前认识的朋友，赢得了这些人的信任——这些人是他最终前往内陆时必须依靠的搬运工。

昆格萨王住在上游大约80英里处的一个村子里，据说就是这位酋长告诉里德，保罗在猎杀大猩猩这件事上撒了谎。但昆格萨一听说保罗来了，就马上去海边迎接他的老朋友。里德把这位部落王描绘成一个可悲、可笑者，总是煞有介事地摆出一副部落王的架势，但保罗并不这么认为。“我对这位不苟言笑、面容狰狞的老人怀有一种最热烈的友爱，现在仍然如此。”他写道，“在回忆他的许多优秀品质时，我根本不认为他是一个未开化的野蛮人。”[5]

重聚是多么的激动，但这一切都被严格的王室正式迎接礼仪所掩盖。他们隆重地交换了礼物。在一群王室随从面前，昆格萨王送给保罗一只山羊。作为回礼，保罗送给部落王一本他的书（他知道那些插图会受到珍视）和一套银制餐具，这套银制餐具是他用默里给他的钱在伦敦买的。“那位老人非常高兴，”在这次交流后不久，保罗写信给默里，“他说他将送你一根很大的黑檀木。”[6]

保罗送给昆格萨的礼物中最引人注目是一件他在伦敦一家最好的服装店专门为他定做的外套。它是鲜蓝色的，有鲜艳的黄色镶边和红色衬里。正如保罗所知的那样，这件外套果然深深地打动了这位部落王。然而远不止如此，保罗还给了他满满一箱的丝绸、棉布、火药、燧发枪以及足够他每个妻子佩戴的珠子，让他感到眼花缭乱。

这是一种贿赂，简单明了。作为回报，保罗希望得到保护。昆格萨完全按照保罗所计划的那样做出了回应。部落王向保罗许诺，当他深入内陆冒险时，需要多少人为他服务就可以有多少人来。部落王亲自保证他们的忠诚度。

当他继续在海岸边逗留时，一群当地的猎人在他的营地里找到他，跟他说他们捕捉到了他可能会感兴趣的东西：两只活的黑猩猩，一雄一雌。黑猩猩没有大猩猩那么珍贵，但它们仍然十分罕见，尤其是活体标本。保罗买下它们，对它们进行训练，并把它们当作宠物养在营地周围。他给它们起名为汤姆和汤姆太太。

1864 年初，当瓦登终于准备把“门托”号驶回英国时，保罗把这两只黑猩猩哄进了箱子里，然后把它们连同可供它们食用三个月的香蕉一起装上船。汤姆太太在海上航行中死了，但那只雄性黑猩猩活了下来。

这只黑猩猩被带到锡德纳姆的水晶宫①，并成为英国最受欢迎的动物景点之一。它在那里又生活了两年，但不幸死于 1866 年里的一场大火。这场大火烧毁了宫殿的北翼。据报纸报道，逃离大楼的工作人员报告说听到了汤姆“疯狂的哭叫声”[7]，受惊的黑猩猩紧紧抓住笼子发烫的铁条，无法逃脱。

保罗不可能预测到这只动物的悲惨结局。据他当时所知，他把一只活的黑猩猩从加蓬运到伦敦可谓获得了一次绝对意义上的成功。他希望在大猩猩身上重复这一壮举。

除了活体标本，保罗正在收集一种更奇怪的违禁物品：人类头骨，准备将之运往伦敦。他想把它们送给欧文和人类学学会里的其他朋友，对它们进行测量并与其他种族的头骨进行比较。欧文认为，这些头骨可能有助于证明人类和猿类之间的差异而不是相似性。

① 伦敦著名建筑物。1851 年为万国博览会兴建于伦敦海德公园，展览结束后于 1854 年由其设计者帕克斯顿安置在锡德纳姆（Sydenham），并将其面积扩大两倍，使之成为一个收费的公园。1936 年毁于火灾。——译者注

保罗告诉恩科米部落的人："在我的国家，有一大批医生或特殊才能的人，他们认为黑人是类人猿，是长得几乎和大猩猩一样的类人猿。我想寄给他们一些头骨，好让他们知道他们自己错得有多离谱。"[8]作为奖励，他说他们每找到一具头骨他愿意付3个美元向他们购买。

很快，他就被从当地墓地里捡来的头骨淹没了。当他收集到90多具头骨时，他不得不降低了价格。

天一亮保罗便起床前往费尔南－瓦兹潟湖东岸的一个村庄，据说有人在附近的一个小种植园里看到了一群大猩猩。当他和一个名叫奥丹加（Odanga）的年轻人来到一片生长着木薯的开旷地时，这里全然静悄悄的，据说当时人们就是在这里看到那群大猩猩的。但是当保罗沿着空地周围的大蕉树走的时候，他听到了树叶沙沙作响的声音。

保罗躲到灌木丛后面，一动也不动。窸窣作响的声音又响了起来，不久他便瞥见了一只雌性大猩猩。他换了个姿势，以便看得更清楚些，这时又出现了两只大猩猩。接着又冒出来一只。这四只大猩猩都没看到他。他一动不动地待在原地，满心畏惧，但无生命之忧，他小心翼翼地避免惊扰到它们，这可是他观察野生猿类的前所未有的最佳机会。如果他想要证实他在第一本书中所做的描述，这便是他要做的。他默默地观察着，没有把枪举起来，也没有暴露自己。

它们用劲地扯开蕉叶，冲进繁茂的大蕉树林，用强有力的手臂猛拽大蕉树的茎秆。把树的底部撕开，露出多汁的茎秆内部后，它们贪婪地吞食着。其中有几只边吃边发出一种古怪的咯咯声，他认为这声音是在表示满足。大猩猩们偶尔会从食物中抬起头来，扫视周围的风景，但它们似乎没有看到他躲在灌木丛后面。

“有一两次，它们似乎惊恐地就要跑开，”他写道，“但很快又恢复了平静，继续埋头该干什么就干什么。”[9]

当天晚上，保罗在村子里过夜。第二天早晨，当他穿过一个种着甘蔗的山谷时，他惊讶地看到对面斜坡上有一只巨大的大猩猩，直盯着他看。保罗没有带猎枪，只带了一把小手枪，这可能无法杀死这只动物。他很害怕；这是他第一次在没有带步枪的情况下面对大猩猩。通常情况下，他会迅速举起枪。眼下他却只能被迫采取一种被动的态度，虽然感到震惊，却一动也不敢动。

“那只巨大的野兽盯着我看了大约两分钟，”他后来写道，“然后，没有发出任何叫声，手脚并用，敏捷地跑到了浓荫蔽天的森林里。”[10]

手里没枪，他可以比以往任何时候更清楚地看到这些大猩猩。他仔细地观察它们走路的姿势，注意到它们的手臂在触地时几乎是完全伸直的——不像他书中的一些插图所描绘的那样弯曲或呈弓形。

第三十七章
最为大胆的冒险

把这两只活的黑猩猩送往伦敦之后，保罗向所有邻近的部落散布消息说，他愿意出高价买一只活的大猩猩。令他震惊的是，一群部落成员迅速接受了挑战，并进行了史上最成功的大猩猩围捕。他们给他带来了三只活的大猩猩：一只成年雌性大猩猩，一只大猩猩幼崽，还有一只非常年轻但还没有完全长大成年的大猩猩。

《在赤道非洲的探险与冒险》一书中，保罗写道，捕获一只成年大猩猩是不可能的。现在他意识到他应该加上修饰语“除非受伤”。

这次围捕行动十分有效，但也十分残酷。猎人们在费尔南－瓦兹潟湖附近偶然发现了一群雌性大猩猩和它们的幼崽。背部颈下方有银白色毛的雄性成年大猩猩不在其中，因此这些人比平时更为勇敢。猎人们拿着枪、斧子和矛，排成一排，把大猩猩往水边赶。感觉到危险后，这些大猩猩惊慌失措。其中有几只在随后的混战中逃脱了，但猎人们还是设法重伤了一只成年的雌性大猩猩，一颗子弹击中了她的胸部。他们还用棍棒打倒了一只未成年的雄性大猩猩。

至于那只大猩猩幼崽，则是毫无反抗能力。

保罗怀着既敬畏又怜悯的心情审视着他新获得的战利品。每当保罗走近那只未成年雄性大猩猩时，他就会冲过去，然后在保罗面前停住，并迅速后退。“如果我看着他，他就会假装朝我冲过来。”他写道，“给他水时，我不得不用一根棍子把碗推到他跟前，唯恐他会咬我。”[1]

然而，这只成年雌性大猩猩却完全恐吓不了任何人。她的胸部伤口很严重，而且猎人们把她捆绑起来的时候，她的头还被棍棒击打过。她的一只胳膊也严重骨折了。

在极度痛苦地被囚一天之后，她的呻吟减弱为虚弱的呜咽，而后越来越小声直至无声无息了。那只幼崽抱着她的乳房，想要吸吮她的乳汁。趁着他们静止不动，保罗架好相机并开始了十分艰难的拍摄过程，设法捕捉住一个清晰的图像并将之定格在玻璃板上。最终，他给两只大猩猩拍了张照片。但是那只大猩猩母亲死了，那只幼崽紧紧地抱着她，十分伤心与绝望。

“她的死亡就像一个人死亡一样，”保罗如此描述那只大猩猩母亲，“使我痛苦不堪到简直无法想象的地步。”[2]

他试着用羊奶喂养这个大猩猩幼崽，但也只是让它多活了 4 天。“我想，它开始对我有点了解，”他写道。

在 1864 年中期，保罗的新仪器和修复仪器终于到了，此时那只幸存下来的未成年的雄性大猩猩身体仍然十分健康。就像对待黑猩猩一样，他把大猩猩关在一只箱子里，给了那艘船的船长大量的香蕉，用以喂养这只动物。作为奖励，保罗向船长承诺，如果这只大猩猩能活着到达伦敦，他将额外再给他 100 英镑。保罗甚至为此向一家海事保险公司投保，以保证这件“货物”的安全。他写道：

“我把他托运给巴林（Baring）先生，我敢肯定巴林先生以前从来没有收到这样的托运品。”[3]

保罗看着载有大猩猩的独木舟被海浪淋得透湿，他看得出，由于浑身湿透，这只动物更加愤怒了。保罗希望它的这种暴躁情绪不会因为漫长的海上行程而消失殆尽，他想让他的朋友们看到这只攻击性一点都没减少的动物。保罗知道，如果一只惊慌失措而又狂暴不已的大猩猩在英国的码头从箱子里跳出来，那些看客就不会再指责他夸大了大猩猩的威胁性。

在他的仪器到达之前，保罗给约翰·默里写了一封信，想要一本亚历山大·冯·洪堡①的《宇宙》（*Cosmos*）。[4]

洪堡一直是保罗研究过的所有讲授探险门径的书籍背后的一只无形的引导之手。这位德国探险家在1799年至1804年间走遍了中美洲和南美洲，他的《新大陆热带区域旅行记》（*Personal Narrative to Travels to The Equinoctial Regions of America*）为探险的叙述手法设定了标准。作为一名细心的自然现象观察者，洪堡为一代又一代的科学旅行者树立了楷模，像《该观察什么》（*What to Observe*）和《旅行的艺术》（*The Art of Travel*）这样的手册总结了他的许多想法，告诉那些想要探险的人应该注意哪些地方。

《宇宙》是洪堡的终极宣言，颂扬的是宇宙之自然过程的内在

---

① 亚历山大·冯·洪堡（Alexander von Humboldt，1769—1859），著名的德国自然科学家、自然地理学家，近代气候学、植物地理学、地球物理学的创始人之一；涉猎科目很广，特别是生物学与地质学，是19世纪科学界中最杰出的人物之一。出版著作中最为著名的有《新大陆热带区域旅行记》（30卷）、《新西班牙王国地理图集》和《植物地理论文集》等；五卷本的《宇宙》则是他描述地球自然地理的尝试。——译者注

关联。1844 年，他在德国出版了这部五卷本著作的第一卷，完整的英文版直到 1858 年才出版。洪堡一生都沉浸在从地质学到植物学等诸多科学领域中，这本书的驱动思想在于：自然世界是完全相关的，它就是一个“相互联系的链条。经由它，所有的自然力相互联系在一起并相互依赖”[5]。他认为，人类的最高使命就是去发现这些联系的存在。

洪堡的种种理念可能会给保罗留下深刻印象，尽管其中一些理念直接挑战他在第一次探险中所秉持的世界观。洪堡并不特别喜欢那些狩猎者，在他那本关于南美洲的书中，他蔑视“那些三五成群在大草原上游荡的掠夺者，他们屠杀动物只是为了获取兽皮”[6]。随着《宇宙》的出版，洪堡不断地将他的这些预示了下个世纪的生态运动的理念往前推进。差不多就在保罗阅读这本书的同时，这本书也激发了一种新兴的意识：由于改变了相互联系的链条，人类有可能永久地破坏大自然。拉尔夫·沃尔多·爱默生和亨利·戴维·梭罗（Henry David Thoreau）[7]早在 1845 年和 1850 年就读过《宇宙》的部分内容，他们各自在英语读者中传播了洪堡的影响，但没有人能像乔治·帕金斯·马什（George Perkins Marsh）那样有力地重新诠释洪堡的理念，他 1864 年出版的《人与自然》（*Man and Nature*）被证明是环保运动的开创性文件。马什认为，人类将某些物种作为屠杀目标或破坏一部分环境时，可能会导致谁也无法预见的后果。

这些在当时都是新颖的理念。和几乎所有人一样，保罗一直把大自然看作是无生命的黏土，应该由人来塑造。但就在他为这次新的探险做准备的时候，探索科学（exploratory science）的世界正在被注入不同的理念。他绝不是提倡动物保护的先锋，但他不能不注意到，关于捕杀动物的普遍观点正在发生变化。而他的个人目标也正反映了这一点。

“我此行的目的并不是非要屠杀这些动物不可，”他写道，“因为文明国家的主要博物馆已经有了大量的毛皮和骨架标本。但当我到了这片大猩猩栖息的区域时，我将全身心地投入对其生活习性的进一步研究中去，而且还要设法活捉这种动物并把它送到英国。让远在英国的那些人可以通过观察它的生活行为，从而判断我对它的性情和习惯所作的描述是否准确。因为，至少在某种程度上，大多数动物在被关押状态下的行为与它们在野生状态下的行为有很大的不同。”[8]

这一目标声明可以作各种解读。毫无疑问，他渴望自己的事业能超拔于纯粹的狩猎者的事业之上。而且如果他没有带回与几年前收集的那些标本同类的标本的话，这一声明还可以防患于未然，即使万一失败了他也不会遭受指责。无论如何，有一点是肯定的：保罗在余生中将周游世界各地，他再也不会以猎杀野生动物者的身份旅行了。

“我完全厌倦了大猩猩这件事，”他在海边等着开始探险的时候给朋友写了封信，“我以后不想再和这种野兽有任何瓜葛了。”[9]

几星期后，几封寄达加蓬的信报告说，保罗要托运到英国去的那只尚未成年的大猩猩在海上死了。但保罗并没有接到这个消息。他已经离开了海岸。他的旅程终于开始了。

就在他启程之前的1864年8月20日这一天，他坐在自己的小屋里，拿出一个笔记本，在那些有细条纹的纸上写下了一系列的信件。他的情绪阴郁，心事重重。一封接着一封，他给许多极其亲密的朋友写了信，这其中包括威廉·沃克牧师、约翰·默里、亨利·本斯·琼斯（Henry Bence Jones）、乔治·贝克爵士，以及皇家地理学会的C.乔治中校。他也给欧文寄了一些垫子、土布、一个鼓和一架竖琴。他感谢他们多年来的帮助，并向他们保证他会努力工作来回报他们的信任。他说，他一如既往地乐观，但他清楚地认识到，这次探险可能会令他丧命。在他第一次进入森林旅行之时，他太天真了，根本就没有意识到他所面临的诸多危险，而且当时他几乎一点压力也没有；如果旅途太艰难，他完全可以放弃。这一次，他发誓要把自己推向极限。他在给巴克的信中写道：

再过几天，我就要动身前往内陆，我将努力向前，直到不可逾越的障碍让我止步为止。即使如此，我也将以耐心和毅力尝试着继续走下去。我将努力奋斗，若是引导世人脚步的上帝让我得以成功，我也许会抵达尼罗河。目前我身体很好，精神也很好。我想我能深入内陆深处，但我的希望终究可能破灭，因为我知道，在我前进的道路上，可能会有许多阻止我继续前行的意外发生。我有可能疾病缠身，于是倒在一个荒凉的国度。我知道我也许会遭所有人遗弃而死，或者遭背叛而被杀死。这些事情我都想过了，我的结论是，我也可能获得成功……我的全部精力都在我要从事的这项工作上。我祈求上苍赐予我力量来完成它。[10]

当罗德里克·默奇森收到保罗的信时，他深为字里行间洋溢出来的乐观情绪所打动。默奇森当即写信给欧文："这封信写得真是太好了，比他以前写的那些信都要好，充满着激情、高尚与自我牺牲的决心，我要在11月12日那天地理学会的会议上把它作为开场白来念。看来当初我们为这个可爱的小家伙挺身而出，实在是太正确不过了。”[11]

在1865年的5月份，在皇家地理学会的年会上，默奇森第一次宣布，这位年轻的探险家希望能一路旅行到尼罗河。默奇森告诉地理学会的会员们，保罗在沿海地区耽搁的这段时间里，已经收集了许多标本并寄回伦敦，其中包括了数千只的昆虫是他费尽心思捕捉进玻璃试管里的。默奇森说，这个曾被许多人视为目空一切的说谎者的年轻人正在证明自己是一名真正的科学研究者。

“他在从沿海地区出发的时候给我写了最后一封信，在信中他请我在这一两年内不要为他担心。”默奇森说道，“迪·谢吕先生现在不仅成了一名天文观测者，而且也成了一名摄影师，这是他第一次旅行时所不具备的优势。我们相信，如果他能活下来，在他回来时一定会有极大的收获。因此，让我们祝他一路平安吧！在非洲研究的历史上，他目前的这个项目可以说是构想最大胆的一个。”[12]

第三十八章
瘟疫来袭

在保罗内陆之旅的第一程，陪伴他的大约有50个人。[1]其中多数人预计会被内陆其他部落的搬运工取代，但有10名是恩科米部落的人——就是在他上次探险中帮助过他的那群人。他们许诺，不管发生什么事，在他整个旅程中都会陪着他。

保罗给全体人员配备了全套服装，所有的人都穿着一样的蓝色粗纺羊毛衬衫和帆布长裤，戴红色的精纺羊毛帽子。他们看起来像一支行进中的军队。事实上，在某些方面他们就是一支军队。他们得到了保罗所配发的步枪，并且按照保罗的命令被分配到指定的位置。大多数人都只是纯粹的搬运工，负责搬运全套的装备。他们把这些装备装在藤编的大筐里，再用带子把这些筐绑在自己的背上。那10名比较固定的成员享有稍高的地位，这有助于保证他们的忠诚度。在旅程早期的某一时候，保罗意识到，他们认为他要带他们去伦敦，去到位于那片丛林之后的“白人的国家”，在那里，任何人都可以积累难以想象的财富，就像保罗看上去的那样。

他未能纠正这个误解。

他们先乘独木舟航行，然后步行。他最信任的人走在前面，保罗跟在后面，时刻保持警惕，以防有搬运工试图带着一些贵重物品逃走。他们艰难地穿过沼泽、滂沱大雨和成群的蚊子。他所储备的泻盐随着他手下人的脚越来越痛而越来越少。

他勘探了伦博恩古埃河，这是他在第一次旅行中发现的一条河的支流。他从当地的那些部落那里借到了独木舟，沿着这条地图上未标明的支流向内陆行驶，穿过急流，闯过险滩，经陆运绕过风景如画的瀑布。

他很少动枪，常常用到的是手杖和笔记本。他的目标是可验证的数据，而不是危险的野兽。但他很快发现，科学观察可能像大猩猩一样难以捉摸。

阴天使他心烦。他煞费苦心地将一池银白色的水银倒进盘子里，做成一个人造的地平线；他小心翼翼地用一个锥状的玻璃盖住它，保护水银不受任何风的影响。当他终于准备好捕捉星星的反光并测量它们的角度时，天空乌云密布，一直不肯散去。当他到达传说中的富加穆（Fougamou）瀑布——他在之前的旅途中就听说过，但一直没能到达——他决定拍张照片来证明他亲眼见过它。为了拍摄下一张清晰的照片，他命令他的手下砍倒了水边的一棵树。然而当树倒下的时候，一大片罪大恶极的云团聚在一起阻碍了镜头的曝光。黄昏时分，他最终屈服了，把相机放回相机盒里，一张清晰的照片都没抓拍到。

在他这段行程的前六个月里，只有两天是放晴的。一个星期接一个星期，他们一直都在寻找经验性的证据，却徒劳无功。到1864年底，一些手下已经对他们的头儿失去了耐心，因为他似乎更专注于观察气压表的指针，而不是继续前进。甚至是他最信任的恩科米部落的助手，一个名叫马松代（Macondai）的年轻人，也只能尽力保持着他习惯性的乐观。

“马松代诅咒这一无是处的旅程，”保罗记录道，“一点都没有让我们离伦敦更近一步。”[2]

他来到了一个叫奥朗代（Olenda）的原住民村庄，多年前他曾到访过这个村庄。他提前传话说，他的队伍打算穿过阿平吉（Apingi）部落的土地向东旅行。令保罗吃惊的是，他几乎马上就得到了一个信息：他不受欢迎。

这一令人不快的拒绝根源于他先前的那次旅行。阿平吉部落的前任部落王和他的儿子都在保罗19世纪50年代中期拜访他们之后不久便过世了。部落里的人都把这归咎于“这个白人”。他们说，他受到了诅咒。新的部落王不想拿自己的生命冒险。

保罗和他的手下不得已只能在奥朗代扎营，他在那里重新规划路线。几天后，他都还没重新规划好路线，村里就有一个年轻人得了重病。谣言传得沸沸扬扬的，说这个曾把保罗的一些设备搬进村子的年轻人被这位外国访客施了魔法。不过一天时间，这个年轻人就死了。大约在同一时间，另外两名与这群旅行团队接触过的男子也表现出与死者相同的症状：他们的皮肤突然长出了许多小红点，一两天后就会变成小水泡。接下来，保罗的一些搬运工也病倒了。

这是天花，保罗知道这非常严重。他自己没有被感染的危险，因为他在出发前两周在伦敦接种了疫苗。但是这种传染病可能以可怕的速度消灭一个村庄。

这种疾病可以通过人呼吸中的飞沫传播，一般有12天左右的潜伏期。在到达奥朗代之前，保罗并没有注意到他的手下有任何疾病的迹象。有可能是这个偏远村庄的一些居民早已被感染了。但也有可能是他的团队成员在离开海岸后已经染上了这种疾病，并将其传播到内陆，而内陆部落特别容易受到新病种的侵袭。

奥朗代的村民很快便把这归咎于保罗，认为这种病是保罗带来的。他引起了他们的怀疑。他一看到疫情暴发，就命令他的手下远离有疾病报告的地区，告诉他们天花的传染性很强。村民们认为，如果不是他把疾病带来，他怎么会知道得这么多呢？

"他们开始明目张胆地指责我给他们带来了这一场 *eviva*（能传播的东西，也就是瘟疫），或者，他们有时称之为 *opunga*（坏风、恶风、邪风）。"[3]保罗后来写道，"他们宣称，我带给人们的不是好处，而是死亡；我是一个邪恶的幽灵；我已害死了阿平吉部落的勒芒吉王，如此等等。因此引起了愤怒的争端。"

几天之内，村里超过一半的人都病倒了，他们的脸上长满了可怕的脓疱，他们的头脑因发烧而变得模糊不清。保罗只得寻找新的搬运工，因为他自己的手下也开始病倒了。有三次，他召集了足够多的搬运工把他的装备搬出了村子，但每次货物都还来不及完全装好就有不少船员病倒。看到保罗越来越绝望，村里的健康人提高了工资数额，要求得到满足才肯干活。

他束手无策。他只带了搬运工中的一些骨干，把大部分设备送到了另一个村庄。他们要把货物卸下来，然后回到奥朗代帮他和其余的人搬运其余的行李。

当他在奥朗代等待的时候，瘟疫继续在整个社区蔓延。"没有一天没有受害者，"他后来写道，"每新死一个人都有鸣枪通告一下，每一次枪响都带给我一阵极度的悲痛。从早到晚，在我独处的时候，我可以听到恸哭的哭声，以及死者的亲人们围绕着死者尸体唱的哀歌。”[4]

不久之后，村里再也没有足够多的健康人去采集食物。为数不多的几个身强力壮者，这其中包括了大部分保罗团队里那些来自恩科米部落的核心成员，长途跋涉到邻近的村庄求助，但他们却空手而返。瘟疫消息传播的速度简直和疾病本身传播的速度一样快。保罗的这些手下被认为是这场苦难的根源。

这位奥朗代部落的统治者比他的大多数臣民撑得要久一些。但“奥朗代王”（人们这样称呼他）也未能幸免于疫。一天早晨，他说自己异常地热和渴。

保罗因内疚而备受折磨。就在几天前，他给这位部落王拍了一张照片，那些身体还够健康的人都聚集在一起观看这一奇观。现在保罗后悔拿出了他的相机，他担心他所展示的这一“神奇”的过程会给村民们提供另一个怀疑他的理由。

不久，就连他最可靠的助手马松代也发烧病倒了。保罗觉得自己像个社会的弃儿。但出乎意料的是，一些村民对他依然十分热情，令他十分感动。“那些现在身体还可以的人悄悄地跑到种植园去为我弄来大蕉。”他写道，“甚至就连那些病人，无论是男是女，都会送食物给我，他们说：‘我们不想让外来的客人挨饿。’”[5]

他原以为他们会敌视他，但他们却对他很友好。

他等着他原先派出去的那些人手回来帮助他们离开村子，这几个星期时间过去得特别慢。走在当地人中间，无论是在哪里，保罗都会看到一些目不忍睹的情景。那些身上长疮、溃烂的伤口上爬满蛆虫的男人在地上打滚。饱受疾病与饥饿之苦的女人已然精神崩溃，胡言乱语，眼神已无生机。成群结队的苍蝇围着尸身打转。终于，保罗注意到这种疾病的传播似乎减弱了——“纯粹是因为再也没有多少人可以传染的了。”

最后，先行出发的那批搬运工中有三人返回了营地，他们带回了噩耗：保罗的很多设备并未送达下一个村庄。其中有些人直接就带着他们搬运的物资返回了自己偏远而分散的种植园。

从山上流下的河水因下雨而上涨。其中一条叫奥维吉河，河水溢出了堤岸，形成了三条河道，河道与河道之间被狭长的泥滩隔开。要通过这片区域，唯一的途径是走一段又长又窄的原木。显然，这是一座人流量很大的桥。一根扭曲的藤本植物呈绳状横跨水面，正好就在那根圆木上方，系在两棵树之间，起着栏杆扶手的作用。

保罗踩在湿木头上时，他的靴子一滑，便一头栽进了一个水坑里。幸运的是，这是个与湍急的河水干流断开的水坑。当他意识到自己安全无虞时，马上就想起了自己所带的那些表。它们也都湿掉了，好在并没受损。

他对设备的这种担心是永无休止的，同样对他在奥朗代新雇的那几个搬运工也总是没有信心。补给已越来越少，他再也不能失去其中的任何一点，而且他认识这些人也才几天时间。他担心被窃。他已经没有多余的衣服了。他的糖和茶都消失了。他的药箱也变轻了。

陡峭的山坡上挤满了各种各样的树木，这些树木似乎被藤本植物和四处蔓延的热带榕属植物缠绕在一起。清澈的瀑布在丛林小径上喷洒出一层薄雾。

“我发现，让他们全都走在一起是不可能的。”保罗写道。“他们会编造出各种各样的借口掉队，不久我就发现他们把补给藏在灌木丛里——这表明他们想要盗走我的东西，然后从同一条路逃跑。”[6]

越来越多的手下弃他而去。他不得不另派其他的人提前到另一个村庄，试图再多找些帮手和食物——这两样他都不够了。猎物难以找到，他们主要靠可乐果果腹。那些他从沿海地区招来的恩科米部落的人忠心耿耿，在夜里帮他监视其他的人，时刻提防偷盗。

1865 年 3 月 24 日这一天，他到达了一个名为马约洛（Máyolo）的村子。扎营后，保罗清点了装备，发现他丢失的东西比他想象的要多。他药箱里的蓖麻油、甘油三酯、鸦片酊、大黄和泻药都被洗劫一空。三支温度计不见了，许多珠子也不见了。最糟糕的是，他的一台相机、大部分的照相底板和显影剂都不见了。后来他听说之前雇佣的两个搬运工回到他们自己的村子后死了。可能是因为感染了天花。但保罗隐约地觉得，这两个人有可能是品尝了高毒性的化学溶液。

当地的村民早已听说了瘟疫一事，但他们的部落王还是允许他们这群人进入他的领地，他更感兴趣的是保罗能给他提供什么来回报他的款待。保罗把剩下的礼物全都拿了出来——一些珠子，布料，几把枪。

“瞧！”深受这些礼物打动的部落王对其臣民说道，“这就是白人给我们带来的‘瘟疫’。如果我没有邀请他来这里，你们会得到这些好东西吗？”

然而，不到四天，部落王本人就因发烧而浑身发抖。保罗知道，如果这个人死了，他的探险，也许他的生命也将就此结束。森林里没有一个部落不认为这场瘟疫是他带来的。而且他无法否认这一点。无论这场瘟疫是如何开始的，保罗都逃避不了促使瘟疫向内陆传播的责任。

随着越来越多的人病倒，一场令人恐惧的森林大火逼近了村庄。当保罗跑去拿他所剩的枪支弹药时，他诅咒自己运气不好。那天晚上，部落王仍在不断地呻吟哀号。

保罗十分紧张，简直都快要发疯了。他在日记上乱涂乱写，并把自己的笔记抄写了三份。他越来越痴迷于把正在发生的事情事无巨细地全都记录下来。他指示手下，如果他有什么不测，他们要确保把他的日记带回沿海地区，再从那里寄回英国去。在那些当地人看来，他这种奇怪的优先考虑顺序肯定是发疯的明确迹象。

"4 月 1 日和 3 日，我冒着酷热，勉强自己做了好几次太阳观测。"他记录道，"树荫下的温度约为 92 华氏度①，在太阳下的温度则达到 130 或 135 华氏度。我在夜间进行了几次月球观测，确定了月球和金星之间以及月球和角宿一（即室女座 α 星）之间的距离，还获得了几颗恒星的中天高度。天空是那么的晴朗，我非常急切，不想让这么好的观察机会溜走。然而，由于我总是十分卖命，加上极度的焦虑以及货物的丢失，我发起了高烧。"[7]

他尝试了当地的治疗方法，在酸橙汁中加入辣椒粉。与此同时，生病的部落王需要药效更强的药物。他的水痘已经到了凶险的起泡阶段。一个女药师在他的皮肤上擦了一层药膏，并用粉笔在他的胳膊上画了一道白色的条纹。她将树根和种子嚼烂，然后把嘴里这团黏浆状物质吐在他的伤口上。最后，她点燃了一束干草，握着

① 华氏度（°F）是温度的一种度量单位，以其发明者德国人华伦海特（Gabriel D. Fahrenheit，1686—1736）命名。包括中国在内的绝大多数国家都使用摄氏度。世界上仅存 5 个国家使用华氏度，包括巴哈马、伯利兹、英属开曼群岛、帕劳、美国及其附属领土（波多黎各、关岛、美属维京群岛）。文中 92 华氏度约为 33 摄氏度，130 华氏、135 华氏度约为 54 摄氏度、55 摄氏度。——译者注

它靠近部落王，部落王的皮肤从头到脚都被烧焦了。仅仅是经过这么一次治疗，不知怎么回事，他的健康状况开始好转。

保罗知道他的整个计划都面临着严重的危险。在他提出多要一些搬运工之后，身体好转的部落王召开了一次部落会议来决定他的命运。

就像出席自己的审判会一样，保罗为自己做辩护。他提醒部落王，他不是来找黑檀木的，也不是来找几个女人为妻，或是来推销商品的——他只是来旅行的，并且他准备了礼物来回报当地人的热情款待。“我来的时候就告诉你了，而且你也早就知道，我想去更远的地方。”他说道，“来吧，告诉我穿过阿波诺（Apono）这一地区的路。这是我最想要走的路，因为这段路程最短。你能让我高兴的话，我也能让你高兴。我有很多东西给你们大家。”[8]

马约洛王考虑了一个晚上。第二天，他宣布了他的决定：他将亲自去拜访一位阿波诺酋长，他能够确保保罗安全地通过那里。

过了几天，在马约洛王与邻近的部落酋长会面回来之后，他告诉保罗说，他们对瘟疫的恐惧实在是太大了。那个部落不想让保罗靠近他们。

5月14日，他在日记本上草草写道：“我的不幸就没个尽头！”[9]

24小时后，他的运气来了个大逆转：“5月15日。马约洛的信使今天回来了，带来了好消息，说那位阿波诺酋长将接待我们。”

保罗离开马约洛，随他一起走的约有20人，这其中包括最初和他从沿海地区来的那些同伴，只有2名得了天花的病人除外。保罗肩上扛着一个40磅重的背包，对于一个身体虚弱、体重可能只有100磅的人来说，这可是个相当大的负担。

第三十九章
逃　命

他已经往内陆走了大约400英里，比任何一个外来者都要深入得多。当他和他的手下抵达这个叫迪洛洛（Dilolo）的小村庄——这是一个只有几十座小屋、一条土路贯穿其间的小村庄——村里所有的男性都手持长矛在等候着他。他们组成了一道人墙，不让这个臭名昭著的瘟疫传播者进入他们居住的村落。他们还放火烧了村旁的一片草原，防止这伙即将到来的游客在他们周围四处走动。

当保罗和他的手下继续朝他们走过去时，其中一个挡道者举起弓来，比画着就要射击。保罗的一个搬运工做出回应，举起步枪瞄准对方。随即，保罗这支风尘仆仆的探险队的成员们一言不发地几乎全都举起枪，组成了一条战斗线[①]。

弓与箭根本就不是步枪的对手。人墙退让了。村民们只能眼睁睁地看着保罗的人通过。

他们大步通过之后，队员们为胜利而感到振奋。保罗听见其

---

① 早期的火枪由于射速较慢，需要火枪手采用多列轮番装填射击方式来维持射击火力的连续，每列火枪手就构成了一条战斗线（a united front）。——译者注

中一个对他的同伴喊道："我们必须往前走。我们要去白人的国家。我们要去伦敦!"[1]

保罗拉开卷尺，老妇人十分畏惧。他向她保证，他不会伤害她。她似乎不太相信。卷尺从地面一直拉伸到她的头顶，测得其准确的身高为 52.5 英寸 —— 也就是稍稍超出 4.4 英尺。

他的团队是在一片偏远的森林里遇到这个女人的，结果发现她来自一个身材非常矮小的部落。保罗生平第一次觉得自己像个巨人。他拿着卷尺走近他们，要求他们站着别动，一个接着一个地测量。他测量的第一个年轻人似乎完全代表了这些人：他身高 54 英寸，即 4.6 英尺。整个村子里没有一个人身高超过 5 英尺。他测量了村民的头围，从眼睛到耳朵间的距离。他简直不敢相信自己所看到的。为了让他们配合，他送给他们珠子。

他在第一次探险时远征，曾听到过一些传言。说有个异常多毛的"个子矮小的野蛮黑人"部落，身体异常多毛，住在他所旅行的地区之外的某个地方。但是，提到这个神秘部落的人还一口咬定，在森林的更深处，还有另一种脚是偶蹄的人类 —— 这一民间传说似乎有点不靠谱，似乎并不可信。然而，令人难以置信的是，他如今就置身于一个又乱又脏、如同小人国般的奇妙地方。

这些黑人属于在中非发现的第一个俾格米人（Pygmies）部落。保罗将他们部落的名字记为奥邦戈（Obongos），但最终他们被称为巴邦戈（Babongo）人。[2] 他了解到他们是半游牧部落。他们从记事起，就一直住在他们与另一个名为阿尚戈（Ashango）的部落所共享的领土上，但很少在固定的地方居住，他们定期迁移他们的村庄。保罗认为，他们与阿尚戈人之间并没有亲缘关系：他们的头发看起来更卷曲，他们的体毛也比邻近部落的人要多。他手下那些来自阿尚戈部落的搬运工们“急于撇清与他们的亲缘关系”，但同时也对俾格米人远近闻名的狩猎、捕获野生动物和鱼类的技能表示钦佩——他们偶尔会用狩猎和捕获所得与邻近部落交易。

“我的（阿尚戈）向导好心地告诉我，如果我想买一个奥邦戈人的话，他们非常乐意为我抓一个。”保罗后来写道。[3]

就像先前他每次遇到一个新的部落时一样，他试图通过利用技术的力量，让自己看起来像一个拥有神秘力量的魔术师，从而赢得奥邦戈人的友谊。他带着八音盒、一大块磁铁、硫黄火柴和枪，为当地人进行了一场表演，他们中的许多人从来没有见过比啤酒瓶更先进的产品。

我拿出八音盒，上紧发条，八音盒开始演奏。人们惊讶得说不出话来。起初他们不敢直视那个八音盒，后来他们看了看我，然后又把视线转向那个八音盒，然后又从那个八音盒转向我，显然相信我和那个八音盒之间有某种交流。于是我就走开到森林里去了，那个音乐盒还在继续演奏。当我回来的时候，仍然还是那样惊讶得一点声音也没有。八音盒还在演奏着，人们似乎被咒语镇住了，都说不出话来。当我看到那些乐曲音乐播完时，我尽可能地大声喊道“停！”，随之而来的寂静似乎和之前的音乐一样让他们吃惊。然后我拿起左轮手枪开了几枪，我的手下也都开了枪。[4]

这一表演帮他安全通过了新的领地，但他的搬运工可没那么容易被愚弄。他们知道，比起他们需要他，他更需要他们。他的装备因遭遗弃和偷窃而不断遭损，要阻止这些人互相争斗变得越来越难。时间总是浪费在争论上。保罗对原住民，特别是对他手下的那些原住民的容忍已是消失殆尽。到了1865年的7月，他的想法已变得相当阴暗：

我所承担的这项任务十分艰巨。路上各种常见的困难，行进的艰辛，夜间值守，跨过河流，高温酷热，所有这一切与那些反复无常的村民一路上给我们制造的障碍和烦恼相比根本就算不了什么。我开始害怕看到有人居住的地方。他们要么惊慌失措，飞快地跑开，离我远远的，要么逗留在我身边，以他们永不满足的好奇心、变化无常、贪婪和难以忍受的喧嚣来烦我。尽管如此，我还是不得不想尽一切办法去安抚他们，因为我不能没有他们；没有向导是不可能穿越这片道路错综复杂的蛮荒森林的；此外，如果没有人带我们去那里并为我们说好话，我们就不能在村子里露面……我不得不表现出好脾气，与此同时，我希望他们都沉入海底。[5]

他的痛苦不会持续太久。他原本预计历时5年的探险很快将面临一场无法克服的悲剧。

他们步履艰难地走进了一个名叫穆奥孔博（Mouaou Kombo）的小村庄，它位于茂密的森林中，距离他出发的地方费尔南-瓦兹潟湖大约440英里。保罗打算在那里多雇些搬运工，继续向东前进。但是，穆奥孔博的村民告诉他，另一个更为内陆的村落的居民传话说，如果保罗获准进入他们的领地，他们将攻击这个村庄。保罗认为交涉可能会有用，他先派了己方的两名成员去和村民交涉。但没过多久，另一个村子来了4个哨兵，告诉他们这件事没有商量的余地。保罗就是不受欢迎。

感觉到气氛的紧张，穆奥孔博的酋长（chieftain）让保罗到他的小屋里避难。但保罗手下的一些搬运工还留在外面，他们对空鸣枪，想要恐吓那些哨兵。结果出事了。

根据保罗的描述——他是唯一幸存的人——其中一个搬运工还没把枪朝天举起就放了一枪。一颗误射的铅弹呼啸着穿过村庄。不久，他听到其中一间小屋传出尖叫声。

“我冲了出去，在离我的小屋不远的地方，我看见一具黑人的尸体躺在地上，已经完全没有生机。他的头被打碎了，脑髓从他破碎的头骨中渗出来。”保罗后来写道。

开枪的那个人吓得往后退缩。“哦，谢吕，我控制不了自己。”他告诉保罗，“枪走火了！”

死者是穆奥孔博的当地居民。这个部落原先是欢迎保罗一行的。村长（village chief）过来与保罗交涉。“你说你来这里不杀人，”他大声说道，“这难道不是一具人的尸体吗？”

保罗无法辩白。当酋长试图抚平其族人的情绪，免得局势失控时，保罗躲进他的小屋，开始收拾东西。他担心穆奥孔博的村民随时可能发生暴乱。保罗开始将日记、子弹、左轮手枪和手表——他所能拿到的每一样东西——扔进袋子里。

在他匆忙收拾东西时，喊叫声和咒骂声越来越大。又有一个妇女刚被发现死在她的小屋里，显然是被同一颗流弹杀死的。

全村的人都群情激愤，高声喊打。

保罗和他的手下连忙跑路。

他们在冰雹般的一阵箭雨中飞快地跑进森林。有枝箭在保罗的手上划了个口子。另一支射入了保罗的一个搬运工的腿部，致使那人行走时一瘸一拐的。

他们逃跑的时候，每隔一段时间就会有一个人转身朝追赶的村民开枪。尽管每一次枪响似乎都让那些穆奥孔博村民吓得不敢动弹，但他们仍在继续追击。保罗的人在武器上具有明显的优势；步枪的射程远远超过弓箭的射程。森林中迂回曲折的小径为双方提供了保护，因为双方几乎不可能瞄准对方。随着追逐的继续，保罗担心当地村民可能知道穿过森林的捷径，这就使得他们可以伏击他的手下。

大约逃了四五英里后，那些村民们仍在声音可及的距离之内。保罗叫他的那些手下停下来。

"我觉得该是进行回击的时候了，要让他们尝尝我们的厉害。"他后来解释道，"因为如果我们让他们继续追下去的话，那么村民就会在前面设伏我们，置我们于险境，到时候我们就几乎不可能逃脱了。"[6] 腿部受伤的那个搬运工十分紧张，猜测那些当地人用的是毒箭。这绝不是妄加推测：内陆有些原住民在打猎时，会把藤本植物的有毒提取物涂在箭头上。

这些人等了一会儿，才看到追赶他们的第一批人，于是他们开火了。保罗看到几个村民倒下了。

他们转身再次奔跑，保罗感到腰部一阵剧痛。

他的皮制左轮手枪皮带吸收了箭的大部分冲击力，但他还是被射中了。他的手下再次转身开火，保罗用手指摸了摸伤口，担心箭头所涂毒物可能产生的影响。他认为，除非他们的火力让追捕者相信了他们的威力，否则村民们可能会在夜幕降临时包围他们，并杀死他们。

他们跑到一座小山前，掘壕固守背水一战。保罗看到一个村民倒了下去，另一个被来复枪的子弹打中了脸，"看来他的下巴骨碎了"。

这一次，残忍的攻击奏效了。当他们再次开始动身逃跑时，那些当地人放弃了追捕。

保罗和他的手下继续快速前进了几英里，并不完全相信他们是安全的。保罗估计那天他们大概走了 20 英里才停下来吃饭和休息。他的腰受伤了，但伤势并不严重。腿上中了一枪的那位搬运工疼痛难忍，而保罗已经完全没有药了。在逃命时，由于携带着货物跑不了，许多搬运工把大部分的货物抛弃了。保罗不能责怪他们。换成是他也一样。在接下来的两个月里，他们急匆匆地沿着几个月前走的路线往回走。在他们的前面，这场天花瘟疫已经使一些村庄沦为鬼镇。在他们身后，战斗仍在持续。

当他们遇到的部落追问他们逃跑的细节时，这群人“小心翼翼地隐瞒了我们是侵略者的事实”，保罗写道。但他们很快就不再谨慎。有些人开始吹嘘他们杀了多少人。

当保罗到达昆格萨的村庄时，他得知天花在他离开后不久就在这个地区传播开来。这片地区不再是他所知道的那个繁荣的村落，而是一片荒芜。大多数人都搬到了另一个村庄。

保罗最终找到了昆格萨，他的“王国”已被毁灭。这位老人想离开这片海岸，离开这个国家，离开这块大陆。“如果我还年轻的话，”他对保罗说，“我会和你一起去白人的国家。哪怕我如今已经这么老了，要是你的国家没那么远，我还是愿意和你一起去。”

两人都知道这是件不可能发生的事情。一路跟随着他的那些恩科米人都活着回来了，但只有保罗能去伦敦。

一个要去英国的船长同意让他搭船，即使保罗没有办法付钱给他。在仓促回到海岸的过程中，他几乎失去了所有的一切。他的玻璃板照片、相机和六分仪被丢弃在丛林某处的灌木丛中；他带进森林的所有装备，只剩下两只表和一只气压表。

就在他上船之前，保罗给他的出版商默里写了一封信。这封信很短，出于礼貌让他知道自己还活着，尽管身体不太好。

“你根本就想象不到我所经历的种种磨难，”他写道，“瘟疫、水、火我都经历过了。”[7]

在前往英国的漫长航程中，他一直昏昏沉沉的。现在距离他到达加蓬开始默奇森所称的有史以来最大胆的非洲探险已经差不多整整一年了。

他这次的失败完全不失为一次壮举。

第四十章
同行的评判

1866年，皇家地理学会最令人期待的会议是其该年度的第一次会议；这次会议于1月8日在伯灵顿宫举行。保罗这位主题演讲者[1]五年前首次踏入这座建筑，当时他在这里展示了他的大猩猩。现在他已经34岁了，但仍保持着一个渴望证明自己的年轻人的活力。但这一次，房间里的紧张气氛不同以往。在保罗看来，演讲大厅里挤满了人，就像一个庞大的陪审团，急切地审查他的证据并做出判决。受审的不仅仅是他的探险，而且还有他的尊严。

没有大猩猩与他共享这个舞台。也没有任何描绘猎杀野兽的画面。他没有讲任何笑话，也没有任何即兴发挥。他打算严格按照事先准备好的稿子来念。这份讲稿概述了他这两年的苦难经历，从他所乘坐的那只独木舟在海岸冲滩受损到穆奥孔博损失惨重的灾难性的逃生。他在演讲中概述了河流的轨迹、各个部落的风俗习惯、地貌的特征、他所发现的卑格米人、瘟疫的传播，当然，还有他所观察过的大猩猩的习性。

各个话题之间没有必要进行过渡，因为将所有这些不同的观察结果黏合在一起的就只有一个主题，那就是每个人心里都有的疑问：他说的是实话吗？

保罗很快就承认，这次探险的结果与目标相差甚远。但他并非一无所获。他解释说，虽然他拍的照片全都丢了，但他所提供的细节却十分精确，如同一个一丝不苟的记录员记录的那样精确。他不是根据走这些路需要多少天来判断距离，而是根据纬度来描述的。在描述他在森林中遇到的大猩猩和他在营地里饲养的其他大猩猩时，他没有使用"梦魇般的生物"，而是依靠具体的、可观察到的细节。换句话说，他用一种听众能够信任的语言来表达：实证的数据。

这些信息来自他一本又一本的皮革封面的笔记本——这几乎是他殊死从丛林中撤退时设法保存下来的唯一东西。页面上满满的全是统计数字。即使是在备受灾难和疾病困扰的那些日子里，在其他人上床睡觉后，他还一直在营地里熬到很晚，借着一盏牛眼提灯微弱的灯光在外面慢悠悠地走着。他用铜壶烧水，眯着眼睛看天文年历，摆弄六分仪。在一本笔记本里，他记录了星星的子午线高度，以此来确定他所在的纬度。他绘制了月角距[①]，并计算了几乎每个营地的海拔高度。凭着同样执着的决心，他还坚持写日记，记录下自己的一举一动。在其中一行里，他描述了猎户之剑[②]那天晚上

① 月角距（lunar distance）：天文导航中使用的术语，指月球和另一个天体之间的角度。领航员可以利用月角距和航海年历计算格林尼治时间，进而在没有天文钟的情况下确定自己所在地点的经度和纬度。——译者注

② 猎户之剑（the Sword of Orion）是在猎户座的一个星群，它由三颗恒星（c、θ和ι）组成，位于显眼的猎户腰带星群下方，指向天空的南方，而且编号为M42的猎户座大星云就在这个星群的中心。——译者注

是如何出现在天空中的。一个月之后，他能算出夜间一片叶子的背面数一下正好有 36 滴水珠的确切时间。他还在笔记本中记录了他访问过的那些村庄的主要街道的长度和宽度，土壤中的矿物成分，建筑的特色，以及他所遇到的人的服饰、礼仪，甚至发型。所遇到的每一种新语言他都会列出一个词语对照表。每当被昆虫叮咬时，他会记下这些昆虫的种类，并试图测量疼痛的强度和持续时间。这是一种沉浸在自然世界的体验，即使是照片也可能捕捉不到。

他设法保留了几乎所有这些细节，而在伯灵顿宫，这些细节也拯救了他的声誉。

观众中有些人并不感到惊讶。[2] 甚至在他回到英国之前，几件不相干的事情已经开始让他的声望得以恢复。

例如，默奇森并不在乎保罗没能到达尼罗河。在他看来，保罗已经毫无疑问地证明了自己。早在他在非洲海岸停留期间，他已经让瓦登船长运回一些物品，这些物品引起了皇家地理学会的极大兴趣。一种是竖琴——这种纤维弦乐器曾让托马斯·马龙嘲笑保罗。在皇家地理学会官方的会议记录里有报道称，默奇森"把它交给了他所认识的一位十分优秀的女竖琴演奏者——惠灵顿公爵夫人（the Duchess of Wellington）。威灵顿公爵夫人向他保证，尽管琴弦是用草的纤维制成的，但它也能发出音乐的声音"[3]。大约在同一时间，理查德·欧文也激动地发现，保罗送回了一具保存完整的巨水鼩鼱的标本，这种形似水獭的动物曾被格雷的怀疑论者大军公开讽刺为神话鼩鼱。《动物学会汇刊》（*Transactions of the Zoological Society*）上的一篇文章宣布，保罗最初对这种动物的描述基本上是准确的。[4]

在他离开英国期间，有人对他第一次行程的地理学推测也进行了重新评估。就在保罗沿着他灾难性的路线蜿蜒穿过加蓬的同时，法国的探险船正沿着加蓬的奥果维河逆流而上。[5]在其第一次尝试时，面对当地人的敌意，法国探险队就放弃了。但第二次尝试让地理学家们对该河流水系的真正航线有了更好的认识，这一发现支持了保罗《在赤道非洲的探险与冒险》一书中提出的许多地理学上的猜想。德国的地图制作者们先前侮辱了保罗，他们把保罗造访过的那些村庄画在离海岸很近的地方，现在他们重新绘制了地图，把这些地点往内陆推移。[6]

最后，在保罗演讲的前几周，英国皇家天文台的负责人埃德温·邓金（Edwin Dunkin）每天花6个小时钻研保罗笔记本上的那些天文数据。他的助手工作得更辛苦，每天费力地进行9个小时的测量工作。10天后，他们仍然只完成了一半。但在保罗演讲的当晚，邓金已经看到了足够多的东西，并向皇家地理学会报告说，他“对迪·谢吕先生的天文观察的次数之多以及准确度之高感到惊讶”[7]。

约翰·格雷没有出席那场讲座。查尔斯·沃特顿也没有，这位82岁的乡绅6个月前刚刚去世，当时他正在他的宅邸外扛着一根原木，被一棵荆棘绊倒。但在挤进教室的数百名听众中，有一个曾对保罗持续不断地进行抨击的人很难被忽略，这人便是温伍德·里德。

在演讲过程中，保罗的解释似乎是在直接针对这位年轻作家做出回应，这位年轻作家曾指责他谎称看到了拍打着胸脯的大猩猩。“在获得这些进一步观察的机遇之后，”保罗说，“我看不出我以前所讲的关于大猩猩习性的叙述有什么可收回的地方。”考虑到他所经历的一切，他的演讲毫无疑问是实事求是的。[8]

考虑到他们之间原来就不和，里德当天晚上的举止还是比较友好的。后来，他写信给《泰晤士报》，赞扬这位他先前曾贬损过的探险家："我只想补充一点，如果迪·谢吕先生即将出版的书像他在伯灵顿宫所念的那篇文稿那样谦虚，也没有过于夸张地描述大猩猩的话，他理应被那些真正的科学家们视为权威。"[9]

第四十一章
意外的胜利

保罗还在非洲期间，达尔文关于自然选择的观点已经被越来越多的专家接受。就连欧文似乎也缓和了他对这个越来越难以否认的理论的抨击。

1866年初，欧文发表了一篇关于脊椎动物解剖的论文。[1]《伦敦评论》将其解读为“虽然只是部分承认了物竞天择的真理，但意义重大”。欧文否认自己接受了达尔文的观点，他回应《伦敦评论》说，他最近的论文只是重申了他在1850年首次提出的物种间联系的观点。鉴于此，欧文认为在这个事情上被视为“接受者”的应该是达尔文，而不是他本人。[2]达尔文还在与疾病作斗争，并开始写一本关于动物和植物在家养环境下发生变异的书。欧文把演化争论中的失败变成了不劳而获的胜利，在达尔文看来，这似乎是一种极不道德的手段，对此达尔文十分恼火。在1866年新版的《物种起源》中，达尔文提醒读者，欧文多年来一直在反对他的理论。赫胥黎读到新版的《物种起源》时很高兴。“你把‘我们共同的朋友’无情地痛骂了一顿。”[3]他在给达尔文的信中写道。

随着达尔文和他的朋友圈在维多利亚时代的科学界越来越有影响力，赫胥黎与欧文关于人类和大猩猩关系的争论——媒体称之为“海马体辩论”（the Hippocampus Debate）——在不断地升温。1863年，赫胥黎的《关于人类在自然中的位置的证据》（*Evidence as to Man's Place in Nature*）一书出版，这是第一本完全致力于人类演化这一主题的书，其中就包括在大猩猩与人类的关系问题上试图一劳永逸地彻底击败欧文。他提供了更多的证据，证明欧文所声称的区分人类和猿类的三种大脑结构——包括小海马体——实际上可以在较低等的灵长类动物的大脑中找到。

在达尔文的支持者看来，赫胥黎是胜利者。但是欧文并没有投降。相反，他发现了赫胥黎论证中的一个弱点，于是修正了自己的观点，并重新发起了攻击。

欧文在1865年出版了一本名为“大猩猩研究报告”（*Memoir on the Gorilla*）的专著。[4]在书中，他试图澄清自己的论点，并通过他从未否认在类人猿身上可以找到“小海马体”（the hippocampus minor）的雏形这样一种说法来削弱赫胥黎的明显胜利。相反，欧文说，猿类的小海马体的构造与人类的海马体的构造大不相同，甚至不值得被冠以同样的名称。欧文认为，赫胥黎在海马体辩论中的“胜利”是一个毫无意义的胜利。

这一观点几乎没有动摇达尔文的支持者，其中的许多人将欧文斥为一个不顾一切的修正主义者。但在他的大猩猩研究报告中，欧文采用了一种新的进攻策略，这种策略最终证明可以更为有效地用来对付赫胥黎，尽管他同时代的人很少认识到这一点。

在《关于人类在自然中的位置的证据》一书中，赫胥黎的论点变得更加清晰：他特别强调了不同种族的人之间的差异就像人类与猿类之间的差异一样大。他的这一论点的依据是一个错误的，而今已被证明是不成立的假设，即人类的种族可以放在一条从低（黑人）到高（白人）的一条笔直的演化线上。他写道："人类各种群之间的差异要比人类与猿类之间的差异更大。"[5]他的这句话实际上表明，黑人与大猩猩之间的关系比黑人与欧洲人之间的关系更为密切。他错了，而欧文察觉到了他的弱点。在1865年和1866年整整两年里，焦头烂额的欧文一直在重复他多年来一直在反复提出的论点，试图重新架构这场关于大猩猩的争论。他这样做不是因为他相信黑人享有平等的社会地位；他这样做只是为了抓住赫胥黎的错误，捍卫自己坚持不懈的信念，即人类不是从大猩猩演化而来的。

欧文的论据完全取决于他对人类头骨的研究，这其中包括保罗从西非给他提供的那些头骨。欧文还没有准备好为种族平等辩护，但他说："我观察到黑人种族个体的大脑和通常的白种人的大脑一样大；我同意伟大的生理学家海德堡（Heidelberg）的看法，他也记录到了类似的观察结果。一个与大脑的演化有关的事实是，在任何一种智力活动领域中，纯粹黑人种族的个体都是出类拔萃的。"欧文写道，白人和黑人之间相对微小的大脑差异标志着"人类大家族令人惊奇地一致"。[6]

当保罗准备写第二本关于他最近的非洲历险的书时，欧文再次全力支持他，同意写一篇分析性文章，作为附录收录在保罗的书中。这篇文章详细分析了保罗收集到的93具人类头骨，称赞这位探险家"赢得了每一个真正热爱科学的人士和学生的尊重和感激"。欧文得出的结论是，在他检查过的所有非洲人的头盖骨中，标志着他们不同于其他所有物种的基本特征就"和肤色最浅的白人的头盖骨一样明显”。[7]

欧文希望这一证据能对自己的观点——人类不是从大猩猩演化而来——有所帮助。但事实并非如此。我们现在知道，人类种族的差异和相似之处，是相对较近的发展，从演化的角度来看，实际上是无关痛痒的。人类和猿类之间的过渡形式不是通过观察种族差异来发现的，而是要从化石记录中找到灭绝物种——也就是“缺失的一环”——的证据。

赫胥黎论点的主旨——科学证据表明，人类可能是从类人猿演化而来的——是合理的，尽管他的一些论据是错误的。欧文的情况正好相反。在达尔文学说的辩论中，历史把他置于失败的一方，但现在看来，他用来反对对手的一些主要论点不仅是正确的，而且值得敬佩。在这场大猩猩之战中，欧文所赢得的那些仗都是他本来不想打的。

第四十二章
探险家

1866年，保罗大部分时间都待在伦敦郊区的特威克纳姆天文台。这栋建筑的主人为艺术家和作家们提供了一个他称之为“对公众开放的房子”，允许他们在这座建筑里进行创作。其厚墙——得到加固以支撑沉重的旋转屋顶——提供了安静和避难的地方。大多数人把这栋楼用作办公场所，但保罗充分利用这座建筑的主人所提供的房子，他搬进这栋建筑，把它作为一个暂时的家。有人给了他一把锁着的铁桥的钥匙，铁桥横跨这条河流，通向那栋楼的门口，因而他可以随意进出。[1]

他经常与亨利·瓦尔特·贝茨（Henry Walter Bates）一起工作[2]，写他那本关于第二次探险的书。贝茨是一位传奇的博物学家，曾与阿尔弗雷德·拉塞尔·华莱士一起去过亚马逊雨林。华莱士关于自然选择如何影响演化的假设激发了达尔文发表他自己的理论。贝茨在亚马逊雨林中待了11年，把14000多个物种运回英国，其中有8000多个被认为是“新”的物种。他的游记《亚马逊河上的博物学家》（*The Naturalist on the River Amazons*）于1863年出版，获得了极大的好评，更重要的是，没有任何争议。在默里的鼓励下，保罗把他的叙事体的日记交给了贝茨，贝茨帮忙把它们编成书——《阿尚戈之地旅行记：进一步深入赤道非洲》(*A Journey to Ashango-Land: And Further Penetration into Equatorial Africa*)。

弗朗西斯·伯南德（Francis Burnand）是一位著名的幽默作家，曾为《潘趣》杂志撰稿。他经常在天文台保罗房间附近的另一个房间里工作，期待着在两人共同的休息时间里一起抽烟斗，并享受他们自己提供的可靠娱乐。他为保罗不能安静地坐着而感到高兴，认为他是“一个极其有趣、非常容易激动的人”。他会问一些有关他的书和赤道非洲的地理问题来刺激保罗，只是为了看看他会做何反应。保罗“会借助桌子、椅子、棍子和任何可以派上用途的东西来说明情况。他会表演如何跟踪动物，如何靠近大猩猩的可测量距离，向我们展示诱捕这些‘怪物猴子’几乎无法克服的困难”。[3]

在皇家地理学会的演讲大获成功之后，保罗重新获得了一些他在1861年所享有的名声，这有助于他沉迷于他最喜欢的消遣之一：浪漫的调情。据许多人描述，他一直以来都是那种极具魅力的人，是那种会冲过去为女士开门的人，当她走过时，他会对她报以微笑和给予恭维。“他是一个忠实的女性仰慕者，”伯南德这样描述保罗，“而且她的外貌越美丽，他的忠诚度就越大。”有一次，当伯南德看到一位被他称作“富尔塔多小姐”（Miss Furtado）的年轻美丽的女演员正乘坐一艘缓慢移动的游船经过天文台时，保罗要求立即引见一下，于是两个人划着独木舟追赶着这艘船。他们就受邀上了那条船。“不一会儿，迪·谢吕便已经广受欢迎，和周围的人都交上了朋友，也吸引了美丽的富尔塔多的注意。”她似乎完全被迷住了。另一个男人，阿德尔菲剧院的老板，显然也很想赢得这位年轻女演员的注意。据伯南德后来披露，保罗明显的成功让他完全失去了平衡，他因此掉进了河里，假发也掉了。

当保罗的第二本书在1866年末出版时，无论在英国还是在美国，绝大多数的评论都是赞许的。

“在他的书中，再也没有什么比其作者令人钦佩的脾气更有特色了。”《钱伯斯大众文学、科学和艺术杂志》（*Chambers's Journal of Popular Literature, Science, and Arts*）总结道，“他自然很想为自己辩护，让那些攻击他的敌人去‘吃土’。他当然是这样做的；但这道菜做得很是爽口，而且是最好的法国风格和口味。”[4]

罗德里克·默奇森和皇家地理学会的其他杰出人士断言保罗已从冒险家晋升为探险家。他们投票通过了一份荣誉“证书”，认可了他在地理学和博物学领域的贡献。他们还奖励了他一笔现金，以补偿他那些损失的设备。

“你们都听说了……一件不幸的事故是怎么给他带来种种的灾难，导致他的事业就此中断。”默奇森告诉皇家地理学会的会员，“但即便如此，他还是取得了相当重要的成果。因为他不仅订正了原来去过的那些地方的地理资料，而且比上次向内陆推进了大约150英里。”[5]

默奇森认为，保罗在旅途中表现出的那种“坚不可摧的勇敢”可能是他出生时就养成的。“我认为，迪·谢吕先生在各个方面都是一个给了他血统的国家的真正的典型。”默奇森说，“如果法国有理由为他感到骄傲，那么我们，以及我们的亲戚美国人，也可以把他称为我们自己的同胞——他也曾和美国人生活在一起。”

默奇森显然并不知道保罗完整的身世背景，不过这不是问题的关键。默奇森所讲的这些话以及它们所激起的喝彩似乎是在向保罗提供一个诱人的可能性：完全接纳他。他终于有了归宿。

具体在哪里，似乎完全取决于保罗。

在真实和虚假之间存在着一个空间，在这个空间里，两者都可以融合并变成强大的东西。这是一个被神话占据的地方，这是保罗探索得最彻底的一片地域。

一个生来就注定要过一种无法逃脱的受压迫生活的男孩被放逐到这个世界。他是一个衣衫褴褛的孤儿，被河水冲上岸，有人在河边发现了他。在一位睿智的老师的帮助下，凭着他自己的决心，他掌握了指导他度过一生的那些技能。他经历了一系列偏远地区的冒险。他杀死野兽。他的荣耀被无情地夺走，一切似乎都失去了。在面对其一生中最绝望的挑战时，他唤起了自己在广阔的冒险历程中所养成的勇气和毅力。最终，他获得了曾经似乎难以理解的东西：自由。

这就是保罗选择居住的地方：安全地待在他自己创造的神话中。生活在这个领域里就是完全的自由，但一旦他承认了多年来他不断编造出来的众多身份中的任何一个，这种自由就会消失。在赢得公开的胜利之后，保罗大体上本可成为一个赤道非洲研究方面的权威，特别是该地区博物学的权威。如果他愿意，他本可以把注意力集中在大猩猩身上，利用他比当时任何人都要懂得这一种动物、了解更多的可验证的专门知识的优势。但他并没有追寻其中的任何一条道路。事实上，他绝不会再去看野外的大猩猩。他再也不会回到非洲了。

他本可以承认自己的过去。但是关于他的血统的各种谣言一直在流传，保罗从未公开承认过真相。在他的一生中，他一直都不去厘清所有那些虚假的、让他的身份无法确定的各种传言。他不想成为非洲人、法国人、美国人、英国人，也不想成为博物学家、玩杂耍的人、猎杀大猎物的猎人、人类学家或地理探险家。很明显，他想在这几者之间舞动，而不被困在任何一个标签之下。

不管你怎么想，他都不符合 21 世纪个体的理想，即一个拥抱自己的背景、拒绝屈从于对其人民的不公正偏见的人。相反，他选择生活在一个自己创造的宇宙中，在那里，种族界限根本不适用于他。在这个神话中，最终目标 —— 金戒指 —— 是成为一个完全自由自主的个体。这种自由让一个人在任何地方都有归属感，换句话说，他不属于任何一个特定的地方。

第四十三章

无人区

保罗在他的第二本书出版后不久便离开了英国，回到纽约的卡梅尔。在那里他准备了一系列讲座，这些讲座将带领他穿越美国，从内战和亚伯拉罕·林肯遇刺事件中恢复过来。从锡拉丘兹到芝加哥，他讲的故事都充满了耸人听闻的细节，正是这些细节为他赢得了声誉，而不是为他在学术团体中赢得尊重。

在全美国各地的舞台上，他适应了一个将伴随他余生的角色：*l'ami Paul*，也就是“朋友保罗”，一个和蔼的讲故事的人——他能像老水手那样凭直觉解读人群，发现最强的水流，并充分地利用它们。当他演示大猩猩走路的姿势时，如果听到观众的笑声，他就会开始一场充满活力和想象力的哑剧，最后还会配以一段低沉的喉音音效的副歌来结束他的演出。例如，当他提到他遇到的许多部落王都实行一夫多妻制时，如果人们笑了，他就会滔滔不绝地反复谈论这个话题，讨得大家开心一笑，用男人拥有数不清的妻子的故事来满足观众对异国情调的胃口。

记者们条件反射地将他描述为一个成熟的孩子，一个慈祥的精灵。孩子们喜欢他的表演。在他开始巡回演讲后，纽约的一家出版公司立即请他根据自己的真实经历为孩子们写一本书。

“他们认为这本书会有巨大的销量。”保罗在1867年春天从卡梅尔寄出来的一封信中向约翰·默里解释道，“他们希望我在8月份交稿。我会自己写，并请人对英文进行校正。”[1]

这本名为“大猩猩国度的故事”（*Stories of the Gorilla Country*）的书是他在接下来的5年里为儿童所写的关于非洲的5本畅销的冒险读物中的第一本。[2]“朋友保罗”已成了一个文学品牌。

在美国定居后，保罗很少回到英国。他只是偶尔与其中许多对他成名有帮助的人保持联系。

理查德·欧文仍然在英国的社交圈和科学界占据着特权地位，但随着达尔文主义站稳脚跟，他的影响力大大减弱。欧文继续担任大英博物馆的馆长，并被维多利亚女王封为爵士。他甚至是塞缪尔·约翰逊（Sammel Johnson）所创立的俱乐部的成员——整个俱乐部只有40名成员，是英国最高级的私人社团。但达尔文的朋友圈和追随者们而今代表着一个新的科学势力，他们仍然不信任他。关于大猩猩的争论平息多年之后，达尔文认为欧文仍在秘密策划败坏他和朋友们的名声。对于他的这位资深同事，达尔文不再以礼相待。1872年，达尔文怀疑欧文又匿名写了一篇评论来抨击他的理论，于是达尔文在一封信中提到了欧文：“我曾经为那么恨他而感到羞愧，但现在我会小心地将我的憎恨和蔑视进行到底，直到我生命的最后时日。”[3]

T. H. 赫胥黎成了理性探索的有力倡导者——在理想状态下，理性探索不受政治、宗教和社会压力的影响。在帮助撰写历史版本，以为后人定义这个时代上，他所作的贡献可能比同时代的其他任何一位科学家都要大。因为赫胥黎是这一新的科学体系的代言人，他的看法十分重要。在欧文1892年过世之后，他的孙子为他写了一部两卷本的传记，对他大加赞扬，而且还请人写了一篇文章作为这本书的后记，评价欧文在科学史上的地位。这篇文章便是赫胥黎所写。这份长达60页的评价既严谨又和善，指出欧文是一位值得尊重的科学家，尽管他持嬗变学说并在这方面做了大量的研究工作，但他并不是因为这些而值得人们的尊重。“读者必须记住，无论对理查德·欧文爵士在这些问题上是怎么想的持什么看法，”赫胥黎总结道，“在那些对知识作出了巨大而永久的有价值贡献的人当中，他所占的地位是不容置疑的。”[4]

赫胥黎对保罗·迪·谢吕的最终评价在科学家中也具有同样的分量。虽然保罗的许多有争议的描述最终得到了支持，但他从未获得新的科学精英的无条件接受。

保罗和他的标本在促成赫胥黎完成《关于人类在自然中的位置的证据》上发挥着重要作用，但书中几乎没有提到他。保罗的缺席太明显了，显然需要解释。因此赫胥黎解释说，他没有引用保罗的作品，不是因为他认为他不相信保罗对野生动物的描绘，而是因为它们是以一种科学上无法接受的方式呈现出来的。保罗的情节剧和浪漫故事在科学中没有一席之地，即使他揭示出的许多发现是有效的。

“他写的可能是事实，”赫胥黎在提及保罗的作品时写道，“但这并不是证据。”[5]

作家J. M. 巴里（J. M. Barrie）以《彼得·潘》（*Peter Pan*）的创作者而闻名。他曾说过，他一生中遇到过三个前往非洲探险的旅行家：亨利·莫顿·斯坦利、约瑟夫·汤姆森（Joseph Thomson）和保罗，这三个人都是坚定忠诚的单身汉（斯坦利后来结婚了，那时他快50岁了。）“他们之中的一位说，在历经多年孤独的旅行之后，一个男人很喜欢和女人交往，但就是不愿意从中挑选出一个终身伴侣。”[6]巴里写道。

这一匿名评论很可能来自保罗。他是巴里的密友[7]，而且在美国的演讲中也经常穿插类似的内容。和其他几乎所有的事情一样，当涉及个人关系时，保罗喜欢把自己描绘成一个终极的自由人，致力于无拘无束的旅行生活，因而无法对任何一个人甚至是一群人做出承诺。

他从未结婚。在非洲探险之后的几年里，他不断赢得迷人的浪漫之人的声誉，然而除了在报纸文章和信件中大量不具体地提到他对漂亮女人的“殷勤”和好感之外，几乎不存在任何恋爱关系的证据。保罗去世二十多年后，法国记者米歇尔·沃凯尔（Michel Vaucaire）试图挖掘保罗可能有过恋爱关系的证据，但一无所获。“我一直都找不到任何持久恋情的蛛丝马迹。”沃凯尔写道，“不能说在他的生命中有过什么女人，或者有过任何伟大的浪漫爱情。”[8]

当然，如果保罗隐瞒了对男性的浪漫偏好，这或许有助于解释他终生未婚以及他对亲密关系的谨慎态度。但这方面的证据也同样不存在。

他的私人信件强烈暗示，他最看重的那种关系根本不是浪漫的情爱，而是将父母和孩子联系在一起的那种关爱。传教士约翰·莱顿·威尔逊和他的妻子简在他十几岁时收养了他，他们完全把他当作自己的孩子，为他树立了慈爱的典范，因此，他一生都在积极地寻求复制这种爱。直到他去世的那天，保罗几乎总是缺少一个固定的住所，而是选择作为一个半永久的客人的身份轮换住在一些著名夫妇的家中。

在费城，他经常与报纸出版商乔治·W. 蔡尔兹（George W. Childs）和他的妻子艾玛（Emma）住在一起。在芝加哥，记者约翰·安德森（John Anderson）和他的家人在家中专门为保罗保留了一个房间，有时保罗会在他们那里寄宿几个月。在他生命最后十年的大部分时间里，保罗主要与查尔斯·戴利（Charles Daly）和他的妻子玛丽亚（Maria）生活在一起。戴利法官是纽约法院的前任首席大法官，他还担任过美国地理学会的主席，在那里他遇到了保罗。最终，两人加入了人道主义组织“非裔解放者联盟”（Philafrican Liberators' League）[9] 的理事会，该组织致力于非洲境内的奴隶获得自由。他们成了密友。

戴利夫妇——还有和他们在一起的保罗——有时住在曼哈顿的一栋房子里，有时前往他们在萨格港附近的乡间庄园里居住。1894 年，玛丽亚快要去世时，保罗发现，她一直以来都在费心地考虑如何保障他的未来。

“她待我如同慈母一般——在遗嘱中还记着我。”玛丽亚过世后不久，他给一个朋友写信时说，“她有几个姐妹和一个兄弟，她对我的关爱足以见出她的仁慈。我在戴利法官家写信，今年冬天我将和他在一起……他就像我的父亲一样。”[10]

几年后戴利法官去世时，他又留下了多达 25000 美元的信托基金供保罗使用，在世纪之交之前这可是一笔可观的财产。[11] 保罗用这笔钱周游世界，继续探索科学与神话之间的无人区。

对于一个出生于法属非洲小岛上的混血儿来说，对传统的北欧文化产生强烈的兴趣几乎是不太可能的，但对于一个极其熟悉传奇王国的人来说，这是非常自然的。

19 世纪 70 年代，四十多岁的保罗开始着迷于这样一个观点：说英语的民族并不是盎格鲁－撒克逊人的后代，而是维京人的后代。在花了将近五年的时间游历了斯堪的纳维亚半岛之后，他写了一部两卷本的游记——《午夜太阳之地》（*The Land of the Midnight Sun*）。八年之后，他又出版了一部长达 1100 页的《维京时代》（*The Viking Age*）。这本书对挪威神话进行了分类，试图解释他所认为的英语国家的“可怕的勇气”和“喜爱征服”的起源。

在北欧神话中，保罗发现了从早年起就塑造了他世界观的那种英雄主义的历史根源。他深入研究像西格德（Sigurd）这样的人物的故事。作为一名典型的北欧海盗英雄，据一些传说，西格德是一个私生子，养父抚养他长大，并教会他战争的艺术，后来他通过杀死一条巨龙完成了自己作为英雄的使命。除了撰写旅行书和神话作品，保罗还写了他自己版本的现代挪威神话，并将其作为一本写给男孩们的小说出版，取名为“维京人伊瓦尔：基于第三、第四世纪真实事件的浪漫史”（*Ivar the Viking*：*A Romantic History Based upon Authentic Facts of the Third and Fourth Centuries*）。这本书是他在将近 60 岁时开始写的，其中包括对西格德（故事中一位睿智的长者）的描述，简直可以当作其本人的大致写照：西格德“游历过世界各地，见过绝大多数人都不知道的众多国家；他身材矮小，已达到生命的顶点；已经开始有了灰白色的头发”。

保罗晚年对北欧生活的沉迷使他在美国的斯堪的纳维亚移民中获得了一群积极的追随者。1896 年，美国参议员克努特·纳尔逊（Knute Nelson）想方设法邀请他到自己的家乡明尼苏达州发表竞选演说，以支持共和党总统候选人威廉·麦金利（William McKinley），并利用保罗“在明尼苏达州斯堪的那维亚人中的影响力”[12]，据《圣保罗①环球报》（*Saint Paul Globe*）的一位记者报道。第二年，保罗游说麦金利政府，想要担任美国驻瑞典大使的职位。[13]

保罗在竞选美国大使的过程中输给了一位经验丰富的美国外交官，但美国的斯堪的纳维亚社区从未忘记他。从纽约到芝加哥，许多斯堪的纳维亚人的社交俱乐部都授予他会员资格，接纳他成为他们的一员。

“他们是一个伟大而高贵的种族，”他在纽约的一次关于挪威和瑞典人民的演讲中说道，“一个善良、稳重、守法的民族。我希望他们很多人来这里。”[14]

令人难以置信的是，这个在种族问题上如同变色龙一般总是变来变去的人，在其一生中的不同阶段曾多次声称非洲、欧洲和美洲是他的祖籍地，但在其生命的尽头时，却宁以斯堪的纳维亚人自居。

1901 年，70 岁的保罗开始了他的最后一次旅行，他希望这次俄罗斯之旅可以让他再写出一个旅行故事。就在他离开之前，他在华盛顿稍做停留，与俄罗斯外交官和美国领事馆办公室做了一些最后的安排。一名记者发现他精力充沛地在阿灵顿酒店的大堂里踱来踱去，有点呆头呆脑的，不能总是固定地站在一个地方。

“迪·谢吕先生的书和他的探险事迹不需要再做介绍了，但他的外表却需要我来跟大家说一说。”[15]这位记者写道。他注意到，实际上除了白胡子外，保罗看上去仍然非常年轻——一脸的孩子气。

① 圣保罗系美国明尼苏达州首府。——译者注

“我相信青春的力量能使人年轻，”保罗解释说，“因此我利用每一个机会。我结交年轻人，我按照他们的习惯来调整我的习惯，适应他们的风俗，我分享他们的乐趣。我远离那些患有痛风、脾气暴躁的老家伙，他们对所有的快乐都不屑一顾，只是待在家里照顾自己的病痛。”

他说，这就是为什么他前往俄罗斯进行另一场冒险的原因。他计划走遍整个俄罗斯，会见从农民到沙皇的每一个人，让自己沉浸在当地的文化中，就像他在非洲和斯堪的纳维亚那样。

这个世界已经变了，它正进入一个快速专业化和工业化的时代。像保罗的老盟友理查德·伯顿（去世于 1890 年）这样的冒险家，似乎属于一个更早的时代，那时世界上还有大片地区没有被探索过。保罗似乎不愿那个时代就此过去。

“我躁动不安，对各种事物充满好奇，但在我看到俄罗斯之后，我会快乐地死去。”他说道，“我需要行动。我的日子过得太安逸了，年轻人过太安逸的生活是不好的。”[16]

1901 年 6 月，他前往俄罗斯，第一年的大部分时间都在圣彼得堡学习俄语。他聘请了两名老师，每天上 6 小时的课。[17]一年后，他在给朋友的信中写道：“我也希望身体健康。在完成我的著作之前，我要保持我的观察力。因为我想让我关于俄罗斯的书成为我最好的书之一。我想你读到这里一定会大笑并惊呼：保罗确实认为自己在变老。”[18]

1903 年 4 月 30 日上午 10 点左右，他在酒店的餐厅边吃早餐边看报纸，有两个人听到他在跟某个人说话。“我看不见，”他说，“一定是出了什么问题。”[19]

他试图从椅子上站起来，但看上去很虚弱。在别人的帮助下，他跌跌撞撞地走到走廊尽头的一间办公室。一位住在圣彼得堡的朋友叫来了医生。

“我要死了。”[20]他在被带到自己的房间躺下之前告诉他的朋友。整个下午他都在挣扎着说话，当美国大使来到他的房间看望他时，保罗似乎试图从被窝里抽出右手来和他打招呼，但却做不到。他被转移到医院，晚上 11 点过世。

美国领事给华盛顿发了电报，试图找到保罗在世的亲属。得到的答复是：“对遗体进行防腐处理，放在墓室里，等待进一步指示。”[21]最终，领事办公室找到了一些认识他已有五十年的朋友，但没有人能提供任何一位保罗家庭成员的姓名，无论其关系有多远。作为戴利法官的遗产执行人，管理着保罗信托基金的亨利·霍伊特（Henry Hoyt）在一份宣誓书中表示，尽管和保罗有着二十年的友谊，但他“从未听保罗说起过自己有任何在世的亲戚”。霍伊特因此被默认为保罗的遗嘱执行人。但是，除了在他圣彼得堡的房间里发现的一些零散的文件和个人物品外，保罗没有任何财产。

在他的一生中，他几乎把自己所有的东西都赠送给了朋友和博物馆。[22]他的“财产”据估价不到 500 美元。迪·谢吕去世后，《纽约时报》刊登了一篇简短的文章，标题是“迪·谢吕贫穷地死去”。

他的遗体于 6 月份由一艘远洋班轮运抵纽约。[23]葬礼在公园长老会教堂举行。来自几个斯堪的纳维亚慈善团体的代表出席了葬礼，纽约的瑞典欢乐合唱团（the Swedish Glee Club of New York）唱了赞美诗。安森·P. 阿特伯里（Anson P. Atterbury）牧师在寥寥无几的几位出席葬礼的朋友前致了简短的悼词。

“现在，他在尘世间的生命已经结束。我们回顾过去，惊奇地发现他的一生是多么的丰富多彩，多么的奇妙。”[24]阿特伯里说道。

牧师告诉他们，保罗的天赋在于他具有不断变化的适应能力，这种机敏使他能够在令人眼花缭乱的变化中，在极端的环境中，在形形色色的人中间寻求生存并茁壮成长。

“作为一名探险家、演讲者、作家、社交伙伴和研究者，他在很大程度上把这个世界变成他自己的了。”牧师站在棺材旁说道，“他在三大洲都是知名的和受欢迎的，他处处为家却也无处为家。”[25]

后　记

在纽约的布朗克斯区伍德劳恩公墓（Woodlawn Cemetery）的中央，一块巨大的直立的墓碑矗立于一片荫郁的小树林里，墓碑的上方顶着一个装饰性的花岗岩球体。碑文上写着：

保罗·迪·谢吕
作家与非洲探险家
1839 年
出生于路易斯安那州
1903 年 4 月 16 日
逝于圣彼得堡

埋在墓碑下面的这个墓穴里的那个人的名字是正确的。但除此之外，几乎所有的细节——他的出生地、出生日期，甚至他的死亡日期——都是错的。但对于一个希望通过模糊这些时间和地点从而掩盖其生活真相的人来说，这是一块再合适不过的墓碑了。然而一切却并非由墓碑说了算。

1912年，阿瑟·柯南·道尔（Arthur Conan Doyle）[①]写了《失落的世界》（*the Lost World*）。就像罗伯特·迈克尔·巴兰坦和亨利·赖德·哈格德（Henry Rider Haggard）[②]的故事在19世纪所起的作用一样，这部小说让动作冒险题材在20世纪重新焕发了活力。这部小说在叙事弧线上对读者来说极富想象力，但柯南·道尔并不是凭空想象出来的。

故事讲述了乔治·查伦杰（George Challenger）教授带领的探险队的探险和冒险故事。他向伦敦的学术团体描述了恶魔般的丛林野兽，这使他被嘲笑为骗子和伪内行。这位处于困境的探险家，名副其实[③]，他向最直言不讳地抨击他的人提出挑战，邀请他们和他一起回到那些地方探险，在那里他可以证明自己原先所做的那些描述是真实的。在惊心动魄地逃脱了当地人的追捕之后，所有的人回到了伦敦，查伦杰教授再次走上了动物研究所的讲台，他证明了自己，赢得了同行们的喝彩。

在这本小说出版的十多年前，保罗·迪·谢吕陪同柯南·道尔游览了芝加哥。[1]后来，在1908年，柯南·道尔在他的《火堆旁的故事》（*Round the Fire Stories*）中的一个以加蓬为背景的冒险故

---

① 阿瑟·柯南·道尔（Arthur Conan Doyle，1859—1930），出生于苏格兰的爱丁堡，因成功塑造了侦探人物夏洛克·福尔摩斯而成为侦探小说历史上最重要的作家之一。代表作有《福尔摩斯探案集》。—— 译者注

② 亨利·赖德·哈格德（Henry Rider Haggard，1856—1925），英国小说家。曾在南非英国殖民政府任职（1875—1879）。以写非洲的冒险故事闻名，尤以《所罗门王的宝藏》和《她》最为著名。—— 译者注

③ 查伦杰教授的姓Challenger一词在英语中有“挑战者”之意。—— 译者注

事中直接提到了保罗。但在《失落的世界》中，却从未提及这位探险家的名字。柯南·道尔的忠实粉丝们普遍认为，查伦杰教授的原型是威廉·卢瑟福（William Rutherford），是一位在柯南·道尔就读的大学任教的生理学家。从某种程度来说，这确实不假：卢瑟福为柯南·道尔塑造查伦杰教授这一角色提供了一些表面的肤浅细节，比如他洪亮的声音和浓密的胡须等。但人们几乎能在这本书的每一页感受到保罗·迪·谢吕的存在。

同样的情形也出现在20世纪初期的许多故事里，构成了这一时期流行文化中惊险故事的一个特色。杰克·伦敦（Jack London）为20世纪的荒野探险设立了标准，他说，《在赤道非洲的探险与冒险》是他在7岁时读的最早的一本书。当伦敦于1916年去世时，他的床头柜上放着两卷本的《维京时代》。在此之前，此书已连续五年占据着同样的首要位置。[2]保罗全面贯穿在杰克·伦敦的荒野故事中，就跟他出现在埃德加·赖斯·巴勒斯①的泰山的故事中一样。然而，如果读者试图在这些作品中找出他存在的具体例子，实际上又是不可能的。

接下来便是《金刚》（King Kong）。梅里安·C.库珀（Merian C. Cooper）的这部拍摄于1933年的电影为动作冒险和恐怖故事这两种类型奠定了好莱坞的标准，并继续渗透到流行文化中。影片中没有提到保罗的名字，但他的影响是显而易见的。库珀在1965年承认了这一点。当他在接受采访时，他告诉一位采访者说，当他还是个孩童时，他的叔祖父递给他一本写于他出生前近30年的旧书，

---

① 埃德加·赖斯·巴勒斯（Edgar Rice Burroughs，1875—1950）：美国作家。虽然他在美国文学史上的地位虽然不高，但是他的《人猿泰山》长篇系列小说却可称得上是经典之作。自问世以来，一直经久不衰，深受广大读者喜爱。——译者注

这使他的人生就此发生了转折。“我在当时就下定决心要当一名探险家。”[3]这本书就是《在赤道非洲的探险与冒险》。

保罗过世后，他的名字极少出现在公众讨论中，偶尔提及通常也只是在谈到大猩猩时。这只动物一直是他个人神话的中心，在他死后，它继续在他的故事发展中扮演着中心角色。

山地大猩猩是在保罗去世前六个月被发现的，这个亚种比保罗的低地大猩猩机动性更差，更容易接近，最终为田野科学家提供了比以往更好的机会来积累关于野外大猩猩习性的知识。

研究认为，如果大猩猩受到尊重的话，它们对人类并不是特别的危险。正如保罗观察到的，它们是相当严格的素食者（吃昆虫只是偶尔为之），不是食肉动物。它们力大无比而且十分暴力，但如果没有受到挑衅，它们不会伤害人类。人类对大猩猩的威胁远远大于大猩猩对人类的威胁，这是一个不争的事实。

由于20世纪的偷猎和森林砍伐将大猩猩变成了一个濒危物种，保罗的名字变得有点像是一种轻微的污点。他是人类傲慢自大的象征，他所虚构的种种具有破坏性的成见让人们对大猩猩产生了反感，他所埋下的诸多错误印象如今威胁到了这个物种的生存。他的人生故事被简化成一个原型，考虑到他的个人历史，这个原型充满了讽刺：保罗是一个傲慢的殖民入侵者，他践踏异邦大陆，虐待生活于这片大陆上的每一种生物。

保罗的夸大其词和一心谋私利的故事确实值得批评，但这并没有改变这样一个事实：即使在一个世纪之后，他当年的非洲之行给世人提供的低地大猩猩信息仍然比其他任何人所提供的都要准确。20世纪的研究人员最终证实，大猩猩确实会用两条腿站立，拍打着胸膛，如果受到人类的威胁，它们会如他所描述的那样以可怕的速度冲过来。保罗不知道，大猩猩的这种行径通常是为了吓走敌人，而不是给他造成实际的身体伤害。如果他只是站着不动，摆出一副不带威胁的姿势，就像上次他没带枪的时候碰巧遇到一只大猩猩那样，那些冲过来的大猩猩几乎肯定会在离他很近的地方停下来，然后转向一边，而不是向他发起攻击。但要达到那种镇静——仅仅是站着不动，盯着一只在当时还全然未知的动物——就绝非易事了。保罗当时根本不可能知道，如果他趴下，大猩猩就不会伤害他。但指望他凭直觉就知道这一点是非常不合实际的。我们不能无视其错误与夸大其词，但我们可以理解。他被在森林中遇到的神秘动物吓了一跳，这是因为在一个没有任何参照物可资参照的人看来，这种动物确实十分吓人。当我们意识到这一点时，一个没有受过正规训练的年轻人竟然得到了如此多正确的东西，这一事实比他的那些不足之处更值得我们重视了。

乔治·夏勒（George Schaller）是一位野外生物学家，1960年发表了第一份关于野外山地大猩猩的深入研究报告，他遗憾地表示，保罗的一些瑕疵导致了其作品被遗忘。“这太遗憾了，他基本上是个能干、可靠的观察者。”[4]

如今，在21世纪，人们又一次对保罗进行重新评价。里昂大学和加蓬的奥马尔·邦戈大学最近进行了一项学术合作，联合了法国和加蓬的历史学家、人种学家、灵长类动物学家、语言学家和地理学家，重走了一遍保罗当年的部分探险路线。他们一起撰写了一系列学术文章，旨在评估这位探险家对这个国家的影响。这些文章由法国国家科学研究中心结集出版，书名为“非洲之心：保罗·迪·谢吕的加蓬大猩猩、食人族和俾格米人”（*Cœur d’Afrique*：

Gorilles, cannibales et Pygmées dans le Gabon de Paul Du Chaillu）。

从整体上看，该项目对保罗在赤道非洲历史上的地位做出了绝对肯定的重新评估。这些文章共同得出的结论是：保罗所提供的关于加蓬这个国家的博物学、语言学和人种学等方面的信息大多是准确的，而且惊人地丰富多样。鉴于在保罗之前几乎没有什么书面资料，因此他的作品已经成为有关加蓬历史的严肃学术研究的宝贵起点。

保罗正确地发现了不同当地语言的根源之间的联系，准确地描述了人们以前从未观察到的部落风俗，他还帮助现代学者设想出在一个没有书面历史记载的时空中人们的生活场景。法国语言学家让－玛丽·翁贝尔（Jean-Marie Hombert）和法国人种学家路易·佩鲁瓦（Louis Perrois）写道，保罗对该国口述历史、语言、人种构成和自然栖息地的调查，"让我们通过他来感知历史、文化和自然的景观。这一切的最终结果是完全不同的，当然也比我们原先所敢想象的更加复杂和准确"[5]。

这部论文集中的最后一篇论文的题目是"一位被遗忘的探险家的死后复仇"（The Posthumous Revenge of a Forgotten Explorer）。

复仇可以在意想不到的地方生根，并需要几代人才能实现。它还带有一种只有在事后才能领会到的讽刺意味。

保罗在加蓬名声的复苏可以追溯到他在加蓬最痛恨的敌人：英国商人 R. B. N. 沃克，此人在 1861 年指责保罗捏造了自己的冒险经历，并公开诽谤保罗的出身和种族背景。

在沃克指控保罗捏造的各项经历中，其中有一项是他所谓的攀登埃什拉地区的安德勒山，这是他第一次探险时所要去的非洲内陆最远的地方。甚至在保罗的第二次探险证明了他在第一本书中的一些描述是正确的之后，一些地理学家仍然怀疑他是否真的到达了埃什拉地区，或者像沃克所说的，仅仅依靠当地人的描述来描述它。

沃克在攻击保罗后又在加蓬生活了多年。1901 年，他在英国去世，把微薄的财产留给了住在萨里郡的儿子哈里（Harry）。他的遗嘱中没有提到他遗弃在加蓬的其他孩子——在加蓬，他与多个姆庞圭妇女生下了至少十来个混血儿。

他的一个孩子，安德烈·拉蓬达·沃克（André Raponda Walker），出生于 1871 年。在天主教传教士的教育下，他长大后成为 20 世纪加蓬最受尊敬的学者之一。最终，他被教皇约翰二十三世（John XXIII）授予"蒙席"①的荣衔。[6]

在研究一本于 1960 年出版的历史书籍时，拉蓬达·沃克仔细阅读了在加蓬内陆建立第一个修道院的天主教神父们所写的东西。神父们的日记表明，他们探索了修道院周围的地区，并爬上了他们所看到的最高的山峰。埃什拉当地居民告诉神父们，这座山叫作"Mukongu-Polu"。[7]

在当地的语言中，它的意思是"保罗山"。拉蓬达·沃克在他的书中写道，在山顶上，神父们发现了一块巨石。在这块巨石上，有一个在很多年前就刻上去的名字："保罗·迪·谢吕"。

---

① 蒙席（Monsignor），或被称为"Monsignori"，是天主教会神职人员因着对教会杰出的贡献（如对于某个团体或教堂的管理杰出），从罗马教皇手中所领受的荣誉称号。这个荣衔仅仅授予天主教会内领受圣秩圣事的神职人员。——译者注

谢 忱

本课题的完成得到了许多人的帮助和支持，在此我谨向他们表示感谢。在非洲，费尔南－瓦兹大猩猩项目（*Projet Gorille Fernan-Vaz*）的工作人员慷慨地向我提供了关于低地大猩猩习性和它们在加蓬栖息地的相关知识。野外兽医兼项目协调员尼克·巴昌德（Nick Bachand）不辞辛苦地回答了我太多的问题，并且介绍我认识了许多其他的研究人员，他们使我的研究和旅行变得十分充实。埃尔曼·卢杜·伊布安加·朗德里（Herman Loundou Ibouanga Landry）、姆本贝·让－路易斯（Mbembe Jean-Louis）、姆比尼·约瑟夫－巴努（Mbini Joseph-Banu）和塔蒂·马科蒂·约里斯·皮埃尔（Taty Makoty Joris Pierre）提供了对加蓬的森林民间传说和当地对大猩猩的看法的深刻见解。马克斯·普朗克人类进化研究所的约瑟芬·黑德（Josephine Head）非常热情地欢迎了我对她营帐的突然造访，然后愉快地和我分享了她对野外低地大猩猩的知识。如果不是有加蓬的非洲伊甸园旅行社的帮助和殷勤好客，我想我不可能找到他们中的任何一位。

我还要感谢《欧文的类人猿和达尔文的牛头犬：超越达尔文主义和神创论》（*Owen's Ape and Darwin's Bulldog: Beyond Darwinism and Creationism*）一书的作者克里斯托弗·E. 科桑斯（Christopher E. Cosans），他点评了手稿中的部分内容并帮助我理解欧文和赫胥黎争论中的一些技术要点。欧文传（《理查德·欧文：维多利亚时代的博物学家》）（*Richard Owen*：*Victorian Naturalist*）的作者尼古拉斯·鲁普克（Nicolaas Rupke）也慷慨地审阅了部分手稿，并提出了宝贵的建议。法国语言学家让－马里耶·翁贝尔（Jean-Marie Hombert）向我提供了一本关于法国探险家迪·谢吕的学术论文集——《非洲之心》（*Cœur d'Afrique*），这本书是他在法国国家科学研究中心和加蓬的奥马尔·邦戈大学的支持下编写的。其他慷慨地奉献出自己的时间和才智的人还有亚当·利夫希（Adam Lifshey）、埃里克·伊森（Eric Eason）和卡尔文·斯隆（Calvin Sloan）。

拉里·魏斯曼（Larry Weissman）和萨沙·阿尔珀（Sascha Alper）不仅是我能想得到的最好的出版经纪人，他们也是不可或缺的顾问、眼光敏锐的读者和非常出色的人。我很荣幸能与双日出版公司（Doubleday & Company Inc.）的一些杰出的专业人士共事，这其中包括雅克琳娜·蒙塔尔沃（Jackeline Montalvo,）、菲莉丝·格兰（Phyllis Grann）、米夏埃尔·温莎（Michael Windsor）、贝特·亚历山大（Bette Alexander）、洛兰·海兰（Lorraine Hyland）、英格丽德·斯特纳（Ingrid Sterner）、玛利亚·卡雷拉（Maria Carella）、托德·道蒂（Todd Doughty）、安德鲁·沙雷特斯（Andrew Sharetts）以及朱迪·雅各比（Judy Jacoby）。我的编辑梅利莎·达纳兹科（Melissa Danaczko）是所有作家最期待合作的编辑，她富有创造力，聪明伶俐，满腔热情。当她决定接手这本书的编辑任务并负责相关出版事宜时，我感觉自己是撞大运了。

最后，我把最大的谢意献给我的生命所爱的三个人：梅－玲（Mei-Ling），她对这本书的贡献比任何人都多；这本书写到第七章左右时出生的维奥莱（Violet）；还有索菲亚（Sofia），她很想让我写一本关于大象的书。

资料来源说明

保罗·迪·谢吕的名气在他去世时已日渐衰减，基本被人遗忘，这就意味着很少有人有兴趣系统地收集他留下的文件和信件。但他所写的一些东西出现在同时代人的档案中。人们通常认为，他们的遗产要比他的更可靠。

皇家地理学会向我提供了迪·谢吕在19世纪60年代与其成员之间来往的信件。迪·谢吕给他的出版商的信件存放在苏格兰国家图书馆的约翰·默里档案中，这些信件对再现迪·谢吕在1861年至1862年间的各项活动特别有帮助。费城自然科学研究院提供了迪·谢吕在18世纪50年代写给其成员的信件，还有研究院关于与保罗关系紧张的内部记录。

迪·谢吕去世前留下的一些文件保存在查尔斯和玛丽亚·戴利的档案中，这些是我在纽约公共图书馆的手稿和档案部门查阅到的。在麦迪逊的威斯康星州历史学会档案馆，我通读了曾派往非洲传教的传教士威廉·沃克的日记和信件，其中提到了迪·谢吕，以及迪·谢吕和温伍德·里德以及理查德·伯顿的一些往来信件。

国会图书馆的玛格丽特·克利夫顿（Margaret Clifton）非常耐心地帮助我查找那些十分难找的报纸文章。我也同样感谢伊利诺伊大学图书馆的苏珊·邓肯（Susan Duncan）和辛达·皮蓬格（Cinda Pippenger）。皇家地理学会的乔伊·惠勒（Joy Wheeler）帮助我重现了19世纪60年代该组织开会的气氛，让我可以查明皇家地理学会开会的那些具体地点，而且还提供了一些历史照片和建筑详图来帮我进行描述。

此外，我经常使用达尔文信件数据库（the Darwin Correspondence Project，见 www.darwinproject.ac.uk），该数据库已将本书中提到的许多科学家与这位博物学家之间往来的信件编成了电子索引。其他一些信件收藏也提供了叙事重建的一些小细节，我已经在注释中分别提到了这一些。

报纸上关于迪·谢吕和他的大猩猩的报道非常宝贵，在我通过数据库和图书馆查阅的报纸中，伦敦的《泰晤士报》和《雅典娜神殿》的档案尤为有用。

由于迪·谢吕对其出身和早年生活境遇的沉默和欺瞒，我所找到的资料往往互相矛盾。在试图厘清这些问题的过程中，我要感谢小亨利·布赫（Henry Bucher Jr.），他通过挖掘加蓬和法国的档案资料，为迪·谢吕早年经历提供了确凿的一手证据。加蓬历史学家安妮·梅莱（Annie Merlet）对保罗父亲生平的研究也非常有价值。

全书中引号内的对话都是直接引用注释中提到的参考材料，仅有以下的一些例外。直到20世纪中期，“Gabon”（加蓬）在出版物中常常被称为“the Gaboon”，或者有时也被称为“the Gabun”。为了追求一致性和清晰性，我对全书大部分参考文献的拼写进行了标准化，包括直接引用中的拼写。此外，19世纪的报纸有时会将公共事件的纪要抄录下来，并且在刊载发言人的话时使用过去式——即使说话者在对听众讲话时使用的是现在时态。在这些情况下，当直接引用说话者的话时，我会把它重新改回现在时态；诸如此类的变化，我在注释中都一一做了说明。

注 释

序 言

[1] 迪·谢吕第一次看到大猩猩时的印象、感受和具体细节均来自他自己对第一次遇到大猩猩时的描述。这些出处包括：Du Chaillu, *Explorations and Adventures*; Du Chaillu, *Stories of the Gorilla Country*; 以及一篇由迪·谢吕撰写但未签名的报道：Rare Animals from Africa，该报道后来转载于 *Massachusetts Spy*, July 6, 1859。

[2] Du Chaillu, *Explorations and Adventures*, 60.

第一章 命 运

[1] 加蓬每年通常有两个雨季，第二个雨季在 9 月到 12 月之间。

[2] 对贸易习惯和当地商贩的描述主要源自：Wilson, *Western Africa*; Du Chaillu, *Explorations and Adventures*; 以及 Aicardi de Saint-Paul, *Gabon*。

[3] 威尔逊从当地商贩那里获得头骨，其细节源自：DuBose, *Memoirs*; Wilson, *Western Africa*; Leonard G. Wilson, "The Gorilla and the Question of Human Origins: The Brain Controversy," *Journal of the History of Medicine and Allied Sciences* 51, no. 2 (1996); Thomas Savage and Jeffries Wyman, "Notice of the External Characters and Habits of Troglodytes Gorilla, a New Species of Orang from the Gaboon River," *Boston Journal of Natural History* 5, no. 4 (Dec. 1847); "Wild Men of the Woods," *Household Monthly* 1, no. 6 (March 1859); 以及 Du Chaillu, *Explorations and Adventures*。

[4] DuBose, *Memoirs*, 175–176.

[5] 头骨的重量，尺寸和外观细节见：Savage and Wyman, “Notice”; Wilson, *Western Africa*; 以及 DuBose, *Memoirs*。

[6] 到访加蓬的人已经用许多拼写方式转录了姆庞圭人的这一术语，这其中包括 *ngena*、*d'jina*、*engina*, 以及其他略有变化的形式。为了前后文一致，本书中我统一使用 *njena* 这一拼写方式。

[7] Wilson, *Western Africa*, 31.

[8] DuBose, *Memoirs*, 194.

[9] Ibid., 199.

[10]迪·谢吕到达巴拉卡的日期和细节源自：William Walker, *Diaries*, Wisconsin Historical Society, Madison; DuBose, *Memoirs*; 以及 Helen Evertson Smith, “Reminiscences of Paul Belloni Du Chaillu,” *Independent* 55 (1903): 1147。

[11]法国人在 19 世纪 40 年代和 50 年代与格拉斯王（King Glass）的交易以及对巴拉卡的描述都来源于：DuBose, *Memoirs*; Wilson, *Western Africa*; Aicardi de Saint-Paul, *Gabon*; Rich, *A Workman Is Worthy of His Meat*; Patterson, *Northern Gabon Coast to 1875*; Meyer, *Farther Frontier*; and West, *Congo*。

[12]DuBose, *Memoirs*, 166. 回忆录中直接引用了简所讲的话，不过书中她的话是用过去时态来表达的（“It was doubtful”）。为了清楚起见，我把它改成了现在时态。

[13]Walker, *Diaries*；以及 Henry Bucher Jr., “Canonization by Repetition: Paul Du Chaillu in Historiography,” *Revue Française d'Histoire d'Outre-Mer* 66 (1979): 15–32。

[14]迪·谢吕父亲的名字在某些参考文献上是 Claude-Alexis（克劳德－亚历克西斯），但在本书中我一律使用 Charles（查尔斯）。

[15]DuBose, *Memoirs*, 82.

[16]Ibid., 153.

[17]在威尔逊过世后，有人曾听到迪·谢吕对那些认为威尔逊“狭隘”的人发火，他大声叫嚷道：“他像这广阔的大地一样心胸宽广！” (ibid., 147.)

[18]Wilson, *Western Africa*, 368.

第二章　新的痴迷

[1] 对欧文住宅内家具的描述与卡罗琳的日记摘录来自 Owen, *Life*; 和 Yanni, *Nature's Museums*。

[2] Owen, *Life*, 1:296.
[3] Ibid., 233.
[4] 萨维奇 1847 年 4 月 24 日写给欧文的信，重印于 *Transactions of the Zoological Society of London*, no. 3 (1849): 389。
[5] Ibid.
[6] 欧文的检测与检测方式的细节见：Richard Owen, "On a New Species of Chimpanzee," *Proceedings of the Zoological Society of London* 16 (1848): 27–35; Richard Owen, *Memoir on the Gorilla* (London: Taylor and Francis, 1865); 以及 Richard Coniff, "The Missionary and the Gorilla," *Yale Alumni Magazine*, Sept.–Oct. 2008。

第三章 汉诺的航迹

[1] 尽管有些资料认为是熟悉汉诺故事的威尔逊给大猩猩命的名并把它传给萨维奇的，然而正是怀曼选的这个名字。命名过程的简明概述见 Jordan, *Leading American Men of Science*。
[2] Hanno and Falconer, *Voyage of Hanno*.
[3] Purchas, *Hakluytus Posthumus*, 6:398.
[4] Savage and Wyman, "Notice."
[5] Wilson, *Western Africa*, 367.
[6] Ibid.
[7] Savage and Wyman, "Notice."
[8] Bucher, "Canonization by Repetition."

第四章 划定界线

[1] Owen, *Life*, 1:292.
[2] Richard Owen, *On the Archetype and Homologies of the Vertebrate Skeleton* (London: John van Voorst, 1848).
[3] Owen, *Life*, 1:209.
[4] Larson, *Evolution*.
[5] 关于早期演化科学的简要概述，有两本特别有用的书见本章注释［3］和［4］所述，另有 Bowler, *Evolution*。
[6] Owen, *Life*, 1:254.
[7] 有关欧文对演化论的看法的更详细研究，见：Cosans, *Owen's Ape and Darwin's Bulldog*。

第五章 美国梦

［1］对 19 世纪卡梅尔的描述源自：Blake, *History of Putnam County, N.Y.*; George Carroll Whipple III, *Carmel* (Charleston, S.C.: Arcadia, 2007)。历史上的人口数据来源于：J. H. French, *Gazetteer of the State of New York* (Bowie, Md.: Heritage Books, 2007)。

［2］多年来，迪·谢吕的口音一直是人们议论与调侃的话题。例如，埃弗森·史密斯（Evertson Smith）曾写到他说过 "My country, dese United States"。

［3］Evertson Smith, "Reminiscences."

［4］Ibid., 以及 Bucher, "Canonization by Repetition"。

［5］Evertson Smith, "Reminiscences."

［6］Vaucaire, *Gorilla Hunter*.

［7］"Proceedings of the Academy of Natural Sciences of Philadelphia", 重印于 *Littell's Living Age*, 3rd ser., 14 (July–Sept. 1861)。

第六章 不知不觉地陷入野蛮的恶行之中

［1］Richard Owen, "Notices of the Proceedings of the Royal Institution," 1855.

［2］Ibid.

［3］Beeckman, *Voyage to and from the Island of Borneo*.

［4］Linnaeus to Johann Georg Gmelin, Feb. 25, 1747. 林奈通信，可在网上获取，见：http://linnaeus.c18.net/Letters/display_txt.php?id_letter= L0783。

［5］Owen, "Notices."

［6］More and Descartes, *Collection of Several Philosophical Writings of Dr. Henry More*.

第七章 尴尬归国之旅

［1］这趟非洲之行的描述源自：Du Chaillu, *King Mombo*。另，19 世纪河口附近海浪的描述可见：Burton, *Two Trips to Gorilla Land*。

［2］Du Chaillu, *King Mombo*, 23.

［3］Ibid.

［4］DuBose, *Memoirs*.

［5］Du Chaillu, *Explorations and Adventures*.

［6］Burton, *Two Trips to Gorilla Land*.

［7］Du Chaillu, *Explorations and Adventures*, 3.

[8] Ibid., 61.
[9] 关于 19 世纪探险家带入非洲的物资的概况可见：Burton, *Lake Regions of Central Africa*; Stanley, *How I Found Livingstone*; 以及 Jeal, *Stanley*。
[10] Du Chaillu, *Explorations and Adventures*, 53.
[11] Ibid.
[12] Ibid., 60.
[13] Jeal, *Stanley*.
[14] Rice, *Captain Sir Richard Francis Burton*.
[15] 斯皮克的语录摘自 1859 年的 *Blackwood's* magazine，重印于 Burton, *Lake Regions of Central Africa*。
[16] Du Chaillu, *Explorations and Adventures*, 39.
[17] Ibid., 40.

第八章 “绝交”

[1] 格雷对欧文的憎恶在 Joel Mandelstam, “Du Chaillu's Stuffed Gorillas and the Savants from the British Museum,” *Notes and Records of the Royal Society of London* 48, no. 2 (July 1994) 以及 Rupke, *Richard Owen* 中有探讨。
[2] Gunther, *Century of Zoology at the British Museum*; and G. S. Boulger, “John Edward Gray,” in *Dictionary of National Biography*, vol. 23 (London: Smith, Elder, 1900).
[3] Gunther, *Century of Zoology at the British Museum*.
[4] “Biographical Notice of the Late Dr. J. E. Gray,” *Annals and Magazine of Natural History* 15 (1875).
[5] Darwin to Gray, Aug. 29, 1848.
[6] Ibid.
[7] Gray to Darwin, Aug. 26, 1848.
[8] 有关位于希恩小屋的欧文之家的描述源自：Owen, *Life*, vol. 2。
[9] Rupke, *Richard Owen*.
[10] Huxley toWilliam Macleay, Nov. 9, 1851.

第九章 炽热的梦

[1] 要更好地全面了解该理论及其终结，见 Johnson, *Ghost Map*。
[2] Reade, *Savage Africa*.

[3] "The Use of Quinine in Malarious Districts," *Boston Medical and Surgical Journal*, Oct. 1, 1863.

[4] Du Chaillu, *Explorations and Adventures*, 323.

[5] Combiz Khozoie, Richard J. Pleass, and Simon V. Avery, "The Antimalarial Drug Quinine Disrupts Tat2p-Mediated Tryptophan Transport and Causes Tryptophan Starvation," *Journal of Biological Chemistry*, no. 284 (2009).

[6] Fabian, *Out of Our Minds*.

[7] Du Chaillu, *Explorations and Adventures*, 48. 这他的这本书里，迪·谢吕以一般现在时态抄写了其日记中对这件事的记述。

[8] Ibid., 112.

[9] 2010 年，我在加蓬与许多费尔南德斯－瓦兹地区的加蓬当地居民和猎人进行交谈，他们向我讲了亲戚或熟人遭大猩猩绑架的故事。一些人承认，这些故事有可能只是传说，但其他人则向我发誓他们讲的是真的。这说明当年迪·谢吕所记录的森林民间传说迄今依然盛行。

[10] Du Chaillu, *Explorations and Adventures*, 61.

第十章 在人类与猿类之间

[1] Huxley to William Macleay, Dec. 13, 1851.

[2] Richard Owen, "On the Characters, Principles of Division, and Primary Groups of the Class Mammalia," *Journal of the Proceedings of the Linnean Society* 1–2 (1857).

[3] "A Monkey, Not a Man," *London Lancet* 1 (1859).

[4] T. H. Huxley, *Man's Place in Nature*.

第十一章 地图与传奇

[1] 另一篇用一般现在时态撰写的日记抄录在 Du Chaillu, *Explorations and Adventures*, 37。

[2] Rhodes, *John James Audubon*.

[3] "John Cassin," *Bulletin of the Essex Institute* 1 (1869).

[4] 费城自然科学研究院档案里的秘书记录。

[5] 2010 年，我拜访了约瑟芬·海德（Josephine Head），她在加蓬经营着一个大猩猩研究工作站。她的项目旨在让一群低地大猩猩适应人类的存在，以便进行科学观察，这也就需要她被动地观察正在朝她冲过去的雄性银背大猩猩。"一声巨吼。绝对可怕！我已经听过几百次了，每次

听到我都会发抖。一只大猩猩会悄无声息地躲起来，然后突然不知从哪里发出巨大的吼声。一切设计都是为了吓唬人，而且很有效。”接下来，她补充道：“你必须站在那里，尽量不要动，因为如果你逃跑，它会追着你，抓住你，并咬你。因此你必须要忍住。”

[6] 迪·谢吕为它的高度所震撼。在经过对它进行测量之后，第一次的记录是它离6英尺仅差2英寸；在另一篇文献中，他把它登记为5英尺8英寸高。后者可能更可靠，因为雄性低地大猩猩很少有超过这个高度的。（1英尺 = 12英寸 = 30.48厘米。——译者注）

[7] Du Chaillu, *Explorations and Adventures*, 71.

[8] 有关当地原住民的火枪的特性和品质的信息可见：Reade, *Savage Africa*; Du Chaillu, *Explorations and Adventures*; 以及 Gavin White, “Firearms in Africa,” *Journal of African History* 12, no. 2 (1971)。

[9] Caldecott and Miles, *World Atlas of Great Apes and Their Conservation*.

[10] 关于低地大猩猩的大部分信息来自对加蓬马克斯·普朗克演化人类学研究所的低地大猩猩专家约瑟芬·黑德的采访。我还查阅了几本关于大猩猩习性的书，其中最有裨益的是：Schaller, *Year of the Gorilla*; Weber and Vedder, *In the Kingdom of Gorillas*; 以及 Fossey, *Gorillas in the Mist*。

[11] Du Chaillu, *Explorations and Adventures*, 298.

第十二章 伦敦的狮子

[1] “Farewell Livingstone Festival,” *Proceedings of the Royal Geographical Society* 2–3 (1858); and Owen, *Life*, vol. 2.

[2] “Farewell Livingstone Festival.”

[3] Blaikie, *Life of David Livingstone*.

[4] 在见到迪·谢吕之前默奇森的背景概述来自：Stafford, *Scientist of Empire*; Geikie, *Life of Sir Roderick Murchison*; 以及 Mill, *Record of the Royal Geographical Society*。

第十三章 食人族

[1] Hombert and Perrois, *Cœur d’Afrique*. 虽然迪·谢吕和19世纪的大部分作家都称他们为“Fan”（范人），但我还是采用现代的拼写“Fang”（芳人）。

[2] Herodotus, *Histories*.

[3] *Journal of Christopher Columbus*. 想要更好地了解哥伦布对食人族的

看法可参阅：Peter Hulme, "Columbus and the Cannibals," in *The Post-Colonial Studies Reader*, ed. Bill Ashcroft, Gareth Griffiths, 以及 Helen Tiffin (New York: Routledge, 1995)。

[4] 学界对食人族相关报道曾形成了一份很好的综述：David F. Salisbury, "Brief History of Cannibal Controversies," *Exploration: The Online Research Journal of Vanderbilt University*, Aug. 15, 2001。

[5] Ibid.

[6] Du Chaillu, *Explorations and Adventures*, 76.

[7] Ibid., 80.

[8] Ibid., 491.

第十四章　送达时已死亡

[1] "Wild Men of the Woods."

[2] "A Monkey, Not a Man."

第十五章　被诅咒的灵魂

[1] Du Chaillu, *Explorations and Adventures*, 196. Hombert 和 Perrois 在 *Cœur d'Afrique* 中找到了迪·谢吕"村"的遗址，并提供了该地区奴隶贸易的确证历史。

[2] Du Chaillu, *Explorations and Adventures*, 145.

[3] Ibid., 180.

[4] Ibid., and Wilson, *Western Africa*.

[5] Du Chaillu, *Explorations and Adventures*, 181.

[6] Ibid., 207.

[7] Ibid., 205.

[8] Ibid.

[9] Ibid., 244.

[10] Ibid., 277.

[11] Darwin, *Voyage of the Beagle*.

[12] Du Chaillu, *Explorations and Adventures*, 434.

第十六章　物种起源

[1] Katherine Haddon, "Darwin at 200: Modest Father of Biology," *Cosmos Magazine*, Feb. 11, 2009.

[2] 想更好地了解《物种起源》一书的销售历史，可参阅：David B. Williams, "Benchmarks: *On the Origin of Species* Published," *Earth*, Nov. 23, 2009。
[3] Woods, *Demography of Victorian England and Wales*.
[4] Darwin, *On the Origin of Species*.
[5] Darwin to Owen, Dec. 13, 1859.
[6] "Darwin on the Origin of Species," *Edinburgh Review*, April 1860, 487–532.
[7] "Darwin on the Origin of Species," *Times* (London), Dec. 26, 1859.
[8] Huxley to Darwin, Nov. 23, 1859.
[9] Ibid.
[10] 在1860年达尔文、赫胥黎和阿萨·格雷之间的信件往来中，欧文的作者身份是显而易见的。

第十七章　神奇的城市

[1] Spann, *Gotham at War*.
[2] 对事件的描述和剪报源自：*Official Report of the Great Union Meeting Held at the Academy of Music* (New York: Davies & Kent, 1859)。
[3] Ibid.
[4] Ibid.
[5] Ibid.
[6] Ibid.
[7] 对19世纪"五个点"街区的描述有几个来源，其中包括：Asbury, *Gangs of New York*; Harris, *In the Shadow of Slavery*; 以及 Dickens, *American Notes*。
[8] Dickens, *American Notes*.
[9] Bobo, *Glimpses of New York City*.
[10] "Man Who Alone Captured Brazilian Navy Is Here," *New York Times*, Oct. 20, 1912.
[11] 根据迪·谢吕和费城自然科学研究院1859年12月间的往来信件。
[12] 约翰·卡森1855年10月6日提交给费城的自然科学研究院的报告。
[13] 迪·谢吕在1860年1月31日给费城自然科学研究院的信。
[14] "Notices," *New-York Daily Tribune*, Jan. 6, 1860.
[15] Ibid.
[16] Vaucaire, *Gorilla Hunter*; and "An Editor Taking Notes Among Celebrities

and Others," *New York Times*, March 17, 1912.
[17] 1860 年 2 月 14 日刊于 *New-York Daily Tribune*（《纽约论坛报》）的广告。
[18] 历史建筑的细节见：New York City Landmarks Preservation Commission, *Guide to New York City Landmarks*。
[19] "The Gorilla," *New York Post*, March 29, 1860.
[20] 根据 1860 年 1 月和 2 月间，巴纳姆的美国博物馆在《纽约论坛报》上反复刊登的广告。
[21] Adams, *E Pluribus Barnum*.
[22] 他写给《时代花絮报》（*Times-Picayune*）的信重印于一篇题名为 "The Octoroon Gone Home" 的文章中，见：*New York Times*, Feb. 9, 1860。
[23] 巴纳姆汇集了所有报刊上的溢美之词，并将它们重印于其在 1860 年 3 月 7 日的《纽约论坛报》上所登的一则广告中。
[24] 关于威廉·亨利·约翰逊的更多细节可见：Bogdan, *Freak Show*; 以及 Adams, *E Pluribus Barnum*。
[25] Cook, *Arts of Deception*.

第十八章　论　战

[1] 以下有关牛津论战的具体细节收集自不同的来源，包括同一时期的报纸报道和在活动中发表的演讲的文本。特别有用的是：British Association for the Advancement of Science, *Proceedings of the Thirtieth Meeting, at Oxford* (London: John Murray, 1860); "The British Association for the Advancement of Science," *Lancet* 76 (1860); "The British Association," *Athenaeum*, July 7, 1860。
[2] Desmond and Moore, *Darwin*.
[3] *Athenaeum*, July 7, 1860.
[4] Darwin to Asa Gray, July 3, 1860.
[5] *Athenaeum*, July 7, 1860.
[6] Ibid.
[7] 以下文献对与这次会议有关的神话进行了非常精辟的分析与揭穿：Keith Thomson, "Huxley, Wilberforce, and the Oxford Museum," *American Scientist*, May-June 2000。
[8] *Athenaeum*, July 7, 1860.
[9] Wollaston, *Life of Alfred Newton*.

[10] Balfour Stewart to James David Forbes, July 4, 1860.

[11] Hooker to Darwin, July 2, 1860.

[12] Wilberforce to Sir Charles Anderson, July 3, 1860.

[13] 这封信引自 Owen, *Life*, vol. 2。1861 年 12 月 21 日迪·谢吕在写给欧文的第一封信中告诉欧文：我打算把我的标本"供你使用"。见：Rupke, *Richard Owen*。

第十九章 梦碎大道

[1] Holzer, *Speech That Made Abraham Lincoln President*.

[2] Horan, *Mathew Brady*.

[3] Meredith, *Mr. Lincoln's Camera Man, Mathew B. Brady*.

[4] *New-York Tribune*, Feb. 28, 1860.

[5] Horan, *Mathew Brady*.

[6] Donald, *Lincoln*.

[7] "The Gorilla," *New York Post*, March 29, 1860.

[8] 费城自然科学研究院的迪·谢吕档案文件。

[9] Ibid.

[10] Ibid.

[11] 虽然此时已不再向费城自然科学研究院追讨这笔款项，但迪·谢吕在 1861 年这一年间在写给朋友们的信中继续抱怨研究院欠他钱。

[12] Vaucaire, *Gorilla Hunter*; and K. David Patterson, "Paul B. Du Chaillu and the Exploration of Gabon, 1855–1865," *International journal of African Historical Studies* 7, no. 4 (1974).

[13] Owen to Wyman, Nov. 1861.

第二十章 内部圈子

[1] 1861 年的人口数据来自：Pardon, *The Popular Guide to London and Its Suburbs*。

[2] Ibid.

[3] Owen, *Life*, vol. 1. 欧文的个性和积极的品质似乎在其所在的学术领域之外的人看来更加明显。他的举止和演讲风格的一些细节来自 McCarthy, *Portraits of the Sixties* 中的描述。

[4] Owen, *Life*, vol. 1.

[5] Ibid., vol. 2.

[6] "Royal Geographical Society," *Times* (London), May 28, 1861.

[7] 当迪·谢吕 1861 年 2 月初到达时，桑德巴赫刚刚当选为皇家地理学会的成员。桑德巴赫从自己的父亲那里继承了一家名为 "Sandbach, Tinné & Co." 的西印度航运公司；据伦敦档案馆（Archives of London）和 M25 地区（M25 Area）的数据，这家公司主要经营糖蜜、朗姆酒和"黄金海岸的黑人"。不过在威廉 1851 年接手该公司时，奴隶贸易已遭禁并停止了。该公司主要从事英国与圭亚那之间的贸易。

[8] Murray to Du Chaillu, Feb. 19, 1861.

[9] Paston, *At John Murray's*.

[10] Ibid.

[11] Du Chaillu to Murray, Feb. 19, 1861.

[12] *Times of London*, Feb. 25–31, 1861.

第二十一章　首次亮相

[1] 除了从报纸报道和广告中收集到的那些细节外，我还利用了几个来源来重现伦敦西区的街头生活场景，其中包括：Thompson, *Visitor's Universal New Pocket Guide to London*; *Black's Guide to London and Its Environs* (Edinburgh: Adam & Charles Black, 1863); Charles Dickens, "Arcadia," *Household Words* 20 (1853); Fyfe, *Images of the Street*; 以及 Picard, *Victorian London*。

[2] 关于伯灵顿宫的观众的一些细节来自：Dallas, *Series of Letters from London*。

[3] 建筑细节来自 George Mifflin Dallas 的日记，以及 Markham, *Fifty Years' Work of the Royal Geographical Society*。

[4] 有关迪·谢吕身体的描述是由许多来源组成的，包括了报纸报道以及 Hills, *Author*, vol. 1。

[5] Francis Galton, *Proceedings of the Royal Geographical Society* 5 (1861).

[6] Ibid.

[7] Dallas, *Series of Letters from London*.

[8] 1861 年，许多关于迪·谢吕的新闻报道都评论了其生动的演讲风格，卡洛琳·欧文在她的日记中也是如此记载的（Owen, *Life*, vol. 2）。

[9] Paston, *At John Murray's*.

[10] Clodd, *Memories*.

[11] Alfred H. Guernsey, "Du Chaillu, Gorillas, 以及 Cannibals," *Harper's*

Monthly, April 1868.

[12]这篇刊于 1861 年 2 月 27 日《泰晤士报》关于皇家地理学会的短文评论道："迪 · 谢吕的演讲非常幽默，引起了一阵哄堂大笑。"其他报道也强调了听众对演讲非同寻常的热情，其中包括："The Gorilla Region of Africa," *Times* (London), March 5, 1861; "Royal Geographical Society," *Weekly Chronicle*, March 2, 1861。

[13]Galton, *Proceedings*.

[14]Ibid.

[15]Dallas, *Series of Letters from London*; and Dallas, *Diaries*.

[16]提及"阉割"的文献有：Dawson, *Darwin, Literature, and Victorian Respectability*; Morris and Morris, *Men and Apes*; 以及 Burton, *Two Trips to Gorilla Land*。在其饱受非议的十六册《一千零一夜》(Benares, India: Kamashastra Society, 1885–1888) 译本中，伯顿写了下面的脚注，淋漓尽致地说明了他完全不在乎礼节："猴子的私处不够粗大，不足以产生让女性产生愉悦感所不可缺少的摩擦。在这里，我想提及我的朋友保罗 · 迪 · 谢吕的'大猩猩'展览在英国和美国引起的普遍失望：他谨慎地切除了阴茎和睾丸……他的这种神经兮兮的行为引起了不少的抱怨和不满——尤其是在那些对性好奇的人群中。"("Supplemental Nights," 4:333n.)

[17]*Times* (London), March 5, 1861.

[18]Dasent, *John Thadeus Delane, Editor of "The Times,"* vol. 2.

[19]Trollope, *Warden*.

第二十二章 伟大的白人猎人

[1] 1861 年穆迪图书馆的内部描述来自：*Once a Week*, Dec. 21, 1861。其他有关其企业背景和运营方式的信息来自：Guinevere Griest, "Mudie's Circulating Library and the Victorian Novel," *Modern Philology* 69 (1972)。

[2] 迪 · 谢吕的书在穆迪图书馆受欢迎的相关信息来自："Metropolitan Notes," *Journal of Education for Upper Canada* 12–14 (1861)。

[3] 来自《雅典娜神殿》杂志上的广告。

[4] "The Discoveries of M. Du Chaillu," *Times* (London), May 20, 1861.

[5] 这一评论最初刊于 the *Saturday Review*, the *Spectator*, 以及 the *Critic*, 并转载于 *Spectator* 34 (1861)。

[6] Du Chaillu, *Explorations and Adventures*, viii.

[7] 这本书象征了欧洲对非洲的认知，相关的心理学解读分析见：Ben Grant, "'Interior Explorations': Paul Belloni du Chaillu's Dream Book," *Journal of European Studies* 38, no. 4 (2008)。
[8] Du Chaillu, *Explorations and Adventures*, 347.
[9] Ibid.
[10] Ibid., 60.
[11] Ibid., 69.
[12] Owen, *Life*, vol. 2.
[13] Ibid.
[14] 引文来自皇家学会讲座的综述，见：*Church of England Magazine*, May 11, 1861。

第二十三章 卷入风暴

[1] 来自 *Caledonian Mercury* (Edinburgh, Scotland), July 9, 1861 的一篇报道。
[2] "Cartoon No. 1," *Punch*, July 1843.
[3] "Monkeyana," *Punch*, May 18, 1861, 206. 想了解更多关于演化论辩论和卡通之间的关系，见：Constance Areson Clark, "'You Are Here': Missing Links, Chains of Being, and the Language of Cartoons," *Isis*, Sept. 2009。
[4] Rupke, *Richard Owen*.
[5] "Discoveries of M. Du Chaillu."
[6] 威尔伯福斯的故事刊载于多家出版物。此处引文出自："Our Foreign Bureau," *Harper's Magazine*, Vol. 23 (1861)。
[7] Charles Handel Rand Marriott, "The Gorilla Quadrille". 活页乐谱和歌词获自澳大利亚国家图书馆。
[8] "The Lion of the Season," *Punch*, May 25, 1861, 213.
[9] Several accounts of Pastrana's life were written shortly after her death. 帕斯特拉纳过世不久就有多篇关于她生平的报道。其中一篇具有现代观点的见：Janet Browne and Sharon Messenger, "Victorian Spectacle: Julia Pastrana, the Bearded and Hairy Female," *Endeavor* 27, no. 4 (Dec. 2003)。
[10] "A New Process of Embalming and Preserving the Human Body," *Lancet*, March 15, 1862.
[11] 在《一年四季》(*All the Year Round*) 杂志上，狄更斯建议读者，杂志的每一个字都应"被视为其指挥者的陈述和意见"。他称自己是该杂志的"指挥家"，因为他认为"编辑"一词并没有传达出他这个角色亲力

亲为的本质。想了解更多关于狄更斯编辑角色的信息，见：Victor Sage, "Dickens and Professor Owen: Portrait of a Friendship," in *Le Portrait* (Paris: Presses de l'Université de Paris- Sorbonne, 1999)。

[12] Dickens to Owen, July 12, 1865.

[13] 要进一步了解演化论论战对狄更斯写作的影响，见：Goldie Morgentaler, "Meditating on the Low: A Darwinian Reading of *Great Expectations*," *Studies in English Literature, 1500–1900* 38, no. 4 (1998)。提及《远大前程》一书时，摩根塔勒引用迪·谢吕书的出版作为证据之一，认为狄更斯的作品表面下应该隐藏着达尔文主义的痕迹。

[14] "An Ugly Likeness," *All the Year Round*, June 1, 1861, 237–240.

[15] "Next Door Neighbours to the Gorilla," *All the Year Round*, July 27, 1861, 423–427.

[16] Ibid.

[17] 一个世纪后，这本风靡一时的小说成为威廉·戈尔丁《蝇王》的灵感来源，颠覆了巴兰坦浪漫的乐观主义。

[18] Ballantyne, *Gorilla Hunters*.

[19] 想了解更多关于萨克雷的回应，见：Cantor, *Science in the Nineteenth-Century Periodical*。

[20] *Letters and Private Papers of William Makepeace Thackeray*, vol. 2.

[21] "Roundabout Papers," *Cornhill*, July 1861.

[22] Hollingshead, *Ragged London in 1861*.

[23] Reade, *Savage Africa*.

[24] "Savage Club," *Baily's Magazine of Sports and Pastimes*, vol. 3 (London: Baily Brothers, 1861).

[25] "The Savage Club," *Crosthwaite's Register of Facts and Occurrences Relating to Literature, the Sciences, and the Arts*, July 1861.

[26] 据伦敦《泰晤士报》的分类广告。

[27] The Adelphi Theatre Project, Calendar for 1860–1861.

[28] 根据 David M. Wrobel, "Exceptionalism and Globalism: Travel Writers and the Nineteenth-Century American West," *Historian* 68, no. 3 (2006)，迪·谢吕这本书的销量估计为 30 万册。

[29] "Explorations and Travels," *National Quarterly Review* 3 (Sept. 1861): 393–97.

第二十四章 三个伺机而动的人

[1] 以下有关大象堡酒吧周围氛围的描述来自："Some Things in London and Paris, 1836–1869," *Putnam's Magazine*, Jan.–June 1869; Dyos and Wolff, *Victorian City*; 以及 Bacon, *Spurgeon*。

[2] Cater, *Punch in the Pulpit*.

[3] Mathews, *Hours with Men and Books*.

[4] Dowling, *London Town*, vol. 2.

[5] Bacon, *Spurgeon*.

[6] William Cleaver Wilkinson, introduction to *Charles Haddon Spurgeon*, by Pike and Fernald.

[7] Ibid.

[8] Ibid.

[9] *C. H. Spurgeon's Autobiography*.

[10] Du Chaillu, *Explorations and Adventures*.

[11] *C. H. Spurgeon's Autobiography*.

[12] 这栋建筑和门环至今仍然存在。该地点现在是沃特顿公园酒店的一部分。

[13] 沃尔顿大厅当时的一些细节来自：Hobson, *Charles Waterton, His Home, Habits, and Handiwork*; Blackburn, *Charles Waterton*; 以及 Edginton, *Charles Waterton*。

[14] Blackburn, *Charles Waterton*.

[15] Ibid.

[16] Hobson, *Charles Waterton, His Home, Habits, and Handiwork*.

[17] J. E. Gray, "Zoological Notes on Perusing M. du Chaillu's *Adventures in Equatorial Africa*," *Annals of Natural History* 7 (1861).

第二十五章 大猩猩之战

[1] "The New Traveller's Tales," *Athenaeum*, May 18, 1861.

[2] Ibid.

[3] Vaucaire, *Gorilla Hunter*.

[4] P. B. Du Chaillu, letter to the editor, *Times* (London), May 22, 1861.

[5] Paul Du Chaillu, "The New Traveller's Tales," *Athenaeum*, May 25, 1861.

[6] J. E. Gray, letter to the editor, *Times* (London), May 24, 1861.

[7] 虽然迪·谢吕后来宣称，格雷本人并没有提议改名。

[8] 巴斯的文章发表在 *Zeitschrift für allgemeine Erdkunde* 10 (1861): 430–467。
[9] 这张地图由 Dr. August Petermann 绘制并出现在 *Petermanns Geographische Mitteilungen* (Gotha: Justus Perthes, 1862)。
[10] Du Chaillu, *Explorations and Adventures*.
[11] "M. Du Chaillu's Eagles," letters to the editor, *Times* (London), June 6, 1861.
[12] "Royal Geographical Society," *Times* (London), May 28, 1861.
[13] "Sir Roderick I. Murchison's Address," *Proceedings of the Royal Geographical Society* 5 (1861).
[14] Ibid.
[15] *Times* (London), May 28, 1861.
[16] The *Times* (May 28, 1861) 逐字逐句记录了迪・谢吕的演讲内容，并附上了观众的反应，但用的是过去时和第三人称。我对时态和代词进行了修改，使其更自然地反映出迪・谢吕的原话。
[17] Gray, "Zoological Notes."
[18] J. E. Gray, "On the Habits of the Gorilla and Other Tailless Long-Armed Apes," *Proceedings of the Zoological Society of London*, May 28, 1861.
[19] "On the Death-Wound of the 'King of the Gorillas.' " 1861 年 9 月，格雷在英国科学促进会上宣读了这封信件。
[20] "The Gorilla," *Athenaeum*, Sept. 21, 1861.

第二十六章 乡绅的策略

[1] Waterton, *Wanderings in South America*.
[2] 见 Hobson, *Charles Waterton*。
[3] Gosse, *Squire of Walton Hall*.
[4] *Letters of Charles Waterton of Walton Hall*.
[5] Ibid.
[6] Ibid.
[7] 这个巡回展览在 19 世纪的博物学家中很有名。理查德・欧文也是偶尔从那里得到一些奇异标本的博物学家之一。
[8] "Watertonia," *Living Age* 56 (Jan.–March 1858).
[9] Ibid.
[10] *Letters of Charles Waterton of Walton Hall*.
[11] Waterton, *Essays on Natural History*.
[12] Hobson, *Charles Waterton*.

[13] Waterton to Mrs. W. Pitt Byrne, July 14, 1861.

第二十七章　讲台上的大猩猩

[1] *C. H. Spurgeon's Autobiography*.

[2] 除了司布真的演讲稿外，本章中的描述和引文还参考了几篇关于这次演讲的文章，其中包括："Mr. Spurgeon on the Gorilla," *Liverpool Mercury*, Oct. 3, 1861; "Mr. Spurgeon on the Gorilla," *Times* (London), Oct. 3, 1861; "Mr. Spurgeon on the Gorilla," *Morning Post*, Oct. 4, 1861; "Annals of the Band of Hope Union," in *The Band of Hope Record, April 1861 to December 1862* (London: W. Tweedie, 1862); "Mr. Spurgeon on the Gorillas," *Literary Budget*, Nov. 1, 1861。

[3] 迪·谢吕的这些话是以第三人称抄录于 *Liverpool Mercury*。为了清晰起见，我把它们改成了第一人称。

[4] Du Chaillu, *Explorations and Adventures*, 322.

[5] "Mr. Spurgeon on the Gorillas," *Literary Budget*.

[6] *C. H. Spurgeon's Autobiography*.

[7] Ibid.

[8] 想分析司布真的演化论观点，可参看：Nigel Scotland, "Darwin and Doubt and the Response of the Victorian Churches," *Churchman* 100, no. 4 (1986)。

[9] Drummond, *Spurgeon*.

第二十八章　格伦迪夫人和食人族俱乐部

[1] 除了那个时期的伦敦旅游指南外，关于莱斯特广场的一些细节可参看 Lutz, *Pleasure Bound*。

[2] 关于食人者俱乐部的信息，我参阅了多封信件和各种各样的书籍，其中包括：Brodie, *Devil Drives*; Sigel, *Governing Pleasures*; Henderson, *Swinburne*; Swinburne, *Swinburne Letters*; Bercovici, *That Blackguard Burton!*; Farwell, *Burton*; 以及 Kennedy, *Highly Civilized Man*。

[3]《食人族教义问答》仅在 1913 年根据斯温伯恩的朋友兼传记作者爱德华·戈斯（Edward Gosse）的手稿印了 20 份。

[4] 莫顿的这部戏剧是 *Speed the Plough* (1798)。

[5] Brodie, *Devil Drives*.

[6] Wright, *Life of Sir Richard Burton*.

[7] 我参考了上面列出的许多传记来撰写理查德·伯顿的传略，其中帮助最大的是 Lovell、Rice、Brodie 和 Farwell 的著述 .

[8] 英国皇家学会的会议记录显示，两人是在 1861 年初该学会的会议上偶遇的。

[9] Farwell, *Burton*.

[10] 关于他们之间不和的报道见：Kennedy, *Highly Civilized Man*; 和 Baker, *History of Geography*。

[11] Kennedy, *Highly Civilized Man*.

[12] Richard Burton, "Ethnological Notes on M. du Chaillu's *Explorations and Adventures in Equatorial Africa*," read before the Ethnological Society of London, 1861.

[13] 托马斯·马龙的一些生平信息来自："On Engraving by Light and Electricity," *Journal of the Franklin Institute* 64 (1857); "Lectures on Photography," *Photographic Journal* 3 (1857)。www.photolondon.org.uk 上的 19 世纪摄师以及 1841 年到 1901 年伦敦同业公会数据库（The Database of 19th Century Photographers and Allied Trades in London, 1841 to 1901）还提供了一些传记的细节。

[14] T. A. Malone, letter to the editor, *Times* (London), July 5, 1861.

[15] 马龙的问题见与该事件相关的文章，包括上面提到的他写给《泰晤士报》的信。

[16] Ibid.

[17] Richard F. Burton, letter to the editor, *Times* (London), July 8, 1861.

[18] James Hunt, letter to the editor, *Times* (London), July 8, 1861.

[19] *Spectator*, July 6, 1861; "Ethnological Society," *Lancet*, July 6, 1861.

[20] Malone, letter to the editor.

[21] Wright, *Life of Sir Richard Burton*.

[22] Burton, letter to the editor.

[23] "Mr. Du Chaillu and His Detractors," *Examiner*, July 6, 1861.

第二十九章 来历不明的证据

[1] Edginton, *Charles Waterton*; and Blackburn, *Charles Waterton*.

[2] Rhodes, *John James Audubon*.

[3] Edginton, *Charles Waterton*.

[4] Arthur, *Audubon*.

［5］Rhodes, *John James Audubon*.
［6］Charles Waterton, "Remarks on Audubon's Biography of Birds," *Magazine of Natural History and Journal of Zoology, Botany, Mineralogy, Geology, and Meteorology*, vol. 6 (London: Longman, Rees, Orme, Brown, and Green, 1833).
［7］Souder, *Under a Wild Sky*.
［8］Waterton to Ord, June 27, 1861.
［9］Ibid.
［10］Ord to Waterton, Oct. 1861.

第三十章　往事的阴影

［1］根据有些百科全书中关于迪·谢吕的传记条目，其父母为新奥尔良的法裔胡格诺教徒。
［2］Vaucaire, *Gorilla Hunter*.
［3］Clodd, *Memories*.
［4］Hombert and Perrois, *Cœur d'Afrique*.
［5］Bucher, "Canonization by Repetition."
［6］关于迪·谢吕的父亲在岛上的活动来自："Les 'Francs-Créoles,'" *Journal de l'*Île *de la Réunion*, Jan. 1, 2005; 以及 Hombert and Perrois, *Cœur d'Afrique*。
［7］很多关于查尔斯－亚历克西斯的记录，其中包括他和 Bréon 的关系，来自：Annie Merlet, "Paul Belloni Du Chaillu; ou, L'invention d'un destin"，该文收录于 Hombert and Perrois, *Cœur d'Afrique*。
［8］Evertson Smith, "Reminiscences."
［9］Bucher, "Canonization by Repetition." 迪·谢吕的父亲在行政文书中一直出现到 1855 年末，据信当时他已经去世（见 Burton, *Two Trips to Gorilla Land*）。然而，迪·谢吕曾经写道，他的父亲是在 1851 年过世的，他（保罗）当时从法国来加蓬处理他父亲的事务——这一说法与加蓬人的记录以及迪·谢吕关于他父亲的其他说法相矛盾。
［10］Ibid.
［11］"Central Africa," *New York World*, May 9, 1867.
［12］"Affairs in London," *New York Times*, July 19, 1861.
［13］Clodd, *Memories*. 有人猜测 R. B. N. 沃克是这部未出版的手稿的作者。（参见：Nora McMillan, "Robert Bruce Napoleon Walker," *Archives of*

Natural History 23, no. 1［1996］。)
［14］Emerson, *English Traits*.

第三十一章 黑人与白人

［1］Du Chaillu, *Explorations and Adventures*, 21.
［2］与 19 世纪中期的其他旅行者相比，利文斯通对非洲原住民也不那么轻蔑。
［3］科学家们经常引用颅容量的普遍差异作为证据来支持这一观点——这些分歧在随后几个世纪里引发了激烈的争论。
［4］Du Chaillu, *Explorations and Adventures*, 284.
［5］有人认为斯坦顿实际上说的是“现在他属于天使”（Now he belongs to the angels）（Gopnik, *Angels and Ages*）。
［6］McClellan, *McClellan's Own Story*.
［7］*White Cloud Kansas Chief*, Aug. 8, 1861.
［8］Van Tassel, *"Behind Bayonets."*
［9］Greeley, *American Conflict*.
［10］MacMahon, *Cause and Contrast*.
［11］Wheat, *Progress and Intelligence of Americans*.
［12］Jeal, *Stanley*.
［13］*Autobiography of Sir Henry Morton Stanley*.
［14］Lady Isabel Burton, *The Life of Captain Sir Richard F. Burton* (London: Chapman & Hall, 1893).
［15］Stanley, *How I Found Livingstone*.
［16］*Cincinnati Daily Enquirer*, Feb. 14, 1869.

第三十二章 冒牌货

［1］"Royal Geographical Society," *Times* (London), May 28, 1861.
［2］"Du Chaillu Vindicated," *Times* (London), June 3, 1862.
［3］*Athenaeum*, Sept. 14, 1861.
［4］Du Chaillu to John Murray, Sept. 15, 1861.
［5］Ibid.
［6］《广告晨报》（The *Morning Advertiser*）上的这封信重刊在 the *Athenaeum*, Sept. 21, 1861。
［7］Du Chaillu to Murray, Sept. 17, 1861.

[8] Biographical information from McMillan, "Robert Bruce Napoleon Walker."

[9] Du Chaillu to Murray, Sept. 17, 1861.

[10] *Athenaeum*, Sept. 21, 1861.

[11] Ibid.

[12] Vaucaire, *Gorilla Hunter*.

[13] Walker to P. L. Simmonds, Nov. 4, 1858.

[14] John P. Daly, book review of *Noah's Curse: The Biblical Justification of American Slavery* by Stephen R. Haynes, *Journal of Southern History* 69, no. 4 (Nov. 2003).

[15] Walker to Simmonds, May 3, 1859.

[16] Du Chaillu to Murray, Sept. 18, 1861.

[17] "Gorillas in Liverpool," *Times* (London), June 3, 1862.

[18] McMillan, "Robert Bruce Napoleon Walker."

第三十三章　成名之捷径

[1] "M. Du Chaillu, His Book an Alleged Imposter," *Glasgow Examiner*, Feb. 13, 1862.

[2] "M. Du Chaillu's Lecture on the Gorilla," *Glasgow Herald*, Oct. 12, 1861.

[3] 对 Reade 的这几本书的评论见 Allibone and Kirk, *Critical Dictionary of English Literature and British and American Authors*。

[4] Reade, *African Sketch-Book*.

[5] Reade, *Savage Africa*.

[6] Ibid.

[7] 源自威廉·沃克牧师的日记，现藏于 Wisconsin Historical Society。

[8] Reade, *Savage Africa*.

[9] Letter from Walker, Feb. 20, 1862.

[10] Reade to Walker, April 20, 1862.

[11] W. Winwood Reade, "The Gorilla as I Found Him," *Every Saturday*, Aug. 31, 1867, 270.

[12] Ibid.

[13] W. Winwood Reade, "News from the Gorilla Country," *Athenaeum*, Nov. 22, 1862.

[14] Ibid.

第三十四章 打 赌

[1] Du Chaillu, letter to the editor, *Times* (London), Dec. 1, 1862.

[2] Ibid.

[3] Ibid.

[4] "Du Chaillu's Collection," *Times* (London), June 13, 1863.

第三十五章 重 塑

[1] 这一手册最初是作为 *Journal of the Royal Geographical Society*, vol. 24 (London: John Murray, 1854) 的插页印行的。

[2] Galton, *Art of Travel*.

[3] Marcy, *Prairie Traveler*.

[4] Rice, *Captain Sir Richard Francis Burton*; and Kennedy, *Highly Civilized Man*.

[5] R. B. N. Walker, letter to the editor, *Times* (London), Dec. 5, 1862.

[6] Richard Burton, letter to the editor, *Times* (London), Dec. 23, 1862.

[7] Markham, *Fifty Years' Work of the Royal Geographical Society*.

[8] 他们的友谊从保存于皇家地理学会的众多的彼此信件往来中可以看出，迪·谢吕还在其 *Journey to Ashango-Land* 一书中向他表达了谢意。

[9] Du Chaillu, *Explorations and Adventures*, 442.

[10] 关于迪·谢吕从巴克那里学到的各项技能的信息来自：他写给巴克的多封信件 ; Vaucaire, *Gorilla Hunter*; 以及 Du Chaillu, *Journey to Ashango-Land*。

[11] Du Chaillu, *Journey to Ashango-Land*; and Du Chaillu, *Country of the Dwarfs*.

[12] 设备的描述来自：Du Chaillu, *Country of the Dwarfs*, 以及 1863 和 1864 年间迪·谢吕从加蓬寄给约翰·默里的那些信件。

[13] Du Chaillu to Murray, June 22, 1863.

[14] Du Chaillu to Murray, Jan. 2, 1864; 以及 Du Chaillu, *Journey to Ashango-Land*.

[15] Du Chaillu, *Journey to Ashango-Land*, 1.

第三十六章 破损的货物

[1] 有关登陆过程中所遇麻烦的描述系根据 Du Chaillu, *Journey to Ashango-Land* 以及迪·谢吕在 1863 年和 1864 年里写给默里和巴克的信进行改

写的。
[2] Du Chaillu, *Journey to Ashango-Land*, 11.
[3] Du Chaillu to William Walker, April 15, 1864.
[4] Du Chaillu to Murray, Nov. 15, 1863.
[5] Du Chaillu, *Journey to Ashango-Land*, 18.
[6] Du Chaillu to Murray, Jan. 2, 1864.
[7] "Amidst the Ruins," *Hardwicke's Science- Gossip*, vol. 3 (1868).
[8] Du Chaillu, *Journey to Ashango-Land*, 66.
[9] Ibid., 50.
[10] Ibid.

第三十七章　最为大胆的冒险

[1] Du Chaillu, *Journey to Ashango-Land*, 68.
[2] Ibid., 55.
[3] 迪·谢吕在写给默里的信中提到了这批货物，他把钱寄给默里买保险。迪·谢吕担心，这艘船可能面临的危险之一是战争。在非洲，一艘英国船上的船员告诉迪·谢吕，法国和英国都对美国宣战，美国内战变成了一场国际战争。"我希望北方佬不要把'门托'号掳走。"迪·谢吕在写给默里的信中写道，"这很可能。"
[4] Du Chaillu to Murray, Jan. 14, 1864.
[5] Humboldt, *Cosmos*.
[6] Humboldt, *Personal Narrative of Travels to the Equinoctial Regions of America*.
[7] 在其为爱默生和梭罗所撰写的学术传记 (*Emerson: The Mind on Fire* [Berkeley: University of California Press, 1995] 和 *Henry Thoreau: A Life of the Mind* [Berkeley: University of California Press, 1986]) 中，罗伯特·D. 理查森（Robert D. Richardson）注意到爱默生和梭罗两人都阅读过洪堡的书。
[8] Du Chaillu, *Journey to Ashango-Land*, ix.
[9] Du Chaillu to Dr. Henry Bence Jones, Aug. 20, 1864.
[10] Du Chaillu to Back, Aug. 20, 1864.
[11] Owen, *Life*, vol. 2 中引用了这封信。
[12] "Sir Roderick I. Murchison's Address," *Proceedings of the Royal Geographical Society* 9 (1865).

第三十八章 瘟疫来袭

[1] 探险的细节来自 Du Chaillu, *Journey to Ashango-Land*, 以及他提交给皇家地理学会的对这次探险加以描述的报告 —— "Second Journey into Equatorial Africa," *Proceedings of the Royal Geographical Society* 10 (1866)。

[2] Du Chaillu, *Journey to Ashango-Land*, 108.

[3] Ibid., 122.

[4] Ibid., 129.

[5] Ibid., 132.

[6] Ibid., 146.

[7] Ibid., 163.

[8] Ibid., 179.

[9] 迪·谢吕的日记收录于 *Journey to Ashango-Land*, 191。

第三十九章 逃 命

[1] Du Chaillu, *Journey to Ashango-Land*, 246.

[2] 今天，许多巴邦戈人仍然生活在迪·谢吕发现他们时的那些森林地区，而且他们仍然以追踪技能而闻名。在费尔南 – 瓦兹地区的马克斯·普朗克大猩猩研究站，约瑟芬·黑德雇佣了来自内陆社区的巴邦戈部落的人专职从事追踪工作。

[3] Du Chaillu, *Journey to Ashango-Land*, 324.

[4] Ibid., 305.

[5] 日记所转录的文献：ibid., 301。

[6] Ibid., 356.

[7] Du Chaillu to Murray, Sept. 29, 1865.

第四十章 同行的评判

[1] "Second Journey into Equatorial Africa," *Proceedingsof the Royal Geographical Society* 10 (1866).

[2] "Discussion on M. Du Chaillu's Paper," *Proceedings of the Royal Geographical Society* 10 (1866).

[3] Ibid.

[4] Ibid., and "Prof. Allman on *Potamogale velox*," *Transactions of the Zoological Society of London* (1867).

[5] Kingsley, *Travels in West Africa*; Patterson, "Paul B. Du Chaillu."
[6] Vaucaire, *Gorilla Hunter*.
[7] "Discussion on M. Du Chaillu's Paper."
[8] "Second Journey."
[9] W. Winwood Reade, letter to the editor, *Times* (London), Jan. 23, 1866.

第四十一章　意外的胜利

[1] Rupke, *Richard Owen*. 这篇论文的题目是"On the Anatomy of Vertebrates"。
[2] Ibid.
[3] Huxley to Darwin, Nov. 11, 1866.
[4] Owen, *Memoir on the Gorilla*.
[5] T. H. Huxley, *Evidence as to Man's Place in Nature* (London: D. Appleton, 1863).
[6] "Professor Owen on the External Characters and Affinities of the Gorilla," *Transactions of the Zoological Society of London* 5 (1866).
[7] Du Chaillu, *Journey to Ashango-Land*, 439.

第四十二章　探险家

[1] 保罗在特威克纳姆的那段日子的描述见：Burnand, *Records and Reminiscences*, vol. 2。
[2] Du Chaillu to Murray, Sept. 26, 1866.
[3] Burnand, *Records and Reminiscences*, vol. 2.
[4] "Ashango Land," *Chambers's Journal of Popular Literature, Science, and Arts*, June 8, 1867.
[5] "Discussion on M. Du Chaillu's Paper."

第四十三章　无人区

[1] Du Chaillu to Murray, May 21, 1867.
[2] 莱尔·E. 迈耶（Lysle E. Meyer）在他的 *Farther Frontier* 一书中指出，根据这些书的销量和重印量，我们有理由得出结论，"在过去的半个多世纪里，美国人对非洲的看法更多地受迪·谢吕的影响，而不是其他任何作家。"
[3] Darwin to Joseph Dalton Hooker, Aug. 4, 1872.

[4] Owen, *Life*, vol. 2.
[5] Huxley, *Evidence*.
[6] Barrie, *Window in Thrums*.
[7] 迪·谢吕甚至偶尔也会参加巴里组建的板球队。
[8] Vaucaire, *Gorilla Hunter*.
[9] "Slaves' Unknown Friends," *New York Times*, Sept. 20, 1896.
[10] Ibid.
[11] "Will of Ex-Justice Daly," *New York Times*, Oct. 24, 1899.
[12] "Paul Du Chaillu in Politics," *Saint Paul Globe*, Aug. 11, 1896.
[13] Du Chaillu to Charles Daly, May 19, 1897.
[14] "P. B. Du Chaillu," *New York Times*, Dec. 30, 1873.
[15] "Not Weary of Travel," *Washington Post*, March 24, 1901.
[16] *Marion Daily Star*, May 20, 1901.
[17] Vaucaire, *Gorilla Hunter*.
[18] Ibid.
[19] "Du Chaillu's Last Hours," *New York Times*, May 23, 1903.
[20] Ibid.
[21] Ibid.
[22] "Du Chaillu Died Poor," *New York Times*, July 5, 1903.
[23] "Du Chaillu's Body Here," *New York Times*, June 19, 1903.
[24] "Funeral of Paul Du Chaillu," *New York Times*, June 24, 1903.
[25] Ibid.

后　记

[1] Redmond, *Welcome to America, Mr. Sherlock Holmes*.
[2] *Jack London Newsletter* 21 (1988); and Alex Kershaw, *Jack London: A Life* (New York: Thomas Dunne Books, 1999).
[3] Interview with Merian Cooper by Rudy Behlmer, L. Tom Perry Special Collections, Harold B. Lee Library, Brigham Young University.
[4] Schaller, *Year of the Gorilla*.
[5] Hombert and Perrois, *Cœur d'Afrique*.
[6] McMillan, "Robert Bruce Napoleon Walker."
[7] Walker, *Notes d'histoire du Gabon*.

主要参考书目

Ackroyd, Peter. *Dickens*. New York: HarperCollins, 1990.

Adams, Bluford. *E Pluribus Barnum: The Great Showman and the Making of U.S. Popular Culture*. Minneapolis: University of Minnesota Press, 1997.

Ade Ajayi, J. F., ed. *UNESCO General History of Africa*. Vol. 6, *Africa in the Nineteenth Century Until the 1880s*. Berkeley: University of California Press, 1989.

Aicardi de Saint-Paul, Marc. *Gabon: The Development of a Nation*. London: Routledge, 1989.

Allibone, Samuel, and John Foster Kirk. *A Critical Dictionary of English Literature and British and American Authors*. Philadelphia: J. B. Lippincott, 1899.

Arthur, Stanley Clisby. *Audubon: An Intimate Life of the American Woodsman*. Gretna, La.: Pelican, 1999.

Asbury, Herbert. *Gangs of New York: An Informal History of the Underworld*. New York: Vintage, 2008.

Bacon, Ernest. *Spurgeon: Heir of the Puritans*. Arlington Heights, Ill.: Christian Liberty Press, 1996.

Baker, J. N. L. *The History of Geography*. Oxford: B. Blackwell, 1963.

Ballantyne, R. M. *The Gorilla Hunters*. London: T. Nelson and Sons, 1861.

Barnum, P. T. *Struggles and Triumphs; or, Forty Years' Recollections of P. T. Barnum*. New York: Penguin Books, 1981.

Barrie, J. M. *A Window in Thrums*. New York: C. Scribner's Sons, 1896.

Barth, Heinrich. *Travels and Discoveries in North and Central Africa, Being a Journal of an Expedition Under the Auspices of H.B.M.'s Government*. New York: Harper & Brothers, 1857.

Beeckman, Daniel. *A Voyage to and from the Island of Borneo*. London: Dawsons of Pall Mall, 1973.

Bercovici, Alfred. *That Blackguard Burton!* Indianapolis: Bobbs-Merrill, 1962.

Blackburn, Julia. *Charles Waterton: Traveller and Conservationist*. London: Bodley Head, 1989.

Blaikie, William Garden. *The Life of David Livingstone*. London: John Murray, 1903.

Blake, William J. *The History of Putnam County, N.Y.* New York: Baker & Scribner, 1849.

Bobo, William M. *Glimpses of New York City*. Charleston, S.C.: J. J. McCarter, 1852.

Bogdan, Robert. *Freak Show: Presenting Human Oddities for Amusement and Profit*. Chicago: University of Chicago Press, 1990.

Bowler, Peter J. *Evolution: The History of an Idea*. Rev. ed. Berkeley: University of California Press, 1989.

——. *Monkey Trials and Gorilla Sermons: Evolution and Christianity from Darwin to Intelligent Design*. Cambridge, Mass.: Harvard University Press, 2007.

Brodie, Fawn M. *The Devil Drives: A Life of Sir Richard Burton*. New York: W. W. Norton, 1967.

Browne, Janet. *Charles Darwin: A Biography*. New York: Knopf, 1995.

——. *Darwin's "Origin of Species": A Biography*. Vancouver: Douglas & McIntyre 2006.

Burnand, Sir Francis Cowley. *Records and Reminiscences, Personal and General*. Vol. 2. London: Methuen, 1904.

Burton, Richard F. *The Lake Regions of Central Africa*. London: Longman, Green, Longman, and Roberts, 1860.

——. *Two Trips to Gorilla Land and the Cataracts of the Congo*. London: S. Low, Marston, Low, and Searle, 1876.

Caldecott, Julian, and Lera Miles, eds. *World Atlas of Great Apes and Their Conservation*. Berkeley: University of California Press, 2005.

Cantor, Geoffrey. *Science in the Nineteenth-Century Periodical*. Cambridge, U.K.: Cambridge University Press, 2004.

Cater, Philip. *Punch in the Pulpit*. London: William Freeman, 1863.

Clarke, Michael Tavel. *These Days of Large Things: The Culture of Size in*

America. Ann Arbor: University of Michigan Press, 2007.
Clodd, Edward. *Memories*. New York: Putnam, 1916.
Columbus, Christopher. *The Journal of Christopher Columbus*. Translated by Cecil Jane. London: Blond and the Orion Press, 1960.
Conan Doyle, Arthur. *The Lost World*. Oxford: Oxford University Press, 1995.
Cook, James. *The Arts of Deception: Playing with Fraud in the Age of Barnum*. Cambridge, Mass.: Harvard University Press, 2001.
Cooley, William Desborough. *Inner Africa Laid Open*. London: Longman, Brown, Green, and Longmans, 1852.
Cosans, Christopher E. *Owen's Ape and Darwin's Bulldog: Beyond Darwinism and Creationism*. Bloomington: Indiana University Press, 2009.
Crone, G. R. *Modern Geographers: An Outline of Progress in Geography Since A.D. 1800*. London: Royal Geographical Society, 1951.
Dallas, George Mifflin. *A Series of Letters from London*. Philadelphia: J. B. Lippincott, 1869.
Darwin, Charles. *The Descent of Man and Selection in Relation to Sex*. London: John Murray, 1871.
——. *On the Origin of Species*. London: John Murray, 1859.
——. *The Voyage of the* Beagle. London: P. F. Collier, 1909.
Dasent, Arthur Irwin. *John Thadeus Delane, Editor of "The Times": His Life and Correspondence*. Vol. 2. London: John Murray, 1908.
Dawson, Gowan. *Darwin, Literature, and Victorian Respectability*. Cambridge, U.K.: Cambridge University Press, 2007.
Desmond, Adrian, and James Moore. *Darwin*. London: Michael Joseph– Penguin Group, 1991.
Dickens, Charles. *American Notes for General Circulation*. New York: Penguin Classics, 2001.
——. *Great Expectations*. New York: Penguin Books, 1989.
Donald, David Herbert. *Lincoln*. New York: Simon & Schuster, 1996.
Dowling, Richard. *London Town: Sketches of London Life and Character, by Marcus Fall*. Vol. 2. London: Tinsley Brothers, 1880.
Drummond, Lewis A. *Spurgeon: Prince of Preachers*. Grand Rapids: Kregel, 1992.
DuBose, Hampden. *Memoirs of Rev. John Leighton Wilson*. Richmond: Presbyterian Committee of Publication, 1895.
Du Chaillu, Paul B. *The Country of the Dwarfs*. New York: Harper & Brothers,

1872.
——. *Explorations and Adventures in Equatorial Africa*. London: John Murray, 1861.
——. *A Journey to Ashango-Land: And Further Penetration into Equatorial Africa*. London: John Murray, 1867.
——. *King Mombo*. New York: Charles Scribner's Sons, 1902.
——. *The Land of the Midnight Sun: Summer and Winter Journeys Through Sweden, Norway, Lapland, and Northern Finland*. New York: Harper & Brothers, 1882.
——. *Stories of the Gorilla Country*. New York: Harper & Brothers, 1870.
——. *The Viking Age: The Early History, Manners, and Customs of the Ancestors of the English-Speaking Nations*. New York: Charles Scribner's Sons, 1889.
Dyos, Harold James, and Michael Wolff. *The Victorian City: Images and Realities*. 2 vols. London: Routledge & Kegan Paul, 1973.
Edginton, Brian W. *Charles Waterton: A Biography*. Cambridge, U.K.: Lutterworth Press, 1996.
Emerson, Ralph Waldo. *English Traits*. London: G. Routledge, 1857.
Erb, Cynthia Marie. *Tracking King Kong: A Hollywood Icon in World Culture*. Detroit: Wayne State University Press, 2009.
Fabian, Johannes. *Out of Our Minds: Reason and Madness in the Exploration of Central Africa*. Berkeley: University of California Press, 2000.
Fage, J. D., and Roland Oliver, eds. *The Cambridge History of Africa*. Cambridge, U.K.: Cambridge University Press, 1975–1986.
Farwell, Byron. *Burton: A Biography of Sir Richard Francis Burton*. London: Holt, Rinehart and Winston, 1963.
Forster, John. *The Life of Charles Dickens*. London: Palmer, 1928.
Fossey, Dian. *Gorillas in the Mist*. New York: Mariner Books, 2002.
Franey, Laura E. *Victorian Travel Writing and Imperial Violence: British Writing on Africa, 1855–1902*. New York: Palgrave Macmillan, 2003.
Fyfe, Nicholas. *Images of the Street*. London: Routledge, 1998.
Galton, Francis. *The Art of Travel; or, Shifts and Contrivances Available in Wild Countries*. London: John Murray, 1855.
Geikie, Archibald. *Life of Sir Roderick Murchison*. London: John Murray, 1875.
Gladstone, W. E. *The Gladstone Diaries*. Oxford: Clarendon Press, 1968.
Godsall, Jon R. *The Tangled Web: A Life of Sir Richard Burton*. London: Matador, 2008.

Gopnik, Adam. *Angels and Ages: A Short Book About Darwin, Lincoln, and Modern Life*. New York: Knopf, 2009.

Gosse, Philip. *The Squire of Walton Hall: The Life of Charles Waterton*. London: Cassell, 1940.

Grant, Ben. *Postcolonialism, Psychoanalysis, and Burton: Power Play of Empire*. Hoboken, N.J.: Taylor & Francis, 2008.

Greeley, Horace. *The American Conflict: A History of the Great Rebellion in the United States, 1860–1865*. Hartford, Conn.: O. D. Case, 1866.

Griest, Guinevere. *Mudie's Circulating Library and the Victorian Novel*. Bloomington: Indiana University Press, 1970.

Gunther, Albert E. *A Century of Zoology at the British Museum*. London: Dawsons, 1975.

Gwynn, Stephen Lucius. *The Life of Mary Kingsley*. London: Macmillan, 1933.

Hammond, Dorothy, and Alta Jablow. *The Africa That Never Was: Four Centuries of British Writing About Africa*. New York: Twayne, 1970.

Hanno and Thomas Falconer. *Voyage of Hanno*. London: T. Cadell and Davies, 1797.

Harris, Leslie M. *In the Shadow of Slavery: African Americans in New York City, 1626–1863*. Chicago: University of Chicago Press, 2004.

Henderson, Philip. *Swinburne: Portrait of a Poet*. New York: Macmillan, 1974.

Herodotus. *The Histories*. Oxford: Oxford University Press, 2008.

Hills, William Henry. *The Author*. Vol. 1. Boston: Writer, 1889.

Hobson, Richard. *Charles Waterton, His Home, Habits, and Handiwork: Reminiscences of an Intimate and Most Confiding Personal Association for Nearly Thirty Years*. London: Whittaker, 1867.

Hollingshead, John. *Ragged London in 1861*. London: Smith, Elder, 1861.

Holzer, Harold. *The Speech That Made Abraham Lincoln President*. New York: Simon & Schuster, 2004.

Hombert, Jean-Marie, and Louis Perrois. *Cœur d'Afrique: Gorilles, cannibales et Pygmées dans le Gabon de Paul Du Chaillu*. Paris: CNRS, 2008.

Horan, James David. *Mathew Brady: Historian with a Camera*. New York: Crown, 1952.

Humboldt, Alexander von. *Cosmos: A Sketch of a Physical Description of the Universe*. London: George Bell & Sons, 1901.

——. *Personal Narrative of Travels to the Equinoctial Regions of America*. London: H. G. Bohn, 1852.

Huxley, Leonard. *Life and Letters of Thomas Henry Huxley, by his Son Leonard Huxley*. London: Macmillan, 1900.

Huxley, T. H. *Man's Place in Nature: And Other Anthropological Essays*. London: Macmillan, 1894.

Jackson, Julian R. *What to Observe; or, The Traveller's Remembrancer*. Revised and edited by Norton Shaw. London: Houlston and Wright, 1861.

Jeal, Tim. *Livingstone*. London: Heinemann, 1973.

——. *Stanley: The Impossible Life of Africa's Greatest Explorer*. New Haven, Conn.: Yale University Press, 2008.

Johnson, Steven. *The Ghost Map*. New York: Penguin, 2006.

Jordan, David S. *Leading American Men of Science*. New York: Henry Holt, 1910.

Kennedy, Dane. *The Highly Civilized Man: Richard Burton and the Victorian World*. Cambridge, Mass.: Harvard University Press, 2007.

Kingsley, Mary. *Travels in West Africa*. London: Macmillan, 1897.

Larson, Edward J. *Evolution: The Remarkable History of a Scientific Theory*. New York: Random House, 2006.

Lewis, Cherry, and Simon Knell. *The Making of the Geological Society of London*. London: Geological Society, 2009.

Lightman, Bernard V. *Victorian Popularizers of Science: Designing Nature for New Audiences*. Chicago: University of Chicago Press, 2007.

Livingstone, David. *Missionary Travels and Researches in South Africa*. New York: Harper & Brothers, 1872.

Lovell, Mary, *A Rage to Live: A Biography of Richard and Isabel Burton*. New York: W. W. Norton, 2000.

Lutz, Deborah. *Pleasure Bound: Victorian Sex Rebels and the New Eroticism*. New York: W. W. Norton, 2011.

MacMahon, T. W. *Cause and Contrast: An Essay on the American Crisis*. Richmond: West & Johnson, 1862.

Marcy, Randolph Barnes. *The Prairie Traveler: A Hand-Book for Overland Expeditions*. New York: Harper & Brothers, 1859.

Markham, Sir Clements Robert. *The Fifty Years' Work of the Royal Geographical Society*. London: John Murray, 1881.

Marsh, George Perkins. *Man and Nature; or, Physical Geography as Modified by Human Action*. New York: Charles Scribner, 1864.

Mathews, William. *Hours with Men and Books*. London: S. C. Griggs, 1877.

McCarthy, Justin. *Portraits of the Sixties*. New York: Ayer, 1903.

McClellan, George. *McClellan's Own Story*. New York: C. L. Webster, 1887.

Meredith, Roy. *Mr. Lincoln's Camera Man, Mathew B. Brady*. New York: Dover, 1974.

Meyer, Lysle E. *The Farther Frontier: Six Case Studies of Americans and Africa, 1848–1936*. Cranbury, N.J.: Associated University Presses, 1992.

Mill, Hugh Robert. *The Record of the Royal Geographical Society, 1830–1930*. London: Royal Geographical Society, 1930.

More, Henry, and René Descartes. *A Collection of Several Philosophical Writings of Dr. Henry More*. London: J. Downing, 1712.

Morris, Ramona, and Desmond Morris. *Men and Apes*. New York: McGraw-Hill, 1966.

New York City Landmarks Preservation Commission. *Guide to New York City Landmarks*. Hoboken, N.J.: John Wiley & Sons, 2009.

Owen, Rev. Richard. *The Life of Richard Owen*. 2 vols. London: John Murray, 1894.

Pardon, George Frederick. *The Popular Guide to London and Its Suburbs*. London: Routledge, Warne and Routledge, 1862.

Paston, George. *At John Murray's: Records of a Literary Circle, 1843–1892*. London: John Murray, 1932.

Patterson, Karl David. *The Northern Gabon Coast to 1875*. Oxford: Clarendon Press 1975.

Perham, Margery, and J. Simmons, eds. *African Discovery: An Anthology of Exploration*. Evanston, Ill.: Northwestern University Press, 1963.

Perrois, Louis. *The Art of Equatorial Guinea: The Fang Tribes*. New York: Rizzoli, 1990.

Picard, Liza. *Victorian London: The Tale of a City, 1840–1870*. New York: St. Martin's Griffin, 2005.

Pike, Godfrey Holden, and James Champlin Fernald. *Charles Haddon Spurgeon: Preacher, Author, Philanthropist*. New York: Funk & Wagnalls, 1892.

Porter, Charlotte M. *The Eagle's Nest: Natural History and American Ideas, 1812–1842*. University: University of Alabama Press, 1986.

Purchas, Samuel. *Hakluytus Posthumus; or, Purchas His Pilgrimes*. Vol. 6. Glasgow: James MacLehose and Sons, 1905.

Quammen, David. *The Reluctant Mr. Darwin: An Intimate Portrait of Charles Darwin and the Making of His Theory of Evolution*. New York: Atlas Books/Norton, 2006.

Ravenstein, E. G., ed. *The Strange Adventures of Andrew Battell of Leigh, in*

Angola and the Adjoining Regions. London: Hakluyt Society, 1901.

Reade, W. Winwood. *The African Sketch-Book*. London: Elder, 1873.

——. *Savage Africa*. London: Smith, Elder, 1864.

Redmond, Christopher. *Welcome to America, Mr. Sherlock Holmes*. Toronto: Simon & Pierre, 1987.

Rhodes, Richard. *John James Audubon: The Making of an American*. New York: Random House, 2004.

Rice, Edward. *Captain Sir Richard Francis Burton: A Biography*. Cambridge, Mass.: Da Capo Press, 2001.

Rich, Jeremy. *A Workman Is Worthy of His Meat: Food and Colonialism in the Gabon Estuary*. Omaha: University of Nebraska Press, 2007.

Rotberg, Robert I., ed. *Africa and Its Explorers: Motives, Methods, and Impact*. Cambridge, Mass.: Harvard University Press, 1970.

Rupke, Nicolaas. *Richard Owen: Biology Without Darwin*. Chicago: University of Chicago Press, 2009.

Schaller, George. *Year of the Gorilla*. Chicago: University of Chicago Press, 1964.

Schoch, Richard W. *Victorian Theatrical Burlesques*. London: Ashgate, 2003.

Secord, James A. *Victorian Sensation: The Extraordinary Publication, Reception, and Secret Authorship of "Vestiges of the Natural History of Creation."* Chicago: University of Chicago Press, 2000.

Sigel, Lisa Z. *Governing Pleasures: Pornography and Social Change in England, 1815–1914*. New Brunswick, N.J.: Rutgers University Press, 2002.

Smith, John Thomas. *The Streets of London, Anecdotes of Their More Celebrated Residents*. London: Richard Bentley, 1861.

Souder, William. *Under a Wild Sky: John James Audubon and the Making of "The Birds of America."* New York: North Point Press, 2004.

Spann, Edward. *Gotham at War: New York City, 1860–1865*. Lanham, Md.: Rowman & Littlefield, 2002.

Spurgeon, C. H. *C. H. Spurgeon's Autobiography, 1856–1878*. London: Passmore and Alabaster, 1899.

Stafford, Robert. *Scientist of Empire: Sir Roderick Murchison*. Cambridge, U.K.: Cambridge University Press, 1989.

Stanley, Henry Morton. *The Autobiography of Sir Henry Morton Stanley*. Boston: Houghton Mifflin, 1911.

——. *How I Found Livingstone: Travels, Adventures, and Discoveries in Central*

Africa. New York: Scribner, Armstrong, 1872.

Swinburne, Algernon Charles. *The Swinburne Letters*. New Haven, Conn.: Yale University Press, 1959.

Thackeray, William Makepeace. *The Letters and Private Papers of William Makepeace Thackeray*. Vol. 2. London: Octagon Books, 1980.

Thompson, Arthur Bailey. *The Visitor's Universal New Pocket Guide to London*. London: Ward and Lock, 1861.

Timbs, John. *Curiosities of London: Exhibiting the Most Rare and Remarkable Objects of Interest in the Metropolis with Nearly Sixty Years' Personal Recollections*. London: Longmans, Green, Reader, and Dyer, 1868.

Trollope, Anthony. *The Warden*. London: Longman, Brown, Green, and Longmans, 1855.

Van Tassel, David Dirck. *"Behind Bayonets": The Civil War in Northern Ohio*. Kent, Ohio: Kent State University Press, 2006.

Vaucaire, Michel. *Gorilla Hunter*. New York: Harper & Brothers, 1930.

Walker, André Raponda. *Notes d'histoire du Gabon*. Libreville: Éditions Raponda Walker, 2002.

Waterton, Charles. *Essays on Natural History*. London: Frederick Warne, 1870.

——. *Letters of Charles Waterton of Walton Hall*. Edited by R. A. Irwin. London: Rockliff, 1955.

——. *Wanderings in South America*. London: J. Mawman, 1825.

Weber, Bill, and Amy Vedder. *In the Kingdom of Gorillas*. New York: Simon & Schuster, 2002.

West, Richard. *Congo*. New York: Holt, Rinehart and Winston, 1972.

Wheat, Marvin T. *The Progress and Intelligence of Americans: Collateral Proof of Slavery*. Louisville, Ky.: Marvin Wheat, 1862.

Wilson, J. Leighton. *Western Africa: Its History, Condition, and Prospects*. London: Sampson Low, 1856.

Wollaston, A. F. R. *Life of Alfred Newton: Professor of Comparative Anatomy, Cambridge University, 1866–1907*. New York: Dutton, 1921.

Woods, Robert. *The Demography of Victorian England and Wales*. Cambridge, U.K.: Cambridge University Press, 2000.

Wright, Thomas. *The Life of Sir Richard Burton*. London: Everett, 1906.

Yanni, Carla. *Nature's Museums: Victorian Science and the Architecture of Display*. New York: Princeton Architectural Press, 2005. Yerkes, Robert. *Almost Human*. New York: Century, 1925.

译后记

英国生物学家查尔斯·达尔文这位演化论的奠基人，可谓是家喻户晓，无人不知。在其所著的《物种起源》一书中，他提出了生物演化学说，摧毁了各种唯心的神造论以及物种不变论。他用科学证据证明所有物种都来自同一祖先。恩格斯将其“演化论”列为19世纪自然科学的三大发现之一。然而却少有人听说过保罗·迪·谢吕这位为达尔文的演化论带来强有力的证据的探险家、博物学家，其当年的非洲之行给世人提供的那些关于低地大猩猩的信息即使在他过世一个世纪之后仍然比其他任何人所提供的信息都要准确。

曾是《华盛顿邮报》记者的蒙特·雷埃尔（Monte Reel）走访了诸多图书馆、档案机构和研究机构，以其在记者任内磨炼出的专业的观察与分析能力，在浩淼的资料中探寻，根据翔实的资料，叙述了保罗·迪·谢吕谜一般的人生与探险的经历。不仅如此，他还广征博引，将达尔文、理查德·欧文、赫胥黎、司布真乃至亚伯拉罕·林肯等名人的轶事穿插于叙事之中，将迪·谢吕发现、捕获大猩猩的过程与种种关于演化论的争议乃至19世纪种族关系的问题串联起来，将探险、科学、文学、宗教和政治结合为一体。无怪乎《自然》杂志赞誉此书是“一本极具娱乐性、启发性和令人难忘的读物”（a supremely entertaining, enlightening and memorable reader）。

十分感谢北京大学出版社及周志刚编辑对我的厚爱与信任，将翻译这本生动有趣的作品的重任交给我。

同时，我也要借此机会感谢在本书翻译过程中为我提供了很多帮助的昔日大学同窗，这其中有：新加坡南洋理工大学教授、博士生导师黄闽婷博士，定居非洲大陆且事业发达的俞丹辉先生；此外，还有多位曾长期在非洲工作过的同学们，他们的法语专业教育背景和长期旅居非洲的工作、生活经历也为我翻译本书提供了许多帮助；当年同级的生物学专业的同窗还在生物学知识上为我答疑解惑。当然，在本书的翻译过程中给我提供过帮助的还远远不止这里所提及的几位，虽然没有将他们一一列举出来，但我从内心深处是十分感激的。

最后，我还要感谢广大读者朋友长期以来对我的翻译作品的接受与喜爱。你们的喜爱乃是我不懈努力的动力。

梁志坚
2021年10月10日
于莆田学院